Thorsten Faust

Leichtbeton
im Konstruktiven Ingenieurbau

Ernst & Sohn
A Wiley Company

Thorsten Faust

Leichtbeton im Konstruktiven Ingenieurbau

Ernst & Sohn
A Wiley Company

Dr.-Ing. Thorsten Faust
König, Heunisch und Partner
Beratende Ingenieure für Bauwesen
Oskar-Sommer-Straße 15–17
60596 Frankfurt am Main

Umschlagbild: Typischer Rißverlauf in gefügedichtem Leichtbeton
unter Druckbeanspruchung

Dieses Buch enthält 348 Abbildungen und 58 Tabellen

Bibliografische Information Der Deutschen Bibliothek
Die Deutsche Bibliothek verzeichnet diese Publikation in der
Deutschen Nationalbibliografie;
detaillierte bibliografische Daten sind im Internet über
<http://dnb.ddb.de> abrufbar.

ISBN 978-3-433-01613-8

© 2003 Ernst & Sohn
Verlag für Architektur und technische Wissenschaften GmbH & Co. KG, Berlin

Umschlaggestaltung: blotto design, Berlin

Vorwort

Das vorliegende Buch behandelt die Technologie, das Tragverhalten, die Eigenschaften und die Bemessung sowie Anwendungen von gefügedichtem Leichtbeton. Dies geschieht unter besonderer Berücksichtigung der Einflüsse beider Einzelkomponenten, Leichtzuschlag und Mörtelmatrix, deren Eigenschaften im Anhang A1 nachzulesen sind bzw. über Verweise im Text miteinbezogen werden. Dadurch sind allgemeingültigere Betrachtungen möglich, die der großen Vielfalt an möglichen Leichtzuschlägen und Matrizen gerecht werden können.

Das Buch richtet sich an den konstruktiven Ingenieur und den Betontechnologen gleichermaßen. Als Grundlage hierfür diente meine an der Universität Leipzig geschriebene Dissertation mit dem Titel „Herstellung, Tragverhalten und Bemessung von konstruktivem Leichtbeton". Während meiner Tätigkeit als wissenschaftlicher Mitarbeiter am Institut für Massivbau und Baustofftechnologie konnte ich über die Mitwirkung sowohl in nationalen (Leichtbeton in DIN1045-1 und DIN1045-2) als auch in internationalen Arbeitsausschüssen (*fib* Task Group 8.1 on Lightweight Aggregate Concrete) viele Hintergrundinformationen sammeln, die ich im Rahmen dieses Buches weitergeben möchte. In diesem Zusammenhang gebührt Herrn Prof. Dr.-Ing. Dr.-Ing. e.h. Gert König mein Dank für seine Unterstützung und wohlwollende Förderung meiner beruflichen Weiterbildung. Weiterhin danke ich Herrn Prof. Dr.-Ing. Hans-Wolf Reinhardt und Herrn Prof. Dr.-Ing. Rolf Thiele für die Übernahme der beiden Korreferate.

Mein ganz besonderer Dank gilt meinem Kollegen im Ingenieurbüro König, Heunisch und Partner, Frankfurt am Main, Herrn Dr.-Ing. Hans-Christian Gerhardt, für seine ausdauernde und kompetente Mithilfe, seine stetige Diskussionsbereitschaft sowie die vielen wertvollen fachlichen Hinweise und konstruktiven Anregungen bei der gewissenhaften und kritischen Durchsicht und Korrektur des Manuskripts; vielen herzlichen Dank dafür.

Schließlich bedanke ich mich bei der LIAPOR GmbH & Co. KG für die finanzielle Unterstützung meiner Forschungstätigkeit und das zur Verfügung gestellte Bildmaterial sowie im besonderen bei Herrn Dr.-Ing. Karl-Christian Thienel als kompetenten und wertvollen Ansprechpartner.

Bad Nauheim, im Oktober 2002   Thorsten Faust

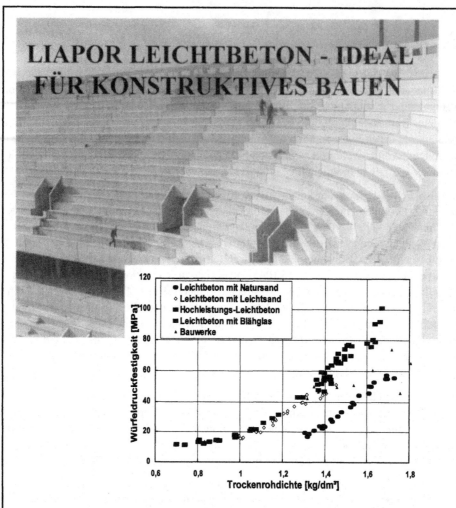

Inhaltsverzeichnis

Symbole

Geometrische Größen

A	Fläche
A_c	Betonquerschnittsfläche
A_s	Querschnittsfläche des Betonstahls
b, b_w	Bauteilbreite, wirksame Breite
d	statische Nutzhöhe, Durchmesser
h	Bauteilhöhe
c	Betondeckung
d_s	Betonstahldurchmesser
κ	Maßstabsfaktor
V	Volumen bzw. Stoffraumanteil
w bzw. w_c	Rißbreite bzw. Grenzrißbreite
x	Höhe der Druckzone
ξ	bezogene Druckzonenhöhe
z	Hebelarm der inneren Kräfte
ζ	bezogener innerer Hebelarm

Materialwerte

Beton   Index ‚c'

E_c bzw. E_{lc}	Elastizitätsmodul für Normalbeton bzw. Leichtbeton
E_{c1} bzw. E_{lc1}	Sekantenmodul bei Erreichen der Druckfestigkeit
η_E	Faktor zur Berechnung des Elastizitätsmoduls von Leichtbeton
f_c bzw. f_{lc}	Druckfestigkeit von Normalbeton bzw. Leichtbeton
$f_{c,sus}$ bzw. $f_{lc,sus}$	Dauerstandsfestigkeit von Normalbeton bzw. Leichtbeton
$f_{lck,cf}$	Charakteristische Druckfestigkeit von umschnürten Leichtbeton
$f_{lc,lim}$	Grenzfestigkeit
α	Faktor zur Berücksichtigung von Dauerstandseffekten
$\beta_c(t)$	Beiwert zur Berücksichtigung der Betondruckfestigkeitsentwicklung
$\beta_{c,sus}(t,t_o)$	Beiwert zur Berücksichtigung des Dauerstandseinflusses
f_{ct} bzw. f_{lct}	zentrische Zugfestigkeit von Normal- bzw. Leichtbeton
$\eta_1 = \eta_t$	Korrekturfaktor zur Ermittlung der Zugfestigkeit von Leichtbeton
$f_{ct,fl}$ bzw. $f_{lct,fl}$	Biegezugfestigkeit von Normalbeton bzw. Leichtbeton
$f_{ct,sp}$ bzw. $f_{lct,sp}$	Spaltzugfestigkeit von Normalbeton bzw. Leichtbeton
ρ	Trockenrohdichte des Betons
ρ_{hd}	Festbetonrohdichte
ρ_{fd}	Frischbetonrohdichte
k	Plastizitätsfaktor bzw. Umschnürungswirkung

α_R	Faktor zur Beschreibung der Völligkeit der Betondruckzone
k_a	Beiwert zur Bestimmung des Schwerpunktes der Biegedruckzone
G_f	Bruchenergie
l_{char}	Charakteristische Länge
α_T bzw. α_{lcT}	Wärmeausdehnungskoeffizient von Normal- bzw. Leichtbeton
λ	Wärmeleitfähigkeit bzw. Plastizitätszahl
$\alpha_c(t,t_0)$	Kriechmaß
$\varphi(t,t_0)$	Kriechzahl
$J(t,t_0)$	Kriechfunktion
η_2	Kriechfaktor zur Ermittlung der Kriechzahl von Leichtbeton
η_3	Schwindfaktor zur Ermittlung des Schwindmaßes von Leichtbeton

Zuschlag   Index ‚a'

E_a	Elastizitätsmodul des Zuschlags
C_a	Druckzylinderfestigkeit (crushing resistance)
f_a	Druckfestigkeit des Zuschlags, Potential des Zuschlags
f_{at}	zentrische Zugfestigkeit des Zuschlags
ρ_a bzw. ρ_p	Trockenrohdichte des Zuschlags (Kornrohdichte)
$\rho_{a,sp}$	Reindichte (specific density)
$\rho_{a,ap}$	Scheinbare (apparent) Kornrohdichte (unter Berücksichtigung des geschlossenen Porenvolumens)
ρ_b	Schüttdichte des Zuschlags
p	Porosität
$\varnothing_a$	Korndurchmesser
α_{aT}	Wärmeausdehnungskoeffizient des Zuschlags

Matrix   Index ‚m'

E_m	Elastizitätsmodul der Matrix
f_m	Druckfestigkeit der Matrix
f_{mt}	zentrische Zugfestigkeit der Matrix
$f_{mt,fl}$	Biegezugfestigkeit der Matrix
$f_{mt,sp}$	Spaltzugfestigkeit der Matrix
ρ_m	Trockenrohdichte der Matrix
$\rho_{m,hd}$	Rohdichte der Matrix im erhärteten Zustand
G_{mf}	Bruchenergie der Matrix
α_{mT}	Wärmeausdehnungskoeffizient der Matrix

Betonstahl   Index ‚s'

E_s	Elastizitätsmodul des Betonstahls
f_y	Festigkeit des Betonstahls an der Streckgrenze
f_t	Zugfestigkeit des Betonstahls
ρ_l	Längsbewehrungsgrad
ω	mechanischer Bewehrungsgrad

ω_w	Querbewehrungsgrad
τ	Verbundspannung
l_b, l_s	Verankerungslänge, Übergreifungslänge

Verformungsgrößen

ε_c bzw. ε_{lc}	Normalbeton- bzw. Leichtbetonstauchung
ε_{c1}	Normalbetonstauchung bei Erreichen der Druckfestigkeit
ε_{lc1}	Leichtbetonstauchung bei Erreichen der Druckfestigkeit
ε_{cu} bzw. ε_{lcu}	Bruchstauchung für Normalbeton bzw. Leichtbeton
$\varepsilon_{cs}(t,t_s)$	Schwinddehnung des Betons
$\varepsilon_{cc}(t,t_0)$	Kriechdehnung des Betons
ε_{cu} bzw. ε_{lcu}	Bruchstauchung für Normalbeton bzw. Leichtbeton
ε_{mu}	Bruchstauchung der Matrix
ε_s	Stahldehnung
ε_{th}	Thermische Dehnung
$\varepsilon_{tr}(\sigma,T)$	Transiente Dehnung
ν	Querdehnzahl

Spannungen

σ	Spannung
σ_c	Normalbetondruckspannung
σ_{lc}	Leichtbetondruckspannung
σ_{cd}	Betonlängsspannung in Höhe des Querschnittsschwerpunktes
σ_1	Axialspannung bei mehraxialer Beanspruchung
σ_2 bzw. σ_3	Umschnürungsdruck
σ_s	Betonstahlspannung

Leichtbetonherstellung

w/z bzw. $(w/z)_{eq}$	Wasserzementwert, äquivalenter Wasserzementwert
w/b	Wasserbindemittelwert
$W_{as,m}$ bzw. $W_{as,v}$	massebez. / volumenbez. Absorptionswassermenge der Leichtzuschläge
w_{agg}	Eigenfeuchte der Zuschläge
a_{dry}	Trockengewicht der Zuschläge und Betonzusatzstoffe

Verbundbau

Verbunddecke (VD)

A_p	Fläche des Verbundbleches
d_p	Dicke des Verbundbleches

L_s	Schublänge
F_s	Last beim ersten meßbaren Schlupf
F_u	Bruchlast
N_c	Resultierende der Betondruckzone
N_a	Zugkraft im Verbundblech
η	Verdübelungsgrad
τ_u	Längsschubtragfähigkeit

Kopfbolzendübel (KBD)

$P_{u,dübel}$	Bruchlast des Dübels im Kurzzeitversuch
τ_u	Dübelschubspannung im Kurzzeitversuch
F_0 bzw. τ_0	Oberlast
ΔF bzw. $\Delta\tau$	Schwingbreite, Doppelamplitude
$\Delta\tau_{RL}$	Schwingbreite für KBD in Leichtbeton
N	Anzahl der Spannungsspiele
m	Neigung der Ermüdungsfestigkeitskurve
a	Konstante, abhängig von der Ermüdungsfestigkeit und Neigung m

Holzleichtbeton-Verbunddecke (HBV)

K, K_{ser}, K_u	Verschiebungsmodul (für Gebrauchs- und Bruchzustand)
$R_{T,k}$ bzw. $R_{T,d}$	Schubtragfähigkeit des Verbundmittels
F_τ	Schubkraft in der Verbundfuge
s	Verbundmittelabstand
v	Schlupf
γ	Verdübelungsgrad
EI_{eff}	wirksame Biegesteifigkeit

Sonstige Bezeichnungen

NWC, NC, C	Normalbeton (2000 kg/m³ < ρ ≤ 2800 kg/m³)
MWC	(leichter) Normalbeton mit Leichtzuschlägen (ρ > 2000 kg/m³)
HSC	Hochfester Normalbeton (= high strength concrete) (f_{ck} > 55 N/mm²)
HPC	Hochleistungsbeton (= high performance concrete)
LWAC, LC	Leichtbeton mit geschlossenem Gefüge (ρ ≤ 2000 kg/m³)
ALWAC	Leichtbeton mit Leichtzuschlägen in allen Kornfraktionen
SLWAC	Leichtbeton unter Verwendung von Natursand
HSLWAC	Hochfester Leichtbeton (f_{lck} ≥ 55 N/mm²)
HPLWAC	Hochleistungsleichtbeton = Leichtbeton mit minimierter Rohdichte auf vorgegebenem Festigkeitsniveau

Weitere Symbole und Begriffe sind im Text erläutert.

1   Einführung

1.1   Allgemeines

Die große Bedeutung des Betons im Bauwesen heutzutage ist ein Verdienst seiner vielen Vorzüge. Dazu gehört die nahezu unbegrenzte Gestaltungsmöglichkeit, seine große Steifigkeit und hohe Leistungsfähigkeit unter Druckbeanspruchung sowie die günstigen Eigenschaften hinsichtlich Schall-, Korrosions- und Brandschutz. Nachteilig wirken sich allerdings die hohe Wärmeleitfähigkeit und vor allem das hohe Eigengewicht aus. Die Trockenrohdichte von Normalbeton ist auf den Bereich von 2,0 kg/dm³ < ρ ≤ 2,8 kg/dm³ beschränkt. Zumeist schwankt die Rohdichte in Abhängigkeit von dem verwendeten Zuschlag in engen Grenzen zwischen 2,3 und 2,4 kg/dm³. Für bestimmte Anwendungen im Bauwesen kann es entweder wirtschaftlich interessant oder auch unumgänglich sein, einen leichteren Beton als Normalbeton einzusetzen, einen sogenannten Leichtbeton.

Als Leichtbetone werden Betone mit einer Trockenrohdichte ρ ≤ 2,0 kg/dm³ bezeichnet [2–4]. Die gegenüber herkömmlichem Beton wesentlich geringere Dichte wird durch das gezielte Einbringen von Poren erreicht. Dabei unterscheidet man prinzipiell zwischen Korn-, Matrix- und Haufwerksporigkeit (Bild 1-1). Auch Kombinationen aus diesen drei Möglichkeiten sind denkbar.

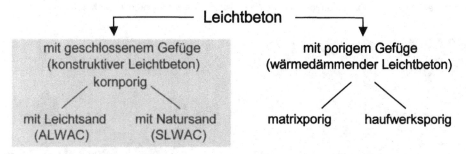

Bild 1-1 Einteilung der Leichtbetone

Von Kornporigkeit spricht man, wenn dichte Normalzuschläge durch porige Zuschläge, sogenannte Leichtzuschläge ersetzt werden. Dabei erhält man einen Leichtbeton mit geschlossenem Gefüge bzw. einen gefügedichten Leichtbeton. Der Austausch erfolgt immer im Grobkornbereich ($\varnothing_a$ ≥ 4 mm). Darüber hinaus kann aber auch Leichtsand anstatt Natursand verwendet werden. Betone mit Leichtzuschlägen in allen Kornfraktionen werden im amerikanischen Sprachgebrauch als ALWA-Betone (**all-lightweight aggregates**), Leichtbetone mit Natursand als SLWA-Betone (semi bzw. **sand-lightweight aggregates**) bezeichnet [169] (Bilder 1-1 und 1-4).

Den gefügedichten Leichtbetonen stehen solche mit porigem Gefüge gegenüber, die oft auch als wärmedämmende Leichtbetone bezeichnet werden. Zu diesen zählen die matrixporigen Leichtbetone, bei denen die Mörtelmatrix durch die Zugabe von Schaumbildnern oder Treibmitteln aufgeschäumt bzw. aufgebläht wird (Bild 1-2 a und b), und die haufwerksporigen Leichtbetone, deren Herstellung durch Reduktion des Feinzuschlag- und Zementleimgehaltes erfolgt. Dadurch werden im zuletzt genannten Fall die Grobzuschläge mit dem Mörtel nur umhüllt und punktweise miteinander verklebt, so daß bei ausreichend steifer Konsistenz des Zementleims nach dem Verdichten Hohlräume zwischen den Körnern verbleiben, die sogenannten Haufwerksporen (Bild 1-3 a und b). Für haufwerksporige Betone können sowohl Zuschläge mit dichtem Gefüge als auch Leichtzuschläge verwendet werden.

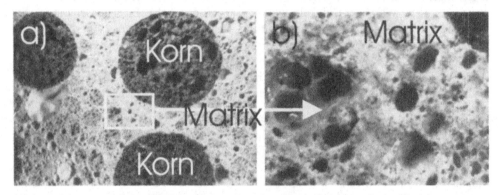

Bild 1-2 Leichtbeton mit matrixporigem Gefüge (fein dispergierte Kugelporen in der Matrix)

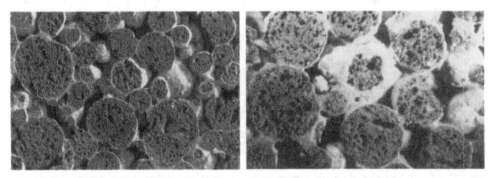

Bild 1-3 Leichtbetone mit haufwerksporigem Gefüge (Hohlräume zwischen den Körnern) [115]

Leichtbetone mit porigem Gefüge verfügen über Würfeldruckfestigkeiten von $f_{lck,cube} = 2$ bis 15 N/mm² bei Trockenrohdichten zwischen $0,5 \leq \rho \leq 2,0$. Sie finden als Baustoff in Mauersteinen und geschoßhohen Wandelementen Verwendung, für den konstruktiven Ingenieurbau sind sie allerdings unbedeutend angesichts der niedrigen Festigkeit. Von daher sind Leichtbetone mit porigem Gefüge nicht Gegenstand dieses Buches, das sich statt dessen auf die Herstellung, das Tragverhalten sowie die Bemessung von Leichtbeton mit geschlossenem Gefüge (Bild 1-4) beschränkt.

Aufgrund der Anwendungen im konstruktiven Ingenieurbau werden gefügedichte Leichtbetone oft auch als konstruktive Leichtbetone (Konstruktionsleichtbetone), im englischen Sprachgebrauch als „structural lightweight aggregate concrete", bezeichnet.

1.2   Die Bandbreite konstruktiver Leichtbetone

Leichtbetone werden über ihre Druckfestigkeit und Trockenrohdichte klassifiziert. Diese Kenngrößen können innerhalb großer Bandbreiten variiert werden angesichts des breiten Spektrums unterschiedlichster Leicht- und Feinzuschläge und ihrer Kombinationen, mit denen Zylinderdruckfestigkeiten $f_{lck} = 15$ bis 90 N/mm² bei Trockenrohdichten von $1,0 \leq \rho \leq 2,0$ kg/dm³ ermöglicht werden (Bild 1-5). Die Rohdichte wird über die Porigkeit und den Volumenanteil des verwendeten Leichtzuschlags gesteuert. Im dem Bereich $0,8 \leq \rho \leq 1,0$ [87] wer-

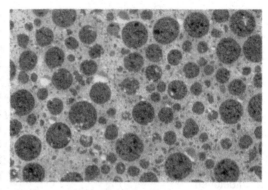

Bild 1-4 Gefügedichter Leichtbeton [115]

den Leichtbetone der Güte LC 8/9 und LC 12/13 hergestellt, die z. B. als tragende Innenwände nur in bescheidenem Rahmen konstruktiven Anforderungen genügen müssen. Daher wird das Spektrum der konstruktiven Leichtbetone auf $1,0 \leq \rho \leq 2,0$ kg/dm³ beschränkt.

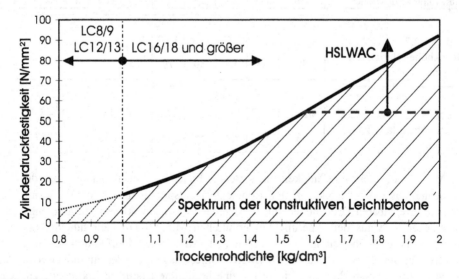

Bild 1-5 Spektrum der konstruktiven Leichtbetone

Mit dem Begriff „Hochleistungsleichtbetone" (*HPLWAC* = high performance lightweight aggregate concrete) wird die Leistungsfähigkeit von Leichtbetonen gewürdigt, die in Anbetracht ihrer Rohdichte eine hohe Festigkeit aufweisen und zudem höchsten Ansprüchen an die Dauerhaftigkeit genügen. Gemäß dieser Definition können auch Betone moderater Festigkeit, aber geringer Rohdichte zu dieser Kategorie gezählt werden. Eine Untergruppierung der Hochleistungsbetone bilden die „hochfesten Leichtbetone" (HSLWAC) mit einer Zylinderdruckfestigkeit von $f_{lck} \geq 55$ N/mm. Für den Begriff „hochfest" gilt damit die gleiche Grenze wie bei Normalbeton.

Bislang kann man in der Literatur keine eindeutige Definition für *HPLWAC* finden. Allerdings wird in dem *fib*-Ergänzungsdokument zum Model Code 90 [6] für einen Leichtbeton mit $f_{lck} > 64 \cdot (\rho/2{,}2 \text{ kg/dm}^3)^2$ der Nachweis eines ausreichenden Umlagerungsvermögens unter Dauerlast gefordert. Hintergrund ist die hohe Ausnutzung der Leichtzuschläge in diesem Festigkeitsbereich. Genau diese Charakteristik haben jedoch auch die *HPLWAC*, so daß die genannte Bedingung als Definition für *HPLWAC* interpretiert werden kann (vgl. Abs. 3.4).

Tabelle 1-1 Beziehung zwischen der Druckfestigkeit und der Druckhöhe bei Hochleistungsleichtbetonen

		HPLWAC = Hochleistungsleichtbeton								
						Hochfester Leichtbeton				
Zylinderdruckfestigkeit f_{lck}	N/mm²	20	30	40	50	55	60	70	80	90
Zugehöriger Leichtbeton mit minimaler Rohdichte										
Trockenrohdichte min ρ	kg/dm³	1,11	1,28	1,41	1,52	1,58	1,63	1,74	1,85	1,97
Maximale Druckhöhe	km	1,8	2,4	2,9	3,3	3,5	3,7	4,0	4,3	4,6
Maximale Rohdichte von HPLWAC für vorgegebene Zylinderdruckfestigkeit f_{lck}										
max $\rho = 2{,}2 \cdot (f_{lck}/70)^{0,4}$	kg/m³	1,33	1,57	1,76	1,92	2,0				
Druckhöhe relativ zum Maximalwert	%	83	82	80	79	79				
Mindestdruckfestigkeit von HPLWAC für vorgegebene Trockenrohdichte min ρ										
min $f_{lck} = 70 \cdot (\text{min } \rho/2{,}2)^{2,5}$	N/mm²	12,7	18,1	23,0	27,8	30,6	33,1	38,9	45,4	53,1
Druckhöhe relativ zum Maximalwert	%	63	60	58	56	56	55	56	57	59

Als Maß für die Leistungsfähigkeit eines Betons bietet sich die Druckhöhe an, die dem Quotienten aus Druckfestigkeit f_c und Rohdichte ρ entspricht. In Tabelle 1-1 werden die maximal erreichbaren Druckhöhen für verschiedene Festigkeitsklassen zusammengestellt. Sie ergeben sich aus der experimentell ermittelten Mindest-Trockenrohdichte, die zum Erreichen dieser Festigkeit nötig ist. In Gl. (1.1) wird eine Modifikation des o. g. *fib*-Ansatzes für die untere Grenze von *HPLWAC* vorgeschlagen, bei der ein einheitlicher Anteil der maximal möglichen Druckhöhe für eine bestimmte Festigkeitsklasse erreicht wird (vgl. Tabelle 1-1). Diese Definition über die Festigkeit und Rohdichte ist so gewählt, daß alle hochfesten Leichtbetone gerade in die Gruppe der Hochleistungsleichtbetone gehören.

$$f_{lck}^{HP} \geq 70 \cdot \left(\frac{\rho}{2,2} \right)^{2,5} \qquad \text{mit } 1,0 \leq \rho \leq 2,0 \text{ kg/dm}^3 \qquad\qquad (1.1)$$

Entsprechend Gl. (1.1) wird Hochleistungsleichtbeton (*HPLWAC*) so definiert, daß seine Rohdichte bei gegebener Festigkeitsklasse weniger als 25 % über der minimal erreichbaren Rohdichte liegt bzw. seine Festigkeit bei gegebener Rohdichte mindestens 60 % der maximal möglichen Druckfestigkeit erreicht.

1.3 Historischer Abriß

Die ersten Anwendungen betonähnlicher Gemische unter Verwendung von leichten Zuschlägen lassen sich bis in die Antike zurückverfolgen So wurde bei der Herstellung der Kuppel des im 2. Jh. v. Chr. erbauten Pantheons in Rom ein Beton mit Zuschlägen aus Bimsstein eingesetzt. Die Kuppel hat einen Durchmesser von ca. 43 m und ist heute noch in einem guten Zustand (Bild 1-6). Für das Kolosseum in Rom, erbaut von 70–80 n. Chr., wurden ebenfalls leichte Zuschlagstoffe wie Vulkanlava, Ziegelsplitt und Tuffstein für Gründung, Wände und Gewölbe verwendet. Bis zum Beginn des 20. Jahrhunderts blieb der Einsatz von Leichtzuschlägen von den natürlichen Vorkommen abhängig [19].

Bild 1-6 Leichtbeton in der Antike: Die Kuppel des Pantheons in Rom

Erst die Erfindung des Drehrohrofens ermöglichte die industrielle Herstellung von Leichtzuschlägen und damit die Anwendung im größeren Stil. *Stephen Hayde* zeigte 1917 in Amerika, daß bestimmte Schiefer und Tone gebrannt werden können und dadurch ein poriges Produkt ergeben, das dem im antiken Rom verwendeten vulkanischen Gestein ähnlich ist. Die industriell hergestellten Zuschläge waren von gleichmäßiger Qualität und Beschaffenheit und damit im Vergleich zu natürlichen Zuschlägen für Leichtbetone besser geeignet [19].

Die ersten neuzeitlichen Anwendungen von Leichtbeton findet man im Schiffsbau in den USA. Während des ersten Weltkrieges wurden 14 Schiffsrümpfe aus Leichtbeton gebaut, 1918 mit der Atlantis das erste Schiff und ein Jahr später der 132 m lange Tanker U.S.S. Selma aus einem Beton mit einer Druckfestigkeit von 35 N/mm² und einer Dichte von 1700 kg/m³. Im zweiten Weltkrieg verfügten die USA schon über 104 Leichtbetonschiffe. Die U.S. Marinekommission bescheinigte diesen Schiffen in einem Bericht gute Gebrauchseigenschaften, hohe Widerstandsfähigkeit gegenüber Druckwellen in Kampfeinsätzen, vollkommene Wasserdichtigkeit und eine sehr gute Salzwasserbeständigkeit der Außenschale [19].

Der Erfolg im Schiffsbau leitete den Einsatz von Leichtbeton im konstruktiven Ingenieurbau ein. Bereits in den 20er Jahren des 20. Jahrhunderts konnten in den USA über ein Dut-
zend Brücken aus Leichtbeton mit Blähschiefer fertiggestellt werden, ebenso das Park
Plaza Hotel in Saint Louis (1928) und das Gebäude der South Western Bell Telephone
Company in Kansas City (1928). Im Jahre 1936 wurde für die obere Fahrbahnplatte der
Oakland-Bay-Brücke in San Francisco Leichtbeton mit Blähschiefer und Natursand gewählt. Die guten Erfahrungen führten zu der Entscheidung, beim Umbau in den 60er Jahren
auch für die untere Platte Leichtbeton zu verwenden [27].

In Europa setzte die industrielle Herstellung von Leichtzuschlägen erst im Jahre 1939 ein,
als in Dänemark die erste Produktion im Drehrohrofen nach dem sogenannten *LECA*-
Verfahren (**L**ight **E**xpanded **C**lay **A**ggregate) anlief. Die erste deutsche Anlage wurde 1956
in der Nähe von Itzehoe in Betrieb genommen [25].

In Nordamerika stieg als Reaktion auf die erhöhte Nachfrage bereits in den 40er Jahren die
Anzahl der Produzenten sprunghaft an. In Gebieten mit rauhem Seeklima wurden viele
Brückendecks aus Leichtbeton errichtet, wo sie neben der starken Salzbelastung oftmals
auch häufigen Wechsel von Frost und Tauwetter ausgesetzt waren. Dazu zählt auch die
6,5 km lange Chesapeake Bay Bridge in Annapolis (Maryland) aus dem Jahre 1952. Für die
Fahrbahnplatten wurde sowohl Leichtbeton im Bereich der 488 m langen Hängebrücke als
auch Normalbeton in den übrigen Feldern verwendet. Spätere Untersuchungen bestätigten,
daß der Leichtbeton weit weniger als der Normalbeton durch die Frost-Tausalz-
Beanspruchung geschädigt wurde [19]. Diese Beobachtungen rechtfertigen nachträglich die
Anwendung von Leichtbeton in der Offshore-Technik. In den 50er Jahren wurden im fla-
chen Küstengewässer am Golf von Mexiko eine Anzahl kleinerer Ölplattformen zum Teil
aus Leichtbeton errichtet.

Neben der hohen Widerstandsfähigkeit ist bei den genannten Anwendungen auch die er-
zielbare Gewichtsersparnis von Bedeutung, die im Hochbau naturgemäß im Vordergrund
steht. So entschied man sich bei dem 1955 in Chicago erbauten 42stöckigen „Prudential
Life Building" (heute Prudential Plaza Building) für Leichtbetondecken. Etwa zur gleichen
Zeit wurden ebenfalls das Rahmenskelett sowie die Decken des 18geschossigen Statler
Hilton Hotels in Dallas in Leichtbeton ausgeführt. Als prominente Vertreter seien an dieser
Stelle noch die „Marina City Towers" in Chicago (1962-1964, 180 m hoch, Geschoßdecken
aus LC25/28, $\rho=1,68$ kg/dm³) und das 215 m hohe Stahlleichtbetonhochhaus „One Shell
Plaza" in Houston (Bild 1-7) aus den 60er Jahren erwähnt.

Mit der zügigen Verbreitung von Leichtbeton in den USA und Kanada konnten die übrigen
Länder nicht Schritt halten. In Europa, Japan und Australien wurden die ersten großen
Leichtbetonprojekte erst in den 60er Jahren verwirklicht. Stellvertretend für diese Zeit seien
der „Commercial Centre Tower" in Kobe, der 184 m hohe „Australia Square" und das
„Central Square Building" in Sydney genannt [18]. In den Niederlanden wurden bis 1973
fünfzehn Leichtbetonbrücken mit größerer Spannweite errichtet. Auch in Großbritannien
hielt der Leichtbeton nicht nur in Gebäuden Einzug, wie z. B. beim 142 m hohen „Guy's
Hospital" in London, sondern insbesondere bei auskragenden Dachkonstruktionen und
Tribünen im Stadionbau.

Bild 1-7 Beispiele für die Anwendung von Leichtbeton im konstruktivem Ingenieurbau.
Von links: Marina City Towers in Chicago, One Shell Plaza in Houston, BMW-Verwaltungsbebäude
in München, Skiflugschanze in Oberstdorf

In Deutschland erlebte der Leichtbeton in den frühen 70er Jahren seine Blütezeit. Die vorgespannte Dyckerhoff-Fußgängerbrücke in Wiesbaden (1966), die Skiflugschanze in Oberstdorf (1972), das BMW-Verwaltungsgebäude in München (1971), die Hängedächer der Wartungshalle V auf dem Flughafen Frankfurt/Main (1970) sowie die zweite Rheinbrücke Köln-Deutz (1978) zeugen davon. Seit der ersten Ölkrise 1973 und den damit gestiegenen Energiekosten hat der konstruktive Leichtbeton in Deutschland an Attraktivität verloren. Die Novellierungen der Wärmeschutzverordnung führten außerdem dazu, daß einschalige Außenwände aus Leichtbeton mit einer wirtschaftlichen Dicke den gestiegenen Anforderungen an die Wärmedämmung nicht mehr genügten.

Erst in den letzten Jahren zeigt sich wieder ein wachsendes Interesse, in erster Linie hervorgerufen durch betontechnologische Neuentwicklungen, die auch intensivere Forschungstätigkeiten auf diesem Gebiet nach sich zogen. Einen weiteren Aufschwung verspricht die anstehende Einführung der neuen deutschen Betonnorm, die den konstruktiven Leichtbeton gleichberechtigt mit Normalbeton behandelt, was seine Akzeptanz positiv beeinflussen dürfte. Damit sind die Voraussetzungen dafür gegeben, daß der konstruktive Leichtbeton seinen früheren Stellenwert in Deutschland wieder erreichen kann, ähnlich wie z. B. in den USA, Norwegen, England oder in den Niederlanden, wo auch in den letzten beiden Jahrzehnten bemerkenswerte Leichtbetonbauwerke entstanden sind (vgl. Abs. 6.2).

2   Technologie

2.1   Allgemeines

Festlegung, Eigenschaften, Herstellung und Konformität (Gütenachweis) von Beton werden in der europäischen Norm EN 206-1 bzw. in ihrer deutschen Fassung DIN EN 206-1:2000 [16] behandelt. Die Norm läßt Raum für nationale Anwendungsregeln, um unterschiedliche klimatische und geographische Bedingungen, verschiedene Schutzniveaus sowie gut einge-führte regionale Gepflogenheiten und Erfahrungen zu berücksichtigen. An verschiedenen Stellen wird deshalb auf DIN 1045-2 [4] verwiesen, die die in Deutschland geltenden Anwendungsregeln zu DIN EN 206-1 beinhaltet. Beide Normen können somit nur zusammen angewendet werden.

Im Mittelpunkt der Leichtbetontechnologie steht der Leichtzuschlag, der ganz entscheidend die Eigenschaften des gefügedichten Leichtbetons bestimmt. Im Vergleich dazu ist der Einfluß des dichten Zuschlags für Normalbetone nahezu vernachlässigbar. Die mecha-nischen Kennwerte von Leichtzuschlägen, wie ihre Druck- und Zugfestigkeit sowie der E-Modul, können nach Anhang A1.1 mit hinreichender Genauigkeit über die Kornroh-dichte beschrieben werden. Dadurch ist es prinzipiell möglich, eine allgemeine, vom Leichtzuschlagstyp unabhängige Betonrezeptur zu konzipieren.

Allerdings unterscheiden sich die Leichtzuschläge untereinander in ihrem Porensystem, d. h. in der Porengrößenverteilung und insbesondere in dem Verhältnis von offenen zu ge-schlossenen Poren (A1.1.4). Folglich liegt die Schwierigkeit bei der Leichtbetonherstellung darin, daß der Sättigungsgrad und das Absorptionsverhalten des eingesetzten Zuschlags beim Mischungsentwurf hinsichtlich des effektiven w/z-Wertes und der Verarbeitungsdauer realistisch eingeschätzt wird. Dies gilt im besonderen für den Einbau mit Betonpumpen.

Überwiegend wird Leichtbeton mit Natursand hergestellt (SLWAC). Der Anteil von ALWAC an der Gesamtheit der konstruktiven Leichtbetone beläuft sich zur Zeit sicherlich auf weniger als 10 %. Dies ist auf den höheren Preis und die schwierigere Herstellung zu-rückzuführen, da die Saugfähigkeit des Leichtsandes nicht exakt zu bestimmen ist.

Leichtbeton ist in der Herstellung teurer als Normalbeton. Dies liegt zum einen in dem Aufpreis für die Leichtzuschläge (in Abhängigkeit von der Schüttdichte), in dem höheren Zementgehalt und gegebenenfalls erforderlichen Zusatzstoffen und Zusatzmitteln begrün-det. In vielen Transportbetonwerken müssen für die Zuschlagsfraktionen zudem zusätzliche Silokapazitäten bereitgestellt werden, die sich bei größeren Betonvolumina jedoch weniger auf den Preis auswirken. Schließlich trägt der höhere Überwachungsaufwand zu den Mehr-kosten bei (Abs. 2.7). Der Leichtbetonpreis ist daher von der Größe und dem Ort des Pro-jektes abhängig und deutlich höher, als dies der Aufpreis für Leichtzuschlag und zusätzli-chen Zement erwarten läßt. Um einen Anhaltswert für eine überschlägige Kalkulation zu haben, sollte man für SLWAC mindestens den 2-fachen, für ALWAC den 2,5-fachen Mate-rialpreis im Vergleich zu einem Normalbeton gleicher Druckfestigkeit ansetzen. Für HPLWAC mit Silikasuspension und Fließmittel ist ein weiterer Zuschlag einzurechnen.

Stahlbau Spezial

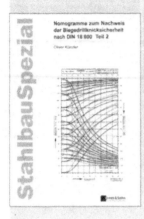

2.2   Übersicht der verfügbaren Leichtzuschläge

Zuschläge mineralischer Herkunft, deren Kornrohdichte $\rho_a \leq 2000$ kg/m³ oder ofentrockene Schüttdichte $\rho_b \leq 1200$ kg/m³ beträgt, werden als leichte Gesteinskörnung (Leichtzuschläge) bezeichnet [16]. Diese Definition schließt organische Materialien wie Holzspäne, Holzwolle, Kornhülsen, zerhacktes Stroh oder Polystyrolkugeln aus, deren Anwendungen angesichts der niedrigen Rohdichte auch nicht auf den konstruktiven Bereich ausgerichtet sind.

Bislang wurden die meisten Leichtzuschläge in DIN 4226,Teil 2 [13] genormt und davon ausgenommene wie Kesselsande, Blähgläser, Perlite sowie Vermiculite (Blähglimmer) über Zulassungen geregelt. Die neue DIN 4226-2 umfaßt nun alle Leichtzuschläge mineralischen Ursprungs innerhalb der oben genannten Dichtegrenzen. Für rezyklierte Leichtzuschläge gilt DIN 4226-100. Auf europäischer Ebene werden Leichtzuschläge in der EN 13055-1 [15] behandelt.

Die Kornrohdichte ρ_a (entspricht ρ_p = particle density) ist die maßgebende Kenngröße für Leichtzuschläge, da sie die mechanischen Eigenschaften des Zuschlagkorns bestimmt (Anhang A1.1). Sie ergibt sich aus dem Verhältnis der Kornmasse zu dem von der Kornoberfläche eingeschlossenen Volumen inklusive aller Poren. Bezieht man die Kornmasse lediglich auf den von den festen Bestandteilen eingenommenen Raum (ohne Porenvolumen), erhält man die Reindichte $\rho_{a,sp}$ (specific density), die man experimentell z. B. mit einem Heliumpyknometer ermitteln kann (Tabelle A1-3). Der Porenanteil im Zuschlag wird über die Porosität p (in Vol.-%) wiedergegeben, die aus den ersten beiden Kenngrößen über die Beziehung $p = (1-\rho_a/\rho_{a,sp}) \cdot 100$ berechnet wird (Gl. (A1.10b)).

Die Bestimmung der Kornrohdichte erfolgt nach EN 1097-6 für ofengetrocknete, d. h. bis zur Gewichtskonstanz ($\Delta m \leq 0,1\% \cdot h^{-1}$) getrocknete Zuschläge. Aufgrund der Saugfähigkeit des Leichtzuschlags kann das für dichte Zuschläge bekannte Verdrängungsverfahren nur in modifizierter Form angewendet werden. Die Prüfgutmenge des Leichtzuschlags ist nach der Ofentrocknung durch eine wasserabweisende Flüssigkeit, z. B. Petroleum, zu hydrophobieren, bevor im Anschluß daran das Kornvolumen in einem Meßzylinder über die verdrängte Wassermenge ermittelt wird.

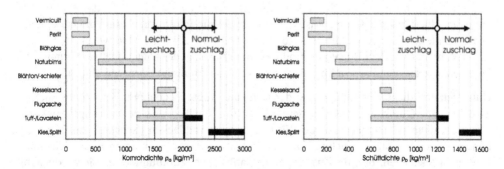

Bild 2-1 Spektrum der Kornrohdichten verschiedener Zuschläge [9, 20]

Bild 2-2 Spektrum der Schüttdichten verschiedener Zuschläge [9, 20, 25]

Die Schüttdichte ρ_b (bulk density) gibt die Masse eines Haufwerks aus Zuschlägen im Verhältnis zum eingenommenen Schüttraumvolumen wieder und wird deshalb für die volumetrische Dosierung der Zuschläge herangezogen. Da sie zudem nach EN 1097-3 sehr einfach und schnell zu bestimmen ist, werden Leichtzuschläge üblicherweise nach der Schüttdichte bzw. dem Schüttraumvolumen (z. B. in liter pro m³ Beton) bestellt und geliefert. Die Bilder 2-1 und 2-2 zeigen die mögliche Schütt-bzw. Kornrohdichte verschiedener Leicht-zuschlagsorten. Die Art des Zuschlages, ob gebrochen oder pelletiert, hat Auswirkungen auf das Verhältnis von Schüttdichte zu Kornrohdichte, das nach Bild 2-3 in Abhängigkeit von der Größe und Regelmäßigkeit der Körner zwischen 40 und 70 % liegt. Sofern in DIN 4226-2 eine Einstufung der Leichtzuschläge z. B. hinsichtlich ihrer chemischen Anforderungen im Vergleich zu Normalzuschlägen erforderlich ist, werden die Bezugswerte ρ_a = 2600 kg/m³ bzw. ρ_b = 1500 kg/m³ verwendet.

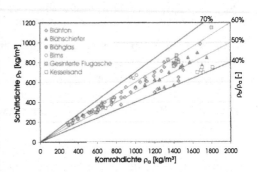

Bild 2-3 Zusammenhang zwischen Schüttdichte und Kornrohdichte (Angaben aus [20])

In Tabelle 2-1 wird eine Gliederung der verfügbaren Leichtzuschläge gemäß ihrer Herkunft und ihres Herstellungsprozesses vorgenommen. Der ersten Hauptgruppe der Leichtzuschläge liegen natürliche Ausgangsprodukte zugrunde. Sofern diese bereits eine gewisse natürliche Porosität aufgrund ihrer vulkanischen Herkunft aufweisen, können Zuschläge alleine durch mechanische Prozesse in Form von Brechen und Sieben gewonnen werden (natürliche Zuschläge). Handelt es sich jedoch um Materialien wie Ton, Tonschiefer oder Schieferton, deren Reindichte in dem für Normalzuschlag üblichen Bereich liegt (Tabelle A1-3), müssen diese durch thermische Prozesse künstlich aufgebläht werden, um die gewünschte Porigkeit zu erzielen (industrielle Zuschläge). Eine Auswahl europäischer Leichtzuschläge ist in Tabelle 2-2 zusammengestellt, die die Bandbreite der lieferbaren Korndurchmesser sowie Schütt- und Kornrohdichten jeweils für Leichtsande und Grobzuschläge aufzeigt. Zur Veranschaulichung sind in Tabelle 2-3 Zuschlagkörner verschiedener Hersteller abgebildet. Die Fotos zeigen sowohl die Kornoberfläche als auch einen Schnitt durch das Korninnere, um einen Überblick der Charakteristika in bezug auf die Porenstruktur und die harte, keramische Sinterhaut zu geben, die eine Rohdichte von rund 2500 kg/m³ aufweist. In den Fällen, in denen zwei Zuschläge eines Produzenten nebeneinander angeordnet sind, nimmt die Porosität augenscheinlich von links nach rechts ab und damit die Kornrohdichte zu.

Unter den natürlichen Zuschlägen hat der Bims die größte Bedeutung. Bei Kornrohdichten zwischen ρ_a = 0,6 bis 1,1 kg/dm³ lassen sich mit ihm Leichtbetone der unteren Festigkeitsklassen realisieren. Hingegen ist der Einsatz von Lavaschlacken (Schaumlava) durch die höhere Rohdichte ohne gleichwertigen Festigkeitsgewinn eher uninteressant. Prinzipiell kann man feststellen, daß für Zuschläge aus natürlichen Vorkommen die Gewährleistung einer gleichbleibenden Qualität und Beschaffenheit schwerer fällt im Vergleich zu industriell hergestellten Zuschlägen.

Tabelle 2-1 Gliederung der verfügbaren Leichtzuschläge

Zuschlags-gruppe	Ausgangs-produkt	Ursprung	Herstellung	Leichtzuschläge
natürlich	Natürliche Materialien	vulkanisch	mechanischer Prozeß	Naturbims, Lavastein, Tuffstein
		mineralisch, vulkanisch	thermischer Prozeß	Blähton, Blähschiefer, Perlite, Vermiculite
industriell	Nebenpro-dukt aus industrieller Fertigung	mineralisch	thermischer Prozeß	gesinterte Flugasche, Blähschlacke, Blähglas
			Verarbeitung ohne Brennen	kaltgebundene Flugasche
			ohne Weiter-verarbeitung	Kesselsand, Schmelzkam-mergranulat, Hochofen-schlacke (Hüttenbims)
rezykliert	Leichtbeton	Abbruch-material	mechanischer Prozeß	Rezylierter Leichtzuschlag

Tabelle 2-2 Europäische Leichtzuschläge (Auswahl) im Überblick (Angaben aus [20])

Leichtzu-schlag	Produktname/Land		Leichtsand			Grobzuschlag		
		$\varnothing_a$	ρ_b	ρ_a	$\varnothing_a$	ρ_b	ρ_a
			mm	kg/m³	kg/dm³	mm	kg/m³	kg/dm³
Blähton	Ares	I	0- 3			3- 20	400-800	0,58-1,3
	Argex	Bel	0,5-4		1,1	4- 16	360-440	0,66-0,78
	Arlita	Esp	0- 4	400-500		3- 16	300-750	0,58-1,3
	Embra	Pl	0- 4	490	0,79	4- 16	270-360	0,51-0,68
	Fibo Exclay	D	0- 4	375-750	0,85-1,3	4- 8	375-425	0,75
	Leca Austria	A	0- 4	340-650	0,78-1,45	4- 12	320-650	0,55-1,1
	Liapor	D	0- 4	600-720	1,3-1,7	4- 16	325-987	0,61-1,68
	Norsk Leca	Nor	0- 4	450-600	0,85-1,2	4- 20	300-350	0,65-0,75
Bläh-schiefer	Berwilit	D	0- 4	700-900	1,35-1,65	4- 16	570-625	1,1-1,25
	Granulex	F	0,5-4	400-700	0,65-1,25	4- 25	400-700	0,65-1,25
	Ulopor	D	0- 4	570-770	1,4-1,7	4- 16	540-550	1,25-1,3
Blähglas	Liaver	D	0,25-4	190-300	0,29-0,54			
	Poraver	D	0,25-4	190-370	0,34-0,64	4- 8	170	0,3
Gesinterte Flugasche	Lytag	UK	0-4	1150	1,8	4- 12	780-800	1,4-1,45
	Lytag Vasim [1]	Ne	0,5-4	780		4- 12	760-780	1,4-1,42
	Pollytag	Pl	0,5-4	780		4- 12	760-780	1,4-1,42
kaltgeb. FA	Aardelite [1]	Ne	2- 4	820		4- 16	810-870	1,43
Kesselsand	Grobalith	D	0- 4	700-720	1,69-1,71			
	Safamolith	D	0- 4	750	1,7-1,81			
Bims	Vikur	Ice	1- 4	320-370		4- 16	350-370	
	Yali-Bims	Gre	0- 5	720		5- 16	550-670	

[1] Zuschlag wird heute nicht mehr produziert

Tabelle 2-3 Typische Leichtzuschläge von außen und im Schnitt

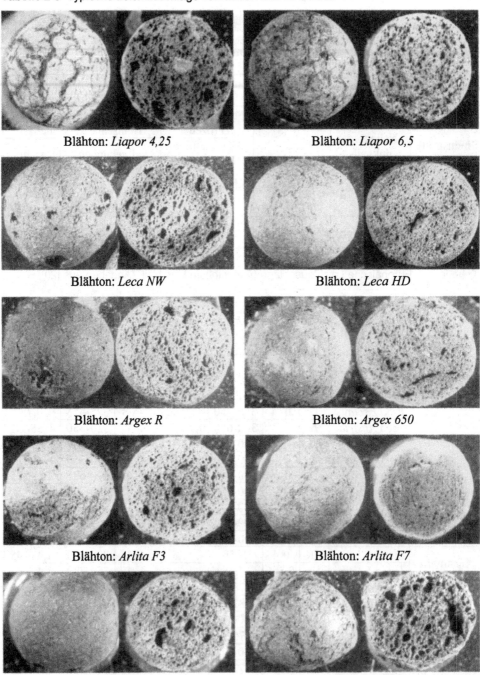

Blähton: *Liapor 4,25*   Blähton: *Liapor 6,5*

Blähton: *Leca NW*   Blähton: *Leca HD*

Blähton: *Argex R*   Blähton: *Argex 650*

Blähton: *Arlita F3*   Blähton: *Arlita F7*

Blähton: *Fibo*   Blähton: *Embra*

Tabelle 2-3 (Fortsetzung)

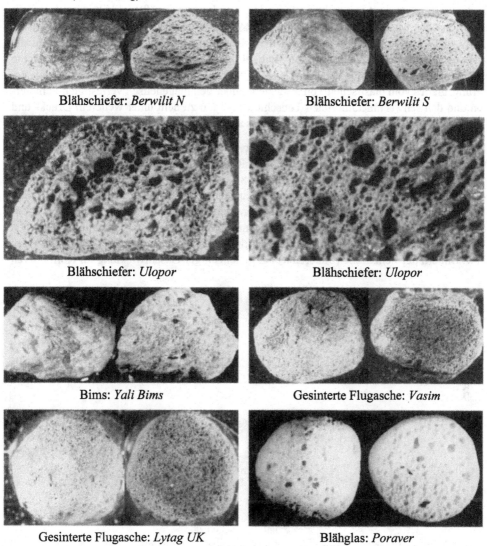

| Blähschiefer: *Berwilit N* | Blähschiefer: *Berwilit S* |

Blähschiefer: *Ulopor*   Blähschiefer: *Ulopor*

Bims: *Yali Bims*   Gesinterte Flugasche: *Vasim*

Gesinterte Flugasche: *Lytag UK*   Blähglas: *Poraver*

Die industrielle Herstellung von Leichtzuschlägen beruht auf Blähvorgängen, die entweder durch die Gasentwicklung beim Verbrennen bestimmter Rohstoffbestandteile hervorgerufen werden oder aber durch das Mischen einer geschmolzenen Rohstoffmasse mit Wasser, dessen Dampf beim Abkühlen eine zellenartige Struktur hinterläßt [17]. Bei den meisten Herstellungsverfahren erfolgt der Blähvorgang entweder im Drehrohrofen (Bild 2-4) oder auf dem Sinterband (Bild 2-6). Weiterhin wird das Zirkulations-Strömungsverfahren in einem vertikalen Schachtofen angewandt [17]. Für konstruktive Leichtbetone werden heutzutage überwiegend Blähtone und Blähschiefer eingesetzt, die mit ihrer enormen Bandbreite das Festigkeits- und Rohdichtespektrum der Leichtbetone größtenteils bereits abdecken. Im englischen Sprachgebrauch wird für die Rohstoffe dieser Zuschläge mit den Begriffen „clay, shale bzw. slate" eine exaktere Unterscheidung getroffen, die Rückschlüsse auf die Art des Rohmaterials zuläßt. In dieser Reihenfolge spiegeln sie die Entstehungsgeschichte des Ausgangsstoffes wider hinsichtlich eines zunehmenden Metamorphose- bzw. Entwässerungsgrades vom plastischen Ton ausgehend, über den diagenetisch verfestigten Schieferton und den schwachmetamorphen Tonschiefer bis hin zu dem unter weiterem Druck- und Temperaturanstieg nahezu vollständig entwässerten Schiefer.

Die überwiegende Anzahl der industriell gefertigten Leichtzuschläge wird nach dem Drehrohrofenverfahren (Bild 2-4) hergestellt. Das Rohmaterial wird dabei zunächst aufbereitet und gegebenenfalls zu Kügelchen granuliert bzw. pelletisiert, um danach ein sich um seine Achse drehendes Ofensystem mit leichter Längsneigung zu durchlaufen, das aus einem Vorwärmer, einen Blähofen und einer Kühltrommel besteht. Auf dem Weg durch die Ofenanlage werden die Kügelchen (Pellets) einem Brennprozeß bei Temperaturen zwischen 1100 und 1300 °C und regulierter Aufheizgeschwindigkeit unterzogen, der zum Schmelzen bzw. Sintern der Pellethülle (Sinterhaut) bei gleichzeitiger Gasentwicklung im Korninneren

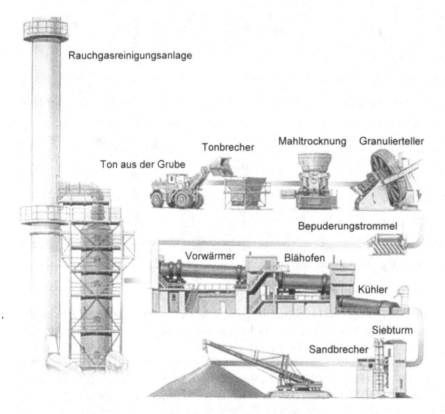

Bild 2-4 Herstellung von *Liapòr*-Blähton nach dem Drehrohrofenverfahren [115]

führt. Im Anschluß an den Abkühlvorgang trennt eine Siebanlage die Leichtzuschläge in verschiedene Korngruppen. Über- und Unterkörner der Standardproduktion werden zu Brechsanden verarbeitet.

Eine chemische Analyse des Ausgangsmaterials liefert essentielle Aufschlüsse über die mineralogische Zusammensetzung und trägt damit zum Einschätzen sowohl des Schmelzverhaltens als auch der möglichen Gasbildung bei. Mit der Kenntnis der rohstoffspezifischen Eigenschaften läßt sich dann die Verfahrenstechnik inklusive der Umdrehungsgeschwindigkeit und des zeitlichen Temperaturverlaufs darauf abstimmen und optimieren. Prinzipiell nimmt der Bläheffekt bei größeren Korndurchmessern zu. Aus diesem Grunde werden bei einem Verfahren, bei dem die Öfen mit Material unterschiedlichen Durchmessers beschickt werden, Leichtzuschläge im gesamten Körnungsbereich hergestellt, deren Kornrohdichte mit wachsender Korngröße geringer werden (z. B. Leca- oder Fibo-Zuschlag). Die Fraktionierung erfolgt in diesem Fall erst im Anschluß in der Sieberei. Falls jedoch ein Materialstrom etwa gleicher Größe aufgegeben wird, kann eine Kornrohdichte in einer engen Bandbreite für eine bestimmte Korngruppe erzielt werden, die von dem Durchmesser der Pellets vorgegeben wird (z. B. Liapor-Zuschlag). Dadurch sind Kornfraktionen gleicher Kornrohdichte möglich.

Keineswegs eignen sich alle diese Rohstoffe gleichermaßen für die Herstellung von Leichtzuschlägen. Wünschenswert ist beispielsweise, daß der Blähbereich um etwa 50–100 °C. unter dem Schmelzpunkt liegt, damit bei geringfügigen Temperaturschwankungen und Atmosphärenwechseln mit einer stabilen Viskosität eine Traubenbildung durch das Zusammenkleben einzelner Pellets vermieden wird [24]. Verfügen die Tone über mangelhafte Blähvoraussetzungen, können blähfördernde Zusatzstoffe wie z. B. Schweröl, Kohle, Koks, Gips oder Bitumen zugegeben werden. Oftmals werden die Pellets auch mit Kalkpulver bepudert (Bild 2-4), um einerseits eine Agglomeratbildung zu vermeiden und andererseits ein Häutchen um das Korn zu bilden, das den Gasen einen zusätzlichen Widerstand bietet und den Blähfaktor erhöht. Die Vielfalt in der chemischen Zusammensetzung der Rohstoffe aus verschiedenen Abbaugebieten und die damit bedingten verfahrenstechnischen Unterschiede beeinflussen erheblich das Erscheinungsbild des Blähzuschlages im Hinblick auf die Sinterhaut, die innere Struktur von fein- bis grobporig und schließlich die Art der Poren von offenen bis zu abgeschlossenen Systemen.

Die Anforderungen an ein hochwertiges Blähgranulat sind vielfältiger Natur. Das ideale Korn ist von kugeliger Form, weist eine gleichmäßig verteilte Porigkeit auf und besitzt eine dichtgesinterte Außenhaut ohne grobe Risse, um die Wasserabsorption zu minimieren (Bild 2-5). Es darf gewisse, auf die Schüttdichte bezogene Grenzwerte an chemischen Bestandteilen, wie z. B. Chloride und Sulfate, nicht überschreiten [15] und muß ausreichend witterungsbeständig sein. Aus wirtschaftlichem Gesichtspunkt wird

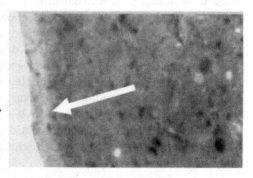

Bild 2-5 Aufgeschnittenes Zuschlagkorn mit ausgeprägter Sinterhaut

zudem ein optimiertes Verhältnis von Festigkeit zur Rohdichte angestrebt. Um alle diesen Zielvorstellungen zu genügen, ist eine sorgfältige Aufbereitung die Grundvoraussetzung. Nur durch eine gewissenhafte Homogenisierung läßt sich die im Vergleich zu den natürlichen Leichtzuschlägen immer wieder als Vorzug angeführte gleichmäßige Herstellung gewährleisten. Die Bedeutung der Aufbereitung muß in erster Linie im Hinblick auf die Zuverlässigkeit des Endproduktes gesehen werden. Beispielsweise haben in der Vergangenheit Kalkeinschlüsse in bestimmten Leichtzuschlägen dazu geführt, daß durch das bekannte „Kalklöschen" und die damit verbundene Volumenzunahme örtlich Betonoberflächen abgesprengt wurden (pop-outs). Als eindeutiges Indiz waren bei diesen Schadensfällen Kalkrückstände in den Spitzen der Ausbruchkegel auszumachen.

Der Blähvorgang bei Schiefer erfolgt senkrecht zur Schieferungsfläche, die je nach Eigenschaft des Rohmaterials während des Brennprozesses mehr oder weniger verschwindet. Einige Blähschieferarten werden nach dem Blähen auf die gewünschten Korngrößen heruntergebrochen, so daß in diesen Fällen, wie auch bei den meisten Feinzuschlägen, die als Brechsande aus den Überkörnern der Grobzuschläge gewonnen werden, auf eine Sinterhaut verzichtet wird (Tabelle 2-3).

Die technisch veredelten Minerale Vermiculit und Perlit weisen Schüttdichten von nur 80 bis 300 kg/m^3 auf und können deshalb kaum Anwendung im konstruktiven Bereich finden, sondern werden für wärmedämmende Leichtbetone und Mörtel genutzt. Perlit ist ein wasserhaltiges vulkanisches Glas, das in etwa 1 mm große Partikel zerkleinert und in Schachtöfen sehr schnell bis auf den Schmelzpunkt von etwa 1800 °C erwärmt wird. Dabei verdunstet das gebundene Wasser und erzeugt Bläschen in der weichen Glasmasse, was zu einer etwa 20fachen Vergrößerung des ursprünglichen Volumens führt (Blähperlit). Vermiculit ist ein in vielen Tonen enthaltenes Mineral, das aus dünnen Schichten mit darin eingeschlossenen Wasserpartikeln aufgebaut ist. Bei Temperaturen von 700–1000 °C verdampft das Wasser, die Schichten werden voneinander getrennt und durch die Lufteinschlüsse eine 25- bis 50-fache Volumenausdehnung erzielt [20] (Blähglimmer).

Die zweite Hauptgruppe der Leichtzuschläge umfaßt Nebenprodukte aus industrieller Fertigung, die entweder in der vorliegenden Form direkt oder nach einem weiterverarbeitenden Prozeß als Ausgangsmaterial für Leichtbetone fungieren können. In der Hauptsache fallen unter diese Kategorie Verbrennungsprodukte aus Kohlekraftwerken, sogenannte Kraftwerksnebenprodukte, wie die Steinkohlenflugasche, Kesselsande und Schmelzkammergranulate. Um einen möglichst großen Wirkungsgrad zu erzielen, wird die Steinkohle zu feinem Staub gemahlen und in den Kessel des Dampferzeugers eingeblasen. Bei mehr als 1300 °C schmelzen im Feuerraum die nichtbrennbaren mineralischen Bestandteile in der Steinkohle. Einzelne Partikel werden im Rauchgasstrom mitgerissen und vor dem Eintritt in den Kamin als Steinkohlenflugasche herausgefiltert. Die gröberen Aschepartikel fallen auf den Kesselboden und werden über ein Wasserbad abgezogen. Bedingt durch die unterschiedliche Feuerraumtemperatur entsteht dabei in Trockenfeuerungen Kesselsand und in Schmelzkammerfeuerungen eine Ascheschmelze, die im Wasserbad zu Schmelzkammergranulat granuliert.

Flugasche wird entweder "kalt" oder "heiß" weiterverarbeitet. Die kaltgebundene Flugasche wird heutzutage kaum noch hergestellt, da dem energiearmen Herstellungsprozeß die geringe Festigkeit bei relativ hoher Rohdichte gegenübersteht. Die Flugasche wird mit Zement oder Kalk und Wasser in einem Mischer zu einer klebrigen Masse gerührt, danach zu Kugeln pelletiert, die eingehüllt mit einem konstanten Rauchgasstrom aus Flugasche zu trockenen Silos transportiert werden. Der Dampf kondensiert und die frei werdende Energie erwärmt die Pellets auf 85 °C. Nach 5 Stunden verlassen die jetzt erhärteten Zuschläge das Silo [20].

Die gesinterte Flugasche (Sinterbims) ist ein Beispiel für die Herstellung eines Leichtzuschlags durch Blähen auf dem Sinterband. Falls der Restkohlenstoffgehalt in der Flugasche zu niedrig ist, wird ihr zunächst Kohlenstaub und/oder Tonmehl als zusätzliche Brennstoffe zugesetzt. Das Gemisch wird danach mit Wasser gebunden, zu kleinen Kugeln pelletiert (Grünpellets) und auf dem Sinterband gleichmäßig verteilt. Das Band durchläuft in horizontaler Richtung die Zündhaube, wo der Brennvorgang an der Oberfläche der Pellets eingeleitet wird. Ein Luftstrom breitet die Feuerzone über die Schichtdicke und das gesamte Sinterbett aus. Der Sinterprozeß erfolgt bei ca. 1300 °C (Bild 2-6). Nach der Abkühlung schließt sich die Klassierung an.

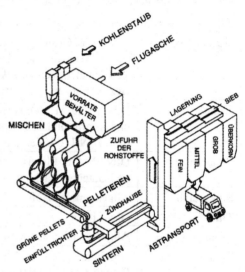

Insbesondere in Großbritannien hatte die gesinterte Flugasche in den letzten Jahrzehnten einen beachtlichen Marktanteil im Bereich der konstruktiven Leichtbetone inne. Da jedoch ein Hauptwerk in den Niederlanden mittlerweile schließen mußte, wird sie in Zukunft sicherlich etwas an Bedeutung verlieren.

Bild 2-6 Herstellung von Leichtzuschlägen auf dem Sinterband am Beispiel von *Vasim-Lytag* [116]

In den letzten Jahren ist mit dem Blähglas ein Produkt auf den Markt gekommen, das Alternativen im Feinkornbereich für leichte Konstruktionsbetone bietet. Hergestellt wird es aus Recyclingglas, das zuerst aufbereitet, zu Glasmehl fein gemahlen und unter Zugabe von Wasserglas als Kleber und einer Blähhilfe auf Kohlenstoffbasis bei 900 °C gesintert wird. Im Hinblick auf den Widerstand gegen Alkali-Kieselsäure-Reaktion ist das Blähglas nach der DAfStb-Richtlinie „Alkalireaktion im Beton" zu beurteilen. Darüber hinaus kann durch Ultraschallmessung überprüft werden, ob eine Zerstörung des Korngefüges vorliegt. Nach Kenntnis des Autors konnte bisher kein Verdacht bezüglich der Alkali-Kieselsäure-Reaktion bestätigt werden, sei es, daß die Formbeständigkeit durch einen eher kristallinen Zustand gewährleistet ist oder aber die hohe Porosität des Zuschlags eine Volumenvergrößerung kompensieren kann.

2.3   Ausgangsstoffe

In DIN 1045-2 sind die Anforderungen an die Ausgangsstoffe von Normal- und Leichtbeton mit einem Verweis auf die zur Zeit geltenden Normen, Richtlinien oder Zulassungen
formuliert (Tabelle 2-4). Da in Zukunft eine einheitliche europäische Regelung angestrebt
wird, ist die Geltungsdauer einiger dieser Bestimmungen beendet, wenn die zugehörigen
europäischen Normen oder Richtlinien aus DIN EN 206-1 als technische Baubestimmun-
gen eingeführt sind. Eine Aufstellung der europäischen Bestimmungen findet man in
Tabelle 2-5.

Tabelle 2-4 Ausgangsstoffe von gefügedichtem Leichtbeton nach DIN 1045-2 [4]

Ausgangsstoffe	Normen und Zulassungen für Ausgangsstoffe nach DIN 1045-2
Gesteinskörnung	DIN 4226: Gesteinskörnungen für Beton und Mörtel Teil 1: Normale und schwere Gesteinskörnungen [1] Teil 2: Leichte Gesteinskörnungen (Leichtzuschläge) – Begriffe, Bezeichnungen und Anforderungen [1]
Zement	DIN EN 197-1: Zement- Teil 1: Zusammensetzung, Anforderungen und Konformitätskriterien von Normalzement bzw. DIN 1164: Zement mit besonderen Eigenschaften
Flugasche	DIN EN 450: Flugasche für Beton – Definitionen, Anforderungen und Güteüberwachung
Silikastaub	Allgemeine bauaufsichtliche Zulassungen [1]
Traß	DIN 51043
Zusatzmittel	Allgemeine bauaufsichtliche Zulassungen [1]
Zugabewasser	Abschnitt 5.1.4 bzw. DAfStb-Richtlinie für die Herstellung von Beton unter Verwendung von Restwasser, Restbeton und Restmörtel
Pigmente	EN 12878: Pigmente zum Einfärben von zement- und/oder kalk- gebundenen Baustoffen – Anforderungen und Prüfverfahren

[1] Gilt bis zum Vorliegen von einer als Technische Baubestimmung einführten
   Europäischen Norm oder Richtlinie nach Tabelle 2-5

Nachfolgend werden die Ausgangsstoffe, die für die Leichtbetonherstellung in Frage kom-
men, im einzelnen betrachtet. Dazu gehören außer den Grundmaterialien auch mögliche
Betonzusatzstoffe und -mittel mit ihren Wirkungsweisen und Einflüssen auf die Frisch- und
Festbetoneigenschaften.

Die Anforderungen an das Zugabewasser entsprechen denen für Normalbeton. Bei der
Verwendung von Restwasser ist für Leichtbetone bis LC 50/55 die DAfStb-Richtlinie für
die Herstellung von Beton unter Verwendung von Restwasser, Restbeton und Restmörtel zu
beachten. Für hochfeste Leichtbetone ab der Festigkeitsklasse LC 55/60 ist der Einsatz von
Restwasser hingegen unzulässig.

Tabelle 2-5 Ausgangsstoffe von gefügedichtem Leichtbeton nach DIN EN 206-1 [16]

Ausgangsstoffe	Normen für Ausgangsstoffe nach DIN EN 206-1
Gesteinskörnung	EN 12620: (normale und schwere) Gesteinskörnungen für Beton EN 13055-1: Leichtzuschläge – Teil 1: Leichte Gesteinskörnungen für Beton und Mörtel
Zement	EN 197-1: Zement- Teil 1: Zusammensetzung, Anforderungen und Konformitätskriterien von Normalzement
Flugasche	EN 450: Flugasche für Beton – Definitionen, Anforderungen und Güteüberwachung
Silikastaub	EN 13263: Silikastaub für Beton – Definitionen, Anforderungen und Konformitätslenkung
Zusatzmittel	EN 934-2: Zusatzmittel für Beton, Mörtel und Einpreßmörtel Teil 2: Betonzusatzmittel, Definitionen und Anforderungen
Zugabewasser	EN 1008: Zugabewasser für Beton – Festlegungen für die Probennahme, Prüfung und Beurteilung der Eignung von Wasser, einschließlich Restwasser aus Wiederaufbereitungsanlagen der Betonherstellung als Zugabewasser für Beton
Pigmente	EN 12878: Pigmente zum Einfärben von zement- und/oder kalkgebundenen Baustoffen – Anforderungen und Prüfverfahren

● **Gesteinskörnung**

Leichtbeton wird unter Verwendung von leichten Gesteinskörnungen hergestellt. Als Sand darf ersatzweise auch normale Gesteinskörnung nach DIN 4226, Teil 1 bzw. EN 12620 gewählt werden. Auf die Vielfalt und Bandbreite der verfügbaren Leichtzuschläge und ihre Herstellung wurde bereits im vorhergehenden Abschnitt ausführlich eingegangen. Sie unterliegen physikalischen und chemischen Anforderungen, die in DIN 4226, Teil 2 bzw. EN 13055-1 [15] festgelegt sind. Dazu gehört unter anderem auch die Frostbeständigkeit und Unempfindlichkeit gegenüber Alkalireaktion.

Vorgeformte Leichtzuschläge mit einem Korndurchmesser unter 1 mm sind bei den meisten Aufbereitungsverfahren nicht vorgesehen. Aus diesem Grunde ist der Feinstsandbereich bei Leichtsanden entweder nahezu nicht vorhanden (Bilder A1-31 und A1-32) oder er wird durch Material aus Abrieb und Brech- oder Mahlprodukten der gröberen Korngruppen abgedeckt, wobei in diesem Fall der Feinstsand eine verhältnismäßig hohe Kornrohdichte aufweist. Bei feinteilarmen Leichtsanden wird gegebenenfalls der gewünschte Mehlkorngehalt (Summe aus Zementgehalt, dem Kornanteil 0 mm bis 0,125 mm des Sandes sowie dem Betonzusatzstoffgehalt) durch die Zugabe von Zement, Flugasche oder Gesteinsmehl erzielt, um dadurch den Zusammenhalt in der Mischung und den Oberflächenschluß zu verbessern sowie Entmischungen entgegenzuwirken. Allerdings sollte der Mehlkorngehalt darüber hinaus nicht unnötig vergrößert werden, da der Wasseranspruch zunimmt und bestimmte Festbetoneigenschaften (Frostwiderstand, Widerstand gegen chemischen Angriff) beeinträchtigt werden.

• **Zement**

Für die Leichtbetonherstellung stehen Normalzemente nach DIN EN 197-1 ebenso zur Verfügung wie Zemente nach DIN 1164 mit besonderen Eigenschaften, z. B. hinsichtlich der Hydratationswärme (NW), des Sulfatwiderstandes (HS) oder des Alkaligehalts (NA). Neben der Zementfestigkeitsklasse ist insbesondere die Entwicklung von Festigkeit und Hydratationswärme sowie die Verträglichkeit mit den Zusatzmitteln für die richtige Zementauswahl von Interesse. Die Normdruckfestigkeit gehört zu den maßgebenden Größen für die Druckfestigkeit des Zementsteins bzw. der Matrix (Anhang A1.2.2). Ihr Einfluß auf die Druckfestigkeit des Leichtbetons ist jedoch davon abhängig, inwieweit der Leichtzuschlag ausgenutzt ist. Sie spielt nämlich in den Fällen eine für Leichtbeton untergeordnete Rolle, in denen die Grenzfestigkeit des verwendeten Leichtzuschlags überschritten ist (Bild 3-19).

Eine besondere Beachtung ist der Entwicklung der Hydratationswärme in Leichtbetonbauteilen zu schenken, da mit höheren Temperaturen während des Abbindeprozesses im Vergleich zu Normalbeton zu rechnen ist (Abs. 2.6.1). Von daher ist es günstiger, insbesondere bei massigen Leichtbetonbauteilen oder bei hohen Umgebungstemperaturen, einen eher langsam erhärtenden Zement zu wählen, sofern keine hohe Anfangsfestigkeit, z. B. im Hinblick auf ein frühes Ausschalen oder Vorspannen, gefordert wird. Dazu zählen Hochofenzemente (CEM III) oder Zemente mit niedriger Hydratationswärme (NW). Aber auch Zemente mit hohem Sulfatwiderstand (HS) sind aufgrund des beschränkten C_3A-Gehaltes (Tricalciumaluminat) für diesen Zweck geeignet. Schließlich sollte auch bei der Festlegung der Zementgüte berücksichtigt werden, daß die Mahlfeinheit (mittlere Partikelgröße 10-20 μm, spezifische Oberfläche 0,3-0,7 m^2/g) und damit auch die Hydratationswärme mit der Normdruckfestigkeit zunimmt. Aus diesem Grunde sollten Portlandzemente CEM I 52,5 R nur in Ausnahmefällen verwendet werden, zumal auch der Wasseranspruch mit der Feinheit des Zementes ansteigt.

• **Betonzusatzstoffe**

Die Verwendung von Betonzusatzstoffen kann dazu beitragen, die Frischbetoneigenschaften hinsichtlich Konsistenz und Verarbeitbarkeit zu verbessern, die Festigkeit und Dichtigkeit des Betons zu erhöhen oder aber die Farbgestaltung zu unterstützen. Dabei unterscheidet man zwischen Zusatzstoffen, die sich am Hydratationsprozeß beteiligen (Typ II, puzzolanische und latent-hydraulische Stoffe) und sogenannte inerte Stoffe (Typ I) wie z. B. Gesteinsmehle und Pigmente. Letztere werden zur Einfärbung von Leichtbetonen eingesetzt und müssen EN 12878 entsprechen.

Da Leichtsande zumeist herstellungsbedingt über einen nur geringen Feinanteil verfügen (siehe oben), kann durch die Zugabe von Gesteinsmehl (z. B. aus Kalkstein oder Quarz) die Sieblinie angepaßt werden. Im Gegensatz dazu zählen der Silikastaub (SF = silica fume), die Steinkohlenflugasche (SFA) sowie der Traß (vulkanisches Glas) zu den puzzolanisch aktiven Zusatzstoffen (Typ II). Ihr hoher Gehalt an Kieselsäure (SiO_2) ermöglicht eine chemische Sekundärreaktion mit dem bei der Hydratation gebildeten Calciumhydroxid $Ca(OH)_2$. Dabei entstehen Calciumsilicathydrat-Phasen (CSH), die als primäre Festigkeitsträger des Zementsteins die Betonfestigkeit erhöhen.

Silikastaub ist ein Nebenprodukt bei der Herstellung von Ferrosiliciumlegierungen im Elektroschmelzofen. Eine Besonderheit ist seine enorme Feinheit (spezifische Oberfläche 16–22 m²/g) mit einer mittleren Partikelgröße von ca. 0,1 bis 0,3 µm, die damit etwa ein Hundertstel des Zementkorndurchmessers beträgt. Von daher ist Silikastaub prädestiniert, als effizienter Füller zu fungieren, da die feinen Staubpartikel die kleinsten Räume zwischen den Zuschlägen ausfüllen und auf diese Weise die Packungsdichte erhöhen. In Verbindung mit seiner puzzolanischen Reaktivität ergibt sich daraus die Bedeutung des Silikastaubs für die Herstellung von Hochleistungsleichtbeton. Folgerichtig darf der Zusatzstoff auf den Zementgehalt angerechnet werden (Tabelle 2-7). Da bei der puzzolanischen Reaktion Calciumhydroxid verbraucht wird, darf nach DIN 1045-2 der Gehalt an Silikastaub 10 bzw. 11 M.-% des Zementgehaltes nicht überschreiten, um eine ausreichende Alkalität der Porenlösung für den Korrosionsschutz der Bewehrung aufrechtzuerhalten (Alkalitätsreserve). Neben der Festigkeitssteigerung wird außerdem auch das Betongefüge, insbesondere die Kontaktzone deutlich dichter, so daß im Hinblick auf die Dauerhaftigkeit die Durchlässigkeit stark reduziert ist (vgl. Abs. 4.8.1). Davon abgesehen ist die Zugabe von Silikastaub zumeist auch günstig für die Leichtbetonherstellung, da durch seine klebrige Wirkung der Zusammenhalt der Mischung verbessert und das Risiko verringert wird, daß Leichtzuschläge aufschwimmen. Silikastaub wird häufig als wäßrige Suspension mit einem Feststoffgehalt von ca. 50 M.-% verarbeitet.

Steinkohlenflugasche (SFA) entsteht in den Großfeuerungsanlagen der Kraftwerke als Rückstand des Rauchgasstroms, der in Elektrofiltern ausgeschieden werden. SFA wirkt aufgrund ihrer spezifischen Oberfläche von 0,3–0,5 m²/g (mittlere Partikelgröße 10–30 µm) ebenfalls als Füller, der die Packungsdichte der Rezeptur und den Mehlkorngehalt vergrößert. Als Puzzolan darf SFA zudem bei der Bestimmung des Wasserbindemittelwertes in Ansatz gebracht werden (k-Wert-Ansatz, Tabelle 2-7) [4,16]. Der Austausch eines Teils des Zementes durch SFA bietet für Leichtbetone den großen Vorteil, daß die Entwicklung der Wärme beim Hydratationsprozeß verzögert wird (Abs. 2.6.1). Unter einem Rasterelektronenmikroskop kann man erkennen, daß Steinkohlenflugasche aus kugelförmigen Partikeln mit glatter Oberfläche besteht. Die mikrofeinen Kügelchen wirken daher zwischen den Komponenten des Zuschlagstoffs wie ein Gleitmittel („Kugellager-Effekt"). Sie vermindern die innere Reibung der Betonbestandteile, so daß Fließeigenschaften und Konsistenz des Frischbetons verbessert werden.

• **Betonzusatzmittel**

Zusatzmittel wie Betonverflüssiger (BV), Fließmittel (FM), Verzögerer (VZ), Luftporenbildner (LP) oder Stabilisierer (ST) können bei der Leichtbetonherstellung sinnvoll sein, um die Eigenschaften des Frischbetons zu beeinflussen, den Mehlkorngehalt zu verringern oder den Frost-Tauwiderstand zu verbessern. Da sowohl ihre Wirksamkeit im Beton abhängig ist von der Zementart, der Konsistenz, der Temperatur sowie dem w/z-Wert als auch Wechselwirkungen bei der Verwendung mehrerer Zusatzmittel nicht auszuschließen sind, muß die Verträglichkeit in einer Eignungsprüfung (Erstprüfung, Abs. 2.7) untersucht und auf diese Weise die Wirksamkeit sichergestellt werden. Der Gehalt aller Zusatzmittel zusammen wird in [4] auf 60 g/kg bzw. 80 g/kg Zementmenge für HSLWAC beschränkt.

Betonverflüssiger verringern den Wasseranspruch im Leichtbeton. Dadurch kann entweder die Zementleimmenge reduziert, oder aber, wie im Regelfall, unter Beibehaltung des w/z-Wertes die Verarbeitbarkeit verbessert werden. Dies ist besonders für Transportleichtbeton interessant, um ein ausreichendes Vorhaltemaß in der Konsistenz zu erzielen.

Fließmittel unterscheiden sich von Betonverflüssigern durch eine stärkere, allerdings auch schneller abklingende Wirkung. Daher eignen sie sich speziell für die Nachdosierung im Fahrmischer auf der Baustelle, was im Gegensatz zur Verwendung anderer Zusatzmittel auch zulässig ist. Für Hochleistungsleichtbetone sind deshalb Fließmittel aufgrund des niedrigen w/z-Wertes unverzichtbar. Neben den Fließmitteln auf Naphtalin-, Melamin- und Ligninbasis werden seit wenigen Jahren auch höher wirksame Neuentwicklungen (FM der „neuen Generation") verwendet. Dazu gehören Polyacrylate (PA) und Polycarboxylatether (PCE), die insbesondere für selbstverdichtende Leichtbetone geeignet sind (Abs. 2.5.4).

Verzögerer beeinflussen die Reaktion der C_3A-Phase (Tricalciumaluminat) des Zementes, so daß die normale Hydratation des Zementes und damit der Abbindebeginn verzögert wird. Auf diese Weise soll in erster Linie die Verarbeitungszeit verlängert werden, z. B. bei Transportbeton oder um ein kontinuierliches Betonieren massiger Bauteile zu ermöglichen. Außerdem wird die Entwicklung der Hydratationswärme gedämpft.

Luftporenbildner verringern die Rohdichte des Zementleims und damit auch den Unterschied zur Kornrohdichte. Dadurch wird die Entmischungsgefahr geringer und der Zusammenhalt des Frischbetons erheblich verbessert, zumal die Luftporen auch den Zementleim stabilisieren. Die Zugabe eines Luftporenbildners kann aber auch nach Tabelle 2-6 notwendig sein, falls eine Expositionsklasse mit Frostangriff vorliegt. In diesem Fall soll durch den Eintrag künstlicher Luftporen ein Luftporensystem geschaffen werden, das im Festbeton als Expansionsraum für das Wasser im Zementstein dient (Abs. 4.8.3). Durch 3% zusätzlich eingeführter Luftporen wird die Betonrohdichte um ca. 0,05 kg/dm³ verringert [17]. Allerdings beeinträchtigen die Luftporen auch die Zementsteinfestigkeit, so daß sich empfindliche Festigkeitseinbußen einstellen können. Diesem Aspekt ist vor allem deshalb eine besondere Beachtung zu schenken, weil die Überwachung des Frischbetonporengehaltes bei Leichtbeton aufgrund der Kornporigkeit mit Schwierigkeiten verbunden ist (Abs. 2.5.3).

Zur Verbesserung des Wasserrückhaltevermögens können Stabilisierer verwendet werden, die die Viskosität des Zementleims erhöhen und damit auch die Luftporen stabilisieren. Auf diese Weise wird dem Entmischen der Leichtzuschläge entgegengewirkt. Zumeist werden Stabilisierer eingesetzt, um die Pumpfähigkeit von Leichtbeton zu verbessern (Abs. 2.5.4).

2.4   Betonzusammensetzung und Mischungsentwurf

Nach DIN EN 206-1 werden Leichtbetone entweder über ihre Eigenschaften (Leichtbeton nach Eigenschaften *nE*) oder aber über ihre Zusammensetzung (Leichtbeton nach Zusammensetzung *nZ*) festgelegt und auf diese Weise dem Hersteller des Frischbetons die technischen Anforderungen an den Frisch- und Festbeton vorgegeben. Der Verfasser der Festlegung muß dabei die Anwendung des Frisch- und Festbetons, die Nachbehandlungsbedin-

gungen, die Bauwerksabmessungen und die Expositionsklasse (Tabelle 2-6) berücksichtigen. Die Festlegung für Standardleichtbetone ist in der Norm nicht vorgesehen.

Der vorliegende Abschnitt 2.4 beinhaltet den Entwurf einer Rezeptur für einen gefügedichten Leichtbeton unter Vorgabe einer Festigkeits- und Rohdichteklasse nach Tabelle 5-2
bzw. einem Zielwert der Rohdichte sowie einer Expositionsklasse (Leichtbeton *nE*). Zunächst wird dabei ein geeigneter Zuschlag ausgewählt und ein erforderlicher äquivalenter
w/z-Wert sowie die rechnerische Absorptionswassermenge bestimmt, um mit diesen Aus-
gangswerten schließlich eine vorläufige Leichtbetonmischung zusammenzustellen. Die
Feinabstimmung erfolgt in jedem Fall im Nachgang durch die Erstprüfung, bei der die einzelnen Stoffraumanteile noch modifiziert und gegebenenfalls notwendige Betonzusatzmittel
ermittelt werden können.

2.4.1 Auswahl der Zuschläge

Die erreichbare Druckfestigkeit eines gefügedichten Leichtbetons ist abhängig von dem
Festigkeitspotential des gewählten Leichtzuschlages, das nach Bild A1-3 experimentell in
Verbindung mit einer hochfesten Matrix und einem Kornvolumenanteil von rund 40 % auf
indirektem Wege ermittelt werden kann. Ab einem bestimmten Spannungsniveau, der sogenannten Grenzfestigkeit (Bild 3-20), wirkt sich eine Erhöhung der Matrixdruckfestigkeit
nicht mehr im gleichen Maße festigkeitssteigernd auf den Leichtbeton aus, da die Festig-
keitserhöhung von den Leichtzuschlägen gemäß deren Kornrohdichte mehr oder weniger
stark abgeschwächt wird (vgl. Bild A1-4). Von daher muß für die Umsetzung einer vorgegebenen Betonfestigkeitsklasse im ersten Schritt ein geeigneter Grobzuschlag in Verbindung mit einer bestimmten Sandart ausgewählt werden. Dabei ist der Feinzuschlag abgesehen von wirtschaftlichen Aspekten auch im Hinblick auf den Zielwert der Trockenrohdichte
zu beurteilen.

Um dem Anwender für diesen ersten Auswahlprozeß ein Hilfsmittel zur Verfügung zu
stellen, werden die Ergebnisse aus Anhang A1.1.1 in Bild 2-7 in der Form erweitert, daß
neben der Druckfestigkeit auch die Trockenrohdichte des Leichtbetons für verschiedene
Hochleistungsmatrizen abgeschätzt werden kann. Der Ergänzung liegt ein Volumenanteil
des Grobzuschlags von 40 % zugrunde. Bei der Handhabung dieses Nomogramms muß
beachtet werden, daß es sich hierbei nach heutigem Stand der Technik um optimierte
Leichtbetone handelt, deren Druckfestigkeit, sieht man einmal von den niedrigen Kornrohdichten ab, nur durch hochwertige Zemente in Verbindung mit niedrigen Wasserzement-
werten erzielt werden kann (Hochleistungsleichtbetone). Für eine Umsetzung in die Praxis
muß deshalb ein Vorhaltemaß entweder für die Festigkeit oder die Trockenrohdichte beachtet werden, um eine sichere Verarbeitbarkeit zu gewährleisten. Zusätzlich ist im Hinblick
auf die Konformitätskriterien für die Druckfestigkeit [4] ein weiteres Vorhaltemaß für den
Mittelwert von etwa $\Delta f_{lck} \approx 5$ N/mm² vorzusehen. Die Zusammenhänge in Bild 2-7 sind
auch dazu geeignet, bereits im frühen Planungsstadium unrealistische Kombinationen von
Festigkeit und Rohdichte zu erkennen und diese ausschließen zu können.

Bei der Festlegung eines Leichtzuschlags ist auch die Fragestellung zu beachten, ob ein
hoher Ausnutzungsgrad des Zuschlags und ein dadurch eingeschränktes Umlagerungsver-

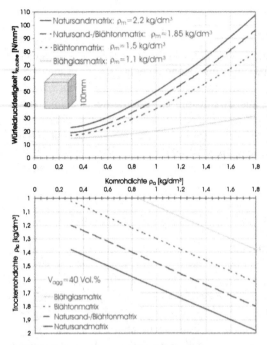

Bild 2-7 Nomogramm zur Abschätzung der Druckfestigkeit und Trockenrohdichte konstruktiver Leichtbetone bei Verwendung von Hochleistungsmatrizen

mögen unter Dauerlast (vgl. Abs. 4.1.6) akzeptabel ist. In diesem Zusammenhang wird in [6] eine Begrenzung der Druckhöhe von Leichtbeton mit $f_{lck} > 64 \cdot (\rho/2{,}2 \text{ kg/dm}^3)^2$ vorgeschlagen, die in jedem Fall ein ausreichendes Sicherheitsniveau für die Bemessung sicherstellen soll.

Neben dem Aspekt der optimierten Druckhöhe (vgl. Tabelle 1-1) sollten die Komponenten auch im Hinblick auf eine homogene Mischung ausgewählt werden. Beispielsweise ist nach Bild 2-7 die Wahl eines Grobzuschlags mit $\rho_a = 1{,}2$ kg/dm³ in Verbindung mit einer Blähtonmatrix nicht nur aus wirtschaftlichen Gründen sinnvoller als eine Blähglasmatrix mit einem Zuschlag $\rho_a = 1{,}8$ kg/dm³. Insbesondere die Herstellung des letztgenannten Betons bereitet große Schwierigkeiten, da übergroße Unterschiede in der Rohdichte von Grobzuschlag und Matrix das Risiko von Entmischungen in sich bergen. Dies gilt im besonderen für Kombinationen aus Normal- und Leichtzuschlägen für sogenannte „leichte Normalbetone" (MWC) oder aber von leichten Grobzuschlägen mit Natursandmatrizen. In diesen Fällen ist der Einsatz eines Stabilisierers oder Luftporenbildners ratsam. Aber auch die Verwendung von Silikasuspension kann sich hierbei durch ihre klebrige Wirkung positiv auswirken.

In DIN 4219-1 [11] wurde das Größtkorn bei der Leichtbetonherstellung auf 25 mm beschränkt, da die Kornfestigkeit in der Regel mit zunehmender Korngröße deutlich abnimmt. Für Leichtbetone der Festigkeitsklasse LC 20/22 und höher sollten nach [11] Leichtzuschläge mit kleineren Korngrößen gewählt werden. Im allgemeinen wird ein Größtkorn von 8, 12 oder 16 mm verwendet. Aus wirtschaftlichen Aspekten kommen oftmals nur zwei Kornfraktionen zum Einsatz, z. B. ein Sand 0/4 in Verbindung mit einem Grobzuschlag 4/8 oder als Ausfallkörnung mit der Korngruppe 8/12 bzw. 8/16. Dadurch können im Transportbetonwerk Einsparungen bei der Lagerungskapazität und dem Überwachungsaufwand hinsichtlich der Eigenfeuchte der Leichtzuschläge erzielt werden.

2.4.2 Auswahl der Matrix

Die Zementmenge sollte nach [11] zwischen 300 und 450 kg/m³ liegen. Der Mindestzementgehalt wurde hierbei aus Gründen des Korrosionsschutzes, der Verbundfestigkeit und

Tabelle 2-6 Grenzwerte für Zusammensetzung und Eigenschaften von Leichtbeton nach [4]

Expositionsklassen	Kein An-griffsrisi-ko durch Korrosion	Bewehrungskorrosion					
		durch Karbonatisie-rung verursachte Korrosion			durch Chloride verursachte Korrosion		
	$X0^{a)}$	XC1 XC2	XC3	XC4	XD1 XS1	XD2 XS2	XD3 XS3
Höchstzulässiger w/z-Wert	-	0,75	0,65	0,60	0,55	0,50	0,45
Mindestzementgehalt $^{c)}$ in kg/m³	-	240	260	280	300	$320^{b)}$	$320^{b)}$
Mindestzementgehalt$^{c)}$ bei Anrech-nung von Zusatzstoffen in kg/m³	-	240	240	270	270	270	270

Betonangriff	Frostangriff					
Expositionsklassen	XF1	XF2	XF2	XF3	XF3	XF4
Höchstzulässiger w/z-Wert	0,60	$0,55^{e)}$	$0,50^{e)}$	0,55	0,50	$0,50^{e)}$
Mindestzementgehalt $^{c)}$ in kg/m³	280	300	320	300	320	320
Mindestzementgehalt$^{c)}$ bei Anrech-nung von Zusatzstoffen in kg/m³	270	e)	e)	270	270	e)
Mindestluftgehalt in %	-	d)	-	d)	-	d), h)
Andere Anforderungen	Gesteinskörnungen mit Regelanforderungen und zusätzlich Wider-stand gegen Frost bzw. Frost und Taumittel (siehe DIN 4226-1)					
	F_4	MS_{25}		F_2		MS_{18}

Betonangriff	Aggressive chemische Umgebung			Verschleißangriff $^{f)}$			
Expositionsklassen	XA1	XA2	XA3	XM1	XM2	XM2	XM3
Höchstzulässiger w/z-Wert	0,60	0,50	0,45	0,55	0,55	0,45	0,45
Mindestzementgehalt $^{c)}$ in kg/m³	280	320	320	$300^{g)}$	$300^{g)}$	$320^{g)}$	$320^{g)}$
Mindestzementgehalt$^{c)}$ bei Anrech-nung von Zusatzstoffen in kg/m³	270	270	270	270	270	270	270
Andere Anforderungen	-	-	j)	-	i)	-	k)

a) Nur für Beton ohne Bewehrung oder eingebettetes Metall.
b) Für massige Bauteile (kleinste Bauteilabmessung 80 cm) gilt der Mindestzementgehalt von 300 kg/m³.
c) Bei einem Größtkorn der Gesteinskörnung von 63 mm darf der Zementgehalt um 30 kg/m³ reduziert werden. In diesem Fall darf b) nicht angewendet werden.
d) Der mittlere Luftgehalt im Frischbeton unmittelbar vor dem Einbau muß bei einem Größtkorn der Gesteins-körnung von 8 mm ≥ 5,5 % Volumenanteil und 16 mm ≥ 4,5 % Volumenanteil betragen. Einzelwerte dürfen diese Anforderungen um höchstens 0,5 % Volumenanteile unterschreiten.
e) Zusatzstoffe des Typ II dürfen zugesetzt, aber nicht auf den Zementgehalt oder den w/z angerechnet werden.
f) Die Gesteinskörnungen bis 4 mm Größtkorn müssen überwiegend aus Quarz oder aus Stoffen mindestens gleicher Härte bestehen, das gröbere Korn aus Gestein oder künstlichen Stoffen mit hohem Verschleißwider-stand. Die Körner aller Gesteinskörnungen sollen mäßig rauhe Oberfläche und gedrungene Gestalt haben. Das Gesteinskorngemisch soll möglichst grobkörnig sein.
g) Höchstzementgehalt 360 kg/m³, jedoch nicht bei hochfesten Betonen.
h) Erdfeuchter Beton mit w/z ≤ 0,40 darf ohne Luftporen hergestellt werden.
i) Oberflächenbehandlung des Betons, z. B. Vakuumieren und Flügelglätten des Betons.
j) Schutzmaßnahmen, wie Schutzschichten oder dauerhafte Bekleidungen (siehe DIN 1045-2: 5.3.2).
k) Hartstoffe nach DIN 1100.

der Verarbeitbarkeit angesetzt. Nach [4] ergibt sich der Mindestzementgehalt für Leichtbetone mit und ohne Zusatzstoffe über die vorliegende Expositionsklasse, mit der die chemischen und physikalischen Umgebungsbedingungen, denen der Beton ausgesetzt werden kann und die auf den Beton, die Bewehrung oder metallische Einbauteile einwirken können, klassifiziert werden (Tabelle 2-6). Eine Mindestdruckfestigkeitsklasse wird für Leichtbetone nicht gefordert, da die Druckfestigkeit eines Leichtbetons keine Rückschlüsse auf die Porigkeit und damit Dichtheit des Zementsteins zuläßt (vgl. Abs. 4.8.1).

Höhere Werte als die Mindestzementmenge können in Betracht kommen, falls dadurch die Mischung geschmeidiger wird oder die Druckfestigkeit gesteigert werden kann, sofern der Ausnutzungsgrad des Zuschlags dieses zuläßt (vgl. Bild A1-3). Allerdings ist bei diesen Überlegungen auch zu berücksichtigen, daß sich Leichtbetonbauteile während der Hydratation stärker erwärmen als Bauteile aus Normalbeton gleichen Zementgehaltes (Abs. 2.6.1). Aus diesen Gründen wird in vielen Veröffentlichungen [z. B. 85] eine Obergrenze von 400 kg Zement je m³ Beton als sinnvoll erachtet.

Die für Normalbeton bekannten Zusammenhänge zwischen dem w/z-Wert, der Zementgüte und der Betondruckfestigkeit (*Walz*-Kurven) sind auf Leichtbetone nicht übertragbar, da sie den Einfluß sowohl des Leichtzuschlags als auch der Sandrohdichte nicht berücksichtigen. Für Leichtbetone muß deshalb eine andere Vorgehensweise gewählt werden. Ausgangspunkt ist die Vorgabe einer bestimmten Betondruckfestigkeit und Trockenrohdichte, mit

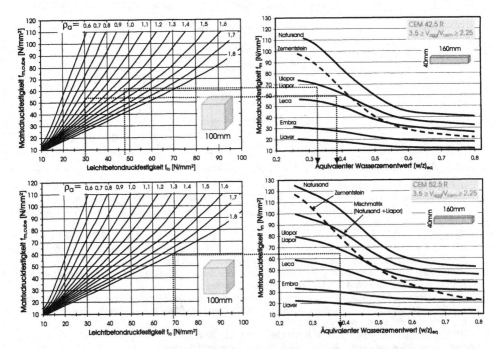

Bild 2-8 Nomogramm zur Abschätzung des erforderlichen äquivalenten Wasserzementwertes $(w/z)_{eq}$ in Abhängigkeit von der Zementgüte (CEM 42,5 bzw. 52,5), der Kornrohdichte ρ_a des Grobzuschlags, der Sandart sowie der angestrebten Leichtbetondruckfestigkeit f_{lc}

der ein Grobzuschlag nach Abschnitt 2.4.1 bestimmt wird. Mit diesen Angaben ist nun die erforderliche Matrixdruckfestigkeit unter Verwendung von Bild A1-4 zu ermitteln. Der hierfür notwendige w/z-Wert kann in Abhängigkeit von dem Feinzuschlag und der Zementgüte aus den Bildern A1-33 und A1-34 abgelesen werden. Um die Anwendung beider Diagramme zu erleichtern, wurden die jeweiligen Zusammenhänge in Nomogrammen für die Zementgüten CEM 42,5 R und CEM 52,5 R in Bild 2-8 zusammengefaßt. Bild A1-43 diente dabei der Abschätzung des Prüfkörpereinflusses. Die Rohdichte der verschiedenen Sandarten können aus Tabelle A1-4 entnommen werden. Zur Erläuterung der Handhabung sind die Mischungsentwürfe aus Tabelle 6-9 beispielhaft eingetragen.

Mit Hilfe der Nomogramme wird somit der sogenannte äquivalente Wasserzementwert $(w/z)_{eq} = w/(z + k_f f + k_s \cdot s)$ bestimmt, der das Masseverhältnis des wirksamen Wassergehaltes zur Summe aus Zementgehalt und den k-fach anrechenbaren Anteilen von Zusatzstoffen (vgl. Tabelle 2-7) darstellt. Dabei sind die höchstzulässigen $(w/z)_{eq}$-Werte gemäß der vorliegenden Expositionsklasse zu beachten (Tabelle 2-6). Aufgrund der Saugfähigkeit der Leichtzuschläge kommt dem wirksamen Wassergehalt (Anmachwasser w) bei Leichtbeton eine besondere Bedeutung zu. Er ist definiert als Differenz zwischen der Gesamtwassermenge im Frischbeton w_{Σ} und dem durch die Zuschläge bis zum Erstarren des Betons aufgesaugten Wasser w_{as}. Die Gesamtwassermenge wird dabei als die Summe aus Zugabewasser w_0, Kern- und Oberflächenfeuchte der Zuschläge (Eigenfeuchte w_{agg}) sowie Wasser in Zusatzmitteln und Suspensionen von Zusatzstoffen verstanden (Tabelle 2-7) [4, 16].

2.4.3 Rechnerische Absorptionswassermenge

Die Wasseraufnahme der Grobzuschläge ($\varnothing_a \geq 4$ mm) während des Mischvorganges kann mit der Wasseraufnahme in einem Wasserbad nach 60 Minuten gemäß DIN 1097-6 Anhang C abgeschätzt werden, wobei anstelle des ofentrockenen Zustands (bei 105 °C) der tatsächlich verwendete Anfangsfeuchtezustand berücksichtigt wird [16]. Im Hinblick auf die Festigkeit ist man mit dieser Annahme in der Regel auf der sicheren Seite, insbesondere bei langsam saugenden Zuschlägen, da bei der Prüfung die Luft in den Körnern unter allseitigem hydrostatischen Druck schlechter entweichen kann und damit die Wasseraufnahme im Mischer eher unterschätzt wird. Auf diese Weise bekommt man einen Anhaltspunkt für den effektiven w/z-Wert, dessen genaue Bestimmung aber aufgrund der vielfältigen Einflüsse kaum zu realisieren ist.

Die nach DIN 1097-6 ermittelte Wasserabsorption der Grobzuschläge $W_{as,m}$ wird nach Gl. (2.1a) auf die Trockenmasse der Meßprobe $m_{a,dry}$ bei Massenkonstanz ($\Delta m \leq 0,1\% \cdot h^{-1}$) bezogen. Aussagekräftiger für den Sättigungsgrad des Zuschlags ist jedoch der volumenbezogene Wassergehalt $W_{as,v}$, der über $W_{as,m}$ und die Kornrohdichte ρ_a nach Gl. (2.1b) berechnet wird.

$$W_{as,m} = \frac{m_a - m_{a,dry}}{m_{a,dry}} \cdot 100 \quad \text{in [M.-\%]} \qquad \begin{aligned} m_a &= \text{Masse der Meßprobe} \\ m_{a,dry} &= \text{Trockenmasse der Meßprobe} \end{aligned} \qquad (2.1a)$$

$$W_{as,v} = W_{as,m} \cdot \frac{\rho_a}{\rho_w} = \frac{m_a - m_{a,dry}}{m_{a,dry}} \cdot \frac{\rho_a}{\rho_w} \cdot 100 \quad \text{in [Vol.-\%]} \quad \text{mit } \rho_w \approx 1{,}0 \text{ kg/dm}^3 \qquad (2.1b)$$

Der sichtbare Wasserfilm auf den Kornoberflächen, die sogenannte Oberflächenfeuchte, muß vor der Naßwägung mit Tüchern entfernt werden. Dies ist nur bei Grobzuschlägen, gegebenenfalls auch bei ungebrochenen Feinzuschlägen möglich, so daß die Beschränkung dieser Methode in [16] auf Grobzuschläge gerechtfertigt ist. In den Anwendungsregeln in [4] wird darüber hinaus der Hinweis gegeben, daß beim Einsatz von leichten Gesteinskörnungen mit einem Größtkorn von 4 mm (Leichtsand) die Wasseraufnahme nach den in DIN 4226-2 genannten Verfahren ermittelt werden darf. Wie *Thienel* in den Erläuterungen zu DIN 1045-2 [180] ausführt, bedeutet dies, daß DIN 1097-6 auch auf ungebrochene Leichtzuschläge mit einem Größtkorndurchmesser $\varnothing_a \leq 4$ mm übertragen werden kann.

Für porige Brechsande ist allerdings das sogenannte BVK-Verfahren [50] zu verwenden, das ursprünglich für Kesselsande entwickelt wurde und in den Bildern 2-9a-d veranschaulicht wird. Es sieht eine Wassersättigung der zuvor getrockneten Zuschlagsprobe von 2 Minuten vor. Anschließend wird das überschüssige Wassers über eine Wasserstrahlpumpe in einen Erlenmeyerkolben innerhalb von 5 Minuten abgesaugt und das Gewicht der feuchten Probe inklusive Filterpapier auf den Ausgangszustand bezogen. Längere Zeitspannen als diese werden durch Indizes an den Meßwerten vermerkt. Die Prüfung ist für leichte Gesteinskörnungen geeignet, deren Kornanteil unter 1 mm mehr als 50 M.-% beträgt, um dadurch ein ausreichendes Wasserrückhaltevermögen zu gewährleisten.

Bild 2-9 BVK-Verfahren zur Bestimmung der Wasseraufnahme von Leichtsand:
a) und b) Filternutsche mit Schwarzbandfilter auf Erlenmeyerkolben; c) Nutsche mit getrockneter Probe vor der Wassersättigung; d) Absaugen des Überschußwassers mittels einer Wasserstrahlpumpe

Mit dem BVK-Verfahren werden wenig streuende und reproduzierbare Werte über die Wasseraufnahme von gebrochenen Leichtsanden ermittelt, die allerdings im Hinblick auf die Berechnung des effektiven Wasserzementwertes noch zu modifizieren sind. Dies ist in erster Linie darauf zurückzuführen, daß das Prüfmedium Wasser die wahren Verhältnisse in der Mischung nur näherungsweise widerspiegelt, da der Zementleim eine höhere Viskosität aufweist und die Oberflächenporen schneller mit dem Zementleim zugesetzt werden, was im übrigen auch für Grobzuschläge gleichermaßen gilt. Zudem ist davon auszugehen, daß trotz des Absaugens eine geringfügige Restmenge an Benetzungswasser auf der Oberfläche der Körnung haften bleibt. Aus diesen Überlegungen heraus sollen nach [180] nur 70 % der mit dem BVK-Verfahren ermittelten Absorptionswassermenge beim Mischungsentwurf von ALWAC in Ansatz gebracht werden.

2.4.4 Mischungsentwurf

Mit den Vorgaben aus den vorhergehenden Abschnitten 2.4.1 bis 2.4.3 kann nun ein erster Mischungsentwurf unter Verwendung von Tabelle 2-7 erstellt werden. Dabei sind zunächst die Volumenanteile für den Zement V_z, die Betonzusatzstoffe (V_{sf}, V_{fa}) sowie das Anmachwasser V_w zu bestimmen. Der Feststoffgehalt der Zusatzmittel ($V_{add,FS}$) kann in diesem frühen Stadium ebenso wie der Porenraum (≈ 25 l/m^3) mit Erfahrungswerten abgeschätzt werden. Unter Ansatz eines groben Leichtzuschlagsvolumens von etwa 400 dm^3/m^3 ergibt sich somit im zweiten Schritt das erforderliche Sandvolumen $V_{a,0-4}$. Insbesondere bei gebrochenen Zuschlägen, einem hohen Feinkornanteil und auf Kosten der Verarbeitbarkeit kann der Grobzuschlagsgehalt in Ausnahmefällen bis zu etwa 500 dm^3/m^3 vergrößert werden. Abschließend wird über die Absorptionswassermengen der Leichtzuschläge w_{as} in Verbindung mit dem gewählten Sättigungsgrad (Abs. 2.5.1) die notwendige Gesamtwassermenge w_Σ und unter Berücksichtigung der Eigenfeuchte der Zuschläge (w_{agg}) sowie der Wassermenge in den Zusatzmitteln (w_{add}) und -stoffen (i.d.R. nur w_{sf}) das Zugabewasser w_0 berechnet.

Tabelle 2-7 Mischungsentwurf für einen konstruktiven Leichtbeton mit den Vorgaben aus den Abschnitten 2.4.1 bis 2.4.3

Zementleim: Äquivalenter Wasserzementwert: $(w/z)_{eq} = w/(z + k_f f + k_s s)$					2.4.2
Zement	$z \approx 300 - 400$ kg/m^3			①	V_z
Silikastaub	$s/z \leq 0{,}11$ [1]	$k_s = 1{,}0$ [1]	$\to s$		V_{sf}
Flugasche	$f/z \leq 0{,}33$ [1]	$k_f = 0{,}4$ [1]	$\to k$		V_{fa}
Anmachwasser	$w = w_0 + w_{sf} + w_{FM} + w_{BV} + w_{VZ} + w_{ST} + w_{LP} + w_{agg} - w_{as}$				V_w
Fließmittel, Verzögerer, Stabilisierer, Luftporenbildner in %·z			w_{add}		$V_{add,FS}$
Luftgehalt (ohne luftporenbildende Zusatzmittel) (vgl. Abs. 2.5.4)				$\approx 25 \pm 5$ dm^3/m^3	

Zuschläge:	w_{as}	$W_{as,m}$ [%]	kg/m^3	ρ_a	
0-4 mm	③	2.4.3	a_{0-4}	2.4.1	② $V_{a,0-4}$
4-8/12 mm		2.4.3	a_{4-12}	2.4.1	≈ 400 dm^3/m^3

Summe:					1000 dm^3/m^3

[1] Für alle Expositionsklassen außer XF2 und XF4, Alkalitätsreserve der Porenlösung nach DIN 1045-2, 5.2.5.2.5 ist zu beachten

Die Verwendung von Sieblinien rückt bei dieser Vorgehensweise automatisch in den Hintergrund. Allerdings ist die Kenntnis der Korngrößenverteilung der Feinzuschläge von Wichtigkeit (vgl. Bild A1-31), um gegebenenfalls bei feinteilarmen Sanden den Mehlkorngehalt darauf abzustimmen (Abs. 2.3). In jedem Fall sind die höchstzulässigen Mehlkorngehalte nach DIN 1045-2 zu beachten. Manche Hersteller bieten auch mehrere Gruppen innerhalb des Fein- und Grobkornbereiches an, so daß in diesen Fällen auf die in [4] im informativen Anhang aufgenommenen Sieblinien zurückgegriffen werden kann. Es ist jedoch zu beachten, daß die Sieblinie auf Stoffraumanteile umgerechnet werden muß, sofern Korngruppen mit unterschiedlicher Kornrohdichte zusammengesetzt werden, wie dies auf Leichtbetone zumeist zutrifft. Aus der gewählten Betonzusammensetzung läßt sich schließlich die Trockenrohdichte nach [52] wie folgt abschätzen:

$$\rho \approx \frac{1,2 \cdot z + a_{dry}}{1000} \quad \text{in [kg/dm}^3]$$
$$\begin{array}{ll} z & = \text{Zementgehalt in [kg/m}^3] \\ a_{dry} & = \text{Trockengewicht der Zuschläge und} \\ & \quad \text{Betonzusatzstoffe in [kg/m}^3] \end{array} \qquad (2.2)$$

Dieser Formel liegt zugrunde, daß Wasser in einer Größenordnung von 20 M.-% des Zementes bei der Hydratation chemisch gebunden wird. Für die experimentelle Bestimmung der Trockenrohdichte (EN 12390-7) nach 28 Tagen wird entweder der gesamte Probekörper nach der Festigkeitsprüfung oder aber repräsentative Bruchstücke davon aus der Randzone und dem Kernbereich bei 105 °C bis zur Gewichtskonstanz getrocknet und die Festbetonrohdichte mit dem Verhältnis der Massen nach und vor dem Trocknungsprozeß multipliziert. In der Praxis geht man davon aus, daß die im Labor ermittelte Trockenrohdichte im Bauwerk nicht erreicht werden kann, sondern selbst nach Jahren immer noch eine Ausgleichsfeuchte von etwa 5 Vol.-% in den Leichtbetonbauteilen verbleibt.

2.5   Leichtbetonherstellung

Bei der Herstellung konstruktiver Leichtbetone sind die besonderen Eigenschaften der verwendeten Leichtzuschläge zu beachten. Dazu gehört einerseits ihre niedrige Kornrohdichte, die ein Aufschwimmen und damit ein Entmischen begünstigt und andererseits ihr Absorptionsvermögen, das sich unter Umständen entscheidend auf die Verarbeitbarkeit der Mischung auswirken kann. Um beide Risiken möglichst gering zu halten, wird in Nordamerika im allgemeinen die Meinung vertreten, daß eine Betonage mit Leichtbeton niemals mißlingen kann, wenn wenigstens zwei der drei folgenden Grundregeln beachtet werden:

- Die Zuschläge sollten mit mindestens 50 bis 70 % des 60 minütigen Absorptionswertes vorgesättigt werden. Für manche, langsam saugende Zuschläge kann auch der 24 Stundenwert maßgebend sein.

- Die Konsistenz des Leichtbetons sollte sich proportional zur Betonrohdichte verhalten. Im ACI 213R-87 (Guide for Structural LWAC) wird für Leichtbeton eine Empfehlung ausgesprochen, das Setzmaß (Slump) auf $S = 100$ mm zu begrenzen, um insbesondere für Decken gute Oberflächen zu erzielen. Als Richtmarke wird ein noch niedrigerer Wert von $S = 75$ mm angegeben, der eine ausreichende Verarbeitbarkeit gewährleistet und gleichzeitig den nötigen Zusammenhalt in der Mischung ermöglicht, um ein Aufschwimmen der Leichtzuschläge zu verhindern.

- Für Leichtbetone empfiehlt sich die Zugabe von Luftporenbildner. Die Matrix wird dadurch klebriger und der Zusammenhalt der Mischung verbessert, zumal sich dadurch auch die Rohdichten der Komponenten angleichen. Der Entmischungsgefahr wird so vorgebeugt. In [39] wird betont, daß mit dieser Maßnahme ein Beitrag zur elastischen Kompatibilität von Matrix und Zuschlag geleistet werden kann.

Die Verwendung von stark vorgesättigten Leichtzuschlägen ist allerdings nicht in jedem Fall notwendig, zumal sie einige Nachteile mit sich bringt. Von daher sollte nicht nur in wirtschaftlicher Hinsicht ein sinnvoller, auf die Aufgabenstellung abgestimmter Vorsättigungsgrad gewählt werden.

2.5.1   Vorbehandlung der Leichtzuschläge

Leichtzuschläge mit geringer Kernfeuchte nehmen im Frischbeton Wasser (Absorptionswasser) auf, das folgerichtig der Leichtbetonmischung neben dem Anmachwasser w für die Zementleimbildung zur Verfügung gestellt werden muß. Dies kann in Form einer Vorsättigung oder bei trockenen Zuschlägen durch Zusatzwasser geschehen. Beide Verfahren bergen sowohl Vorteile als auch Nachteile in sich.

Wie eingangs bereits erwähnt, werden in Nordamerika zumeist stark vorgesättigte Leichtzuschläge verarbeitet und damit die sichere Variante im Hinblick auf eine reibungslose Betonage gewählt. Da jedoch die Wasseraufnahme vorgenäßter Zuschläge einschließlich der Vorsättigung höher ist im Vergleich zu trockenen Zuschlägen in Mischungen mit gleicher Gesamtwassermenge, nimmt bei dieser Methode auch die 28-Tage-Betonrohdichte, das Schwindmaß (Abs. 4.6.1), das Risiko von Abplatzungen im Brandfall (Abs. 4.9), die Wärmeleitfähigkeit (Abs. 4.7) und die Neigung zu Schwindrissen an der Oberfläche aufgrund des höheren Feuchtegradienten zu (Abs. 2.6.2), der Frost-Tauwiderstand wird hingegen reduziert (Bild 4-131). Gegebenenfalls führt die Vorsättigung auch zu erhöhten Frachtkosten der Zuschläge, die die Wettbewerbsfähigkeit des Leichtbetons schmälern.

In Europa werden deshalb die Zuschläge üblicherweise in haldenfeuchtem Zustand angeliefert und auch verarbeitet. Der Begriff „haldenfeucht" ist stark witterungsabhängig und unterliegt großen Schwankungen, je nachdem, ob die Lieferung mit einer lang anhaltenden Trockenperiode oder ausgesprochenen Niederschlagsphase zusammenfällt. Nach Abschnitt A.1.1.4 unterscheiden sich die Leichtzuschläge mehr oder weniger in ihrer Porenstruktur. Daher muß bei der Verwendung haldenfeuchter Zuschläge das Absorptionsverhalten der Zuschläge und der zeitliche Verlauf des Ansteifprozesses der Mischung bekannt sein.

In Abschnitt 2.4.2 wurde der Saugvorgang der Zuschläge zur Bestimmung des wirksamen Wassergehaltes „bis zum Erstarren des Betons" definiert. Diese Formulierung zielt in erster Linie auf die Verwendung von trockenen Zuschlägen ab, bei denen selbst im eingebauten Zustand vereinzelt Nachsackungen als ein Indiz für weitere Absorptionsvorgänge beobachtet werden konnten (Abs. 2.5.4). Durch vorgesättigte Zuschläge können außerdem auch Verformungen aus autogenem Schwinden im frühen Betonalter eliminiert werden, da ein Feuchtetransport vom Korn in den Zementstein ermöglicht wird [181]. Durch diesen, auch als innere Nachbehandlung bezeichneten Vorgang wird der Selbstaustrocknung (selfdesiccation) insbesondere von Hochleistungsleichtbetonen mit niedrigem w/z-Wert und dem daraus resultierenden Unterdruck in den Poren entgegengewirkt (Abs. 2.6.2 und 4.6.1).

Bei Transportbeton kann eine Vorsättigung der Zuschläge sinnvoll sein, da in Anbetracht der längeren Verarbeitungszeit ein gleichmäßigeres Konsistenzmaß wünschenswert ist und im Werk mit einem moderaten Konsistenz-Vorhaltemaß gearbeitet werden kann. Noch wichtiger ist sicherlich die Vorsättigung beim Einbau von Leichtbeton mit Betonpumpen. Dies wird in Bild 2-10 deutlich, das die Wasseraufnahme getrockneter Leichtzuschläge (24 h bei 105 °C) mit unterschiedlicher Rohdichte unter Druckbeanspruchung von 1, 50, 100 und 150 bar jeweils nach 30 Minuten zeigt (vgl. auch Bild A1-26). Demnach wird unter üblichen Pumpdrücken von 100 bis 150 bar der unter atmosphärischen Bedingungen gemessene Wert, der der Berechnung des wirksamen w/z-Wertes zugrunde liegt, erheblich überschritten. Dies führt bei der Verwendung von trockenen Zuschlägen zu drastischen Konsistenzeinbußen, die die Pumpfähigkeit und eine ausreichende Verarbeitbarkeit gefährden. Aus diesen vielfältigen Gründen gilt es, die Vor- und Nachteile beider Vorgehensweisen bei der Leichtbetonherstellung von Fall zu Fall gegeneinander abzuwägen und eine entsprechend den Anforderungen zielgerechte Entscheidung zu treffen.

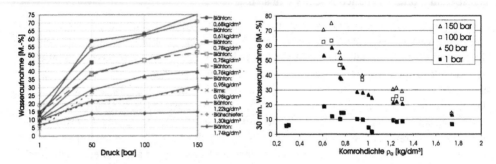

Bild 2-10 Wasseraufnahme verschiedener Leichtzuschläge nach 30 Minuten unter Druckbeanspruchung

Im allgemeinen werden drei Methoden der Vorsättigung von Leichtzuschlägen unterschieden. Die wirksamste, dafür aber auch teuerste Variante ist die der Vakuumsättigung, die z. B. beim Canary Wharf Tower in London Anwendung fand, um die Pumpfähigkeit bis in eine Höhe von 230 m aufgrund der Vollsättigung der Leichtzuschläge zu garantieren. Darüber hinaus gibt es die Möglichkeiten, die Zuschläge über mehrere Tage hinweg kontinuierlich zu besprenkeln oder aber in einem Wasserbecken unter gelegentlichem Umrühren vorzunässen. Die beiden zuletzt genannten Varianten werden in der Praxis am häufigsten verwandt. Bei kleineren Betonmengen wird der Herstellungsprozeß oftmals aber auch auf die je nach Jahreszeit lieferbare Kernfeuchte des Leichtzuschlags abgestimmt.

Für eine sichere Leichtbetonherstellung ist nicht nur der Sättigungsgrad der Zuschläge zu Beginn des Mischvorgangs von großem Interesse, sondern auch der diesem Wert vorausgegangene zeitliche Verlauf des Wassergehaltes im Zuschlag. Die Wasseraufnahme der meisten Leichtzuschläge während des Mischvorgangs hängt z. B. davon ab, ob der Zuschlag bis unmittelbar vor der Betonherstellung vorgesättigt wurde (Vorsättigungszustand) oder der Austrocknungsprozeß im Zuschlag bereits eingesetzt hat (Trocknungszustand). Der Einfluß dieser beiden Feuchtezustände auf das Absorptionsverhalten wurde aus diesem Grunde in [178] anhand von zahlreichen Versuchen mit vier verschiedenen Leichtzuschlägen untersucht, indem man 200 g einer Sorte zunächst einem bestimmten Vorsättigungsvorgang unterzog und anschließend in einem Wasserbad 60 Minuten lang eintauchte. Die Probenvorbereitung erfolgte dabei prinzipiell auf zwei verschiedene Arten. Während bei einem Teil der Prüfungen ofengetrocknete Leichtzuschläge vorgesättigt wurden (Vorsättigungszustand), wählte man für die übrigen die umgekehrte Methode, bei der gesättigte Zuschläge in einem Ofen bei 105°C bis zu einem bestimmten Grade wieder getrocknet wurden (Trocknungszustand). Durch die Variation der Vorsättigungs- bzw. Trocknungsdauer

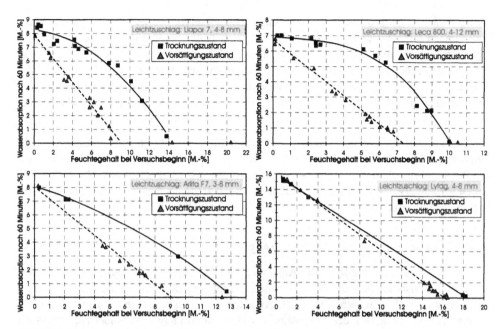

Bild 2-11 Wasserabsorption verschiedener Leichtzuschläge nach 60 Minuten für unterschiedliche Feuchtezustände in Abhängigkeit vom Wassergehalt bei Versuchsbeginn [178]

konnten in beiden Fällen verschiedene Feuchtegehalte zu Beginn der Versuche erzielt werden. Die Ergebnisse der Untersuchung sind in Bild 2-11 dargestellt.

Demzufolge ist die Wasserabsorption der drei Blähtone (*Liapor*, *Leca*, *Arlita*) deutlich niedriger, wenn die Zuschläge bis zur Prüfung vorgesättigt wurden. Nach der Modellvorstellung in Bild 2-12 sind in diesem Fall die oberflächennahen Poren bereits gesättigt und behindern somit die Wasseraufnahme des trockenen Kerns. Im Trocknungszustand liegt hingegen eine umgekehrte Feuchteverteilung im Zuschlag vor, so daß die trockenen Oberflächenporen rasch gesättigt werden können. Abgesehen von der Feuchteverteilung im Zu-

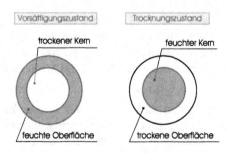

Bild 2-12 Modellvorstellung zweier Feuchtezustände von Leichtzuschlägen mit geringerer Durchlässigkeit [178]

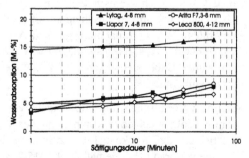

Bild 2-13 Wasserabsorption der bei der Untersuchung des Einflusses des Feuchtezustandes verwendeten Leichtzuschläge [178]

schlag ist das Absorptionsverhalten allerdings auch abhängig von der Porenstruktur. Prinzipiell können hierbei drei Typen unterschieden werden, sogenannte geschlossenporige, teilweise offenporige und offenporige Zuschläge. Im Gegensatz zu den Blähtonen (teilweise offenporig) gehört die gesinterte Flugasche (*Lytag*) offensichtlich zu den offenporigen Zuschlägen, da keine nennenswerten Unterschiede zwischen beiden Feuchtezuständen zu beobachten sind. Dies wird auch durch die sehr rasche Wasserabsorption bestätigt (Bild 2-13), die auf die Möglichkeit eines schnellen Feuchteausgleichs hindeutet.

Aus den genannten Gründen kann ein Patentrezept für den richtigen Vorsättigungsgrad von Leichtzuschlägen nicht angegeben werden. Die Beispiele haben gezeigt, daß man sich vor der Betonage eingehend mit dem Thema beschäftigen und im Vorfeld das Absorptionsverhalten der zu verwendeten Leichtzuschläge studieren sollte. In diesem Zusammenhang sind auch nähere Informationen von den Leichtzuschlagsherstellern wünschenswert.

2.5.2 Vorbereitung und Mischvorgang

Vor der Betonage sind zunächst die Annahmen des Mischungsentwurfes zu kontrollieren. Dazu gehört insbesondere die Bestimmung der Eigenfeuchten aller Zuschläge. Dabei ist auch zu berücksichtigen, daß die Zuschlagsfeuchte im Silo nach unten hin zunehmen kann. Da eine Homogenisierung des Zuschlags in vielen Fällen nicht praktikabel ist, sollten die Messungen auch während der Betonproduktion fortgesetzt werden. Als schnelle Methode hat sich hierbei die Messung der feuchten Schüttdichte für Grobzuschläge bewährt unter der Voraussetzung, daß die Trockenschüttdichte im Vorfeld bestimmt wurde. Diese Methode ersetzt allerdings nicht die Prüfung der Eigenfeuchte nach EN 1097-6, sondern sollte nur als Kontrollmaßnahme verstanden werden. Da das Verhältnis von der Schütt- zur Kornrohdichte von Leichtzuschlägen zwischen 40 und 70 % schwankt (Bild 2-3), sind Näherungsformeln wie $\rho_a \sim 1{,}9 \cdot \rho_b$ nur mit Vorbehalt anwendbar. Herstellerangaben sind in diesem Fall für die Umrechnungsbeziehung aussagekräftiger.

Die Abmessung der Leichtzuschläge nach dem Volumen ist zu bevorzugen, auch wenn eine Dosierung nach ihrer Masse in der Norm nicht ausgeschlossen wird. Sofern die Möglichkeit dazu gegeben ist, werden die Leichtzuschläge zuerst mit der berechneten Sättigungswassermenge und einem Teil des Anmachwassers kurz vorgemischt. Es ist darauf zu achten, daß die Zuschläge von den Mischwerkzeugen nicht zerbrochen werden, da sonst insbesondere bei runden Zuschlägen mit ausgeprägter Sinterhaut Festigkeitseinbußen und eine erhöhte Wasseraufnahme (vgl. Bild A1-23) zu erwarten sind. Dies zeigt eine Studie [43], in der das Absorptionsverhalten von ganzen und halbierten Zuschlagskörnern untersucht wurde. Dabei stellte sich heraus, daß die halbierten Zuschläge bis zu 100 M.-% mehr Wasser aufnehmen.

Nach dem Vormischen folgt die Beigabe von Zement und dem verbliebenen Wasser. Zusatzmittel sollten als letzte Komponente der Mischung zugegeben werden, da man anderenfalls riskiert, daß trockene Leichtzuschläge die Zusatzmittel aufsaugen und somit deren Wirkung verloren geht. Gemäß DIN 1045-2 ist nach Zugabe aller Stoffe der Mischvorgang je nach Mischintensität noch mindestens 90 Sekunden fortzusetzen, um einen gleichmäßig durchmischten Frischbeton zu erzielen.

Für Leichtbetonmischungen mit ungesättigten Zuschlägen sollte nach [16] die Mischdauer zwischen dem Erstmischen bis zum letzten Mischen (z. B. erneutes Mischen in einem Fahrzeugmischer) soweit verlängert werden, bis die Wasserabsorption der Zuschläge und das damit einhergehende Entweichen der Luft aus den Leichtzuschlägen keine nachteilige Auswirkungen auf die Festbetoneigenschaften mehr hat. Diese Forderung ist auf eine Beobachtung von *Helland/Maage* [179] zurückzuführen, die im Vorfeld eines Großprojektes überraschend deutliche Festigkeitseinbußen eines hochfesten Leichtbetons bei einem Verarbeitungsversuch vor Ort feststellten im Vergleich zu den Labortests. Für die Betonage wurden in diesem Fall trockene Zuschläge verwendet, um das Abplatzrisiko bei einem Hydrocarbonfeuer zu reduzieren. Die daraufhin erfolgte Untersuchung ergab, daß durch die Wasseraufnahme der Zuschläge in der Mischung Luft aus den Körnern herausgedrückt wurde, die sich in Form von Blasen ringförmig um die Leichtzuschläge gruppierte (Bild 2-14). Auf diese Weise wurde der Verbund und damit die Kontaktzone zwischen Leichtzuschlag und Matrix zerstört, was zu den geschilderten Festigkeitsverlusten führte. Durch eine Verlängerung der Mischdauer bzw. mit einem erneuten Mischen vor der Verarbeitung konnte man schließlich das Problem beseitigen.

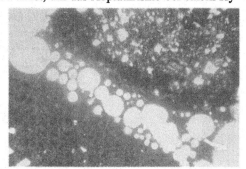

Bild 2-14 Luftblasen in der Kontaktzone zwischen Leichtzuschlag (rechts oben) und Matrix (links unten) bei unzureichender Mischdauer und ungesättigten Zuschlägen [179]

2.5.3 Frischbetoneigenschaften

Ein wichtiges Element der Qualitätssicherung ist die Überprüfung und Kontrolle der Frischbetoneigenschaften, zu denen die Frischbetonrohdichte, die Konsistenz und der Luftporengehalt zählen.

Die Frischbetonrohdichte ρ_{fd} ist das maßgebende Indiz für die angestrebte Fest- bzw. Trockenrohdichte des Leichtbetons. Größere Abweichungen vom Zielwert ($\Delta\rho_{fd} \geq 0,1$ kg/dm³) weisen bereits frühzeitig auf Unregelmäßigkeiten beim Mischvorgang hin, so daß ihre Bestimmung als unverzichtbarer Bestandteil in jeder Qualitäts-Managementplanung anzusehen ist. Die daraus abzuleitende 28-Tage-Betonrohdichte der Probekörper ist abhängig von deren Lagerungsart. Bei der kombinierten Feucht-/Trockenlagerung nach DIN 1048, T.5 (die ersten 7 Tage in Feuchtkästen oder in Folie eingepackt und anschließend bis zum Prüftermin im Klimaraum) ist eine um etwa 0,05 kg/dm³ geringere, bei der nun üblichen Wasserlagerung bis zum Prüftag eine um etwa den gleichen Betrag höhere Betonrohdichte nach 28 Tagen als die Frischbetonrohdichte zu erwarten.

Zur Beurteilung der Verarbeitbarkeit des Frischbetons dient die Konsistenzprüfung, die nach DIN EN 206-1 mit vier verschiedenen Verfahren erfolgen kann (Tabelle 2-8). Abgesehen von dem Slump- (Setzmaß) und dem Vébéversuch wird in Deutschland insbesondere das Ausbreitmaß oder das Verdichtungsmaß bestimmt. Die für Leichtbeton am besten geeignete Meßgröße ist das Verdichtungsmaß, da es, im Gegensatz zu den anderen drei Methoden, deutlich weniger von der Betonrohdichte abhängt. Deshalb ist beim Ausbreitversuch zu beachten, daß das Ausbreitmaß in Abhängigkeit der Trockenrohdichte geringer ausfällt als bei einem Normalbeton gleicher Konsistenz. Aus diesem Grunde sind auch die Konsistenzbeschreibungen aus DIN 1045-2 auf Leichtbetone nur mit Einschränkungen zu übertragen. Zweifelsohne ist die Durchführung des Ausbreitversuches trotzdem durchaus empfehlenswert, da er augenscheinlich Rückschlüsse auf den Zusammenhalt der Mischung zuläßt.

Tabelle 2-8 Konsistenzklassen nach DIN EN 206-1 [16] und DIN 1045-2 [4]

Verdichtungsmaßklassen	$C0$		$C1$		$C2$		$C3$	
Verdichtungsmaß	$\geq 1{,}46$		1,45 bis 1,26		1,25 bis 1,11		1,10 bis 1,04	
Konsistenzbeschreibung	sehr steif		steif		plastisch		weich	

Ausbreitmaßklassen	$F1$	$F2$	$F3$	$F4$	$F5$	$F6$
Ausbreitmaß in mm	≤ 340	350–410	420–480	490–550	560–620	≥ 630
Konsistenzbeschreibung[1]	steif	plastisch	weich	sehr weich	fließfähig	sehr fließfähig

Setzmaßklassen	$S1$	$S2$	$S3$	$S4$	$S5$
Setzmaß in mm	10 bis 40	50 bis 90	100 bis 150	160 bis 210	≥ 220

Setzzeitklassen (Vébé)	$V0$	$V1$	$V2$	$V3$	$V4$
Setzzeit in s	≥ 31	30 bis 21	20 bis 11	10 bis 6	5 bis 3

[1] Auf Leichtbetone nur mit Einschränkungen anwendbar

Bei Leichtbeton muß der Prüfungszeitpunkt auf die angestrebte Verarbeitungsdauer abgestimmt sein. Bei längeren Zeitspannen zwischen Mischbeginn und dem Einbringen des Betons ist unbedingt ein zeitlicher Konsistenzverlauf zu ermitteln, um einen planmäßigen Ansteifprozeß des Leichtbetons abzusichern. Für gefügedichte Leichtbetone ist in der Regel eine Verdichtungsmaßklasse $C3$ anzustreben. Steifere Betone können eine mangelhafte Verdichtung zur Folge haben, die zu Haufwerksporen und Festigkeitseinbußen führt. Wird der Beton hingegen zu weich gewählt, könnten beim Verdichten Separationserscheinungen durch Aufschwimmen der Leichtzuschläge auftreten. Da das Verdichtungsmaß auch bei sehr weichen Leichtbetonen noch ausreichende Informationen liefert, wäre eine Verdichtungsmaßklasse $C4 < 1{,}04$ eigentlich sinnvoll.

Für Ausbreitmaß und Setzmaß wurde in [16] hingegen der Verwendung von selbstverdichtenden Betonen Rechnung getragen und die Klassen $F6$ und $S5$ ohne Obergrenze definiert. Für selbstverdichtende Leichtbetone stehen darüber hinaus die speziell für selbstverdichtenden Beton entwickelten Prüfungen des Fließvermögens zur Verfügung. Dazu gehören der Setzfließversuch, bei dem ein Ausbreitkuchen von ca. 65 ± 5 cm angestrebt wird, der Trichterauslaufversuch zur Messung der Auslaufgeschwindigkeit, der Fließschikane-Versuch zur Simulierung von Bewehrungshindernissen sowie der U- und L-Kasten-Versuch zur Beurteilung der Nivellierung des Leichtbetons.

Für frostbeständige Leichtbetone kann der Nachweis des Luftporengehalts notwendig sein (Tabelle 2-6). Allerdings ist das für Normalbetone übliche Druckausgleich-Verfahren zur Bestimmung des Luftporengehaltes ungeeignet, da Wasser in die Kornporen eingepreßt und somit der Druckverlust überschätzt wird. Von daher wird in [16] das nach ASTM C 173-95 genormte Verfahren zur Prüfung des Luftgehaltes von Frischbeton durch Volumenmessung vorgeschrieben, das insbesondere in Nordamerika und Norwegen bereits seit längerer Zeit erfolgreich Anwendung findet. Bei dieser Prüfung wird ein definiertes und verdichtetes Betonvolumen mit einer bestimmten Wassermenge in ein Beton-Wassergemisch umgewandelt, die schwebenden Luftporen ausgetrieben und schließlich die Volumenänderung gemessen. Bei ungesättigten Leichtzuschlägen und längerer Versuchsdauer kann auch diese Methode zu ungenauen Ergebnissen führen, die den wahren Luftporengehalt überschätzen [17]. Leider ist jedoch bis heute noch kein exakteres Verfahren für Leichtbetone bekannt. In jedem Fall kann die Gleichmäßigkeit des Luftgehaltes geprüft werden. Für einen Vergleich zweier Leichtbetone mit und ohne Luftporenbildner ist zudem auch die gravimetrische Bestimmung über den Vergleich beider Frischbetonrohdichten sinnvoll.

2.5.4 Transport, Einbau und Verdichtung

Die maximale Dauer vom Zeitpunkt der Herstellung bis zur Verarbeitung und die Art des Einbaus sind im Vorfeld des Mischungsentwurfes festzulegen und insbesondere bei der Vorbehandlung der Leichtzuschläge sowie bei der Wahl des Vorhaltemaßes für die Verarbeitbarkeit zu beachten (Abs. 2.5.1). Bei Transportleichtbeton kann die notwendige Konsistenz eventuell auch noch durch Fließmittelzugabe im Fahrmischer kurz vor der Verarbeitung eingestellt werden.

Die Verarbeitung gefügedichter Leichtbetone erfolgt nach den gleichen Grundsätzen wie bei Normalbeton. Allerdings ist bei Leichtbeton ein größerer Verdichtungsaufwand notwendig, da die Rohdichte geringer ist und die Leichtzuschläge die Verdichtungsenergie stärker dissipieren. Dadurch wird die Wirkung der Innenrüttler auf einen kleineren Radius beschränkt. Aus diesem Grunde ist der übliche Abstand sowohl der Einbring- als auch der Rüttelstellen zu reduzieren. Die Verwendung von Rüttelflaschen mit größerem Durchmesser ist ratsam. Außerdem sollte die Höhe der einzelnen Schüttlagen 50 cm nicht wesentlich überschreiten [52]. Bei horizontal betonierten Bauteilen muß die Verdichtungsdauer auf die Konsistenz abgestimmt sein, um ein Aufschwimmen der Leichtzuschläge zu vermeiden. Bei großflächigen Fertigteilen in horizontaler Fertigung sind Außenrüttler zu bevorzugen. Somit ist bei Leichtbeton aufgrund des geringeren Gewichts mit einer etwas schlechteren Verdichtung und damit einem größeren und stärker schwankenden Gehalt an Verdichtungsporen zu rechnen [17]. In [9] und [52] wird deshalb der Luftgehalt für Leichtbetone ohne Zusatzmittel mit ca. 2,5-3 Vol.-% (anstatt 1-2 Vol.-%) abgeschätzt (vgl. Tabelle 2-7).

Der eingebrachte Frischbeton ist in der Regel nicht absolut volumenstabil, insbesondere wenn teilweise offenporige Zuschläge (Abs. 2.5.1), zu denen die meisten Blähtone gehören, im trockenen oder nur teilvorgesättigten Zustand verwendet werden. In diesem Fall ist es nicht ausgeschlossen, daß sich der Feuchtetransport von der Matrix zum Zuschlag noch in der Schalung fortsetzt. Dies könnte einerseits dazu führen, daß die Volumenreduktion ein unkontrolliertes Nachsacken des Frischbetons nach sich zieht. Hier empfiehlt sich ein Nachverdichten des Leichtbetons, um eine frühzeitige Rißbildung zu vermeiden (Abs. 2.6.2), da sich bei geringeren Betonüberdeckungen die äußerste Bewehrungslage als Rißmuster an der Oberfläche abzeichnen könnte. Andererseits kann die aus dem Zuschlag entwichene Luft den Verbund zwischen Zuschlag und Matrix teilweise zerstören (Bild 2-14) und damit die Festigkeit und Dauerhaftigkeit beeinträchtigen. In diesem Zusammenhang wird noch einmal auf die Verlängerung der Mischdauer bei der Verwendung ungesättigter Zuschläge hingewiesen (Abs. 2.5.2).

Ein glatter Oberflächenschluß gestaltet sich durch die leichten Zuschläge schwieriger als bei Normalbeton. Verbesserungen lassen sich durch Oberflächenrüttler oder spezielle Walzen erzielen. Eine abschließende Behandlung mittels Reibbrett oder Flügelglätter ist sinnvoll.

Der Einbau von Leichtbeton mit Betonpumpen ist nach wie vor nicht unproblematisch. Die Schwierigkeiten sind dabei auf die Kompressibilität des Frischbetons zurückzuführen. Aufgrund des Förderdrucks während des Pumpvorgangs wird ein Teil des Wassers aus dem Zementleim in die Zuschlagskörner gepreßt, wobei das Frischbetonvolumen unter Zunahme der Rohdichte abnimmt (Bild 2-15). Diese zusätzliche Wasseraufnahme der Zuschläge kann unter Umständen ganz beachtliche Werte annehmen. Im Vergleich zur Sättigung unter atmosphärischen Bedingungen beispielsweise verdoppelt sich in etwa die Absorption bei hochfesten Zuschlägen unter üblichen Pumpdrücken von 100 bis 150 bar, wie aus Bild 2-10 hervorgeht. Bei niedrigen Kornrohdichten sind sogar Zuwächse bis 250 % möglich. Dies hat erhebliche Auswirkungen auf die Konsistenz, die deutlich ansteift, so daß die Rohrleitung aufgrund der höheren Reibung verstopfen kann. Deshalb werden in Nordamerika für pumpfähige Leichtbetone in der Regel Leichtzuschläge mit hohem Sättigungsgrad verwendet und dabei die bereits in Abschnitt 2.5.1 angesprochenen Nachteile in Kauf genommen.

Die Wasseraufnahme der Zuschläge unter dem Förderdruck hat auch zur Folge, daß ein Teil der Luft im Zuschlag in den Zementleim entweicht, während der Rest im Korn komprimiert wird. Sobald der Förderdruck mit zunehmendem Abstand von der Pumpe nachläßt, entspannt sich die Luft im Zuschlagskorn sukzessive. Dadurch kann am Ende bzw. außerhalb der Rohrleitung Wasser aus dem Korn wieder herausgedrückt werden (Bild 2-15). Von daher verhält sich Leichtbeton unter Pumpendruck nicht nur kompressibel, sondern gewissermaßen auch elastisch. Die Expansion der

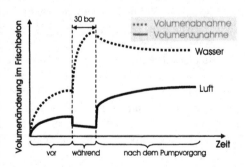

Bild 2-15 Volumenänderung eines Leichtbetons vor, während und nach dem Pumpvorgang nach *Smeplass* [182]

Luft kann allerdings zu Entmischungen führen bzw. die Kontaktzone zwischen Matrix und Zuschlag deutlich schwächen und damit die Festigkeit beeinträchtigen. In machen Fällen konnten nach dem Pumpvorgang aber auch höhere Druckfestigkeiten durch die Reduktion des Wasserzementwertes gemessen werden [182].

Eine ganz entscheidende Rolle für die Pumpfähigkeit von Leichtbeton spielt der verwendete Leichtzuschlag und seine Porenstruktur. Besonders geeignet sind entweder weitestgehend geschlossenporige Zuschläge angesichts ihrer geringen Wasseraufnahme oder aber offenporige Zuschläge, die bereits vor dem Pumpen zu einem hohen Grade gesättigt sind. Kritisch sind hingegen teilweise offenporige Zuschläge aufgrund der relativ hohen Wasserabsorption in der Förderleitung.

Aus diesen Gründen gab es in der Vergangenheit immer wieder Bestrebungen, durch eine Umhüllung der Leichtzuschläge dem Saugen Einhalt zu gebieten. Damit sollte das Eindringen des Anmachwassers in die Zuschläge verhindert und im Vergleich zu Normalbeton adäquate Frischbetoneigenschaften erzielt werden. Ein weiterer Vorteil ist bei Mischungen mit Natursand in der Berechenbarkeit des wirksamen w/z-Wertes zu sehen. Anfangs wurden Beschichtungen z. B. aus Kunststoff entwickelt, die jedoch die Zuschläge im Verbundwerkstoff mehr oder weniger isolierten. Dies führte zu einer geschwächten Verbundfuge mit erheblichen Festigkeits- und Dauerhaftigkeitseinbußen, die die gewonnenen Vorteile mehr als kompensierten. Im Gegensatz dazu sieht eine Neuentwicklung der Universität Karlsruhe [45, 46] eine Umhüllung von Leichtzuschlägen mit Hilfe einer zementgebundenen Schicht vor, bei der die Kontaktzone keineswegs beeinträchtigt wird. Über den Erfolg dieser Erfindung in der Zukunft werden in erster Linie wirtschaftliche Gesichtspunkte entscheiden.

Anfang der 70er Jahren wurden die Anstrengungen auf die maschinentechnischen Aspekte konzentriert, indem man versuchte, den Förderdruck der Betonpumpe auf einem niedrigen Niveau zu begrenzen [183], beispielsweise durch eine chargenweise Förderung (pneumatisches Pumpverfahren) oder aber durch die Unterbrechung der Betonsäule in der Rohrleitung durch intervallweises Einblasen eines Luftpolsters (kombiniert hydraulisch-pneumatisches Förderverfahren). Allerdings hat sich bei beiden Verfahrensweisen die verringerte Förderleistung und die begrenzte Pumphöhe als nachteilig erwiesen.

In Deutschland liegen bislang Erfahrungen bis zu der Festigkeitsklasse LC 35/38 vor [182]. Nach heutigem Stand sollten beim Pumpen auf Leichtbetone ohne Leichtsand zurückgegriffen werden (SLWAC). Zur Sicherstellung der Pumpfähigkeit ist zum einen ein Vorsättigungsgrad der Leichtzuschläge von etwa 20 bis 35 % und zum anderen die Verwendung einer Stabilisierers und eines Fließmittels zu empfehlen. Durch den Stabilisierer wird die Viskosität des Anmachwassers erhöht und damit das Wasserrückhaltevermögen der Mischung verbessert, da er feine Luftbläschen in der Matrix dispergiert. Der Gehalt sollte allerdings auf $m_{ST} < 0,6$ kg/m³ begrenzt werden, da eine höhere Dosierung die angestrebte Festigkeit gefährden könnte [182]. Schließlich kann sich auch ein Teilaustausch des Zementes durch Flugasche auf die Pumpfähigkeit günstig auswirken.

Für manche Projekte kann es interessant sein, einen selbstverdichtenden Beton (SCC) zu verwenden, der ohne Erfordernis zusätzlicher Verdichtungsenergie allein unter dem Einfluß der Schwerkraft fließt, entlüftet und die Hohlräume innerhalb der Schalung ausfüllt. Dadurch können selbst Bauteile mit hoher Bewehrungsdichte und schwierigen Schalungsformen in hoher Qualität und mit einem niedrigen Lärmpegel betoniert werden. Entscheidend für die selbstverdichtende Wirkung ist ein Fließverhalten des Zementleims (Bild 2-16), das einerseits durch eine niedrige Fließgrenze τ_0, andererseits aber auch durch eine ausreichende Viskosität η charakterisiert ist, damit die Zuschläge im Zementleim schwimmen können und nicht auf den Schalungsboden absinken. Diese rheologischen Kennwerte können z. B. mit einem Rotationsviskosimeter experimentell ermittelt werden, indem man über der Umdrehungsgeschwindigkeit, mit der der Zementleim ein feststehendes Rührpaddel durchfährt, den Widerstand (Scherspannung) aufträgt, den das Paddel dem Zementleim bietet (Bild 2-16). Die für SCC gewünschten

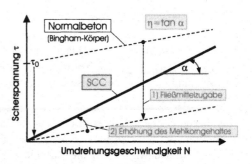

Bild 2-16 Rheologisches Verhalten von Normalbeton und SCC

rheologischen Eigenschaften erzielt man zum einen durch die Zugabe von hochwirksamen Fließmitteln, z. B. auf PCE-Basis (Abs. 2.3), die die Fließgrenze τ_0 möglichst eliminieren („Newton'sche Flüssigkeit"). Zum anderen wird in der Regel die dynamische Viskosität η durch einen erhöhten Mehlkorngehalt gesteigert, so daß die Zuschläge im Zementleim eingebettet sind, dadurch die Reibung zwischen den Zuschlägen reduziert ist und Sedimentationserscheinungen vermieden werden. Aus diesem Grunde ist für eine SCC-Mischung das Verhältnis von Wasser und Mehlkorngehalt (w/p-Wert) von entscheidender Bedeutung.

Da sich bereits geringste Streuungen beim w/z-Wert ganz beachtlich auf das rheologische Verhalten des Zementleims auswirken, stellt die Herstellung eines selbstverdichtenden Leichtbetons eine schwierige Aufgabe dar. Hinzu kommt noch die geringere Kornrohdichte, die angesichts der weichen Betonkonsistenz die Entmischungsgefahr erhöht, sowie das geringere Frischbetongewicht, das die Selbstverdichtung erschwert. Vor diesem Hintergrund wurden in [184] Leichtbetonrezepturen mit Natur- oder Leichtsand entwickelt und dabei festgestellt, daß bei Verwendung von leicht vorgenäßten Leichtzuschlägen die angestrebten rheologischen Eigenschaften durchaus über einen praxisrelevanten Zeitraum aufrecht erhalten werden können. Es konnte sogar beobachtet werden, daß die porigen Zuschläge zum Feuchteausgleich und damit zur Stabilisierung der Frischbetoneigenschaften beitragen. Allerdings sollte für selbstverdichtende Leichtbetone eine Frischbetonrohdichte von etwa ρ_{fd} = 1,5 kg/dm³ nicht unterschritten werden, da die Herstellung bei geringen Kornrohdichten problematischer ist. Während die gemessenen Setzfließmaße von 63 bis 72 cm die für SCC üblichen Werte erreichten, war die Fließgeschwindigkeit (entsprechend der gemessenen Setzfließzeit T_{50} eines Ausbreitkuchens mit $\varnothing$ = 50 cm) wegen der geringeren Rohdichte deutlich geringer, so daß in diesem Fall die für SCC geltenden Kriterien für Leichtbetone anzupassen sind.

2.5.5 Nachbehandlung

Neben der Verarbeitung ist die Nachbehandlung des Betons entscheidend dafür, ob oder in welchem Maße die mit der gewählten Betonrezeptur erreichbaren Eigenschaften auch tatsächlich erzielt werden können. Die Nachbehandlung sollte direkt im Anschluß an das Verdichten bzw. die Oberflächenbehandlung beginnen. Sie dient in erster Linie der Erhaltung der für den Erhärtungsprozeß erforderlichen Feuchtigkeitsmenge im Beton, um ein übermäßiges Verdunsten von Wasser zu verhindern und das Frühschwinden gering zu halten. Dieser Aufgabe kommt bei Leichtbeton eine noch größere Bedeutung zu als bei Normalbeton, da die Kernbereiche über die Wasserreservoire in den Leichtzuschlägen kontinuierlich feucht gehalten werden. Diese Form der inneren Nachbehandlung schafft zwar ideale Hydratationsbedingungen im Betonkern, allerdings führt eine schnellere Austrocknung der Außenzonen auch zu einem erheblichen Feuchtigkeitsgradienten und zu Zugspannungen an der Betonoberfläche. Dies ist nach DIN 1045-3 [185] in den ersten Tagen der Hydratation ebenso zu vermeiden wie ein Gefrieren, schädliche Erschütterungen, Stöße oder Beschädigungen.

Nach DIN 1045-3 stehen hierfür verschiedene Verfahren zur Verfügung, die entweder alleine oder in Kombination ungeachtet des anfänglichen Feuchtezustands der Leichtzuschläge angewendet werden können. Die Schalung bietet dem Beton einen guten Feuchteschutz, so daß ein spätes Ausschalen von Vorteil ist. Als Abdeckungen für die Betonoberfläche eignen sich entweder dampfdichte Folien, die an den Kanten und Stößen gegen Durchzug gesichert sind, oder wasserspeichernde Materialien unter ständigem Feuchthalten bei gleichzeitigem Verdunstungsschutz. Auch der Einsatz von flächig aufgesprühten Nachbehandlungsmitteln mit nachgewiesener Eignung ist möglich, sofern ein Nachverdichten der Betonoberfläche entbehrlich ist (vgl. Abs. 2.5.4). Falls die Betonoberflächen kontinuierlich und vollflächig mit Wasser besprüht werden, dürfen größere Temperaturunterschiede zwischen Betonoberfläche und Wasser nicht auftreten. Auf Nachbehandlungsmaßnahmen kann verzichtet werden, falls eine relative Luftfeuchtigkeit von zumindest 85 % vorliegt.

Weiterhin sind bei Leichtbeton nach Abschnitt 2.6.1 höhere Temperaturen während der Hydratation zu erwarten. Ein schnelles Abkühlen der oberflächennahen Bereiche würde somit die Bildung von Krakelées (Oberflächenrisse) nach sich ziehen. Durch längere Ausschalfristen und beispielsweise den Einsatz einer wärmedämmenden Abdeckung (Thermomatten) ist dieses Risiko zu reduzieren. Eine ausreichende Nachbehandlung ist die Grundvoraussetzung, um eine hohe Qualität der Betonüberdeckung zu erzielen (Abs. 4.8.2).

Die Mindestdauer der Nachbehandlung wird in DIN 1045-3 in Abhängigkeit von der Oberflächentemperatur θ, der Expositionsklasse und der Festigkeitsentwicklung des Betons $r = f_{lcm2}/f_{lcm28}$ (Verhältnis der Mittelwerte der Druckfestigkeit nach 2 und 28 Tagen) definiert. In der Regel sollten die oberflächennahen Bereiche zumindest 50 % der charakteristischen Festigkeit des verwendeten Leichtbetons erreicht haben und damit über eine gewisse Zugfestigkeit verfügen, bevor die Maßnahmen beendet werden.

2.6   Besonderheiten des grünen und jungen Leichtbetons

Nach dem Verdichten beginnt die Phase des „grünen Leichtbetons", die bis zum Ende des Erstarrungsprozesses andauert. Daran schließt sich die Phase des „jungen Leichtbetons" an, die schließlich mit Erreichen der ersten nutzbaren Festbetoneigenschaften endet (Kap. 4). In diesem frühen Alter weisen Leichtbetone Besonderheiten auf im Hinblick auf die Temperaturentwicklung und die Rißgefahr.

2.6.1   Temperaturentwicklung

Die Hydratation im Beton ist eine exotherme Reaktion, die Wärme freisetzt und unter adiabatischen Bedingungen, d. h. unter Ausschluß eines Wärmeaustausches mit der Umgebung (wie z. B. vorübergehend im Kern dickwandiger Bauteile), zu einem Temperaturanstieg T führt in Abhängigkeit von dem Zementgehalt z, der Hydratationswärme des Zementes H sowie der Wärmespeicherung (Wärmekapazität) als Produkt aus Rohdichte ρ und spezifischer Wärmekapazität c.

$$T = \frac{z \cdot H}{c \cdot \rho} \quad \text{in [K];} \quad z \text{ in [kg/m}^3\text{];} \quad H \text{ in [Joule/kg];} \quad c \cdot \rho \text{ in [Joule/m}^3\text{/K]} \quad (2.3)$$

Da die spezifische Wärmekapazität c für die meisten Baustoffe etwa gleich groß ist, kann aus Gl. (2.3) abgeleitet werden, daß sich Querschnitte aus Leichtbeton angesichts der geringeren Rohdichte während der Hydratation stärker erwärmen im Vergleich zu Bauteilen aus Normalbeton, zumal die Leichtbetonrezepturen in der Regel auch höhere Zementgehalte beinhalten. Neben der Wärmekapazität ist nach Abschnitt 4.7 auch die Wärmeleitfähigkeit von Leichtbeton geringer, so daß die Hydratationswärme zudem nur verzögert abfließen kann. Aus diesen beiden Gründen ist in Leichtbetonbauteilen mit höheren Temperaturen während der Hydratation zu rechnen.

Als Beispiel hierfür wird in Bild 2-17 der Temperaturverlauf und die Temperaturverteilung über den Querschnitt eines Leichtbetonbalkens während der Hydratation gezeigt. Die Maximaltemperatur betrug in diesem Fall in Balkenmitte $T = 69\,°C$ bei einem Zementgehalt von $z = 385$ kg/m³.

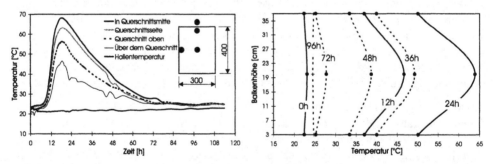

Bild 2-17 Temperaturverteilung über die Querschnittshöhe eines Biegebalkens aus einem ALWAC 45/50-1,45 während der Hydratation [112]

Für hochfeste Leichtbetone mit einem Zementgehalt von $z = 400$-500 kg/m³ konnte *Hoff* [70] sogar Temperaturspitzen bis zu $T = 85\,°C$ messen, wobei er Probewürfel mit einer Kantenlänge von 90 cm und einer Wärmedämmung an vier Außenflächen verwendete. Auch die Variation des Betonzusatzstoffes (Silikastaub, Flugasche, Hochofenschlacke) konnte bei dieser Untersuchung die Hydratationswärme nicht signifikant verändern.

Von daher wird in [85] die Einhaltung einer Maximaltemperatur von $T = 65\,°C$ bei der Herstellung empfohlen. Bei einer Überschreitung dieses Wertes sollte entweder die für die vorliegende Expositionsklasse notwendige Betonqualität nachgewiesen oder aber belegt werden, daß die höheren Temperaturen die Qualität des Leichtbetons auch im Hinblick auf seine spezielle Zusammensetzung und die tatsächlichen Umgebungsbedingungen auf Dauer nicht beeinträchtigen. Vor diesem Hintergrund wird die Bedeutung der richtigen Zement-wahl (Abs. 2.3) und der sorgfältigen Nachbehandlung zur Verringerung der auftretenden Temperaturgradienten (Abs. 2.5.5) noch einmal unterstrichen.

Durch eine Wärmebehandlung kann die Erhärtung eines Fertigteils wesentlich beschleunigt werden. Auch hier sind bei Leichtbeton die höheren Temperaturen während der Hydrata-tion zu berücksichtigen, indem die sonst üblichen Kammertemperaturen von 40 bis 85 °C entsprechend dem Einfluß der im Vergleich zu Normalbeton höheren Hydratationswärme reduziert werden. Aufgrund der niedrigeren Wärmeleitfähigkeit sollte auch der Tempera-turanstieg langsamer erfolgen, um größere Temperaturunterschiede innerhalb des Bauteils zu vermeiden. In [17] wird eine Aufheizgeschwindigkeit von 20 bis 25 °/h empfohlen so-wie eine Kammertemperatur von etwa 65 °C bei einer Behandlungsdauer von 12 bis maxi-mal 18 Stunden.

2.6.2   Rißgefahr im frühen Betonalter

Im frühen Alter ist der Beton besonders anfällig für Rißbildung, da sich in diesem Stadium zum einen die Zugfestigkeit erst in der Entwicklung befindet und zum anderen aus dem Erstarrungsprozeß und der darauf folgenden Hydratation spezielle Zwangbeanspruchungen resultieren können. Von daher bietet es sich an, für die weitere Betrachtung zwei Phasen für eine mögliche Rißbildung im frühen Betonalter zu unterscheiden, nämlich die Anfangs-phase vor und während des Setzens des Betons sowie die Temperaturphase während der Hydratationswärmeentwicklung und dem anschließenden Abkühlungsvorgang [186]. Abge-sehen von der Größe der Zwangbeanspruchung wird die mögliche Rißbildung ganz ent-scheidend von den zum jeweiligen Zeitpunkt vorhandenen Betoneigenschaften bestimmt. Dazu gehört vor allem die Rißdehnung $\varepsilon_{cr}(t)$ als das Verhältnis von der Zugfestigkeit $f_{lct}(t)$ zum E-Modul $E_{lc}(t)$ des Leichtbetons. Zwänge werden aber auch durch Kriechen und Rela-xation abgebaut und auf diese Weise die Rißgefahr gemindert. In jedem Fall wirkt sich bei Leichtbeton der niedrigere E-Modul im frühen Alter ausgesprochen positiv aus, weil die Rißdehnung dadurch deutlich größer ist als bei Normalbeton.

Die Rißgefahr in der Anfangsphase ist hauptsächlich auf das plastische Schwinden zurück-zuführen. Wie in Abschnitt 4.6.1 näher beschrieben wird, setzt sich das plastische Schwin-den bei Leichtbeton aus zwei Anteilen zusammen. Neben dem Kapillarschwinden, das bei mangelnder Nachbehandlung an der Betonoberfläche ähnlich wie bei Normalbeton auftritt, falls die Verdunstungsrate die Wasserabsonderung („Bluten" des Betons) übersteigt, kann sich bei Leichtbeton ein weiterer Schwindvorgang ungeachtet von äußeren Einflüssen ein-stellen. Dabei wird ein Teil des Anmachwassers durch die Leichtzuschläge absorbiert, so daß sich das Betonvolumen nach dem Verdichten noch verringert (Abs. 2.5.4). Dieses Risi-ko besteht insbesondere bei der Verwendung von trockenen Leichtzuschlägen bzw. solchen mit geringer Kernfeuchte und einem teilweise offenen Porensystem (langsam saugend), selbst wenn wirksame Nachbehandlungsmaßnahmen (Abs. 2.5.5) ergriffen werden. Zudem neigen Leichtbetonmischungen aufgrund der Saugfähigkeit der Leichtzuschläge weit weniger zum Bluten, was für ein erhöhtes Kapillarschwinden spricht und die Notwendigkeit eines wirksamen Verdunstungsschutzes für Leichtbetonbauteile abermals unterstreicht. Aus diesen Gründen ist bei Leichtbeton während des Erstarrungsprozesses mit einer erhöhten Gefahr von Oberflächenrissen zu rechnen, sofern keine geeignete Nachbehandlung vorgesehen wird und die Wasserabsorption der Leichtzuschläge selbst nach der Verarbeitung noch nicht abgeschlossen ist. In dieser Hinsicht ist ein ausreichend hoher Vorsättigungsgrad für die Leichtzuschläge wünschenswert, die in diesem Fall auch als „innere Wasserquellen" zur Reduktion des plastischen Schwindens zur Verfügung stehen.

Rißbildungen in der Temperaturphase sind entweder auf das Abfließen der Hydratationswärme (Bild 2-17) oder aber auf autogenes Schwinden zurückzuführen. Die Hydratationswärmeentwicklung führt zunächst zu einer Bauteilverlängerung, die oftmals durch die Verbindung mit älteren Betonbauteilen oder durch Reibung (z. B. mit dem Baugrund) behindert wird. Dadurch entstehen Druckspannungen im Bauteil, die allerdings in diesem Stadium größtenteils durch Plastizität und Relaxation abgebaut werden. Problematisch ist hingegen das Abfließen der Hydratationswärme, wenn ebenfalls unter Verformungsbehinderung Zugspannungen im Bauteil auftreten, die zu Rissen führen, falls das Produkt aus Temperaturabfall und Wärmedehnzahl die Rißdehnung $\varepsilon_{cr}(t)$ überschreitet. Nach Abschnitt 2.6.1 stellen sich bei Leichtbeton während der Hydratation höhere Temperaturspitzen und somit auch größere Temperaturunterschiede ein. Dieser Nachteil wird zum Teil durch die in der Regel geringere Wärmedehnzahl (Abs. 4.7) und die Tatsache kompensiert, daß der Leichtbeton wegen der geringeren Wärmeleitfähigkeit langsamer abkühlt als Normalbeton.

Bei Betonen mit niedrigem w/z-Wert kann auch das autogene Schwinden (Abs. 4.6.1) die Hauptursache für die Rißbildung während der Temperaturphase sein. Es beruht auf der inneren Austrocknung (Self-Desiccation) des Betons, die in den Kapillaren Zugkräfte hervorruft, welche bei hochfestem Beton aufgrund der kleineren Porendurchmesser besonders ausgeprägt sind. Nach Abschnitt 4.6.1 spielt das autogene Schwinden bei Leichtbeton jedoch eine untergeordnete Rolle aufgrund der Wasserspeicher in den Leichtzuschlägen. Daher ist die Rißgefahr für Leichtbetone in der Temperaturphase im Vergleich zu Normalbeton als geringer zu bewerten, zumal die Rißdehnung deutlich größer ist.

2.7   Qualitätssicherung

Der gesamte Prozeß der Betonherstellung ist der Güteüberwachung nach DIN EN 206-1 bzw. DIN 1045-2 unterworfen. Sie ist definiert als eine Kombination von Handlungen und Entscheidungen gemäß den Festlegungen für den Beton (Spezifikation) und von Prüfungen mit dem Ziel, daß die an den Beton gestellten Anforderungen sicher erfüllt werden. Die Qualitätssicherung wird für jeden Beton durch eine Produktionskontrolle gewährleistet, die zum einen eine Eigenüberwachung der Betonausgangsstoffe, der Ausstattung (technische Einrichtungen), der Herstellverfahren sowie der Eigenschaften des Frisch- und Festbetons durch den Hersteller vorsieht und zum anderen die Überwachung und Bewertung durch eine anerkannte Überwachungsstelle. Integraler Bestandteil der Produktionskontrolle ist die Konformitätskontrolle (Übereinstimmungsnachweis) zur Überprüfung der Übereinstimmung des Betons mit den Festlegungen, die für Leichtbetone nach Eigenschaften (*nE*) und nach Zusammensetzung (*nZ*) unterschiedlich definiert ist. Für Leichtbetone *nZ* muß die vom Besteller festgelegte Betonzusammensetzung (für Leichtbetone einschließlich der Kornrohdichte) vom Hersteller überwacht und die Übereinstimmung nachgewiesen werden. Die Überprüfung der Betoneigenschaften erfolgt hier durch den Verwender (Abnehmer).

Zumeist werden allerdings Leichtbetone *nE* hergestellt, die gewisse Grundanforderungen, wie z. B. hinsichtlich Druckfestigkeits-, Rohdichte-, Konsistenz- und Expositionsklasse sowie Größtkorndurchmesser und Verwendungsart (unbewehrt, Stahl- oder Spannbeton), gegebenenfalls aber auch noch Zusatzanforderungen, wie z. B. bezüglich Festigkeitsentwicklung, Spaltzugfestigkeit, bestimmter Dauerhaftigkeitsansprüche oder Pumpfähigkeit, erfüllen müssen. Die Verantwortung für die Betonzusammensetzung obliegt in diesem Fall alleine dem Hersteller. Über die Konformität oder Nichtkonformität der festgelegten Eigenschaften wird auf der Grundlage von Konformitätskriterien entschieden. Je nach den zugrundegelegten Prüfergebnissen unterscheidet man bei der Festigkeit die Überprüfung anhand von Mittelwerten (Kriterium 1) oder Einzelergebnissen (Kriterium 2) (Tabelle 2-9).

Zunächst muß jedoch für eine neue Leichtbetonzusammensetzung in einer Erstprüfung (früher Eignungsprüfung) nachgewiesen werden, daß die festgelegten Frisch- und Festbetoneigenschaften und Anforderungen einschließlich eines ausreichenden Vorhaltemaßes (ungefähr das Doppelte der zu erwartenden Standardabweichung) mit diesem Mischungsentwurf auch erreicht werden können. Erst nach erfolgreicher Erstprüfung kann die „Erstherstellung" beginnen, die nach 35 Prüfergebnissen, die innerhalb eines Jahres mit der betreffenden Betonzusammensetzung ermittelt wurden, in die „stetige Herstellung" übergeht (Tabelle 2-10). Bei wesentlichen Änderungen entweder der Ausgangsstoffe oder der festgelegten Anforderungen ist die Erstprüfung zu wiederholen.

Die Kriterien für die Konformität der Druckfestigkeit von Leichtbeton sind in Tabelle 2-9 in Abhängigkeit von der Festigkeitsklasse aufgeführt. Während der Erstherstellung setzt sich eine Reihe aus den Ergebnissen dreier Zylinder- oder Würfelprüfungen, im Anschluß daran während der stetigen Herstellung aus 15 Prüfergebnissen zusammen. Eine ähnliche Tabelle sieht die Norm für die Konformitätskriterien der Spaltzugfestigkeit vor. Für die Rohdichte von Leichtbeton ist eine Grenzabweichung einzelner Prüfergebnisse von ± 30 kg/m³ in Bezug auf die festgelegten Klassengrenzen bzw. die Zielwerttoleranzen zulässig.

Tabelle 2-9 Konformitätskriterien für die Druckfestigkeit von Leichtbeton nach [4, 16]

Herstellung	Anzahl „*n*" der Prüfergebnisse für die Druckfestigkeit in der Reihe	Kriterium 1		Kriterium 2	
		Mittelwert von „*n*" Ergebnissen (f_{lcm})		Jedes einzelne Prüfergebnis (f_{lci})	
		$\leq$ LC50/55	> LC50/55	$\leq$ LC50/55	> LC50/55
Erstherstellung	3	$\geq f_{lck} + 4$	$\geq f_{lck} + 5$	$\geq f_{lck} - 4$	$\geq f_{lck} - 5$
Stetige Herstellung	15	$\geq f_{lck} + 1{,}48 \cdot \sigma$ [1]		$\geq f_{lck} - 4$	$\geq 0{,}9 \cdot f_{lck}$

1) Mit $\sigma \geq 3$ N/mm², für hochfeste Leichtbetone mit $\sigma \geq 5$ N/mm²

Für Normal- und Leichtbetone wird somit in der Norm die gleiche Druckfestigkeitsstreu-
ung zugrundegelegt. Dies ist auch vor dem Hintergrund zu sehen, daß das richtige Vorhaltemaß für Leichtbetone schwierig einzuschätzen ist, da die Einflüsse des Zuschlags sowie
des äquivalenten w/z-Wertes ganz wesentlich von Betonrohdichte und -festigkeit abhängen.
Unterhalb der Grenzfestigkeit wirkt sich eine streuende Matrixdruckfestigkeit vergleichsweise stark, Schwankungen beim Festigkeitspotential des Zuschlags jedoch eher gering aus.
Liegt ein hoher Ausnutzungsgrad eines leichten Zuschlags vor, sind die Auswirkungen des
w/z-Wertes hingegen vernachlässigbar. Daher scheint der Ansatz in der Norm in der Regel
gerechtfertigt zu sein.

Bei Leichtbeton muß die Probenahme aufgrund der Saugfähigkeit der porigen Zuschläge
am Ort der Verwendung erfolgen. Nur auf diese Weise kann der Forderung nachgekommen
werden, daß sich die maßgebenden Betoneigenschaften zwischen der Probenahme und dem
Ort der Übergabe nicht signifikant ändern, insbesondere bei der Verarbeitung von trockenen Leichtzuschlägen. Für Transportbeton sind die Frischbetoneigenschaften zum Überga-
bezeitpunkt maßgebend. Die Mindesthäufigkeit der Probenahme bei Leichtbeton zur Beurteilung der Übereinstimmung ist nach den ersten 50 m³ der Produktion im Vergleich zu
Normalbeton doppelt so hoch (Tabelle 2-10), da bei Leichtbetonmischungen die Zahl der
möglichen Unregelmäßigkeiten größer ist.

Tabelle 2-10 Mindesthäufigkeit der Probenahme zur Beurteilung der Konformität [4]

Herstellung	Mindesthäufigkeit der Probennahme bei Leichtbeton	
	Erste 50 m³ der Produktion	Nach den ersten 50 m³ der Produktion
Erstherstellung (bis mindestens 35 Ergebnisse erhalten wurden)	3 Proben	1/100 m³ bzw. 1/Produktionswoche
Stetige Herstellung (wenn minde-stens 35 Ergebnisse verfügbar sind)		1/200 m³ bzw. 1/Produktionswoche

Um den Aufwand der Konformitätsnachweise zu verringern, wurde in der Norm der Begriff
der Betonfamilie aufgenommen als eine Gruppe von Betonzusammensetzungen, für die ein
verläßlicher Zusammenhang zwischen maßgebenden Eigenschaften festgelegt und doku-
mentiert ist. Nach [16] darf auch für Leichtbetone mit nachweisbar ähnlicher Gesteinskörnung eine eigene Betongruppe (ohne Normalbetone) gebildet werden. Die Anwendung des
Konzepts der Betonfamilie auf Leichtbetone ist nicht ganz unumstritten, da der Ähnlich-
keitsnachweis verschiedener Leichtzuschläge aufgrund ihrer spezifischen Eigenschaften nur
sehr schwierig zu erbringen ist. Daher ist die Übereinstimmungsprüfung oftmals an den
einzelnen Leichtbetonen durchzuführen.

Die Produktionskontrolle sieht auch vor, daß Kenntnisstand, Schulung und Erfahrung des
mit der Herstellung und der Produktionskontrolle befaßten Personals der Art des Betons
angemessen sind. Dieser Passus zielt insbesondere auf die Leichtbetonherstellung ab, um
sicherzustellen, daß das ausführende Personal mit den im Vergleich zu Normalbeton veränderten Bedingungen vertraut ist.

Für die reibungslose Abwicklung eines Leichtbetonprojektes sollte im Vorfeld der Betonage ein Qualitätssicherungsplan erstellt werden, in dem die Verantwortlichkeiten, die zulässigen Toleranzen und die Maßnahmen bei Überschreitung der Toleranzen festgehalten sind.
In [113] wird von *König/Tue/Zink* ein detailliertes Beispiel eines QS-Plans für hochfesten
Beton gegeben, das in dieser Form auch auf Leichtbetone, insbesondere aber auf Hochleistungsleichtbetone übertragbar ist. Demnach kann der Aufbau eines QS-Plans wie folgt
aussehen [113]:

- Kurzbeschreibung des Bauvorhabens
- Festlegung der Verantwortlichkeiten
- Betonierplan für massige Leichtbetonbauteile mit Angaben über die Einbaustellen
  der einzelnen Chargen (z. B. bei Brückenüberbauten), die Höhe der einzubringenden
  Lagen, die erforderliche Verarbeitungsdauer und die Nachbehandlung
- Arbeitsanweisung zum Betonierplan
- Prüfungen im Transportbetonwerk
- Maßnahmen bei Abweichungen von den Anforderungen im Transportbetonwerk
- Prüfungen auf der Baustelle (Konsistenz, Frischbetonrohdichte, Luftporengehalt ...)
- Maßnahmen bei Abweichungen von den Anforderungen auf der Baustelle
- Mischanweisung für das Betonlieferwerk

Bei größeren Projekten mit Transportleichtbeton ist es angebracht, den QS-Plan zunächst
im Rahmen eines Verarbeitungsversuches unter Baustellenbedingungen zu überprüfen.
Damit sollen zum einen alle Projektbeteiligten für die für Leichtbeton spezifischen Anforderungen sensibilisiert werden und die Möglichkeit bekommen, den Umgang mit Leichtbeton zu erproben. Zum anderen kann der geschätzte Zeitablauf von der Herstellung im Betonwerk bis zum Einbau und Verdichten auf der Baustelle überprüft und gegebenenfalls
noch angepaßt werden. Für die Betonage eignen sich entweder ein bewehrter Probekörper
mit ausreichenden Dimensionen (z. B. $a/b/h$ = 100/100/40 cm³) oder ein Bauteil, das keinen
oder nur geringen konstruktiven Anforderungen genügen muß. Der Probekörper bietet den
Vorteil, daß man durch Bohrkerne zusätzliche Informationen über die Druckfestigkeit im
Bauteil gewinnen kann, um damit einen Vergleich mit den Laborwerten (möglichst mit den
gleichen Zylinderabmessungen ermittelt) zu ermöglichen.

Nach der erfolgreichen Vorbereitungsphase kann die eigentliche Betonage der Leichtbetonbauteile beginnen. Eine sorgfältige Planung im Vorfeld ist somit die Grundvoraussetzung
für eine planmäßige und störungsfreie Anwendung von Leichtbeton und von Hochleistungsleichtbeton im besonderen.

3 Tragverhalten

3.1 Vorbemerkung

Das Tragverhalten von Leichtbeton soll im folgenden anhand seines Gefüges beurteilt und mit dem Tragverhalten von Normalbeton in Zusammenhang gesetzt werden. Dafür ist es zunächst notwendig, einen geeigneten Abbildungsmaßstab zu wählen (Bild 3-1).

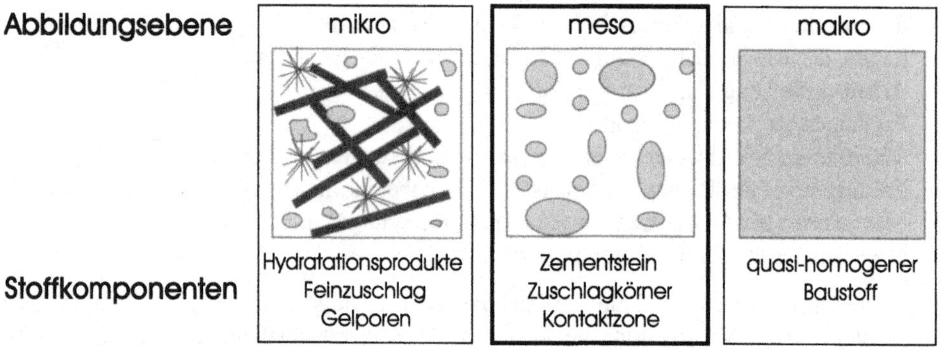

Bild 3-1 Mögliche Abbildungsebenen von Beton nach *Wittmann* [174]

Auf der makroskopischen Abbildungsebene wird Beton als ein quasi-homogener Werkstoff betrachtet. Dadurch ist es möglich, bemessungsrelevante Eigenschaften festzulegen. Mit höherer Auflösung zeigt sich jedoch, daß die Inhomogenität des Betons sukzessive zutage tritt. Bereits auf der mesoskopischen Ebene, die den Bereich von Millimetern bis zu wenigen Zentimetern umfaßt, wird Zementstein und Zuschlag unterschieden. Mit dieser Vorgehensweise betrachtet man Beton als Zwei-Stoff-System bzw. unter Berücksichtigung der Zementstein-Zuschlags-Kontaktzone als Drei-Stoff-System (siehe unten). Auf der mikroskopischen Ebene findet eine weitere Differenzierung statt, die Einblicke in die Mikrostruktur einschließlich der Kontaktzonen ermöglicht. Auf diese Weise werden die Hydratationsprodukte und verschiedenen Porenarten im Zementstein sichtbar.

Im allgemeinen wird jedoch das Tragverhalten von Beton auf der mesoskopischen Ebene diskutiert. Mit dieser Auflösung können die für den Kraftfluß relevanten Eigenschaften der Einzelkomponenten variiert und damit die wesentlichen Einflüsse auf die Betoneigenschaften in einem überschaubaren Rahmen untersucht werden, ohne sich in den Einzelheiten der Mikrostruktur des Betons verlieren zu müssen.

Nach Bild 3-1 ist Beton auf der mesoskopischen Abbildungsebene ein heterogener Werkstoff. Sein Tragverhalten richtet sich nach den Festigkeiten der Einzelkomponenten und insbesondere nach deren Steifigkeitsverhältnis. Dies wird deutlich bei der Betrachtung eines Strukturmodells in Bild 3-2. Demnach wird eine Druckbeanspruchung des Ver-

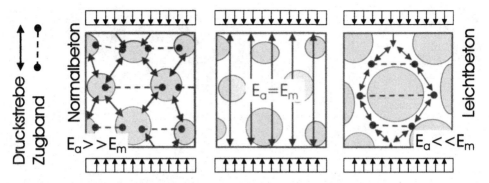

Bild 3-2 Strukturmodell des Lastabtrags in Normal- und Leichtbeton sowie in einem Beton mit Einzelkomponenten gleicher Steifigkeit

bundsystems vorwiegend über die steiferen Elemente übertragen. Je größer der Steifigkeitsunterschied ist, desto größer sind auch die Umlenkungen und damit die Zugbeanspruchung in Querrichtung. Da bei den verwendeten Materialien die Zugfestigkeit generell deutlich geringer ist als die Druckfestigkeit, werden die Querzugbeanspruchungen für die Druckfestigkeit des Konglomerats maßgebend.

Die Zugbänder verlaufen sowohl durch den Zuschlag als auch durch den Zementstein. Es ist davon auszugehen, daß der Übergangsbereich (Kontaktzone) eine herstellungsbedingte Schwachstelle darstellt. Bei Ausfall der Kontaktzone müssen sich die Druckstreben bei gleichzeitiger Reduktion des Zugbandquerschnitts flacher einstellen. Beides führt zu einer Erhöhung der Querzugbeanspruchung. Demzufolge ist die Kontaktzone für das Materialversagen von Betonen von großer Bedeutung.

3.2 Kontaktzone zwischen Zementstein und Zuschlag

Die Kontaktzone zwischen Zementstein und Zuschlag stellt bei Normalbeton mit niedriger und mittlerer Druckfestigkeit in der Regel die Schwachstelle dar. Dies ist zum einen auf ihre hohe Beanspruchung zurückzuführen aufgrund der Heterogenität von Zuschlag und Zementstein (Bild 3-11). Zum anderen lagern sich bei niedrigeren Betongüten bevorzugt Portlandit (Calciumhydroxide) und Ettringit auf den glatten Normalzuschlägen an und damit zwei Reaktionsprodukte des Zementes mit relativ moderater Festigkeit. Die rasterelektronenmikroskopische Aufnahme (REM) eines C20/25 in Bild 3-3 unterstreicht die schwache Ausbildung der Kontaktzone, auch wenn in diesem Fall eine Vorschädigung durch die Präparation der Probe nicht auszuschließen ist. Aus diesem Grunde verlaufen die Risse in Normalbeton mit niedriger und mittlerer Druckfestigkeit in der Regel um die Zuschlagskörner herum.

Bei hochfestem Normalbeton wird hingegen das Calciumhydroxid durch die Zugabe von Silikastaub überwiegend in das festigkeitsbildende Calciumsilicathydrat (CSH) umgewandelt und damit die Verbundzone erheblich verbessert, so daß anstatt dieser größtenteils der Zuschlag für das Betonversagen maßgebend wird (Bild 3-4).

Bild 3-3 REM-Aufnahme einer vom Substrat (Quarzkorn) abgelösten Kontaktzone (Präparationseffekt) in einem C20/25

Bild 3-4 REM-Aufnahme eines C70/85 nach der Druckprüfung mit Kornversagen bei gleichzeitig intakter Kontaktzone

Im Vergleich dazu ist die Kontaktzone bei konstruktivem Leichtbeton unabhängig von der Festigkeit wesentlich stärker ausgebildet. Drei Eigenschaften der Leichtzuschläge zeigen sich für die gute Verbundfestigkeit verantwortlich: ihre Saugfähigkeit, ihre puzzolanische Reaktivität sowie ihre Oberflächenporosität. Im folgenden werden die damit verbundenen Effekte näher erläutert.

- Im Normalbeton sind die dichten Zuschlagskörner häufig von einem Wasserfilm umgeben. Diese auch als inneres Bluten bezeichnete Erscheinung kann durch mechanische Einwirkungen beim Verdichten gefördert werden. In der salzhaltigen Wasserhaut kristallisieren Portlandit und andere Kristallphasen aus, während an diesen Stellen die Formation einer Kontaktzone mit fest am Zuschlag anhaftenden CSH-Phasen als eigentlicher Festigkeitsträger ausbleibt. Porige Zuschläge verhindern solch eine Wasserfilmbildung auf der Kornoberfläche. Überschüssiges Wasser wird vor dem Erhärtungsprozeß von den Leichtzuschlägen absorbiert, gespeichert und gegebenenfalls später dem Zementstein zur Fortsetzung der Hydratation wieder zur Verfügung gestellt (innere Nachbehandlung).

- Aufgrund der chemischen Zusammensetzung der Leichtzuschläge mit einem SiO_2-Anteil von in der Regel über 50 % kann eine mehr oder weniger ausgeprägte chemische Sekundärreaktion mit dem bei der Hydratation entstehenden Calciumhydroxid und damit ein weiterer Beitrag zur Festigkeitssteigerung der Kontaktzone erwartet werden. Allerdings wurde in [41] durch *Zhang/Gjørv* experimentell nachgewiesen, daß die puzzolanische Reaktivität nur geringfügig zum Tragen kommt. Zum Vergleich standen fünf Zementsteinproben gleicher Rezeptur, von denen jedoch bei vier Mischungen 16 M.-% des Zementes entweder durch Silikastaub oder durch zu Pulver zermahlene Leichtzuschläge (Blainzahl zwischen 3710 und 4670 cm^2/g) ausgetauscht wurden. Nach sieben Monaten wurde der $Ca(OH)_2$-Anteil der fünf Körper gemessen und dabei festgestellt, daß der Gehalt der Referenzmischung von 24,3 % durch die Leichtzuschläge nur auf 21,5–21,9 % abfiel, dagegen mit dem Silikastaub auf immerhin 5,8 %. Unter der Annahme, daß sich die Reaktivität des aus dem gesamten Korn gewonnenen Zuschlagpulvers nicht nennenswert von der der Sinterhaut unterscheidet, konnte somit ein gewisser Grad einer puzzolanischen Reaktion beobachtet werden, der sich allerdings in Grenzen hielt. Als Ursache für die nur schwach ausgebildete Wirkung wird eine Rekristallisation der mineralischen Bestandteile während des Herstellungsprozesses vermutet, da man bei den meisten Tonmineralen in thermischen Analysen bereits bei unter 1000 °C, also unterhalb der Brenntemperatur von etwa 1200 °C, exotherme Ausschläge messen konnte.

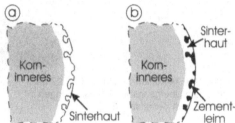

Bild 3-5 Hohe Oberflächenporosität eines Blähtonzuschlagkorns

Bild 3-6 Schematische Darstellung der a) Oberflächenporosität des Zuschlags und b) mechanischen Verzahnung

- Der größte Anteil an der starken Verbundfuge ist jedoch der hohen Oberflächenporosität und -rauhigkeit der Leichtzuschläge zuzuschreiben (Bild 3-5), die eine mechanische Verzahnung durch das Eindringen des Zementleims in das Korn gewährleisten (Bild 3-6). Der Nachweis dieses Effektes wurde in [42], wiederum durch *Zhang/Gjørv*, exemplarisch für einen Blähtonzuschlag geführt mit vier verschiedenen Frischbetonmischungen unter Variation des Silikagehaltes sowie des Sättigungsgrades der Zuschläge. Zur Vermeidung einer Zementhydratation ersetzte man Wasser durch Äthanol. Nach dem Mischvorgang wurden die Zuschlagkörner aus dem Frischbeton herausgepickt und der Zementleim von der Kornoberfläche mit einem Tuch entfernt. Danach erfolgte die Trocknung und Probenvorbereitung in Epoxydharz für die Untersuchung eines halbierten Zuschlagkorns unter einem Rasterelektronenmikroskop. Damit konnten die mit Calcium bzw. SiO_2 angereicherten Bereiche im Leichtzuschlag identifiziert werden. Die Mikroskopaufnahmen belegen zweifellos, daß der Zementleim in die Oberflächenporen (vgl. Bild 3-8) sowie die daran angrenzenden Poren bei offenen Systemen und ausreichender Porengröße eindringt. Allerdings beschränkt sich dieser Vorgang nur auf die Sinterhaut. Im Korninneren konnten weder Calciumpartikel noch Silikastaub festgestellt werden (Bild 3-6), obwohl letzterer eine weitaus größere Feinheit aufweist als Zement. Der Sättigungsgrad der Leichtzuschläge mit Wasser, ob oberflächenfeucht oder vakuumgesättigt, hatte keinen Einfluß auf die Resultate. Aus den Untersuchungsergebnissen folgern *Zhang/Gjørv*, daß die Menge des in den Zuschlag eingedrungenen Zementes bzw. Silikastaubes von der Mikrostruktur der Zuschlagoberfläche, der Feinheit von Zement und Silikastaub sowie der Viskosität des Zementleims abhängt.

Angesichts der genannten Argumente kann der Kontaktzone bei gefügedichten Leichtbetonen eine hohe Widerstandsfähigkeit bescheinigt werden. Diese basiert im wesentlichen auf

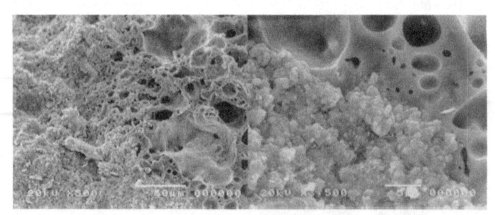

Bild 3-7 REM-Aufnahme eines LC20/22 mit fließendem Übergangsbereich vom porigen Zuschlag zum Zementstein

Bild 3-8 REM-Aufnahme eines LC20/22: 7-fache Vergrößerung aus Bild 3-7 (Leichtzuschlag rechts oben, Matrix links unten)

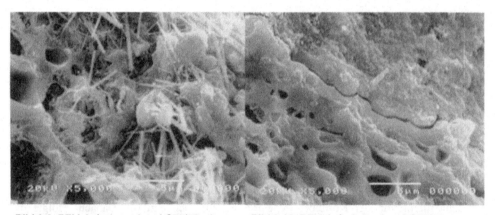

Bild 3-9 REM-Aufnahme eines LC70/77 mit fließendem Übergangsbereich vom porigen Zuschlag zum Zementstein

Bild 3-10 REM-Aufnahme eines LC70/77: Rißbildung zwischen der Sinterhaut eines hochfesten Leichtzuschlags und der Matrix

der mechanischen Verzahnung zwischen Korn und Matrix, die zudem im geringen Maße von einer chemischen Wechselwirkung beider Komponenten unterstützt wird. Die REM-Aufnahmen in den Bildern 3-7 bis 3-9 bestätigen den fließenden Übergang vom porigen Zuschlag zum Zementstein selbst bei niedriger Betondruckfestigkeit. Daher ist die Kontaktzone in Leichtbeton nur selten für das Versagen verantwortlich, wie dies der typische Rißverlauf unterstreicht (Bild 3-22). In Ausnahmefällen können sich aber auch Risse um die Sinterhaut des Zuschlags einstellen, insbesondere bei der Verwendung von hochfesten Leichtzuschlägen mit relativ glatter Oberfläche (Bild 3-10).

Aufgrund der niedrigen Porosität der Kontaktzone verfügen konstruktive Leichtbetone über eine hohe Dichtheit, die sich äußerst positiv auf die Dauerhaftigkeit (Abs. 4.8), allerdings auch negativ auf den Feuerwiderstand (Abs. 4.9) auswirken kann.

3.3 Leichtbeton als Zweikomponentenwerkstoff

3.3.1 Zementstein-Zuschlag-Modell

In der Vorbemerkung wurde bereits das Steifigkeitsverhältnis der Einzelkomponenten als bedeutende Kenngröße für das Tragverhalten von Beton genannt, weil es den erreichbaren Tragwiderstand des Konglomerats durch mehr oder weniger große Kerbwirkungen (vgl. Bild 3-19), Umlenkkräfte und innere Zwängungen beeinflußt. Die Festigkeit der Einzelkomponenten kann bestmöglich ausgenutzt werden, wenn es gelingt, die E-Moduln der einzelnen Phasen weitestgehend anzugleichen. Man spricht in diesem Zusammenhang auch von dem Einfluß der elastischen Kompatibilität als ein Maß für die Ausgewogenheit der E-Moduln von Zementstein und Zuschlag. Je mehr sich die E-Moduln der Einzelkomponenten voneinander unterscheiden, desto größer wird die Belastung der Kontaktzone.

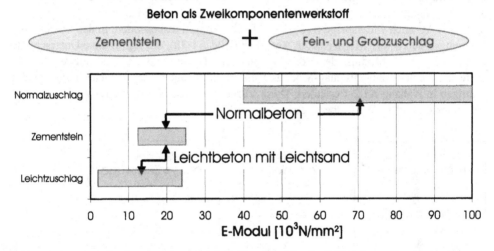

Bild 3-11 Beton als Zweikomponentenwerkstoff: Wertebereiche der E-Moduln von Zuschlag und Zementstein bei Normalbeton und Leichtbeton mit Leichtsand

Normalbeton wird häufig als Zweikomponentenwerkstoff aufgefaßt, bestehend aus Normalzuschlag und Zementstein. Diese Betrachtungsweise wird seinem Tragverhalten allerdings nur bedingt gerecht, da die Kontaktzone zumeist versagensrelevant ist. Dies wird verständlich, wenn man die E-Moduln beider Komponenten in Bild 3-11 vergleicht. Der ausgeprägte Steifigkeitsunterschied von Zementstein und Zuschlag führt zur Umlenkung des Kraftflusses und zu Spannungsspitzen, die den zudem schwach ausgebildeten Verbund beider Komponenten (Abs. 3.2) hoch beanspruchen. Folgerichtig ist die Kontaktzone in Normalbeton zwingend als dritte Komponente in einem Drei-Stoff-System mit einzubinden, um das Tragverhalten von Normalbeton in einer numerischen Simulation realistisch zu erfassen.

Für Leichtbetone mit Leichtsand (ALWAC) liegen hingegen andere Verhältnisse vor, da die Risse in der Regel durch die Zuschlagskörner hindurch verlaufen, wie auch die Dünnschliffe in Bild 3-22 bestätigen. Dies ist unter anderem auf das ausgewogene E-Modul-verhältnis zwischen Zementstein und Leichtzuschlag (Bild 3-11) zurückzuführen, das die Beanspruchung auf die Kontaktzone deutlich reduziert, die ohnehin bei Leichtzuschlägen eine hohe Widerstandsfähigkeit besitzt (Abs. 3.2). Da offensichtlich zumeist der Leichtzu-schlag und nicht mehr die Verbundfuge maßgebend für das Versagen ist, erscheint es zuläs-sig, Leichtbeton mit Leichtsand als Zweikomponentenwerkstoff zu verstehen. Die Voraus-setzung eines starren Verbundes zwischen beiden Komponenten ist für hochfeste Leichtzuschläge in Verbindung mit Matrizen niedriger Festigkeit nur noch eingeschränkt gültig (Bild 3-10), wie man an Bruchbildern entsprechender Probekörper erkennen kann.

Mit Normalbeton und ALWAC wurden im vorangegangenen Vergleich zwei Grenzfälle gegenübergestellt, deren Herstellung entweder mit ausschließlich dichten oder ausschließ-lich porigen Zuschlägen erfolgt. Betrachtet man bei den Zuschlägen nur Kornfraktionen mit einem Größtkorn von 2 bzw. 4 mm, so führt dies zu zwei Sonderformen dieser beiden Be-tone, der Natur- und Leichtsandmatrix, die das typische Tragverhalten von Normalbeton und ALWAC auch widerspiegeln (Bild 3-12). Dies kommt insbesondere in den Spannungs-Dehnungslinien beider Matrizen zum Ausdruck (Bild A1-28), die signifikante Unterschiede hinsichtlich des E-Moduls, der Völligkeit und des Nachbruchverhaltens aufweisen. Mit Hilfe des Zementstein-Zuschlag-Modells werden diese und weitere Eigenschaften beider Matrizen in Anhang A1.2.1 erläutert. Diese Vorgehensweise ist in gleicher Weise auch auf Normalbeton und ALWAC übertragbar.

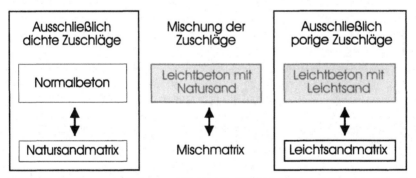

Bild 3-12 Gliederung der Betone und Matrizen in Abhängigkeit von den verwendeten Zuschlägen

Allerdings wird der überwiegende Anteil der konstruktiven Leichtbetone mit Natursand (SLWAC) hergestellt (Abs. 2.1). Damit liegt ein Beton vor, der sowohl über Normal- als auch Leichtzuschläge verfügt und dadurch vermutlich auch gemischte Eigenschaften der beiden Grenzfälle aufweist. An dieser Stelle stößt das Zementstein-Zuschlag-Modell an seine Grenzen. Demzufolge ist es zweckmäßig, den Zementstein mit dem Feinzuschlag gemeinsam als eine Komponente anzusehen, zumal gerade die Matrizen bei Leichtbeton in großer Vielfalt variiert werden können (Bild 3-13) und auch Mischformen mit Leicht- und Natursand möglich sind (Mischmatrix). Aus diesem Grunde wird nachfolgend Leichtbeton als Zweikomponentenwerkstoff verstanden, bestehend aus den Grobzuschlägen auf der einen und der Matrix auf der anderen Seite.

3.3.2 Matrix-Grobzuschlag-Modell

Das Grobzuschlag-Matrix-Modell unterscheidet zwischen Grobzuschlägen und den übrigen Bestandteilen, die zur Mörtelmatrix zusammengefaßt werden. Dazu gehören die Feinzuschläge, Zement, Wasser, Luftporen jeglicher Herkunft sowie Betonzusatzstoffe und -mittel. Der Übergang von den groben zu den feinen Zuschlägen ist fließend. Üblicherweise wird die Grenze bei einem Korndurchmesser von 2 bzw. 4 mm gezogen.

Während die Druckfestigkeit bei Normalbeton im wesentlichen über den Zementstein eingestellt wird, sind die Variationsmöglichkeiten bei Leichtbeton bedeutend größer (Bild 3-13). Über den Wasserzementwert hinaus können bei Leichtbeton sowohl die Grobzuschläge als auch die Sande in weiten Grenzen miteinander kombiniert werden, um die geforderten Festigkeits- und Rohdichteanforderungen zu erfüllen. Das Matrix-Grobzuschlag-Modell bündelt die zahlreichen Matrixvarianten in einer Komponente und verknüpft diese mit Leichtzuschlägen unterschiedlicher Kornrohdichte, um das Tragverhalten des Verbundwerkstoffes zu ermitteln.

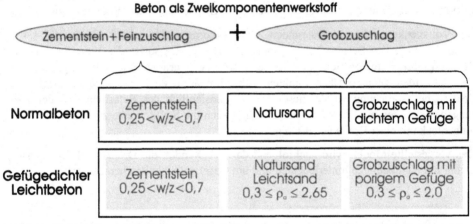

Bild 3-13 Die Variationsmöglichkeiten von Normalbeton und konstruktivem Leichtbeton im Vergleich (ρ_a in [kg/dm³])

Zur Verdeutlichung der Zusammenhänge wurden in [112] Berechnungen mit Hilfe des nichtlinearen Finite Elemente Programms *SBETA* durchgeführt. Die Abbildung der untersuchten Körper beruht auf den oben dargestellten Grundlagen des Matrix-Grobzuschlag-Modells. Die Berechnungen simulieren eine einaxiale Druckprüfung sowie einen Spaltzugversuch jeweils an einem Leichtbetonwürfel mit einer Kantenlänge von 10 cm [60, 90]. Aus dem Würfel wird ein Scheibenelement gedanklich herausgeschnitten und dieses, wie in Bild 3-14 gezeigt, an den Berührungsflächen mit den Lasteintragungsplatten querdehnungsbehindert gelagert. Eine Stahltraverse gewährleistet das gleichmäßige Aufbringen der in y-Richtung weggesteuerten Belastung. Als Eingangswerte dienen die mechanischen Eigenschaften von Matrix und Grobzuschlag, die ausführlich in Anhang A1 beschrieben sind. Damit können die Spannungs-Dehnungslinien beider Komponenten unter Druck- und

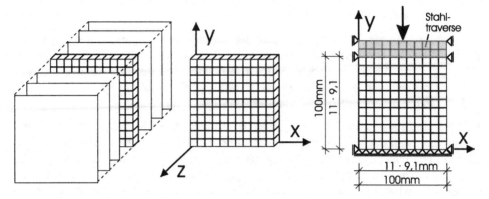

Bild 3-14 Aus dem Würfel herausgelöstes Scheibenmodell mit statischem System zur Simulation eines einaxialen Druckversuches

Zugbeanspruchung einschließlich des abfallenden Astes bestimmt werden. Das Nachbruchverhalten des Leichtbetonkörpers ist jedoch nicht Gegenstand dieser Simulationen.

Die Volumenkonzentration des runden Zuschlagkorns wurde gemäß Abschnitt 2.4.4 mit etwa $V_a = 40\%$ des Betonvolumens angesetzt. Die Größe sowie die Verteilung der 121 Zuschlagskörner stützen sich auf eine statistische Auswertung. Bild 3-15 zeigt das FEM-Netz mit allen geometrischen Punkten. Zur Simulation eines Leichtbetonwürfels unter Spaltzugbeanspruchung wurde dieses Modell hinsichtlich der Belastung und der Lagerungsbedingungen modifiziert (Bild 3-16) und auch die Stahltraverse zu einem Lasteinleitungsblock mit einer Breite von 1 cm gekürzt.

Das vorgestellte Modell wird nachfolgend dazu verwendet, die Druck- und Zugbeanspruchung in Leichtbeton zu hinterleuchten und um Gesetzmäßigkeiten herauszuarbeiten.

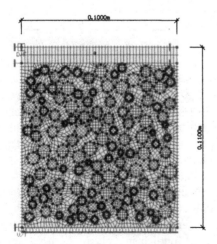

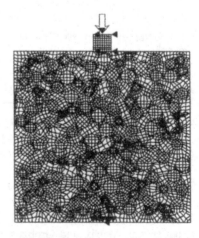

Bild 3-15 FEM-Netz mit geometrischen Punkten der 121 Zuschlagskörner

Bild 3-16 FEM-Netz für die Simulation eines Spaltzugversuches

3.4   Tragverhalten unter Druckbeanspruchung

Das Tragverhalten von Beton unter Druckbeanspruchung richtet sich maßgebend nach dem Festigkeits- und Steifigkeitsverhältnis von Matrix und Zuschlag. Nach Bild 3-17 ist die Matrix bei Normalbetonen deutlich weicher als der Normalzuschlag. Bei Leichtbeton liegt hingegen ein ausgewogeneres Steifigkeitsverhältnis der beiden Komponenten vor. Teilweise überlappen sich die Steifigkeitsbereiche sogar. Berücksichtigt man nun, daß konstruktive Leichtbetone größtenteils mit Natursand hergestellt werden, kann man davon ausgehen, daß der E-Modul des Leichtzuschlags in der Regel niedriger ist als der der Matrix.

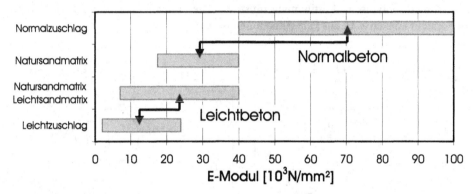

Bild 3-17 Wertebereiche der E-Moduln von Matrix und Grobzuschlag bei Normal- und Leichtbeton (vgl. Anhang A1)

Aufgrund ihrer unterschiedlichen Verformbarkeit beteiligen sich die Einzelkomponenten nicht gleichwertig am Lastabtrag. Die weicheren Elemente entziehen sich mehr oder weniger dem Kraftfluß und lenken so Lastpfade auf die übrigen Bereiche um (Bild 3-2). Aus diesen einleitenden Grundsatzüberlegungen heraus läßt sich eine schematische Darstellung

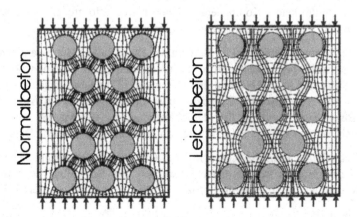

Bild 3-18 Trajektorienbilder der Hauptspannungen für Normal- und Leichtbeton [53]

des Lastabtrages in Normalbeton und Leichtbeton in bekannter Form ableiten [53], die in Bild 3-18 gezeigt wird. Die Drucktrajektorien verlaufen demnach beim Normalbeton von Zuschlagskorn zu Zuschlagskorn. Die Betondruckfestigkeit kann hinreichend genau als Funktion der Mörteldruckfestigkeit angegeben werden. Beim Leichtbeton indessen fungieren die Leichtzuschläge mehr oder weniger als Aussparungen, so daß die Hauptdruckspannungslinien um die Körner herumgeführt werden und Querzugkräfte in der Matrix oberhalb und unterhalb der Zuschläge wecken.

Dieser Gedankengang wird weiter konkretisieren mit einem Blick auf eine unendlich ausgedehnte Scheibe mit kreisförmigem Einschluß unter einer Einheitsdruckspannung $\sigma = 1$. In Bild 3-19 sind die Spannungsverläufe rund um den Einschluß für eine leichtbeton- und eine normalbetontypische Abstimmung illustriert. Die dieser Auswertung zugrundeliegenden Formeln können z. B. aus [37] entnommen werden.

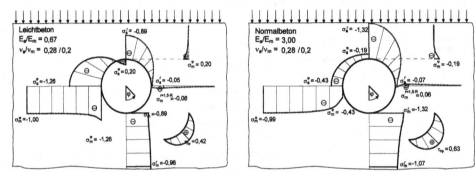

Bild 3-19 Spannungsverteilung in einer Scheibe mit Einschluß unter einer Einheitsdruckspannung $\sigma = 1$ in Abhängigkeit verschiedener Steifigkeitsverhältnisse

Die einzelnen Spannungsverläufe sind mit den Indizes m, a, φ oder r gekennzeichnet, um auf das Medium (Matrix oder Zuschlag) und die Wirkungsrichtung (tangential oder radial) hinzuweisen. Die Spannungsverteilung richtet sich nach dem Steifigkeits- und Querdehnungsverhältnis von Scheibe und Einschluß bzw. Matrix und Zuschlag. Je weniger die elastische Kompatibilität beider Komponenten gegeben ist, desto größer ist die Kerbwirkung und damit auch die inneren Spannungskonzentrationen.

Das komplexe Beanspruchungsbild im Bereich des Einschlusses läßt darauf schließen, daß die Versagensursache bei Leichtbeton je nach Eigenschaft der Komponenten von unterschiedlicher Natur sein kann. *Grübl* ist dieser Frage in [37] nachgegangen und hat schließlich zwischen fünf verschiedenen Bruchzuständen differenziert, deren Auswirkungen anhand der Beziehung zwischen den Druckfestigkeiten von Matrix und Leichtbeton veranschaulicht werden können. Bild 3-20 zeigt hierzu eine schematische Darstellung.

Bei erster Betrachtung kann die Kurve in Bild 3-20 in einen zuschlagunabhängigen und einen zuschlagabhängigen Bereich unterteilt werden. Der Schwellenwert beim Übergang der Bereiche wird als die sogenannte Grenzfestigkeit $f_{lc,lim}$ bezeichnet, deren Herleitung an späterer Stelle noch erfolgt (Bild 3-31). Für Leichtbetone unterhalb der Grenzfestigkeit gilt, daß ihre Druckfestigkeit der der Matrix entspricht ($f_{lc} = f_m$). Voraussetzung dafür ist, daß der E-Modul der Leichtzuschläge dem der Matrix zumindest nicht sehr viel nachsteht und die Matrixdruckfestigkeit unterhalb der Druckfestigkeit des Zuschlags liegt ($f_m < f_a$). In diesen Fällen stellt sich ein für Leichtbeton eher ungewöhnlicher Matrixbruch (Bruchzustand 1) ein, der auf normalbetonähnliche Verhältnisse schließen läßt.

Für Betondruckfestigkeiten oberhalb der Grenzfestigkeit $f_{lc,lim}$ geht eine festigkeitsbegrenzende Wirkung von dem Leichtzuschlag aus. Der Zuschlag hat eine geringere Festigkeit

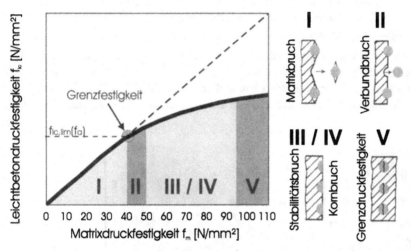

Bild 3-20 Mögliche Bruchzustände bei Leichtbeton nach *Grübl* [37]

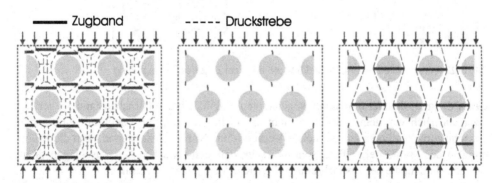

Bild 3-21 Üblicher Versagensprozeß bei gefügedichtem Leichtbeton unter Druckbeanspruchung oberhalb der Grenzfestigkeit
a) Zugbeanspruchung aus der Umlenkung der Drucktrajektoren
b) Rißbildung nach Überschreiten der Matrixzugfestigkeit
c) Umlagerung der Querzugkräfte auf die Zuschlagkörner

oder ist weicher als die Matrix, die dadurch eine höhere Beanspruchung erfährt, so daß die Leichtbetonfestigkeit zwangsläufig hinter der Matrixfestigkeit zurückbleiben muß. Es kommt zu der in Bild 3-19 dargestellten Zugbeanspruchung σ_a^φ oberhalb und unterhalb der Zuschläge (Bild 3-21a), die nach Überschreiten der Matrixzugfestigkeit zu Rissen an diesen Stellen in Richtung der äußeren Lasten führt (Bild 3-21b). Um die Umlenkung der Drucktrajektoren weiter zu ermöglichen, wird die Zugbeanspruchung auf den Zuschlag umgelagert (Bild 3-21c). Das Versagen des Gesamtsystems wird erst durch den Ausfall dieses neuerlichen Zugbandes eingeleitet, für den zwei Ursachen denkbar sind. Zum einen kann die Verbundfestigkeit der Fuge zwischen Matrix und Zuschlag überschritten sein (Bruchzustand 2), was allerdings in Anbetracht der starken Kontaktzone (Abs. 3.2) eher unwahrscheinlich ist. Vornehmlich wird der Zuschlag vorher auf Zug versagen (Bruchzustand 4) und so die Matrixanrisse miteinander verbinden. Als Folge davon werden längliche Schollen des Betonkörpers abgespalten.

Für den letztgenannten Versagensprozeß sprechen die glatten Bruchflächen, die in der Regel in Leichtbetonbauteilen zu beobachten sind. Der Risse verlaufen in diesen Fällen geradlinig durch die Zuschlagkörner hindurch ohne jegliche Anzeichen von Rissen in der Kontaktzone, wie die Dünnschliffaufnahmen in den Bildern 3-22 am Beispiel eines LC45/50-1,45 belegen.

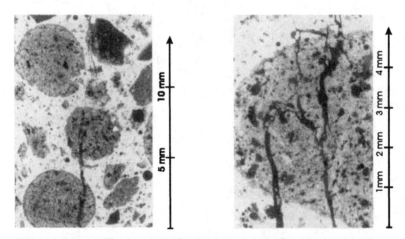

Bild 3-22 Dünnschliffe eines ALWAC45/50-1,45 nach der Druckfestigkeitsprüfung

Grübl definiert darüber hinaus den sogenannten Stabilitätsbruch (Bruchzustand 3), der sich zwar äußerlich von dem Kornbruch nicht unterscheiden läßt, der jedoch auf eine andere Ursache zurückzuführen ist. Bei hohen Verbund- und Kornzugfestigkeiten kann die Rißbildung in der Matrix derart fortgeschritten sein, daß sich zwischen den Zuschlägen dünne Stege ausbilden, die bei Überschreitung ihrer Knicklast plötzlich versagen.

Bislang wurde davon ausgegangen, daß die Rißbildung zuerst in der Matrix einsetzt. Dies gilt in der Regel allerdings nicht für Hochleistungsleichtbetone (HPLWAC). In diesem Fall wird aufgrund der hochfesten Matrix mit hoher Zugfestigkeit zunächst die Kornzugfestigkeit überschritten ohne die Möglichkeit zusätzlicher Umlagerung (Bild 3-23a). Inwieweit damit auch ein Versagen des Gesamtsystems verbunden ist, bedarf im folgenden einer Klärung. In [37] wird eine weitere Traglaststeigerung über die bei diesem Stadium erreichte Druckfestigkeit hinaus ausgeschlossen und deswegen dieser fünfte Bruchzustand als die sogenannte Grenzdruckfestigkeit des Zuschlags (= Druckfestigkeit des Zuschlags f_a) definiert. Um jedoch Verwechslungen mit der Grenzfestigkeit eines Leichtbetons vorzubeugen, wird nachfolgend statt dessen der Begriff Festigkeitspotential des Leichtzuschlags verwendet (Bild A1-3), der auf die für einen bestimmten Zuschlag maximal erreichbare Leichtbetonfestigkeit hindeutet („strength ceiling", vgl. Anhang A1.1). Bei HPLWAC wird dieses Potential angesichts der hochfesten Matrix weitestgehend ausgeschöpft, so daß in diesem Fall auch das Umlagerungsvermögen unter Dauerlast eingeschränkt ist (Abs. 4.1.6).

In den bisherigen Modellen wurden die Umlenkkräfte ausschließlich über Zugbänder aufgenommen. Angesichts der hohen Querzugspannungen (Bild 3-19) ist ein kombiniertes Fachwerk aus Druckstreben und Zugbändern wie in Bild 3-23b allerdings realistischer. Bestätigung findet diese Annahme durch die in Abschnitt 3.3.2 vorgestellte Computersimulation, die selbst eine starke Abminderung der Kornzugfestigkeit als einen eher unwesentlichen Einfluß auf die Leichtbetondruckfestigkeit identifiziert. Diese Beobachtung läßt sich nur durch ein mehr oder weniger reines Druckfachwerk erklären (Bild 3-23c), das von der Matrixzugfestigkeit insbesondere am Rand unterstützt wird und in dem sich selbst durchgerissene Zuschläge am Lastabtrag noch beteiligen. Der Form des Würfels ist es zuzuschreiben, daß die Randregionen des Betonkörpers bei weiteren Laststeigerungen weitestgehend ausgespart werden. Das Gefüge wird hier außerhalb des versuchstechnisch bedingten günstigen Einflußbereiches der Querdehnungsbehinderung lediglich von der Matrixzugfestigkeit zusammengehalten (vgl. Bild 3-28c). Demnach ist das Überschreiten der Kornzugfestigkeit nicht notwendigerweise mit dem Kollaps des Gesamtsystems gleichzusetzen. Dies steht im Widerspruch zu manchen Publikationen [82].

Mit Hilfe der in Abschnitt 3.3.2 vorgestellten Simulation eines Leichtbetonwürfels, bei der das Matrix-Grobzuschlag-Modell zugrunde gelegt wurde, soll die Auswertung experimenteller Daten unterstützt und gleichzeitig das Verständnis für das Tragverhalten vertieft wer-

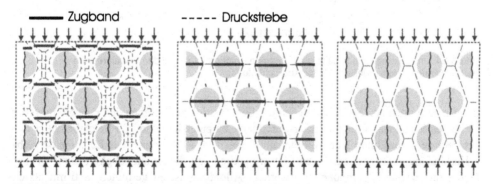

Bild 3-23 Weitere Gedankenmodelle zum Drucktragverhalten konstruktiver Leichtbetone
a) Zustand beim Erreichen der Grenzdruckfestigkeit
b) Kombiniertes Fachwerk aus Druckstreben und Zugbändern
c) Reines Druckfachwerk bei Ausfall der Kornzugfestigkeit

den. Diese rechnerische Untersuchung unter Variation der Eigenschaften der Einzelkomponenten führt dabei zu folgenden grundsätzlichen Aussagen über das Tragverhalten von
Leichtbeton unter Druckbeanspruchung.

Die Spannungs-Dehnungslinie des Verbundwerkstoffes verläuft immer in dem Bereich, der
von der Spannungs-Dehnungslinie der Matrix und des Leichtzuschlags begrenzt wird (Bild
3-24). Aufgrund der Volumenverhältnisse liegt die Leichtbetonkurve näher an der der Matrix. Sowohl die niedrigere Grenzstauchung als auch die niedrigere Festigkeit von beiden
Einzelphasen stellen für die Rechenläufe zwei Abbruchkriterien dar, die jedoch, wie in Bild
3-24 gezeigt, nicht notwendigerweise maßgebend sein müssen, da das Versagen bereits
früher eintreten kann. Hinter der minimalen Bruchstauchung als einer der begrenzenden
Größen verbirgt sich der ungünstige Einfluß ungleicher Steifigkeiten von Matrix und Zuschlag auf die Betondruckfestigkeit. Je weiter die beiden Spannungsäste der Komponenten
auseinander klaffen, desto größer ist der Steifigkeitsunterschied und desto früher erreicht
der Verbundwerkstoff seine Festigkeit. Im Hinblick auf eine bestmögliche Ausnutzung der
Einzelphasen bzw. eine optimale Betonfestigkeit beschreibt *Sell* [29] deshalb den Idealfall,
bei dem die Bruchdehnung beider Phasen annähernd gleich groß und ihre Festigkeiten nicht
zu sehr verschieden sind.

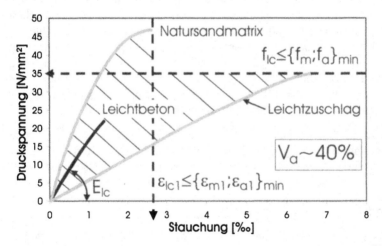

Bild 3-24 Charakteristische Arbeitslinien für beide Komponenten und den resultierenden
Verbundwerkstoff einschließlich beider Abbruchkriterien

Die Ausführungen von *Sell*, nach denen die Betonfestigkeit zwischen den Festigkeitswerten
der beiden Einzelphasen liegt, werden durch die Computersimulation für Leichtbetone widerlegt. Mit dem gewählten Kornvolumenanteil von $V_a = 40\%$ konnte der Leichtbeton selbst
in Verbindung mit einer hochfesten Matrix maximal nur die Druckfestigkeit des Zuschlags
als die niederfestere Komponente erreichen. Allerdings ist zu vermuten, daß mit abnehmendem Zuschlaganteil auch höhere Festigkeiten als die des Zuschlags möglich sind. Deshalb wurde eine Berechnung mit reduzierten Korngehalten von 14.5 %, 24.5 % sowie
28.5 % vorgenommen und damit die in Bild 3-25 grafisch dargestellte Funktion (3.1) ermittelt:

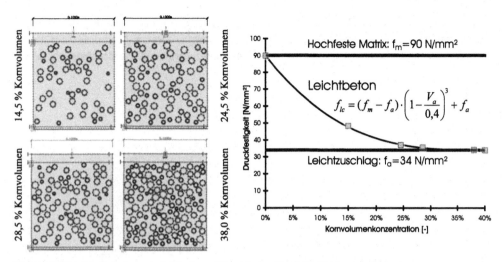

Bild 3-25 Druckfestigkeit von Leichtbeton mit hochfester Matrix in Abhängigkeit der Kornvolumenkonzentration

$$f_{lc}(V_a) = (f_m - f_a) \cdot \left(1 - \frac{V_a}{0,4}\right)^3 + f_a \qquad \text{für } V_a \leq 0,4 \text{ und } f_m \geq 90 \text{ N/mm}^2 \qquad (3.1)$$

Demnach können sich Lastumlagerungen vom Korn hin zur Matrix oberhalb des Zuschlag-potentials erst bei erheblich niedrigeren Korngehalten als 40 Vol.-% – d. h. bei erheblich geringeren Querzugbeanspruchungen – in Verbindung mit einer hochfesten Matrix einstel-len und damit auch eine Leichtbetondruckfestigkeit erzielt werden, die zwischen den Druckfestigkeiten der Einzelkomponenten liegt. Umgekehrt kann dieser Zusammenhang auch als Nachweis für die experimentelle Bestimmung des Zuschlagpotentials herangezo-gen werden (Anhang A1.1.1). Zu einer ähnlichen Schlußfolgerung ist auch *Meyer* [31] gekommen. Allerdings unterschätzte er das Zuschlagpotential durch die Verwendung einer zu geringen Matrixfestigkeit von $f_m = 60$ N/mm².

In den Bildern 3-26 und 3-27 sind die Arbeitslinien für drei verschiedene Leichtzuschläge A bis C in Verbindung mit verschiedenen Leichtsand- bzw. Natursandmatrizen einschließ-lich der Arbeitslinie des jeweils resultierenden Leichtbetons exemplarisch zusammenge-stellt. Die Festigkeits- und Steifigkeitswerte der Einzelphasen wurden in weiten Grenzen variiert, um die Auswirkungen auf den Verbundwerkstoff zu dokumentieren.

Die Arbeitslinien bestätigen, daß die Festigkeit eines homogenen Systems größer ist als die eines heterogenen Verbundwerkstoffes mit stark abweichenden Phaseneigenschaften, die in den Diagrammen an den gespreizten σ-ε-Linien zu erkennen sind. Somit werden höhere Festigkeiten für die homogeneren Leichtbetone mit Leichtsand erwartet, was jedoch im Widerspruch zu den Kurven für das Zuschlagpotential in Bild A1-3 steht. Dies ist aller-dings damit zu erklären, daß die Natursandmatrix Defizite diesbezüglich durch eine höhere Druckfestigkeit ausgleicht, wie auch in den Bildern 3-29 und 3-30 verdeutlicht wird.

Die Bruchstauchung ε_{lcu} des Gesamtsystems ist abhängig von der Phase mit der kleineren Bruchstauchung. In den meisten Fällen ist dies die Matrix, deren E-Modul deshalb diesbezüglich zur maßgebenden Größe wird. Als Konsequenz daraus ist die Bruchstauchung von

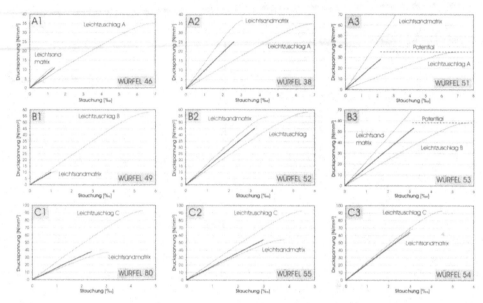

Bild 3-26 Arbeitslinien der Leichtzuschläge A bis C in Kombination mit verschiedenen Leichtsandmatrizen 1 bis 3 und des jeweils resultierenden Verbundwerkstoffs Leichtbeton

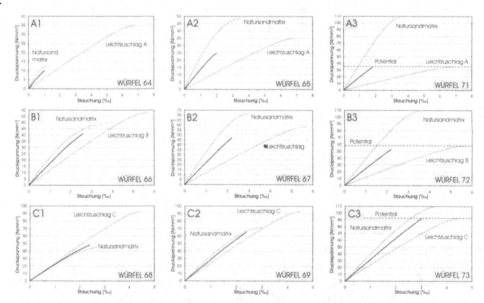

Bild 3-27 Arbeitslinien der Leichtzuschläge A bis C in Kombination mit verschiedenen Natursandmatrizen 1 bis 3 und des jeweils resultierenden Verbundwerkstoffs Leichtbeton

ALWAC in der Regel größer im Vergleich zu SLWAC gleichen Festigkeitsniveaus (Bild 4-14). Mit der Steifigkeitsvielfalt der Matrizen läßt sich auch die von verschiedenen Autoren [54, 55] angesprochene große Streuung der Bruchdehnung von Leichtbeton erklären.

Die Simulation eines ALWAC ergibt folgerichtig als Kombination zweier nahezu ideal elastischer Komponenten hoher Sprödigkeit auch eine fast lineare σ-ε-Linie des Betons (Bild 3-26). Der Völligkeitsbeiwert der Natursandmatrix nimmt mit zunehmender Festigkeit ab (vgl. Bild A1-29), so daß die normalerweise leicht gekrümmte Form der Spannungs-Dehnungslinie von SLWAC bei hohen Matrixdruckfestigkeiten nicht mehr zu beobachten ist. Damit werden Untersuchungen [54, 55] bestätigt, die eine Zunahme des Völligkeitswertes mit steigendem Natursandanteil und eine Krümmungsabnahme mit zunehmender Druckfestigkeit zeigen.

Die zu beobachtende Rißbildung im Modellwürfel bestätigt die theoretischen Überlegungen im Vorfeld der Simulation. In welcher Komponente der Riß beginnt, richtet sich nach den gewählten Eingabeparametern. Die ersten Risse parallel zur Belastungsrichtung treten in der Regel erst ab einem Lastniveau von etwa 85 % der Druckfestigkeit auf (Bild 3-28a) und pflanzen sich dann mit zunehmender Last weiter fort (Bild 3-28b). Beim Erreichen der Traglast ist die vorher über den gesamten Würfel verteilte Rißbildung nur noch auf die Randbereiche konzentriert (Bild 3-28c), was ein „Ausbauchen" des Probekörpers zur Folge hat. Durch die Spannungsumlagerung von den äußeren zu den inneren Bereichen in Verbindung mit der Querdehnungsbehinderung an den Lasteinleitungsflächen entsteht der für den Würfel typische pyramidenförmige Bruchkörper.

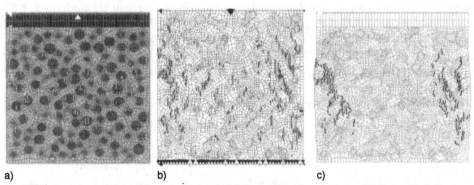

a)   b)   c)

Bild 3-28 Stadien der Rißbildung in Leichtbeton. a) Erste Rißbildung bei etwa 85 % der Höchstlast; b) Beschleunigtes Rißwachstum im letzten Lastschritt; c) Rißbildung nach dem Erreichen der Traglast

In den Bildern 3-29 und 3-30 sind die Ergebnisse der Würfelsimulation als Beziehung zwischen Matrix- und Betondruckfestigkeit für ALWAC und SLWAC getrennt zusammengestellt. Die Diagramme unterstreichen die These, wonach es keine eindeutige Zuordnung zwischen beiden Festigkeiten für einen bestimmten Leichtzuschlag gibt, da dessen elastische Kompatibilität mit der verwendeten Matrix in dieser Darstellung keine Berücksichtigung findet. In der Konsequenz läßt sich auch keine auf den Zuschlag bezogene eindeutige Grenzfestigkeit bestimmen, da, wie im folgenden zu sehen ist, zusätzlich die Abhängigkeit von der Matrixsteifigkeit angegeben werden muß.

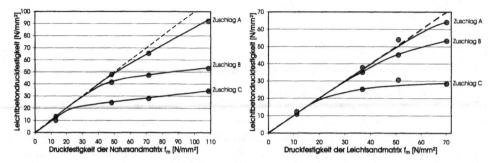

Bild 3-29 Festigkeitszuordnung von Natursandmatrix und Leichtbeton für drei verschiedene Zuschläge

Bild 3-30 Festigkeitszuordnung von Leichtsandmatrix und Leichtbeton für drei verschiedene
Zuschläge

Die Grenzfestigkeit $f_{lc,lim}$ wurde als die maximale Leichtbetonfestigkeit definiert, für die die Gleichung $f_{lc} = f_m$ gerade noch Gültigkeit besitzt. Unter Berücksichtigung der minimalen Bruchstauchung als Abbruchkriterium für die Simulation wird deutlich, daß der Einhaltung dieser Forderung nur dann nachgekommen werden kann, wenn die Matrix weicher ist als der Zuschlag (Bild 3-31) bzw. im Grenzfall den gleichen E-Modul im Bruchzustand aufweist. Unter dieser Voraussetzung läßt sich die Grenzfestigkeit wie folgt ermitteln:

$$E_a = E_m = f_m / \varepsilon_{m1} \Rightarrow f_{lc,lim} = f_{lc} = f_m = E_a \cdot \varepsilon_{m1} \quad \text{mit} \quad f_a \geq f_m \tag{3.2}$$

Folglich muß der Zuschlag unterhalb der Grenzfestigkeit steifer sein als die Matrix, während oberhalb die Verhältnisse gerade umgekehrt sind (Bild 3-32). Der Übergangsbereich ist in Wirklichkeit ausgerundet aufgrund der Streuung der Korneigenschaften (vgl. Bild 3-20). Die Steigung α der Funktion $f_{lc}(f_m) > f_{lc,lim}$ ist niedriger als 45°. Dies ist ein Indiz für den in diesem Bereich festigkeitsbegrenzenden Einfluß des Zuschlags, dessen Traganteil in diesem Fall hinter seinem Volumenanteil zurückbleibt. *Schütz* [34] bestimmt den Kennwert α experimentell für ein Leichtzuschlagvolumen von $V_a \sim 50 \%$ und schlägt daraus die ver-

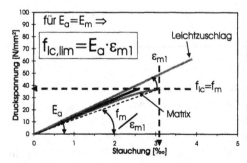

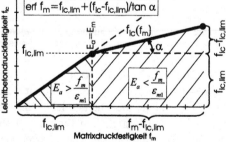

Bild 3-31 Herleitung der Grenzfestigkeit $f_{lc,lim}$
für den Grenzfall $E_a = E_m$ (nach Erhöhung der
Matrixsteifigkeit)

Bild 3-32 Erforderliche Matrixdruckfestigkeit
oberhalb der Grenzfestigkeit

einfachte Beziehung $\tan \alpha = 0{,}55 \cdot 10^{-4} \cdot E_a \leq 1$ vor. Vom Bezugsvolumen abweichende Zuschlagsgehalte rufen Festigkeitsänderungen hervor, die sich seiner Meinung nach näherungsweise wie Kuben verhalten, die sich aus dem Gesamtvolumen der Zuschläge ergeben. Aus der Geometrie heraus läßt sich damit die für eine bestimmte Leichtbetonfestigkeit erforderliche Matrixfestigkeit $erf\,f_m$ (Bild 3-32) bzw. die prognostizierte Leichtbetonfestigkeit näherungsweise bestimmen:

$$ f_{lc} = \tan \alpha \cdot (f_m - f_{lc,\lim}) + f_{lc,\lim} + (f_m - f_{lc}) \cdot \left(1 - \sqrt[3]{\frac{V_a}{0{,}5}}\right) \qquad \text{für } f_{lc} \geq f_{lc,\lim} \qquad (3.3) $$

$$ \text{mit} \quad \tan \alpha \approx 0{,}55 \cdot 10^{-4} \cdot E_a \leq 1 $$

Die Bedeutung der Grenzfestigkeit ist auch darin zu sehen, daß sie sich als hilfreich für den Vergleich von Leichtbeton mit Normalbeton erweist. Unterhalb der Grenzfestigkeit zeigt der Leichtbeton "normalbetonähnliche" Züge, während im anderen Fall die für Leichtbeton in der Regel als typisch angesehenen Eigenschaften vorherrschen. Dies betrifft z. B. das Verhalten unter Dauerstandeinfluß, den Plastizitätsfaktor der Spannungs-Dehnungslinie, die Streuung der Druckfestigkeit oder aber die Festigkeitsentwicklung.

Die im Vergleich zu Normalbeton größere elastische Kompatibilität der Komponenten von Leichtbeton beeinflußt neben der erreichbaren Druckfestigkeit auch ganz entscheidend die Mikrorißbildung im Beton. Im Normalbeton führen die zum Teil erheblichen Unterschiede im E-Modul von Zuschlag und Matrix zu großen inneren Spannungskonzentrationen, die die Kontaktzone stark belasten und bereits auf einem niedrigen Spannungsniveau erste Rißbildungen hervorrufen. Durch seinen sehr viel homogeneren Charakter werden im Leichtbeton erste Risse erst bei höheren Belastungsstadien initiiert. Sichtbar wird das unterschiedliche Verhalten bei einem Vergleich der Spannungs-Dehnungslinien beider Betonarten, der in den Bildern 4-11a-d vorgenommen wird. Die frühe Rißbildung bei Normalbeton kommt in seiner parabelförmigen σ-ε-Linie zum Ausdruck. Bei Leichtbeton ist hingegen der nahezu lineare Zusammenhang zwischen Belastung und Verformung auffällig, der erst oberhalb der Gebrauchslast insbesondere bei der Verwendung von Natursand etwas verloren geht. Noch deutlicher wird die veränderte Mikrorißbildung von Leichtbeton bei der Untersuchung des Querdehnungsverhaltens in Abschnitt 4.1.5.

Diese Eigenschaft konstruktiver Leichtbetone hat vielfältige Auswirkungen nicht nur auf die Form der σ-ε-Linie und die Entwicklung der Querdehnung. So wirkt sich die geringere Mikrorißbildung im Gebrauchszustand äußerst positiv auf die Dauerhaftigkeit des Bauteils aus, da der Eintritt von Wasser und Chloriden minimiert wird [z. B. 19, 39]. Die Fortsetzung der Diskussion dieses Sachverhaltes erfolgt in Abschnitt 4.8.1. In [79] wird HSLWAC mit Silikastaub aufgrund seines homogenen Aufbaus ein exzellentes Verbundverhalten bei der Verankerung von Bewehrungsstahl bescheinigt. Die zum Teil größeren Verbundspannungen bis zu einem Schlupf von 0,25 mm (vgl. Bild 4-102) im Vergleich zu HSC führt der Autor auf die minimierte Mikrorißbildung zurück, die die Adhäsion zwischen Stahl und Beton zur vollen Entfaltung kommen läßt.

Das Ermüdungsverhalten von Leichtbeton unter Druck- und Biegebeanspruchung wurde in mehreren Veröffentlichungen [z. B. 18, 62] zumindest ebenbürtig dem von Normalbeton und hochfestem Beton erachtet. Als Ursache wird wiederum die elastische Kompatibilität des Leichtbetons angeführt, da Ermüdungsbrüche durch Mikrorisse initiiert werden und diese damit im engen Zusammenhang mit der Ermüdung zu sehen sind. In [62] wird gezeigt, daß die σ-ε-Beziehung bei Leichtbeton auch nach hohen Lastspielzahlen einen nahezu linear elastischen Charakter zeigt, während selbst bei hochfestem Normalbeton ein hysteretisches Verhalten zu beobachten ist. Damit wird aber auch klar, daß Mechanismen zur Energiedissipation bei Leichtbeton schwächer ausfallen. Davon ist z. B. die Werkstoffdämpfung betroffen, die sich aus der durch Diffusion von Porenwasser erzeugten viskosen Dämpfung und der Reibungsdämpfung in der gerissenen Biegezugzone zusammensetzt. In Versuchen an der ETH Zürich [80] wurde gezeigt, daß das beide Anteile umfassende äquivalente Dämpfungsmaß unabhängig vom Vorspannungsgrad (volle Vorspannung oder teilweise Vorspannung) bei allen Leichtbetonbalken niedriger ausgefallen ist als beim analogen Normalbetonbalken. In den Balkenversuchen mit Betonstahl variierte das Dämpfungsmaß zwischen $\xi = 2$ bis $3{,}5$ % beim Leichtbeton und $\xi = 3{,}5$ bis $4{,}5$ % beim Normalbeton.

3.5   Tragverhalten unter Zugbeanspruchung

Das Tragverhalten von Leichtbeton unter Zugbelastung wird auch, ähnlich der Druckbeanspruchung, von dem Festigkeits- und Steifigkeitsverhältnis der beiden Komponenten Matrix und Zuschlag bestimmt. Dies wird in Bild 3-33 deutlich, in dem die Spannungsverteilung der unendlich großen Scheibe mit Einschluß unter Zugbeanspruchung für verschiedene Steifigkeits- und Querkontraktionsverhältnisse der Einzelkomponenten analog zu Bild 3-19 dargestellt ist.

Bei der Computersimulation der Druckbeanspruchung stellte sich jedoch heraus, daß die Leichtbetondruckfestigkeit weit weniger von den E-Moduln beider Komponenten beeinflußt wird (Bilder 3-29 und 3-30), als man dies nach Bild 3-19 annehmen könnte. Als dominierende Größen wurden statt dessen die Druckfestigkeiten von Matrix und Zuschlag ausgemacht.

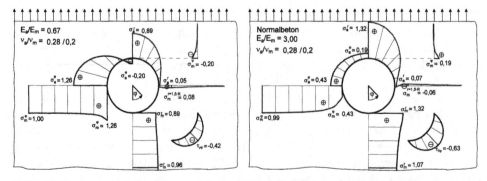

Bild 3-33 Spannungsverteilung in einer Scheibe mit Einschluß unter einer Einheitszugspannung $\sigma = 1$ in Abhängigkeit verschiedener Steifigkeits- und Querkontraktionsverhältnisse

Diese Erkenntnis ist nicht unbedingt auf die Zugbeanspruchung zu übertragen, wenn man bedenkt, daß sich das Zug- und Druckverhalten sowohl bei der Matrix als auch bei den Leichtzuschlägen gänzlich voneinander unterscheiden (vgl. Anhang A1). Von daher ist eine eigenständige Betrachtung des Zugtragverhaltens von Leichtbeton notwendig, die sich im folgenden unter anderem auf eine Computersimulation eines Spaltzugversuches gemäß Abschnitt 3.3.2 stützt. Die Bruchbilder aus dieser Simulation (Bild 3-34) entsprechen den experimentellen Erfahrungen, sofern ein örtliches Versagen unter dem Lasteinleitungsblock durch ausreichende Druckfestigkeit der Einzelmaterialien vermieden wird. In [17] wird dazu angemerkt, daß in Anbetracht der konzentrierten Beanspruchung Streuungen durch lokale Einflüsse der Leichtzuschläge zu erwarten sind.

Bild 3-34 Stadien der Rißbildung bis zum Erreichen der Bruchlast

Die Spaltzugfestigkeit von zylindrischen und prismatischen Probekörpern wird in der Literatur als gleichwertig angesehen, wenn die Voraussetzungen für einen Zugbruch und kein örtliches Versagen gegeben sind, d. h., die Breite des Lastverteilungsstreifens zwischen einem Zehntel und einem Zwanzigstel der Querschnittshöhe liegt. Von daher konnte auch die Würfelform für die Simulation akzeptiert werden. Mit dem Instrument der Computersimulation sollen die Einflüsse verschiedener Matrix- und Zuschlagseigenschaften auf die Spaltzugfestigkeit des Verbundwerkstoffes getrennt voneinander untersucht werden. Die Auswertung wird in Bild 3-35 beispielhaft für eine Matrixzugfestigkeit $f_{mt} = 4$ N/mm² vorgenommen.

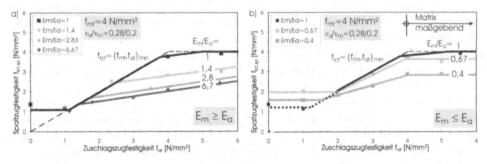

Bild 3-35 Auswertung der Computersimulation: Spaltzugfestigkeit von Leichtbeton in Abhängigkeit der Zuschlagszugfestigkeit f_{at} und dem E-Modul-Verhältnis E_m/E_a [a) $E_m \geq E_a$; b) $E_m \leq E_a$] für eine Matrixzugfestigkeit von $f_{mt} = 4$ N/mm²

Demnach werden die einleitenden Vorüberlegungen zur Leichtbetonzugfestigkeit hinsichtlich ihrer Abhängigkeit von der Zugfestigkeit und dem E-Modul-Verhältnis der beiden Einzelkomponenten erwartungsgemäß bestätigt. Bemerkenswert ist allerdings, daß im Unterschied zur Druckbeanspruchung die Zugfestigkeit von Leichtbeton maßgebend von der elastischen Kompatibilität bestimmt wird. Je besser die E-Moduln von Matrix und Zuschlag aufeinander abgestimmt sind, desto effektiver können die einzelnen Festigkeiten genutzt werden.

In Bild 3-36 wird die Simulation in Form einer schematischen Darstellungen der Einflußparameter und ihrer Auswirkungen auf die Zugfestigkeit von Leichtbeton zusammengefaßt. Demzufolge kann die Zugfestigkeit des Verbundwerkstoffes maximal die Zugfestigkeit der weniger tragfähigen Komponente erreichen (Bereich B und C).

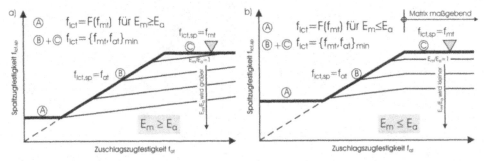

Bild 3-36 Schematische Darstellung der Einflußparameter der Zugfestigkeit von Leichtbeton und ihrer Auswirkungen auf die erreichbare Festigkeit bei a) $E_m \geq E_a$ und b) $E_m \leq E_a$

Ausgenommen von dieser Feststellung ist der Bereich A, bei dem durch Spannungsumlagerung ein frühzeitiger Ausfall der Zuschlagszugfestigkeit f_{at} durch die Matrix kompensiert werden kann. Die resultierende Festigkeit $f_{lct} > f_{at}$ wird in diesem Fall lediglich von der Matrixzugfestigkeit f_{mt} und dem Verhältnis der E-Moduln bestimmt. Ist die Matrix weicher als der Zuschlag, ist offenbar eine effektivere Umlagerung möglich (vgl. Bild 3-36a und b).

Abgesehen von dem Bereich A, kann die Festigkeit $f_{lct} = \{f_{mt}, f_{at}\}_{\min}$ mit optimaler Ausnutzung der Einzelkomponenten nur dann erreicht werden, wenn entweder ein ausgewogenes Verhältnis beider E-Moduln vorliegt oder eine der beiden Komponenten über eine wesentlich größere Zugfestigkeit im Vergleich zur anderen verfügt. Bei dieser Überlegung muß auch das Verhältnis der Querdehnungszahlen $v_a/v_m = 0{,}28/0{,}2$ mit einbezogen werden, das einen kleinen Einfluß auf die Spannungsverteilung im Betongefüge ausübt und dazu führt, daß bei gleichen Zugfestigkeiten und E-Moduln der beiden Komponenten die Zugfestigkeit des Verbundwerkstoffes etwas geringer ausfällt ($f_{lct} < f_{mt} = f_{at}$). Im Gegensatz zur Simulation des Würfels unter Druckbeanspruchung (vgl. Bilder 3-29 und 3-30) bestimmt die elastische Kompatibilität von Matrix und Zuschlag in einem sehr viel höheren Maße die Zugfestigkeit von Leichtbeton. Offenbar ist der Probekörper unter Zugbeanspruchung weit weniger in der Lage, Kerbspannungen infolge eines inhomogenen Gefüges durch Spannungsumlagerungen abzubauen als unter Druckbeanspruchung.

Mit der aus der Simulation gewonnenen Bedingung $f_{lct,max} = \{f_{mt}, f_{at}\}_{min}$ wird in Anhang A1.1.2 die Zuschlagzugfestigkeit anhand von Spaltzugprüfungen an Leichtbetonzylindern überprüft. Gemäß Gleichung (A1.4) liegt bei Leichtzuschlägen demnach eine Zugfestigkeit von $f_{at} \sim 2{,}5$ bis $4{,}5$ N/mm² vor, die damit um den Faktor 2 bis 3 niedriger ist als die von dichten Zuschlägen (vgl. Bild A1-13).

Für die Zugfestigkeit der Matrix besteht nach Bild A1-46 ein Zusammenhang mit ihrer Druckfestigkeit, der nahezu unabhängig von der Art des Sandes ist, wenngleich die Werte der Natursandmatrizen tendenziell am oberen Rand des Spektrums liegen. Abschätzungsformeln für die E-Moduln von Matrix und Zuschlag sind Bild A1-55 und Bild A1-16 zu entnehmen. Mit diesen Angaben können die Einflußparameter für die Leichtbetonzugfestigkeit in Bild 3-37 zusammengestellt werden.

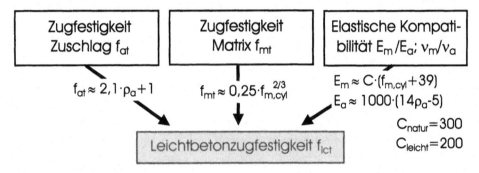

Bild 3-37 Einflußparameter der Leichtbetonzugfestigkeit f_{lct}

Für die weitere Betrachtung werden die Ergebnisse der Computersimulation für verschiedene E-Modulverhältnisse über der Matrixzugfestigkeit dargestellt (Bild 3-38). Für Normalbeton liegt bei einer angenommenen Zuschlagzugfestigkeit von $f_{at} \approx 10$ N/mm² ein quasi linearer Zusammenhang zwischen den Zugfestigkeiten von Matrix und Beton vor (Bild 3-38 a und b). Der Proportionalitätsfaktor richtet sich nach dem Steifigkeitsverhältnis beider Einzelkomponenten, da mit zunehmendem Unterschied die erreichbare Zugfestigkeit immer mehr von der maximal möglichen (gestrichelt dargestellte Linie) abweicht. Da der Zuschlag erst bei hochfesten Normalbetonen ausschlaggebend für die Betonzugfestigkeit ist, wird diese bei unteren und mittleren Druckfestigkeitsklassen durch die Matrixzugfestigkeit und eventuell durch den Haftverbund zwischen Matrix und Zuschlag bestimmt.

Für Leichtbeton ergibt sich hingegen in den Bildern 3-38 b–f eine bilineare Beziehung, da die Zugfestigkeit der Leichtzuschläge die Wirkung der Matrixzugfestigkeit ab einer gewissen Grenzfestigkeit einschränkt, ähnlich wie bei der Druckbeanspruchung (vgl. Bild 3-32). Demzufolge sind für Leichtbetone mit $f_{mt} \le f_{at}$ im Vergleich zu Normalbeton gleicher Druckfestigkeit keine nennenswerten Defizite in der Zugfestigkeit zu erwarten, die sogar in diesem Bereich größer sein kann aufgrund der in der Regel hohen elastischen Kompatibilität. Mit der Annahme, daß in diesem Fall die Grenzfestigkeit nach Bild 3-20 noch nicht erreicht ist, ergibt sich mit $f_{lc} \approx f_m$ für die Zugfestigkeit von ALWAC ($E_m \approx E_a$) die Beziehung $f_{lct} \approx 0{,}25 \cdot f_m^{2/3}$ (vgl. Bild 4-54). Diese Abschätzung gilt näherungsweise auch für

SLWAC, da in diesem Fall das ungünstigere E_m/E_a-Verhältnis durch eine größere Matrix-druckfestigkeit kompensiert wird (Bilder 3-30 und 3-31). Ab einer gewissen Matrixdruck-bzw. -zugfestigkeit wird jedoch die Zugfestigkeit des Leichtzuschlags für das Betonversa-gen maßgebend. Wie die Bilder 3-38b-d verdeutlichen, kann danach trotz einer beträchtli-chen Erhöhung der Matrixzugfestigkeit die Zugfestigkeit des Leichtbetons im Gegensatz zu seiner Druckfestigkeit (Bild 3-30) nur noch marginal gesteigert werden. Das heißt mit ande-ren Worten, daß der Unterschied zwischen der Zugfestigkeit von Normal- und Leichtbeton mit zunehmender Matrixzugfestigkeit immer größer wird (vgl. Bild 4-56), solange die Zug-festigkeit des Normalzuschlags noch nicht erreicht ist. Diese Überlegungen werden in den Abschnitten 4.2.2 und 4.2.3 durch die Auswertung zahlreicher Spaltzugversuche bestätigt.

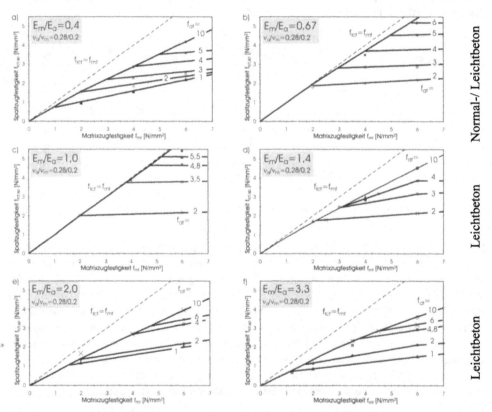

Bild 3-38 Auswertung der Computersimulation: Spaltzugfestigkeit von Leichtbeton in Abhängigkeit der Zugfestigkeit von Matrix und Zuschlag für verschiedene E-Modulverhältnisse

Aus diesem Grunde sind für Hochleistungsleichtbetone angesichts des hohen Ausnutzungs-grades des Leichtzuschlags die größten Abminderungen hinsichtlich der Zugfestigkeit im Vergleich zu Normalbeton zu erwarten. Auf niedrigem Festigkeitsniveau werden hingegen selbst bei Normalbeton nur geringe Zugfestigkeiten entsprechend der niedrigen Matrixzug-festigkeit ermöglicht, so daß der Leichtzuschlagseinfluß in diesen Fällen kaum zum Tragen kommt.

4 Eigenschaften des Festbetons

Der Übergang vom jungen Beton (Abs. 2.6) zum erhärteten Beton (Festbeton) ist fließend, da der Hydratationsprozeß erst abgeschlossen ist, wenn kein Wasser mehr zur Verfügung steht. In [17] wird deshalb der Beginn des Festbetonstadiums zweckmäßig als Zeitpunkt definiert, an dem Festigkeit und Verformungswiderstand einen technisch nutzbaren Wert erreicht haben.

Konstruktiver Leichtbeton ist nach Abschnitt 3.3.2 ein Zweikomponentenwerkstoff, dessen Eigenschaften maßgebend von denen des verwendeten Leichtzuschlags und der gewählten Matrix bestimmt wird. Aus diesem Grunde werden in diesem Kapitel die Besonderheiten des erhärteten Leichtbetons aufgezeigt und dabei der Bezug zu den mechanischen Eigenschaften der Einzelkomponenten in Anhang A1 gesucht. Dies soll einerseits zum Verständnis beitragen und andererseits den Zusammenhang mit Normalbeton und hochfestem Beton herstellen.

4.1 Leichtbeton unter Druckbeanspruchung

4.1.1 Druckfestigkeit

Die Einflußfaktoren der Druckfestigkeit wurden in Abschnitt 3.4 bereits eingehend untersucht und dabei die Abhängigkeit sowohl von der Matrixfestigkeit als auch von der Druckfestigkeit des Leichtzuschlags herausgestellt.

Die Druckfestigkeit ist neben der Trockenrohdichte die maßgebende Kenngröße von Leichtbeton. Sie wird gemäß DIN EN 206-1 [16] entweder an Würfeln mit 150 mm Kantenlänge ($f_{lc,cube,150}$) oder an 300 mm langen Zylindern mit 150 mm Durchmesser (f_{lc} bzw. $f_{lc,cyl}$) bestimmt, die nach EN 12390-2 hergestellt und 28 Tage unter Wasser bei 18–22 °C oder einer relativen Luftfeuchte > 95 % gelagert wurden. Im allgemeinen ist die Druckfestigkeit an Probekörpern im Alter von 28 Tagen zu ermitteln, sofern nichts anderes festgelegt wird. Die Einordnung der charakteristischen Festigkeit aus der Druckprüfung in eine Druckfestigkeitsklasse (Tabelle 5-2) erfolgt mit Hilfe von Konformitätskriterien gemäß Tabelle 2-9. Für den Festigkeitsnachweis dürfen auch andere Probekörpergrößen und Lagerungsbedingungen verwendet werden, wenn die Korrelation zu den genormten Größen und Verfahren mit ausreichender Genauigkeit nachgewiesen wurde.

Normalbeton: $\quad f_c = f_{c,cube200} / 1{,}1 = 0{,}95 \cdot f_{c,cube150} / 1{,}1 = 0{,}92 \cdot f_{c,cube100} / 1{,}1$ \hfill (4.1)

Die für Normalbeton bekannten Umrechnungsformeln (Gl. (4.1)) sind auf Leichtbeton nicht übertragbar, da hier der Einfluß der Probekörpergeometrie deutlich kleiner ist. Dieser Sachverhalt ist mit der geringeren Querdehnung bei Erreichen der Maximallast zu erklären (Bild 4-29), wodurch die festigkeitssteigernde Wirkung der Querdehnungsbehinderung an den Lasteinleitungsplatten für gedrungene Probekörper an Bedeutung verliert. Nach einer Untersuchung von *Siebel* [55] liegt bei Leichtbeton die Zylinderdruckfestigkeit f_{lc} nur etwa

3 % unter der Würfeldruckfestigkeit $f_{lc,cube200}$ (Bild 4-1). Nach *Thorenfeldt* [98] schwankt das Festigkeitsverhältnis $f_{lc}/f_{lc,cube150}$ ungefähr zwischen 0,9 für HSLWAC und 1,0 für ALWAC mit moderater Festigkeit und hochfester Matrix. In Ausnahmefällen können sogar in Zylinderprüfungen etwas höhere Druckfestigkeiten gemessen werden. Aus diesen Anhaltswerten wird in Gl. (4.2) ein Vorschlag zur Abschätzung des Probekörpereinflusses bei Leichtbeton formuliert:

Leichtbeton: $f_{lc} = 0,97 \cdot f_{lc,cube200} = 0,95 \cdot f_{lc,cube150} = 0,92 \cdot f_{lc,cube100}$ (4.2)

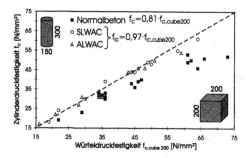

Bild 4-1 Zusammenhang zwischen Würfeldruckfestigkeit $f_{c,cube,200}$ und Zylinderdruckfestigkeit
f_c von verschiedenen Betonen [55]

Weitere Prüfeinflüsse für die Druckfestigkeit sind die Belastungsgeschwindigkeit, die Steuerungsgröße (kraft- oder verformungsgesteuert) sowie die Art der Lagerung. Die Verringerung der Druckfestigkeit durch eine verformungsgesteuerte Versuchsdurchführung scheint mit etwa 4–6 % für Leichtbeton, insbesondere für ALWAC etwas geringer zu sein als bei Normalbeton [55, 98]. Der Einfluß der Lagerungsbedingung auf die Druckfestigkeit ist bei Leichtbeton nicht eindeutig geklärt. Während in [70] für die bis zum Prüftag feucht gelagerten Prüfkörper eine etwas niedrigere Druckfestigkeit für HSLWAC gemessen wurde, wird in [66] eine Abminderung bei der wechselnden Wasser-/Luftlagerung konstatiert. Dies wird darauf zurückgeführt, daß dem Prüfkörper durch Verdunstung Wasser für die weitere Hydratation entzogen wird. Aus diesem Grund sind die in [4] angegebenen Umrechnungsformeln nicht unbedingt auf Leichtbetone anwendbar.

Für besondere Anwendungen kann es erforderlich sein, die Druckfestigkeit zu einem früheren (z. B. beim Vorspannen) oder späteren Zeitpunkt als nach 28 Tagen zu bestimmen. In diesen Fällen ist die zeitliche Entwicklung der Druckfestigkeit von Bedeutung.

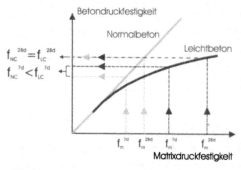

Bild 4-2 Ursache für die raschere Druckfestigkeitsentwicklung von Leichtbeton oberhalb
der Grenzfestigkeit

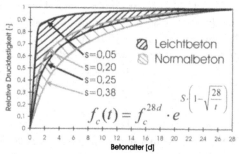

Bild 4-3 Zeitliche Entwicklung der Druckfestigkeit
bei Leicht- und Normalbeton für $t \leq 28d$ [5]

Leichtbeton erreicht in den Fällen eine schnellere Frühfestigkeit als Normalbeton, in denen die Betondruckfestigkeit über der Grenzfestigkeit liegt. Die Ursache ist darin zu sehen, daß hier die mit der Zeit einhergehende Festigkeitsentwicklung der Matrix für die Erhärtung des Betons nicht mehr voll zum Tragen kommt, weil der Leichtzuschlag für die Betondruckfestigkeit maßgebend ist (Bild 4-2). Dieser Effekt ist um so stärker ausgeprägt, je niedriger die Grenzfestigkeit in Bezug auf die Leichtbetonfestigkeit ist (vgl. Bild A1-42). Damit fällt in diesen Fällen die Nacherhärtung auch niedriger aus.

Sofern der Leichtzuschlag die Festigkeit nicht begrenzt, ist aufgrund der inneren Nachbehandlung durch die Zuschläge bei Leichtbeton eine größere Nacherhärtung zu erwarten.

In [5] wird eine überschlägige Formel (Gl. (4.3)) für die zeitliche Druckfestigkeitsentwicklung von Normalbeton angegeben (Bild 4-3, hier für $t \leq 28d$) und für den Exponenten s in Abhängigkeit der verwendeten Zementsorte ein Intervall $0,20 \leq s_c \leq 0,38$ vorgesehen. Die Auswertung verschiedener Literaturangaben ergab für Leichtbeton eine Verschiebung dieser Grenzen in der Form $0,05 \leq s_{lc} \leq 0,25$, wobei die untere Schranke für Betone mit niederfesten Leichtzuschlägen steht.

$$f_{lc}(t) = f_{lc}^{28d} \cdot e^{s_{lc}\left(1-\sqrt{\frac{28}{t}}\right)}$$

mit s = 0,05 für hochausgenutzten Zuschlag

s = 0,25 für weniger ausgenutzten Zuschlag   (4.3)

4.1.2   Elastizitätsmodul

Die Arbeitslinien in den Bildern 3-26 und 3-27 zeigen, daß der E-Modul des Verbundwerkstoffes immer zwischen den E-Moduln der beiden Einzelkomponenten liegt. Der E-Modul von Beton hängt also von dem E-Modul der Matrix und des Leichtzuschlags ab. Diese Erkenntnis kommt auch in den mechanischen Modellen von *Hanson* [64] (Bild 4-4) zum Ausdruck, die er aus dem Tragverhalten von Normal- und Leichtbeton in vereinfachter Form ableitete. Für den Fall, daß der Zuschlag weicher ist als die Matrix, ergeben sich die Lastanteile beider Komponenten aus dem Verhältnis der Einzelsteifigkeiten. Mechanisch entspricht dies der Parallelschaltung zweier Federn. Ist der Zuschlag jedoch steifer als die Matrix, verlaufen die Druckkräfte von einem Korn über die dazwischen liegende Matrix zum nächsten Korn (Bild 3-18). Die Dehnsteifigkeiten sind hier folglich hintereinander geschaltet. Diese beiden Zusammenhänge lassen sich mathematisch wie folgt formulieren (mit V_m bzw. V_a = Volumenanteil der Matrix bzw. des Zuschlags):

a) $E_a \leq E_m \Rightarrow E_c = V_m \cdot E_m + V_a \cdot E_a$ b) $E_a \geq E_m \Rightarrow \dfrac{1}{E_c} = \dfrac{V_m}{E_m} + \dfrac{V_a}{E_a}$ (4.4)

In Bild 4-5 sind unter Beachtung der Untersuchungsergebnisse aus Anhang A1 die Bandbreiten der E-Moduln diverser Matrizen denen der Leichtzuschläge in Abhängigkeit ihrer Kornrohdichte gegenübergestellt. Die oberen Werte innerhalb der Matrixbänder stehen für Hochleistungsmatrizen, die unteren Grenzen für Matrizen mit hohem Wasserzementwert und Luftporenbildner. Die Parabel für die Steifigkeit des Zuschlags teilt das Diagramm in zwei Bereiche.

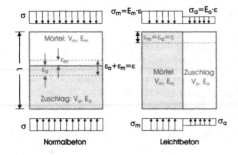

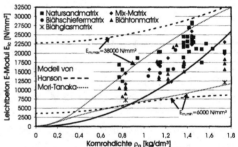

Bild 4-4 Beton-Strukturmodell nach
Hanson [64]

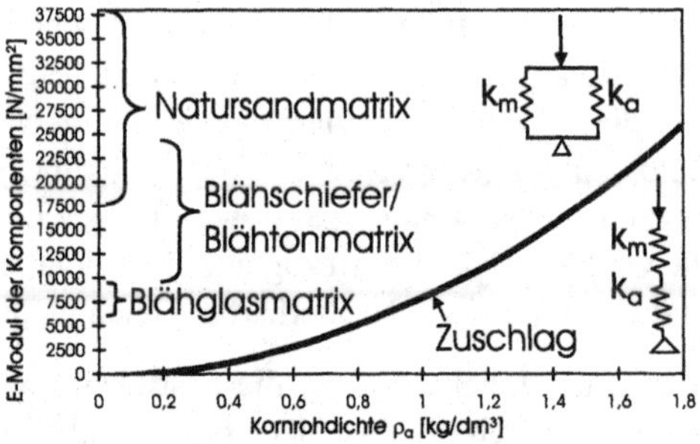

Bild 4-5 E-Moduln diverser Matrizen und
Leichtzuschläge

Der linke Teil spiegelt den typischen Fall für Leichtbetone wider, daß der Zuschlag weicher ist als die Matrix. Im rechten Abschnitt liegen genau umgekehrte Verhältnisse vor, so daß die Gleichungen (4.4a) und (4.4b) jeweils nur in einem Bereich ihre Gültigkeit haben. Verknüpft man nun die Komponenten gemäß dieser beiden Beziehungen unter Voraussetzung eines Volumenanteils des Zuschlags von $V_a = 40$ %, ergibt sich der E-Modul des Leichtbetons in Abhängigkeit der gewählten Kornrohdichte (Bild 4-6).

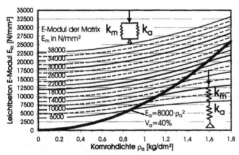

Bild 4-6 E-Modul von Leichtbeton bei
Anwendung des mechanischen Modells
von *Hanson* [64]

Bild 4-7 Vergleich der Modelle von *Hanson* und
Mori-Tonaka mit E-Modulprüfungen aus diversen
Literaturquellen

Vergleicht man die Ergebnisse aus diversen Literaturquellen mit dem Modell von *Hanson* (Bild 4-7), so ist zu konstatieren, daß der E-Modul von Leichtbetonen mit steifen Matrizen in weiten Bereichen durch diesen Ansatz erheblich überschätzt wird. Die Isolinie für $E_m = 38000$ N/mm² liegt deutlich über den höchsten Versuchsergebnissen, die auf den jeweiligen Niveaus der Kornrohdichte für Leichtbetone mit hochfesten Matrizen ermittelt wurden. Daher ist das Modell von *Hanson* zur Förderung der Vorstellungsgabe durchaus nützlich, zur Abschätzung des E-Moduls in bestimmten Bereichen jedoch ungeeignet.

Diese Erkenntnis deckt sich mit den Erfahrungen aus Anhang A1.1.3 bei der indirekten Bestimmung des E-Moduls von Leichtzuschlägen. Auch hier ist die Abweichung zwischen Versuch und Modell bei weichen Zuschlägen in Verbindung mit hochfesten Matrizen offensichtlich. Ungleich bessere Ergebnisse liefert in der gleichen Studie das Modell von *Mori-Tanaka* [35], das unter Annahme von kugeligen Zuschlägen mit einem eher mathematischen als physikalischen Hintergrund entwickelt wurde. Voraussetzung für die Anwendung dieser Methode ist eine im Vergleich zum Zuschlag steifere Matrix. Der Kompressionsmodul K sowie der Schubmodul G als maßgebende Kenngrößen können den Gleichungen (4.5a) und (4.5b) entnommen werden. Der E-Modul sowie die Querdehnungszahl lassen sich daraus unter Verwendung der Gleichungen (4.6a) und (4.6b) berechnen.

$$K_{lc} = K_a + \cfrac{1-V_a}{\cfrac{1}{K_m - K_a} + \cfrac{3V_a}{3K_a + 4G_a}} \qquad G_{lc} = G_a + \cfrac{1-V_a}{\cfrac{1}{G_m - G_a} + \cfrac{6\cdot(K_a + 2G_a)\cdot V_a}{5G_a \cdot (3K_a + 4G_a)}} \quad \text{(4.5a+b)}$$

$$G = \frac{E}{2\cdot(1+v)} \qquad K = \frac{E}{3\cdot(1-2\cdot v)} \quad \text{(4.6a)} \qquad E = \frac{9\cdot K \cdot G}{3\cdot K + G} \qquad v = \frac{3\cdot K - 2\cdot G}{6\cdot K + 2\cdot G} \quad \text{(4.6b)}$$

In Bild 4-8 werden die Formeln nach *Mori-Tanaka* für verschiedene Matrixsteifigkeiten über den Definitionsbereich hinaus auch für den Fall $E_a > E_m$ ausgewertet. Die Güte des Ansatzes wird erst im Vergleich mit den experimentellen Daten in Bild 4-7 deutlich, wonach die Punktwolke der Prüfergebnisse durch das theoretische Spektrum der Kurvenschar recht gut wiedergegeben wird. Für Prognosen und Abschätzungen ist diese Methode daher empfehlenswert.

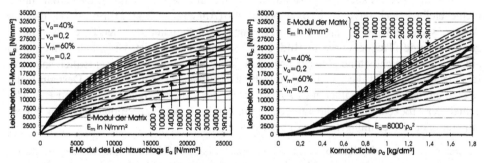

Bild 4-8 E-Modul von Leichtbeton bei Anwendung des Ansatzes von *Mori-Tanaka* [35]

Obwohl der Einfluß beider Komponenten auf den E-Modul des Betons, nach den einleitenden Überlegungen zu urteilen, zweifellos gegeben ist, wird in den Normen für Normalbeton lediglich der E-Modul des Zementsteins über die Betondruckfestigkeit berücksichtigt. In Anbetracht der enormen Steifigkeitsspanne der verschiedenen Zuschläge (Bild 3-17) leuchtet es ein, daß man die dort gewählten Angaben nur als Mittelwerte mit gewissem Schwankungsbereich verstehen darf.

Bei Leichtbeton ist der Einfluß des Zuschlages hingegen zu groß, als daß man ihn in ähnlicher Weise ignorieren könnte. In Anhang A1.1.3 wird ein Zusammenhang zwischen dem E-Modul des Leichtzuschlages und der Kornrohdichte hergestellt mit der Einschränkung, daß auch dort bestimmte Zuschläge tendenziell dem oberen respektive dem unteren Streubereich angehören. Angesichts der großzügigen Auslegung bei Normalbeton wäre eine Differenzierung der Leichtzuschlagart jedoch schlichtweg übertrieben, zumal in diesem Fall eine nicht vorhandene Genauigkeit nur vorgetäuscht würde. Deshalb erscheint es sinnvoll, die Steifigkeit der Leichtzuschläge über die Kornrohdichte bzw. indirekt über die Trockenrohdichte des Betons in die Berechnung einfließen zu lassen.

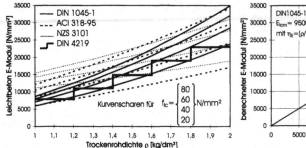

Bild 4-9 Vergleich der E-Moduln von Leichtbeton in verschiedenen Normen

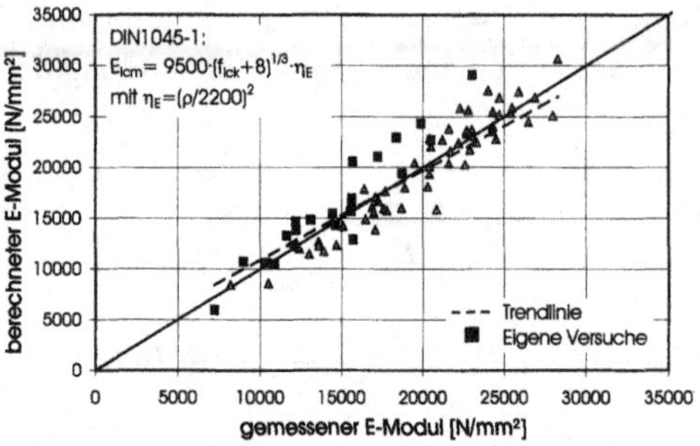

Bild 4-10 Überprüfung des E-Moduls nach DIN 1045-1 [3] unter Berücksichtigung des Abminderungsfaktors η_E

Variiert man in einer Mischung den Wasserzementwert, wird damit sowohl die Leichtbetondruckfestigkeit als auch der E-Modul von Matrix und Beton verändert. Die Trockenrohdichte bleibt jedoch davon nahezu unbeeinflußt (Anhang A1.2.4). Das bedeutet, daß ein Ansatz, wie er z. B. in der alten DIN 4219 nur in Abhängigkeit von der Trockenrohdichte gewählt wurde (Treppenkurve in Bild 4-9), nicht ausreichend ist. Umgekehrt leuchtet es ein, daß zwei Leichtbetone gleicher Festigkeit unter Verwendung unterschiedlich schwerer Leichtzuschläge nicht die gleiche Verformbarkeit aufweisen (Abs. A1.1.3). Deshalb bietet es sich an, den für Normalbeton in Abhängigkeit der Druckfestigkeit definierten E-Modul gemäß der Trockenrohdichte abzumindern, um damit die beiden dominierenden Einflußparameter in der Berechnungsformel zu berücksichtigen.

Leider ist es wegen der Komplexität der Zusammenhänge nicht möglich, aus den mechanischen bzw. semiphysikalischen Modellen eine allgemeingültige Gleichung zur Bestimmung des E-Moduls in Abhängigkeit von f_{lc} und ρ abzuleiten. Deswegen wird in DIN 1045-1 ein empirischer Ansatz mit einem Abminderungsfaktor $\eta_E = (\rho/2200)^2$ gewählt (Abs. 5.2.3), der in Bild 4-10 mit Testergebnissen aus 17 verschiedenen Literaturquellen überprüft wird (mit $\rho \sim 0{,}92 \cdot \rho_{hd}$). Tendenziell werden die höheren E-Moduln rechnerisch ein wenig überschätzt. Die Übereinstimmung zwischen berechneten und gemessenen E-Modul-Werten ist dennoch zufriedenstellend. Auf eine Unterscheidung der Zuschlagart wird aus den bereits angesprochenen Gründen verzichtet.

4.1.3 Spannungs-Dehnungslinie

Die Spannungs-Dehnungslinie von Leichtbeton unter einaxialer Druckbeanspruchung unterscheidet sich in drei Punkten von der eines Normalbetons vergleichbarer Druckfestigkeit. Neben dem geringeren E-Modul und dem quasi-linear ansteigenden Ast spiegelt sich insbesondere die größere Sprödigkeit des Leichtbetons im Nachbruchbereich wider. Diese Eigenschaften sind um so ausgeprägter, je höher die Druckfestigkeit bzw. je geringer die Trockenrohdichte des Betons ist. Dies wird im Bild 4-11a–d deutlich, die die Spannungs-Dehnungslinien aus Kurzzeitversuchen mit Normalbeton und Leichtbetonen unter Verwendung von Natur- oder Leichtsand auf vier verschiedenen Festigkeitsniveaus zeigen [112]. Alle Prüfungen wurden an 300 mm hohen Zylindern mit einem Durchmesser von 100 mm durchgeführt (vgl. Bild 4-18), um eine von der Prüfkörperschlankheit unabhängige Vergleichsstudie zu ermöglichen.

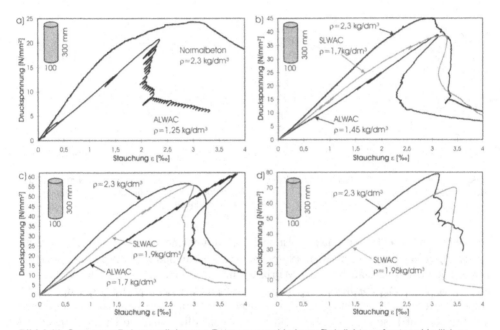

Bild 4-11 Spannung-Dehnungslinien von Betonen verschiedener Rohdichte auf unterschiedlichen Spannungsniveaus [112]

Auf den ersten Blick fällt auf, daß sich die deutlichen Unterschiede der Spannungs-Dehnungslinien von Natur- und Leichtsandmatrix (Bild A1-28) wegen der Leichtzuschläge weit weniger im Verhalten des Leichtbetons wiederfinden. Während die σ-ε-Linie der Leichtsandmatrix durch die Zugabe von groben Leichtzuschlägen quasi unverändert bleibt, geht der eher duktile Charakter der Natursandmatrix im SLWAC fast gänzlich verloren.

Die Form des ansteigenden Astes kann nach der in Bild 4-12 gegebenen Definition durch den Völligkeitsbeiwert α oder den Plastizitätsfaktor k beschrieben werden, der in Bild 4-13 für verschiedene Normal- und Leichtbetone in Abhängigkeit der Zylinderdruckfestigkeit ausgewertet ist. Die beachtliche Streuung unter den Normalbetonen ist auf die Kombination unterschiedlicher Matrizen und Grobzuschläge zurückzuführen.

Bei Leichtbeton wird die Form des ansteigenden Astes neben der Druckfestigkeit vom Ausnutzungsgrad des Zuschlagpotentials (Bild A1-3) mitbestimmt. Unterhalb der Grenzfestigkeit ist die Krümmung der σ-ε-Linie größer im Vergleich zu HPLWAC. Mit zunehmender Druckfestigkeit wird die Plastizitätszahl geringer, wie dies die Trendlinien in Bild 4-13 belegen. Auswirkungen auf die Linearität zwischen Spannung und Stauchung hat außerdem der verwendete Feinzuschlag. Für SLWAC liegt der Plastizitätsfaktor durch die Wirkungsweise des Natursandes als Rißinitiator etwas höher als bei ALWAC. Diese Unterscheidung wurde deshalb auch in DIN 1045-1 vorgenommen. Die in der Norm gewählten k-Werte (Gl. (5.9)) berücksichtigen den Trend der letzten Jahre zu Leichtbetonen mit größeren Druckhöhen (HPLWAC), die niedrigere Plastizitätsfaktoren aufweisen.

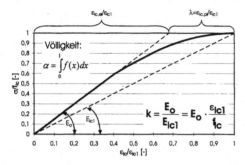

Bild 4-12 Definition des Plastizitätsfaktors k und der Plastizitätszahl λ [54]

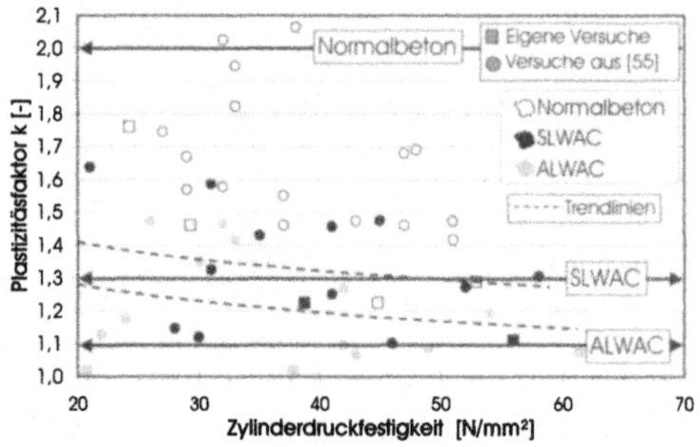

Bild 4-13 Plastizitätsfaktor k von Normal- und Leichtbeton in Abhängigkeit der Zylinderdruckfestigkeit [112]

Die Bedeutung des Plastizitätsfaktors ist auch im Zusammenhang mit der Bruchstauchung ε_{lcu} bei Erreichen der Höchstlast zu sehen, die, wie die Simulation in Abschnitt 3.4 zeigte, zumeist von der Bruchstauchung der Matrix bestimmt wird (Bild 3-24). In der Vergangenheit wurde durchweg eine lineare Beziehung zwischen der Bruchstauchung und der Leichtbetondruckfestigkeit gewählt [54, 37]. Angesichts der Variationsmöglichkeiten der Matrix im Hinblick auf Festigkeit und E-Modul ist es verständlich, daß die Druckfestigkeit des Leichtbetons als alleinige Kenngröße zur Beschreibung der Bruchstauchung nicht ausreicht. Diese Erkenntnis findet auch durch die Punktwolke in Bild 4-14 ihre Bestätigung.

Für Normalbetone mit Festigkeiten bis 55 N/mm² wird in guter Näherung in vielen Normen [1, 5] eine konstante Bruchstauchung von $\varepsilon_{cu} = 2{,}2$ ‰ angenommen, für hochfeste Betone steigt dieser Wert kontinuierlich auf etwa $\varepsilon_{cu} = 3$ ‰ an. Im Vergleich dazu werden bei Leichtbeton höhere Bruchstauchungen gemessen, die auf einem konstanten Festigkeitsniveau in der Regel um so größer ausfallen, je weicher die Matrix ist (vgl. Bild 3-24). Vor diesem Hintergrund wurden in Bild 4-14 Trendlinien für ALWAC und SLWAC zur Abschätzung der Bruchstauchung konstruktiver Leichtbetone eingezeichnet. Einschränkend muß ergänzt werden, daß die Bruchstauchung von der Dehnungsgeschwindigkeit abhängig ist, so daß verschiedene Untersuchungsergebnisse nur mit Vorbehalt vergleichbar sind.

Bislang wurde die Spannungs-Dehnungslinie auf der Grundlage von zentrischen Druckversuchen diskutiert. Bei Normalbeton hat sich jedoch herausgestellt, daß in Biegedruckzonen höhere Randstauchungen aufgenommen werden können als in Querschnitten ohne Dehnungsgradienten. Dieses Phänomen kann man sich damit erklären, daß die Randfasern Beanspruchungen auf weniger gestauchte Bereiche umlagern können. Dies kann um so leichter erfolgen, je größer der Dehnungsgradient ist. In Bild 4-15 wird gezeigt, daß das Umlagerungsvermögen bei Normalbetonen erwartungsgemäß mit zunehmender Druckfestigkeit abnimmt. Leider konnte in diesem Diagramm nur ein Versuch mit einem hochfesten Leichtbeton berücksichtigt werden. Es darf allerdings angenommen werden, daß die Zunahme der Randstauchung gegenüber zentrischem Druck bei konstruktiven Leichtbetonen unter exzentrischer Beanspruchung noch geringer ausfällt.

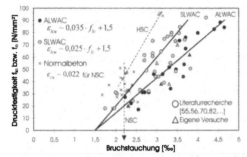
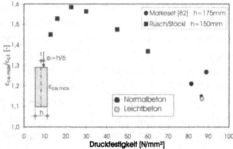

Bild 4-14 Bruchstauchung in Abhängigkeit von der Druckfestigkeit

Bild 4-15 Verhältnis von exzentrischer zu zentrischer Randstauchungen jeweils bei Erreichen der Maximallast [82]

Bestätigung findet diese Vermutung durch eine Untersuchung von *Hoff* [70] an C-förmigen hochfesten Leichtbetonkörpern (f_{lc} = 59 bis 73 N/mm²), deren Steg durch eine kombinierte Momenten- und Druckbeanspruchung belastet wurde. Die aus den Dehnungsebenen berechneten σ-ε-Linien weisen einen vernachlässigbaren abfallenden Ast auf, was als Indiz zu werten ist für eine geringe Unterstützung der äußeren Fasern durch die übrige Druckzone.

Auch in [112] wird an Biegebalkenversuchen mit einem ALWAC 45/50, ρ=1,5 gezeigt (Bild 4-21), daß die Biegedruckzone von Leichtbeton in guter Näherung der σ-ε-Linien aus zentrischen Versuchen gleichgesetzt werden kann trotz der unterschiedlichen Dehnungsvorgeschichte der einzelnen Fasern. Dies gilt insbesondere für HPLWAC, wie in diesem Fall, aufgrund seines beschränkten Umlagerungsvermögens. Die Randstauchung überschritt in den Balkenversuchen die zentrische Bruchstauchung nur um maximal 18 %. Aus den geschilderten Gründen wurde die eingeschränkte Zunahme der Randstauchung durch eine exzentrische Beanspruchung auch in DIN 1045-1 bei der Biegebemessung von Leichtbeton berücksichtigt (Gl. (5.10)).

4.1.4 Nachbruchverhalten

Das Nachbruchverhalten von Beton ist wichtig für die Beurteilung des Umlagerungsvermögens und die Festlegung der rechnerischen Bruchstauchung bei der Querschnittsbemessung. Die Spannungs-Dehnungslinien verschiedener Normal- und Leichtbetone in Bild 4-11 zeigen deutliche Unterschiede im Nachbruchbereich. Diese Aussage schließt auch Leichtbetone untereinander ein. Insbesondere läßt sich aus den Diagrammen ein typisches

Verhalten für ALWAC und für SLWAC ablesen. Die Hintergründe dafür werden im folgenden näher beleuchtet. Zunächst aber sollen grundlegende Überlegungen in das Thema einführen.

Der Nachbruchbereich einer gemessenen Spannungs-Dehnungslinie ist stark von dem Prüfverfahren abhängig [54]. Neben der Steifigkeit der Prüfmaschine und der Belastungsgeschwindigkeit hat insbesondere die Form bzw. die Schlankheit des Prüfkörpers einen großen Einfluß auf die Neigung des abfallenden Astes.

Prinzipiell sind im Probekörper unter Druckbeanspruchung oder in der Druckzone eines Bauteils zwei Bereiche zu differenzieren, die sogenannte Bruchprozeßzone sowie die versagensirrelevanten Zonen außerhalb davon (Bild 4-16). Während des Belastungsvorgangs eines Normalbetonzylinders sind anfänglich keine wesentlichen, die Längsstauchung betreffenden Unterschiede innerhalb des Prüfkörpers auszumachen. Man geht von einer etwa über das Volumen gleichmäßig verteilten Mikrorißbildung im Beton aus, die für einen mehr oder weniger gekrümmt ansteigenden Ast verantwortlich ist. Erst auf Traglastniveau ist eine unterschiedliche Behandlung beider Bereiche unerläßlich. In einer Zone im mittleren Bereich des Prüfkörpers kommt es zu einer Konzentration eines fortschreitenden Schädigungsprozesses in Form von weiterer Längsrißbildung und gegebenenfalls auch stärkerer Ausbildung eines Schubbandes, obwohl das Druckglied in dieser Phase durch eine geeignete Versuchssteuerung langsam entlastet wird. Dies ist notwendig, um ein frühzeitiges Versagen zu verhindern. In [61] wird die Länge dieser Schadenszone L^d mit etwa der 2,5-fachen Bauteilbreite abgeschätzt.

Weist der Probekörper eine größere Schlankheit als 2,5 auf, stellen sich außerhalb dieser Bruchprozeßzone auch Bereiche ein, die für das eigentliche Versagen des Druckgliedes keine Rolle spielen. Zumeist befinden sie sich an den Enden des Probekörpers aufgrund der dortigen Querdehnungsbehinderung. Während des Entlastungsvorgangs nach Erreichen der

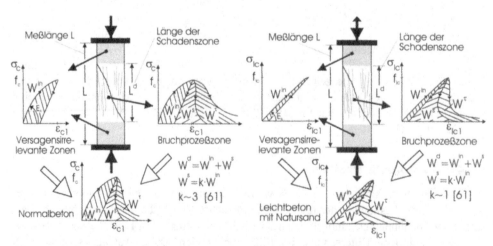

Bild 4-16 Typisches Bruchverhalten eines Normalbetons im Zylinderdruckversuch

Bild 4-17 Typisches Bruchverhalten eines SLWAC im Zylinderdruckversuch

Druckfestigkeit beteiligen sich diese vorher gestauchten Zonen nicht weiter am Bruchvorgang, sondern dehnen sich gemäß der Lastdrosselung wieder elastisch aus. Je nach Ausmaß der Mikrorißbildung während des Belastungsvorgangs bleiben dabei plastische Verformungen zurück, so daß der Entlastungsast nicht mehr mit dem Belastungsast zusammenfällt. Die von beiden Kurven eingeschlossene Fläche stellt die Energie W^{in} des inelastischen Anteils im ansteigenden Ast bzw. die Mikrorißenergie dar. Darüber hinaus wird in diesen versagensirrelevanten Zonen jedoch keine Arbeit verrichtet.

Anders verhält es sich in der Bruchprozeßzone. Gemäß dem CDZ-Modell (Compressive Damage Zone) nach *Markeset* [61] schreitet die Längsrißbildung dort weiter voran, so daß neben W^{in} eine Energie W^s im abfallenden Ast absorbiert wird. Beide, auf Rißinitiierung und- öffnung zurückzuführenden Anteile lassen sich zur Rißenergie W^d zusammenfassen, die im proportionalen Zusammenhang mit der in weggesteuerten Zugversuchen bestimmbaren Bruchenergie G_F steht. Die Energiebilanz wird schließlich von der Arbeit W^τ komplettiert, die in der Schubrißfläche verrichtet wird. Somit setzt sich die Bruchenergie eines Normalbetons unter einaxialer Druckbeanspruchung aus der Mikrorißenergie W^{in} im gesamten Betonvolumen sowie den Energien W^s und W^τ in der Bruchprozeßzone zusammen (Bild 4-16).

Die Messung der Längsstauchung erfolgt in der Regel zwischen den Lasteinleitungsplatten. Die ermittelte Spannungs-Dehnungslinie des Prüfkörpers ergibt sich somit aus der längenbezogenen Superposition der σ-ε-Linie für die Bruchprozeßzone und der für die Bereiche außerhalb davon. Damit wird deutlich, daß die Duktilität der Spannungs-Dehnungslinie des Betons eine Bauteileigenschaft darstellt, weil sie maßgebend von dem Verhältnis der Länge der Schadenszone L^d zur Gesamtlänge des Prüfkörpers L abhängig ist und damit einem Maßstabseffekt (size-effect) unterliegt. Da man davon ausgeht, daß L^d für Probekörperschlankheiten über 2,5 etwa konstant bleibt, nimmt die Sprödigkeit mit zunehmender Prüfkörperlänge zu. Eine Messung lediglich über die Bruchprozeßzone führt theoretisch zu einer σ-ε-Linie mit größtmöglicher Rißenergie bezogen auf das Betonvolumen.

Der Versagensmechanismus von Leichtbeton mit Natursandmatrix unterscheidet sich davon nicht grundlegend, sondern nur im Detail (Bild 4-17). Dazu gehört zum einen die geringere Völligkeit der σ-ε-Linie und damit verbunden der reduzierte inelastische Anteil des ansteigenden Astes. Nach [61] ist die während des Entlastungsvorgangs in den Längsrissen umgesetzte Energie W^s nicht nur proportional zur Bruchenergie G_F, sondern auch ein Vielfaches der Mikrorißenergie W^{in}. Dieser Proportionalitätsfaktor wird von *Markeset* aus Versuchen für Normalbeton mit $k = 3$, für SLWAC mit $k = 1$ abgeschätzt. Die Überlegungen machen deutlich, daß beide Anteile der Rißenergie W^d bei Leichtbeton mit Natursandmatrix geringer ausfallen müssen, insbesondere wenn man die niedrige Bruchenergie verschiedener Leichtbetone nach Abschnitt 4.3 mit einbezieht. Die Ausbildung eines geneigten Risses, des sogenannten Schubbandes, ist in Leichtbeton sicherlich auch mit weniger Energieaufwand umsetzbar. Die Risse verlaufen in der Regel durch die Zuschläge und damit muß der Widerstand für den Gleitvorgang niedriger sein. Im wesentlichen ist aber das sprödere Nachbruchverhalten von SLWAC darauf zurückzuführen, daß er weniger als Normalbeton in der Lage ist, die im Bauteil gespeicherte elastische Energie durch diverse Rißbildungen abzubauen.

Schließlich kommt dem niedrigeren E-Modul des Leichtbetons eine ganz besondere Bedeutung zu, da er die Auswirkungen der elastischen Entspannung der versagensirrelevanten Bereiche weiter verschärft. Er ist maßgebend dafür verantwortlich, daß ein leichter „Snap-Back-Effekt", also ein Zurückspringen der σ-ε-Kurve nach Erreichen des Hochpunktes für SLWAC mit Probekörperschlankheiten von $l/b \geq 3$ üblich ist. Aus diesem Grund ist für Leichtbeton eine Versuchssteuerung prädestiniert, bei der die elastische Verformung des Probekörpers zu einem bestimmten Grade kompensiert wird („E-Modul-Kompensation", siehe Bild 4-18). Dadurch ist es möglich, ein plötzliches Versagen des Prüfkörpers durch eine reaktionsschnelle Entlastung zu vermeiden [112].

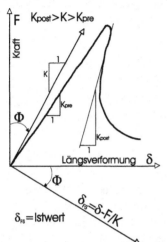 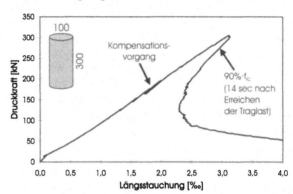

Bild 4-18 Prinzip der E-Modul-Kompensation nach [57,58] und Anwendung am Beispiel eines ALWAC [112]

Während sich in SLWAC in der Regel im Versagenszustand ein Schubband ausbildet (Bild 4-19a), weist der in ALWAC davon abweichende Bruchvorgang auf ein verändertes Verhalten hin. Zumeist wird der abfallende Ast bei Leichtbeton mit Leichtsandmatrix nach anfänglicher Rißbildung in Druckrichtung durch das Abspalten von länglichen Betonschollen eingeleitet (Bild 4-19 b und c). Dies hat Auswirkungen auf die σ-ε-Kurve.

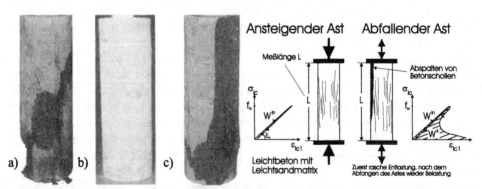

Bild 4-19 Typische Bruchzustände in Leichtbeton:
a) SLWAC mit Schubband
b) ALWAC mit anfänglicher Rißbildung
c) Abspalten von Schollen

Bild 4-20 Typisches Bruchverhalten eines ALWAC im Zylinderdruckversuch

Charakteristisch für den Belastungsvorgang von ALWAC ist zunächst der nahezu lineare Zusammenhang zwischen Spannung und Stauchung. Dementsprechend gering fällt auch die Mikrorißbildung aus und die dazugehörige Energie W^{in}. Im Bereich der Traglast dehnen sich einige Risse über die gesamte Probenlänge in Richtung der äußeren Last aus, so daß einzelne Stege von dem Prüfkörper separiert werden. Diese Beobachtung deckt sich mit Versuchen an Zementsteinproben [63], was die Ähnlichkeit beider Materialien unterstreicht. Offenbar wird durch den Austausch des Natursandes der Widerstand des Leichtbetons gegen eine Rißfortpflanzung und die Fähigkeit des Abbaus lokaler Spannungsspitzen weiter abgeschwächt, da die vom Natursand möglicherweise ausgehende Rißverästelung hier nicht auftritt. Diese Aussage geht konform mit der Beurteilung des Tragverhaltens von Mörtelmatrizen (Anhang A1.2.1).

Für den Probekörper bedeutet die Abspaltung von Betonschollen eine Querschnittsreduktion. Wenn das Nachbruchverhalten im Versuch zutreffend erfaßt werden soll, ist daher eine reaktionsschnelle Entlastung erforderlich, um den schnellen Kollaps zu umgehen (Bild 4-18). Diese Maßnahme ruft eine Ausdehnung des Prüfkörpers über die gesamte Länge hervor. Die annähernd elastische Entspannung des gesamten Druckgliedes in Verbindung mit einem minimierten E-Modul ist für einen stark ausgeprägten „Snap-Back-Effekt" verantwortlich. Eine Bruchprozeßzone, innerhalb der der Schädigungsprozeß voranschreitet, konnte für ALWAC nicht festgestellt werden, bleibende Verformungen entfallen nahezu gänzlich (Bild 4-20). Die Ausführungen zum Querdehnungsverhalten im folgenden Abschnitt werden dies zudem unterstreichen. Von daher fällt der Energieverzehr entsprechend niedrig aus, was in dem zumeist explosionsartigen Freiwerden der elastisch gespeicherten Energie als sichtbares Zeichen für ein Sprödbruchversagen zum Ausdruck kommt.

Das markante Bruchverhalten von Leichtbeton, das geprägt ist von vergleichsweise wenigen, sich unter Lastzunahme stetig und geradlinig fortpflanzenden Rissen, die schließlich zu glatten Bruchflächen führen, spiegelt sich auch in Versuchen mit großen Bauteilen wider. Beispiele hierfür sind das Versagen der Druckzone im Biegeversuch durch ein großflächiges Abheben der gedrückten Betonüberdeckung (Bild 4-21) oder aber die Abspaltung großer Betonstücke aufgrund eines Biegeschubbruches (Bild 4-22).

Bild 4-21 Versagen der Druckzone im Biegeversuch [112]

Bild 4-22 Biegeschubbruch eines vorgespannten Rechteckbalkens aus hochfesten SLWAC [112]

4.1.5   Querdehnungsverhalten

Nachdem in Abschnitt 4.1.3 bereits Längsdehnungsverläufe betrachtet wurden, soll nun der
Bezug zum Querdehnungsverhalten von Leichtbeton hergestellt werden. Als Grundlage für
die Diskussion dienen kraftgesteuerte (1 kN/sec), zentrische Druckversuche, die in [112] an
Zylindern aus verschiedenen Leichtbetonen gemäß Bild 4-23 durchgeführt wurden.

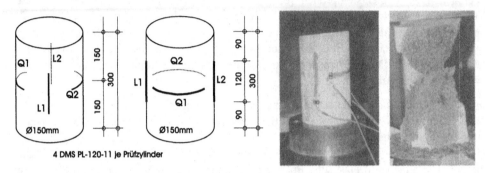

Bild 4-23 Prüfkörper zur Ermittlung des Querdehnungsverhaltens von Leichtbeton vor und nach dem
Versuch [112]

In den Bildern 4-24 und 4-25 sind die typischen Dehnungsverläufe für Leichtbeton mit
Natursand bzw. Leichtsand dargestellt. Demnach wird das Verformungsverhalten bei
Leichtbeton in Querrichtung weitaus mehr von der Art der Matrix bestimmt als das Verformungsverhalten in Längsrichtung. Während bei ALWAC ein nahezu linearer Zusammenhang zwischen der Druckspannung und den beiden Dehnungen bis zum Bruch vorliegt
(Bild 4-25), nimmt die Querdehnung bei SLWAC ab etwa 90 % der Traglast überpropor-
tional zu (Bild 4-24). Es stellt sich die Frage, ob sich die unterschiedlichen Matrizen für
dieses Verhalten verantwortlich zeigen oder aber Unterschiede in der elastischen Kompatibilität der Einzelkomponenten Grobzuschlag und Matrix als Ursache dafür stehen.

Die Antwort liegt auf der Hand, wenn man sich die Entwicklung der Querdehnzahl mit
zunehmender Druckspannung betrachtet (Bilder 4-26 und 4-27). Trotz der Verwendung von

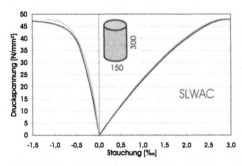

Bild 4-24 Typischer Verlauf der Längsstauchung und Querdehnung eines Leichtbetons mit Natursandmatrix

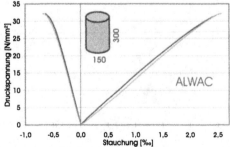

Bild 4-25 Typischer Verlauf der Längsstauchung
und Querdehnung eines Leichtbetons mit
Leichtsandmatrix

Grobzuschlägen unterschiedlichster Kornrohdichte lassen sich bei ein und derselben Matrix keine nennenswerten Veränderungen im Querdehnungsverhalten ausmachen. Offenbar wird der Verlauf alleine von der Matrix und ihrer Fähigkeit bestimmt, lokale Spannungsspitzen abzubauen. Die Natursandkörner wirken nicht nur als Rißinitiatoren aufgrund der Steifigkeitsdifferenz zum Zementstein, sondern sie behindern auch die Rißausbreitung und verursachen somit eine Rißverästelung, die die Querdehnungszunahme forciert (Anhang A1.2.1). Man spricht in diesem Zusammenhang auch von einer scheinbaren Querdehnungserhöhung, da sie lediglich auf Rißbildung und nicht etwa auf einer echten Materialdehnung beruht. Im Gegensatz dazu ist die Mikrorißbildung in ALWAC eher gering. Die weichen Leichtsandzuschläge stellen keinerlei Hindernis für die Risse da, so daß damit auch keine Notwendigkeit zur Rißneubildung verbunden ist. Die wenigen, sich in Belastungsrichtung ausbreitenden Risse erhöhen die Querdehnung somit nur unwesentlich, wodurch der annähernd linear elastische Charakter bis nahe zur Bruchlast erhalten bleibt. Mit dieser Deutung der Versuchsergebnisse findet auch die Erläuterung des unterschiedlichen Nachbruchverhaltens beider Leichtbetonarten ihre Bestätigung.

Das Verhältnis von Querdehnung zu Längsstauchung im elastischen Dehnungsbereich wird durch die Querdehnzahl ν wiedergegeben. Aus den Bildern 4-26 und 4-27 läßt sich eine Querdehnzahl $\nu \sim 0,2$ für Leichtbeton unabhängig von der verwendeten Matrix ablesen. Die Ergebnisse bestätigen somit die Annahmen einschlägiger Normen sowie die in [6] großzügig formulierte Schwankungsbreite von $0,15 \leq \nu \leq 0,25$.

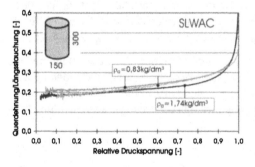

Bild 4-26 Entwicklung der Querdehnzahl verschiedener SLWAC in Abhängigkeit von der relativen Druckspannung

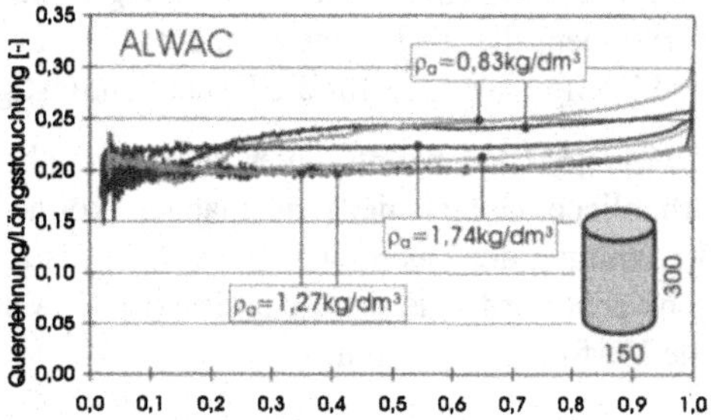

Bild 4-27 Entwicklung der Querdehnzahl verschiedener ALWAC in Abhängigkeit von der relativen Druckspannung

In Bild 4-28 ist die Versuchsauswertung in normierter Form vorgenommen worden. Zum Vergleich wurden die Ergebnisse aus [65] mit eingezeichnet. Es zeigt sich, daß die Querdehnungsverläufe in dieser Darstellungsweise aufgrund ihres Krümmungsgrades ohne Schwierigkeit den drei dort gewählten Betonarten zugeordnet werden können. Einen quasilinearen Zusammenhang zwischen Querdehnung und Druckspannung wird bei Leichtbetonen mit Leichtsand beobachtet (Bild 4-31), die damit dem Zementstein sehr nahe kommen. Gefügelockerungen können in beiden Fällen praktisch bis kurz vor Erreichen der Bruchlast ausgeschlossen werden. Diese Tatsache unterstreicht den Einfluß des verwendeten Feinzuschlags auf das Querdehnungsverhalten.

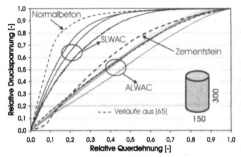

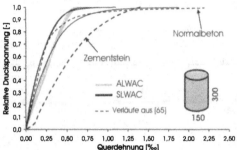

Bild 4-28 Normierte Querdehnungsverläufe verschiedener Betone

Bild 4-29 Querdehnungsverläufe verschiedener Betone unter Druckbeanspruchung

Die Querdehnung von Normalbeton sowie Leichtbeton mit Natursandmatrix nimmt ebenso bis etwa 70 % der Traglast nahezu linear zu und beträgt bei beiden Betonen rund 20 % der Längsstauchung. Jenseits der 70 %-Traglastgrenze ist allerdings ein überproportionaler Anstieg der Querdehnung zu beobachten, der beim Normalbeton sogar dazu führt, daß auf dem Niveau der Höchstlast etwa der Wert der Längsstauchung erreicht wird (Bild 4-29). Dieser enorme Verformungszuwachs wird beim Normalbeton wesentlich durch Rißbildung in der Kontaktzone zwischen Matrix und Zuschlag hervorgerufen. Das Ende des linearen Bereiches geht mit der für Normalbeton bekannten kritischen Beanspruchung einher, die eine Phase beschleunigter Rißbildung einleitet. Damit ist eine instabile Rißfortpflanzung verbunden, die auch ohne nennenswerte Laststeigerung mit der Zeit zum Versagen führt und insofern als Maß für die Dauerstandfestigkeit gewertet werden kann (vgl. Abs. 4.1.6).

Bonzel [65] hat bereits unter den Normalbetonen durch Variation der Zementleimmenge erhebliche Unterschiede ausmachen können. Er kam zu dem Schluß, daß sowohl die Krümmung der Querdehnungsverläufe als auch die Volumenzunahme in dem Maße abgeschwächt wird, wie der Zementstein mit abnehmenden Zuschlagsgehalt an Bedeutung für die Verformung gewinnt.

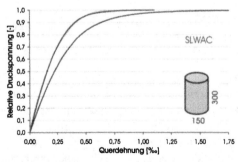

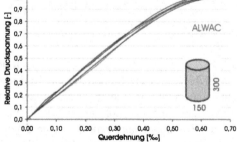

Bild 4-30 Querdehnungsverläufe von Leichtbetonen mit Natursandmatrix

Bild 4-31 Querdehnungsverläufe von Leichtbetonen mit Leichtsandmatrix

Die Krümmung der Spannungs-Querdehnungslinie der Leichtbetone mit Natursand ist im Vergleich zum Normalbeton weniger ausgeprägt. Folglich sind diese Betone zwischen dem Normalbeton und dem ALWAC einzuordnen (Bild 4-28). Die Schwankungen sind allerdings recht beachtlich. Bei hochfesten Zuschlägen (z. B. $\rho_a = 1{,}74$ kg/dm³) konnten sogar Querdehnungen von $\varepsilon_t \sim 1{,}8$ ‰ gemessen werden, bei weichen Zuschlägen aber nur $\varepsilon_t \sim 0{,}8$ ‰ (Bild 4-30).

Da die Querdehnzahl aller untersuchten Betone in etwa konstant ist, sind bei den Leichtbetonen im elastischen Bereich die größten Querdehnungen aufgrund des niedrigeren E-Moduls zu verzeichnen. Oberhalb der im folgenden noch zu erläuternden kritischen Spannung ziehen die Normalbetone mit den Leichtbetonen gleich, um im Bruchzustand schließlich im Vergleich zu den ALWA-Betonen etwa vierfachen Werte zu erzielen (Bild 4-29).

Eine sehr anschauliche Darstellungsweise obiger Zusammenhänge liefert Bild 4-32, da sowohl die Längsstauchung als auch die Querdehnung in die Volumenänderung einfließt, die dort für verschiedene Betone in Abhängigkeit vom Spannungsniveau illustriert ist. Demnach weisen Leichtbetone mit Leichtsandmatrix eine kontinuierliche Volumenabnahme bis zum Erreichen der Traglast auf. Diese Erkenntnis ist keineswegs verwunderlich, wenn man die nahezu konstante Querdehnungszahl berücksichtigt (Bild 4-27). Demgegenüber stehen die Leichtbetone mit Natursand, die, ähnlich wie die Normalbetone, nach anfänglicher Volumenabnahme mit Beginn starker Rißbildung bei etwa 90 % der Traglast eine rapide Volumenvergrößerung erfahren. Im Gegensatz zum SLWAC weisen jedoch die Normalbetonkurven einen Krümmungswechsel auf, der auf eine zu Beginn überproportionale Volumenabnahme zurückzuführen ist. Diese Erscheinung bleibt bei Leichtbetonen aus, so daß auch keine Wendepunkte in den Verläufen festzustellen sind. Die kritische Spannung σ_{crit} wird über das Erreichen des minimalen Volumens definiert. Aus den eigenen Versuchen ergibt sich auf diesem Wege für SLWAC eine kritische Spannung von etwa 83–86 % der Bruchspannung. Dies ist im übrigen auch in den σ-ε_t-Kurven durch den einsetzenden Krümmungszuwachs abzulesen, wenn auch nicht in dieser deutlichen Form. Für ALWAC läßt sich σ_{crit} nicht bestimmen.

In Bild 4-33 werden die Versuchsergebnisse in einer leicht veränderten Darstellungsweise als Gegenüberstellung von Längs- und Volumendehnung präsentiert. Hintergrund für diese

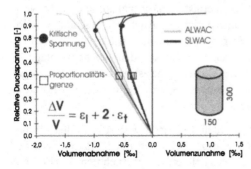

Bild 4-32 Volumenänderung verschiedener Betone unter Druckbeanspruchung

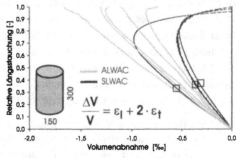

Bild 4-33 Proportionalitätsgrenze zwischen Längs- und Volumendehnung

Zuordnung ist die von *Newman* definierte sogenannte Proportionalitätsgrenze der Dehnungen, die als charakteristische Größe für das Aufspüren von Gefügezerstörungen angesehen wird. Dieser „point of discontinuity" beschreibt einen Zustand langsamer Rißbildung, der somit unterhalb des kritischen Spannungsniveaus angesiedelt ist. Für die hier geprüften SLWA-Betone wurde dieser Punkt bei etwa 40 % der zur Traglast gehörenden Längsstauchung gefunden. Dies entspricht etwa 50 % der einachsigen Druckfestigkeit (Bild 4-32). Auch diese für eine einsetzende stabile Rißfortpflanzung stehenden Indikatoren können für ALWACs aufgrund ihres linear elastischen Verhaltens nicht angegeben werden.

Im allgemeinen wird eine nur auf die Prüfkörpermitte beschränkte Längs- und Querdehnungsmessung als nicht ausreichende Grundlage zur quantitativen Bestimmung von Stoffgesetzen erachtet, da das lokale Rißwachstum einen dominierenden Einfluß auf die Querdehnung an dieser Stelle ausübt. Dies trifft natürlich, wenn auch in geringerem Maße, ebenso auf Leichtbetone zu. Deshalb sind die hier vorgestellten Ergebnisse als qualitative Aussagen zu verstehen, um die den Querdehnungsverlauf beeinflussenden Parameter zu erkennen. Als entscheidende Größe wurde die Art des Feinzuschlages identifiziert. Der Rißfortschritt wird durch die Sandkörner entweder behindert (Natursand) oder auch nicht (Leichtsand). Dadurch ergeben sich Parallelen im Bruchverhalten von Normalbeton und SLWAC bzw. Zementstein und ALWAC, die durch Querdehnungsmessungen sichtbar gemacht werden können.

4.1.6 Dauerstandfestigkeit

Wird ein Prüfkörper mit einer Dauerlast beansprucht, ist die Festigkeit im Vergleich zu der in der Kurzzeitprüfung reduziert. Als Ursache dafür werden für Normal- und Leichtbeton zwei unterschiedliche Bruchmechanismen angesehen, die beide auf das Kriechen der Matrix zurückzuführen sind. Dadurch entzieht sich die Matrix teilweise dem Lastabtrag, so daß es zu Umlagerungen auf den Zuschlag kommt. Für Normalbetone hat dies zur Folge, daß die Matrix durch die viskose Verformung mit zunehmender Belastungsdauer scheinbar noch weicher wird im Vergleich zum Zuschlag und dadurch die Umlenkungskräfte zunehmen. Damit wächst die Beanspruchung auf die Kontaktzone, dem schwächsten Glied in der Kette. Die Folge sind zunächst Mikrorisse in der Matrix an der Oberfläche der Zuschläge, die schließlich einen frühzeitigeren Bruch herbeiführen.

Bei Leichtbeton geht der Versagensprozeß unter Dauerlast in der Regel auf andere Art vonstatten, obwohl der gleiche Auslöser dafür verantwortlich ist. Auch bei Leichtbeton wird unter Dauerlast durch den Kriechprozeß der Matrix eine Lastumlagerung von der Matrix auf dem Zuschlag hervorgerufen, so daß die Beanspruchung für den Leichtzuschlag zunimmt, was das eigentliche Problem darstellt. Die Verbundfuge ist hingegen in der Regel für den Bruch nicht maßgebend, da sich zumeist ein homogener Verlauf der Drucktrajektoren durch die genannten Umlagerungen einstellt.

Für eine Beurteilung der Tragfähigkeit von Leichtbeton unter Dauerlast muß deshalb bekannt sein, inwieweit der Leichtzuschlag unter Kurzzeitbelastung noch Tragreserven besitzt, um die aus der Umlagerung resultierenden Zusatzlasten zu übernehmen. Verfügt der Zuschlag über die nötige Kapazität, wird nach [6] der Dauerstandeinfluß bei Leichtbeton

dem von Normalbeton gleichgesetzt, obwohl in beiden Fällen unterschiedliche Versagens-
mechanismen vorliegen. HPLWAC ist nicht zu dieser Kategorie zu zählen, da er gemäß
seiner Definition das Festigkeitspotential des Leichtzuschlags weitestgehend ausschöpft.
Ein Beispiel hierfür liefert Bild 4-34, das Dauerstandversuche mit einem HPLWAC mit
niedriger Rohdichte zeigt, die auf einem Lastniveau von etwa 80 % keinerlei Umlagerungsvermögen offenbaren [112].

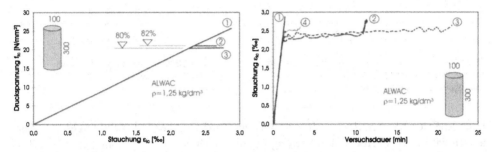

Bild 4-34 HPLWAC mit Leichtsandmatrix unter hoher Dauerlast

Als Definition für ein ausreichendes Umlagerungsvermögen von Leichtbetonen wird in [6]
in Anlehnung an die norwegische Norm gefordert, daß das Zuschlagpotential mit dem verwendeten Feinzuschlag mindestens 15 % höher liegen muß als die charakteristische Druckfestigkeit. Kann der Nachweis nicht geführt werden, darf nur die um 15 % reduzierte Ma-
ximalfestigkeit als charakteristischer Wert in Rechnung gestellt werden. Sofern diese
Überprüfung mit positivem Ergebnis erfolgt ist, wird der Dauerstandfaktor nach [6] entsprechend dem für Normalbeton mit $\alpha = 0,85$ angesetzt. Da der Begriff des Zuschlagpotentials formal nicht existiert, wird statt dessen die folgende Umschreibung gewählt: „Falls
$f_{lck} > 64 \cdot (\rho/2200)^2$ ist, muß durch Betonprüfung nachgewiesen werden, daß eine charakteristische Druckfestigkeit erzielt werden kann, die 15 % höher liegt als die geforderte Festigkeit. Dieser Nachweis kann z. B. mit einem Beton gleicher Rezeptur, aber mit einem
reduzierten Wasser-Bindemittel-Wert oder durch zusätzliche Nachbehandlungsmaßnahmen
über 28 Tage hinaus erfolgen.“

Man könnte die hier angegebene Nachweisschranke wie in Abschnitt 1.2 in der Form deuten, daß damit eine zugegebenermaßen willkürliche Unterscheidung zwischen HPLWAC
und LWAC getroffen wird (Bild 4-35), die LWAC von der Überprüfung eines ausreichenden Umlagerungsvermögens entbindet. Wichtig ist in diesem Zusammenhang, daß der
Nachweis mit dem vorgesehenen Sand geführt wird. Der Austausch von Leichtsand durch
Natursand wäre bei einem HPLWAC trügerisch, da der Festigkeitsgewinn in diesem Fall
durch eine Lastumlagerung auf die steifere Matrix erzielt wird, allerdings das Zuschlagpotential in der Ausgangsmischung ausgereizt ist. Angesichts der wenigen Veröffentlichungen
[63,17] über Dauerstandversuche mit konstruktiven Leichtbetonen (Bild 4-36) fehlt eine
Untersuchung des Dauerstandfaktors in Abhängigkeit von dem Ausnutzungsgrad des Zuschlags. Dies wäre insofern wichtig, als bei Festigkeiten unterhalb der Grenzfestigkeit ein
normalbetonähnliches Verhalten, hingegen für HPLWAC eine stärkere Abminderung im
Vergleich zu Normalbeton erwartet wird.

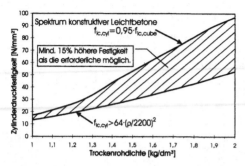

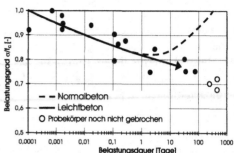

Bild 4-35 Bereich der Leichtbetone, für die ein ausreichendes Umlagerungsvermögen nachgewiesen werden muß

Bild 4-36 Dauerstandversuche mit konstruktivem Leichtbeton [17]

In den meisten Normen ist eine Überprüfung des Zuschlagpotentials nicht vorgesehen. Statt dessen wird eine generelle Abminderung für alle Leichtbetone vorgenommen, wie z. B. in DIN 1045-1 mit einem Dauerstandfaktor $\alpha = 0,8$ (anstatt $\alpha = 0,85$ für Normalbeton) (siehe Abs. 5.4.1.1).

Für Normalbeton ist bekannt, daß die Druckfestigkeit durch eine Vorbelastung gesteigert werden kann, weil dadurch Spannungsspitzen in der Nähe der Rißwurzeln abgebaut werden. Für Leichtbetone ist dieser Zuwachs gering bzw. bleibt gänzlich aus, da die hohe elastische Kompatibilität innere Spannungskonzentrationen in einem sehr viel geringeren Maß hervorruft [63].

Bei der Beurteilung der Dauerstandfestigkeit geht neben dem Umlagerungsprozeß mit der Nacherhärtung ein zweiter, gegenläufiger Einfluß ein, der im engen Zusammenhang mit der Festigkeitsentwicklung des Betons steht. Wie in Abschnitt 4.1.1 festgestellt wurde, ist die Nacherhärtung von Leichtbeton dann geringer, wenn der Leichtzuschlag ausgenutzt ist und damit eine weitere Festigkeitsentwicklung nicht ermöglicht.

Für Dauerstandversuche (im jungen Betonalter) bedeutet dies, daß das Festigkeitsminimum bei Leichtbeton aufgrund der beiden gegenläufigen Einflüsse erst viel später zu beobachten ist als bei Normalbeton (Bild 4-36). Dies wird durch Versagen von Leichtbetonproben nach einer Dauerbelastung über mehrere Monate bestätigt [17].

4.1.7 Mehraxiale Druckbeanspruchung

Aufgrund der verhältnismäßig geringen Anforderungen an die Versuchsapparatur stellen einachsige Druckprüfungen die einfachste, und deshalb auch übliche Methode zur Bestimmung des Tragverhaltens unter Druckbeanspruchung dar. Kritisch muß man jedoch anmerken, daß einachsige Druckbeanspruchungen in Bauteilen eher als Ausnahme zu bezeichnen sind. In der Regel unterliegt der Beton einem mehraxialen Spannungszustand, der allerdings nur mit erheblichem Mehraufwand versuchstechnisch simuliert werden kann. Dementsprechend gering ist auch die Anzahl der Leichtbetonstudien, die sich mit diesem Thema beschäftigt haben, während bei Normalbeton doch auf einen gewissen Erfahrungsschatz zurückgegriffen werden kann. Ein weiteres Problem ist in dem großen Einfluß der Prüfmethode auf die Versuchsergebnisse zu sehen. So bewirkt eine Lasteinleitung mit steigender Querdehnungsbehinderung auch eine Zunahme der gemessenen Festigkeit. Deshalb sind Prüfungen zu bevorzugen, die diesen Einfluß, beispielsweise durch die Verwendung von Stahlbürsten, weitestgehend ausschalten können.

Diese Gründe sind Ursache dafür, daß eine systematische Untersuchung des Verhaltens von Leichtbeton unter mehraxialer Druckbeanspruchung bislang nicht vorgenommen wurde. Vor diesem Hintergrund ist auch die Auswertung einzelner Versuchsresultate im folgenden zu sehen, die von daher nur qualitative Aussagen durch Vergleiche mit anderen Betonen oder Zementstein zuläßt. Alle Leichtbetone in diesen Studien sind ausnahmslos mit Natursand hergestellt worden.

4.1.7.1 Biaxiale Beanspruchung

In [67] wird von der Untersuchung scheibenförmiger Probekörper aus verschiedenen Materialien unter zweiaxialer Druck-, Zug- und kombinierter Beanspruchung berichtet. Die Lasten wurden dehnungsgesteuert über Stahlbürsten unter konstanten Spannungsverhältnissen so eingeleitet, daß sich ein Versagen nach etwa 20 Minuten einstellte. Das Festigkeitsverhalten des verwendeten Leichtbetons mit Natursand ($f_{lc,cube200} \approx 28$ N/mm²; $\rho \approx 1,5$ kg/dm³; $f_{lc,sp} \approx 1,5$ N/mm²) im Vergleich zu Normalbeton und Zementstein mit ähnlicher Würfelfestigkeit ist in Bild 4-37 dargestellt. Es zeigt eine Leichtbetonkurve, die sich zwischen der für Normalbeton typischen „Spannungsbirne" und dem nahezu quadratischen Verlauf für Zementstein einordnet.

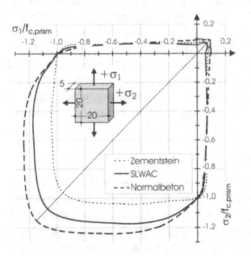

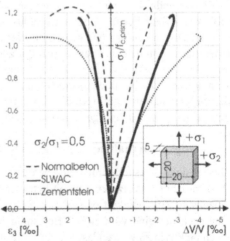

Bild 4-37 Festigkeitsverhalten eines typischen NWC, SLWAC und Zementsteins unter zweiachsiger Beanspruchung [67]

Bild 4-38 Volumenänderung und Dehnung ε_3 der lastfreien Hauptachse unter zweiaxialer Druckbeanspruchung

Die Ergebnisse können entsprechend der unterschiedlichen Beanspruchungen wie folgt zusammengefaßt werden:

- **Festigkeitsverhalten im Druck-Druck-Sektor**

Durch eine zweiachsige Druckbeanspruchung werden in der jeweiligen Belastungsebene Zugspannungen überdrückt und Querdehnungen behindert. Unter Berücksichtigung der elastischen Kompatibilität des Mehrphasenmaterials „Beton" und ihrer Auswirkung auf Zugspannungsspitzen, Rißbildung und der damit verbundenen Querdehnungszunahme ist eine ausgeprägte Erhöhung gegenüber der einaxialen Druckfestigkeit bei Normalbeton prinzipiell zu erwarten. Diese stellt sich in diesem Umfang aber nur deshalb ein, weil die dichten Zuschläge ganz im Gegensatz zu Leichtzuschlägen der äußeren Druckbeanspruchung einen hohen inneren Widerstand entgegensetzen, der an dem Verdichtungsvermögen des Materials abzulesen ist. Von daher kann als Maß für die innere Widerstandsfähigkeit des Materials in Scheibenebene der Ausdruck $\{\Delta V/V - \varepsilon_3 = \varepsilon_1 + \varepsilon_2\}$ herangezogen werden, der für die drei hier gegenübergestellten Werkstoffe [aus 67] in Bild 4-38 grafisch ausgewertet ist.

Die von den Kurven für die Volumenänderung und die Dehnung ε_3 der lastfreien Hauptachse begrenzte Fläche stellt die Größe der Kompressibilität dar, die demnach ausgehend vom Normalbeton über den SLWAC bis hin zum Zementstein zunehmend ansteigt, so daß die sekundäre Druckachse in gleichem Maße an Wirkung verliert. Folgerichtig muß die Festigkeitssteigerung bei SLWAC der von Normalbeton – in unserem Fall um fast 10 % – nachstehen. In Anbetracht der geringeren Querdehnungsentwicklung und des weicheren Feinzuschlags sind für ALWAC noch geringere Zuwächse wahrscheinlich. Am wenigsten kann der nahezu homogene Zementstein von einer zweiaxialen Druckbeanspruchung profitieren, da das fehlende Korngerüst ein gesteigertes Verdichtungsvermögen mit sich bringt (Bild 4-38). Durch diese Verdichtung in der Belastungsebene wird ein starker Dehnungsanstieg $\Delta\varepsilon_3$ in der lastfreien Achse hervorgerufen, der schließlich das Querzugversagen einleitet. Die Bruchflächen stellen sich relativ parallel zur Scheibenebene ein. Damit wird deutlich, daß auch dem Verhältnis von einaxialer Druck- zur Zugfestigkeit eine gewisse Bedeutung zukommt, die z. B. bei hochfestem Normalbeton unter biaxialer Druckbeanspruchung durch den vergleichsweise geringen Festigkeitsanstieg und das frühe Erreichen des Maximums bereits bei $\sigma_2/\sigma_1 \sim 0{,}4$ aufgezeigt wird [77].

- **Festigkeitsverhalten im Druck-Zug-Sektor**

Die wenigen Versuche mit Leichtbeton lassen vermuten, daß diese Art der kombinierten Beanspruchung nahezu entkoppelt betrachtet werden kann. Das bedeutet, daß entweder die einachsige Zugfestigkeit oder aber die Druckfestigkeit für das Versagen maßgebend wird. Demnach übt eine vorhandene Belastung in einer der beiden Hauptspannungsrichtungen einen praktisch zu vernachlässigenden Einfluß auf die Festigkeit in der zweiten Richtung aus.

- **Festigkeitsverhalten im Zug-Zug-Sektor**

Die letzte Aussage läßt sich auch auf die zweiachsige Zugbeanspruchung übertragen, die als annähernd unabhängig vom vorliegenden Spannungsverhältnis anzusehen ist.

4.1.7.2 Triaxiale Beanspruchung

Das Verhalten von Normalbeton unter triaxialer Druckbeanspruchung ist weitestgehend bekannt. Zumeist wurde in Versuchen die sogenannte Umschlingungsfestigkeit ($\sigma_1 > \sigma_2 = \sigma_3$) bestimmt, bei der der experimentelle Aufwand aufgrund der Gleichheit der seitlichen Pressungen ein wenig reduziert ist. Bild 4-39 gibt hierzu einen Überblick über verschiedene Bruchkriterien. Die Effizienz der Querpressung σ_2 wird durch den Wirksamkeitsfaktor $k=(\sigma_1-f_c)/\sigma_2$ wiedergegeben, der mit zunehmendem Querdruck und zunehmender Druckfestigkeit abnimmt. Der Zusammenhang zwischen Triaxialspannung und Umschlingungsfaktor σ_2/f_c läßt sich somit am besten durch eine schwach gekrümmte Kurve in Abhängigkeit von der Druckfestigkeit beschreiben. Näherungsweise kann auch ein linearer Ansatz gewählt werden.

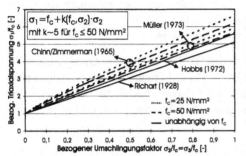

Bild 4-39 Verschiedene Bruchkriterien für Normalbetone unter dreiaxialer Beanspruchung

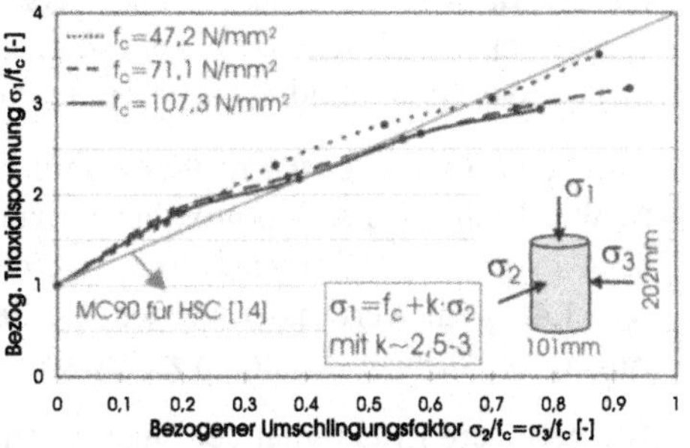

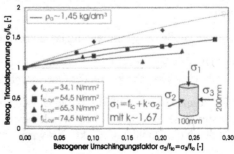

Bild 4-40 Triaxialversuche von Li/Ansari an hochfestem Normalbeton [69]

Während der Einfluß der einaxialen Druckfestigkeit auf den Wirksamkeitsfaktor k bei normalfestem Beton zu vernachlässigen ist, liegen die Auswirkungen bei hochfestem Beton in einer Größenordnung, die unbedingt einer Berücksichtigung bedarf (Bild 4-40). Die Ergebnisse in den Bildern 4-41 und 4-42 bestätigen aber auch die Schwierigkeit des Versuchs, aus verschiedenen Untersuchungen eine eindeutige Schlußfolgerung zu ziehen, da der Einfluß der Prüfmethode sowie der Probekörperabmessungen doch erheblich ist.

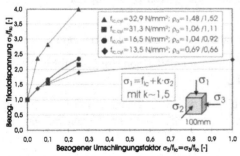

Bild 4-41 Ergebnisse der Triaxialversuche von *Grübl* mit SLWAC [68]

Bild 4-42 Ergebnisse der Triaxialversuche von *Hoff* mit SLWAC [70]

Das triaxiale Verhalten von Leichtbeton mit Natursand wurde von *Grübl* [68] (Bild 4-41) unter Variation des Leichtzuschlags und des *w/z*-Wertes und von *Hoff* [70] (Bild 4-42) untersucht. Auch in diesem Fall zeigen die Resultate kein einheitliches Bild. Aus den Diagrammen wird die Tendenz deutlich, daß die an Zylindern in Druckkammern mit seitlichem Flüssigkeitsdruck ermittelten Triaxialspannungen (z. B. [69, 70]) niedriger ausfallen als sie in den Versuchen an Würfeln ermittelt werden, bei denen auf den Außenflächen über Stahlbürsten ein gleichmäßiger Verformungszustand erzwungen wird. Deswegen sollen in erster Linie Erkenntnisse aus der Gegenüberstellung vergleichbarer Studien gewonnen werden. Demnach lassen sich die vorliegenden Untersuchungen wie folgt zusammenfassen:

- Ausgehend vom Normalbeton und hochfestem Beton mit einem Wirksamkeitsfaktor k ~ 5 bzw. 3 lassen sich aus den Untersuchungen von *Hoff* für SLWAC deutlich geringere Steigerungen der einaxialen Zylinderfestigkeit durch Querpressung ablesen (k ~ 1,67), insbesondere im Vergleich zu den Versuchen von *Li/Ansari*. Die Resultate von *Grübl* ergeben zum Teil deutlich höhere Wirksamkeitswerte für SLWAC, die sich allerdings nicht in das Gesamtbild der anderen Studien einordnen lassen.

- Die Versuche von *Grübl* deuten darauf hin, daß die Effektivität der Querpressung bei SLWAC mit höheren Kornrohdichten zunimmt. Diese Erkenntnis muß bei den Versuchen von *Hoff* berücksichtigt werden, bei denen hochfeste Zuschläge mit ρ_a = 1,45 g/cm³ verwendet wurden. Für leichtere SLWA-Betone sind deshalb noch geringere Wirksamkeitsfaktoren zu erwarten.

- Die geringere Effektivität der Querpressung bei SLWAC kann, wie bereits bei der biaxialen Beanspruchung ausgeführt wurde, mit der geringeren inneren Widerstandsfähigkeit der Leichtzuschläge aufgrund ihrer porösen Struktur in Kombination mit der fehlenden Rißbildung erklärt werden.

4.1.7.3 Wirkung einer Umschnürungsbewehrung

Von Normalbeton ist bekannt, daß sowohl die Traglast als auch die Verformungsfähigkeit durch Umschnürungsbewehrung erheblich gesteigert werden kann. Dieser Effekt ist auf die Behinderung der Querdehnung und den dadurch aktivierten triaxialen Druckspannungszustand zurückzuführen. Die dabei auftretenden Querpressungen unterscheiden sich hauptsächlich in zwei Punkten von den seitlichen Hauptspannungen σ_2 und σ_3 der Triaxialversuche:

- Die Größe der Querpressung ist längsdehnungs- und damit auch lastabhängig.

- Die Eintragung der Querpressung erfolgt nicht gleichmäßig, sondern linienförmig konzentriert im Abstand der Querbewehrung.

Aus diesem Grunde muß die aktive Umschnürung, so wie sie in Triaxialversuchen vorliegt, von der passiven in bügel- oder wendelbewehrten Druckgliedern unterschieden werden, die erst durch die Stahldehnung aktiviert wird.

MC90 [5] schlägt ein Modell für umschnürte Druckglieder vor, das den Bezug zu Triaxialversuchen hergestellt. Unter der Annahme, daß die Querbewehrung bei Erreichen der Stützentraglast bereits fließt, wird für eine ausbetonierte Stahlrundstütze aus der bekannten Kesselformel der idealisierte Umschnürungsdruck σ und zudem ein volumetrischer, mechanischer Querbewehrungsgrad ω_w hergeleitet und wie folgt miteinander verknüpft:

$$\sigma = \frac{2 \cdot A_s \cdot f_{yd}}{d \cdot s} \qquad \omega_w = \frac{4}{\pi \cdot d^2 \cdot s} \cdot \pi \cdot d \cdot A_s \cdot \frac{f_{yd}}{f_{cd}} \qquad \Rightarrow \qquad \frac{\sigma}{f_{cd}} = \frac{1}{2} \cdot \omega_w \qquad (4.7)$$

mit A_s = Querschnittsfläche der Querbewehrung d = Stützendurchmesser
     f_{yd} = Streckgrenze der Querbewehrung s = Stababstand der Querbewehrung

Die Einführung eines „wirksamen" Kerndurchmessers erfaßt näherungsweise den Einfluß einer unstetigen Eintragung der Querpressung bei rechteckigen Querschnitten oder bei Bügel- bzw. Wendelbewehrung. In [5] geschieht dies über einen Abminderungsfaktor $\alpha = \alpha_n \cdot \alpha_s$. Die beiden Anteile α_n und α_s berücksichtigen die wirksame Betonfläche in horizontaler respektive vertikaler Richtung. Für den damit errechneten wirksamen Kern wird ein homogener Spannungszustand unterstellt. Der Traglastzuwachs ist direkt proportional zum effektiven Umschnürungsdruck $\sigma_2 = \sigma_3$. Als Proportionalitätsfaktor wird k eingeführt. Somit ergibt sich für die Druckfestigkeit f_c^* eines umschnürten Bauteils:

$$f_c^* = f_c + k \cdot \sigma_2 = f_c \cdot (1 + k \cdot \frac{\sigma_2}{f_c}) \qquad \text{mit} \quad \frac{\sigma_2}{f_c} = \frac{1}{2} \cdot \alpha \cdot \omega_w \qquad (4.8)$$

Bislang wurde die Herleitung unabhängig vom Material geführt. Dieser Einfluß, also das Verhalten unter triaxialer Beanspruchung, wird über den Effektivitätsfaktor k in die Bemessungsformel mit eingebracht. Für Normalbetone ist auf der Grundlage von Triaxialversuchen der Faktor $k = 5$ [5] (Bild 4-39), für hochfeste Normalbetone der Faktor $k = 3$ [10] (Bild 4-40) festgelegt worden. Darüber hinaus wurde in [5] der Einfluß des Querdrucks auf den Wirksamkeitsfaktor k für effektive Umschlingungsfaktoren $\sigma_2/f_c \geq 0{,}05$ [5] berücksichtigt (Bild 4-43).

Die Triaxialversuche haben aber auch gezeigt, daß die festigkeitssteigernde Wirkung einer Umschnürungsbewehrung für Leichtbetone wesentlich geringer ausfallen muß. Dies läßt sich in erster Linie mit der porösen Struktur der Leichtzuschläge erklären, die einem Quer-

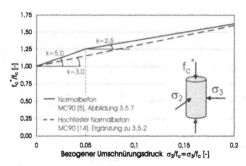

Bild 4-43 Linearisierte Darstellung der Festigkeit unter triaxialer Druckbeanspruchung bei normal- und hochfestem Beton

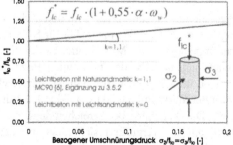

Bild 4-44 Linearisierte Darstellung der Druckfestigkeit unter triaxialer Druckbeanspruchung bei SLWAC

druck weniger effizient einen Widerstand bieten können als dichte Zuschläge. Hinzu kommt noch die geringere Querdehnungsentwicklung des Leichtbetons auf hohem Lastniveau. Erst durch Querverformungen in Kombination mit einer gewissen inneren Widerstandsfähigkeit des Materials werden Zugspannungen in der Bewehrung geweckt und dadurch die Umschnürung aktiviert. Das Erreichen der Fließgrenze der Querbewehrung kann als Indikator für hohe konstruktive Duktilität gewertet werden.

In [6] wird für SLWAC ein Wirksamkeitsfaktor von $k = 1,1$ (Bild 4-44) vorgeschlagen, der sich im wesentlichen auf die Nachrechnung verschiedener Stützenversuche stützt. *Hoff* konnte zwar mit Triaxialversuchen (Bild 4-42) eine etwas größere Effektivität von $k \sim 1,67$ ermitteln, allerdings unter Verwendung von eher hochfesten Zuschlägen, so daß für die Gesamtheit der Leichtbetone mit Natursand eine gute Übereinstimmung mit dem gewählten Ansatz gegeben ist. Da für ALWAC zur Zeit noch keine experimentellen Ergebnisse vorliegen, sollte für diese Betone keine Wirkung der Umschnürungsbewehrung angesetzt werden ($k = 0$). Angesichts der für eine aktive Umschnürung notwendigen Materialbeschaffenheit ist der Effekt für ALWAC ohnehin zweifelhaft.

Bisher wurde die Effizienz einer Umschnürungsbewehrung lediglich über die Festigkeitssteigerung definiert, die für Leichtbetone eher gering ausfällt. Ein weiterer und oftmals entscheidender Grund für die Wahl einer massiven Querbewehrung kann jedoch auch in der Verbesserung der Duktilität liegen. Beide Aspekte, sowohl die Festigkeit als auch die Verformung, finden in dem mechanischen Umschnürungsmodell des MC90 Berücksichtigung.

Die für SLWAC notwendigen Änderungen dieses Modells basieren auf dem Vergleich mit einer norwegischen Forschungsarbeit [71], die Versuche an zentrisch belasteten und umschnürten Leichtbetonstützen zum Gegenstand hatte. Drei wesentliche Unterschiede zu Normalbeton können als Resümee angegeben werden:

- Der Festigkeitsanstieg für umschnürte Druckglieder aus SLWAC fällt wesentlich schwächer aus im Vergleich zu Normalbeton.

- Eine deutliche Verbesserung der Duktilität konnte nur für kreisförmige Stützen in Verbindung mit hohen Umschnürungsgraden erzielt werden.

- Der ansteigende Ast der σ-ε-Linie des umschnürten Bauteils bildet quasi eine Verlängerung der σ-ε-Linie aus der einaxialen Prüfung.

Aus diesen Erkenntnissen resultieren die in den Gleichungen (4.9) bis (4.11) für SLWAC zusammengestellten Modifikationen des Umschnürungsmodells, das mit seinen Bezeichnungen in Bild 4-45 dargestellt ist. Demnach wird der Wirksamkeitsfaktor auf $k = 1,1$ reduziert. Die Stauchung bei Erreichen der Druckfestigkeit ε_{lc1} vergrößert sich nicht nur entsprechend der Festigkeitszunahme, sondern der Erhöhungsfaktor wird zudem mit dem Plastizitätsfaktor potenziert, um die Abnahme

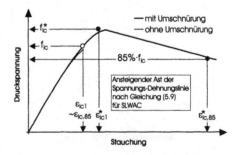

Bild 4-45 Bezeichnungen der σ-ε-Linie nach [5] für triaxiale Druckbeanspruchung

des Sekantenmoduls auf Traglastniveau E_{lc1} für das umschnürte Bauteil zu berücksichtigen. Die Zunahme der Längsverformungen im Nachbruchbereich sind bei SLWAC auf ein Fünftel der für Normalbeton angegebenen Werte reduziert.

$$f_{lc}^* = f_{lc} \cdot (1 + 0{,}55 \cdot \alpha \cdot \omega_w) \quad \text{bzw.} \quad f_{lck,cf} = f_{lck} \cdot (1 + 1{,}1 \cdot \sigma_2 / f_{lc}) \quad (cf = \text{confinement}) \quad (4.9)$$

$$\varepsilon_{lc1}^* = \varepsilon_{lc1} \cdot \left(f_{lc}^* / f_{lc} \right)^{(E_{lc}/E_{lc1})} \quad \text{mit} \quad \left(E_{lc}/E_{lc1} \right) \sim 1{,}3 \quad \text{(Plastizitätsfaktor nach Gl. (5.9))} \quad (4.10)$$

$$\varepsilon_{lc,85}^* = \varepsilon_{lc,85} + 0{,}02 \cdot \alpha \cdot \omega_w \approx \varepsilon_{lc1} + 0{,}02 \cdot \alpha \cdot \omega_w = \varepsilon_{lc1} + 0{,}04 \cdot \sigma_2 / f_{lc} \quad (4.11)$$

Auf dieser Grundlage werden in Bild 4-46 a–d die errechneten Spannungs-Dehnungslinien den Versuchskurven gegenübergestellt, die in [71] ausnahmslos an hochfesten Leichtbetonstützen unter Verwendung von hochfesten Leichtzuschlägen ermittelt wurden. Für SLWAC mit wesentlich leichteren Zuschlägen ist eine etwas geringere Effizienz der Umschnürung zu erwarten (Bild 4-41).

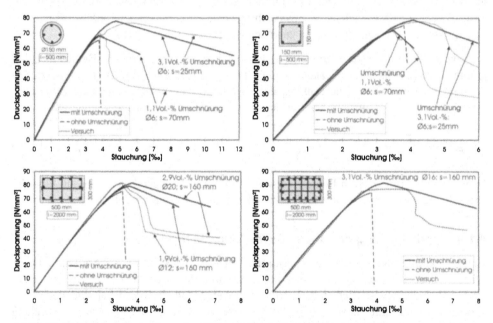

Bild 4-46 Nachrechnung von Versuchen [71] an (a) kreisförmigen, (b) quadratischen, (c und d) rechteckigen Leichtbetonstützen

Bei Stützen mit dichter Umschnürung zeigt die Spannungs-Dehnungslinie häufig einen Kurvenverlauf mit zwei Spitzen (in Bild 4-47 als Last-Verformungskurve dargestellt), die zuerst das Abspalten des Betonmantels und später den eigentlichen Schubbruch des Kernquerschnitts anzeigen. Alle Druckspannungen sind jeweils auf die Ursprungsfläche bezogen. Bei der Nachrechnung der rechteckigen Stützen wurden die eingesetzten „T-bars" (Bewehrungsstab mit Kopfplatte an beiden Enden) als Bügelschenkel gewertet (Bild 4-46 c und d).

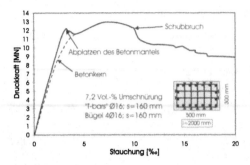

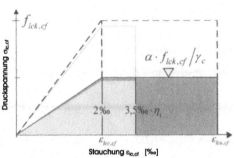

Bild 4-47 Typische Kraft-Verformungskurve bei dichter Ummantelung (aus [71])

Bild 4-48 Bilineares σ-ε-Diagramm für SLWAC unter triaxialem Druckspannungszustand [6]

Die Bedeutung dieser Studien ist weniger in der Anwendung des Leichtbetons in Druckgliedern zu sehen, als vielmehr im Hinblick auf das Verhalten von Leichtbeton in der Druckzone eines Biegebauteils. Aus versuchstechnischen Gründen wird jedoch oftmals die vergleichsweise einfache Prüfung an zentrisch gedrückten Stützen gewählt.

Aus diesen Erkenntnissen wurde in [6] ein idealisiertes bilineares σ-ε-Bemessungsdiagramm für SLWAC unter triaxialem Druckspannungszustand (Bild 4-48) abgeleitet, das den durch die behinderte Querdehnung hervorgerufenen Festigkeits- und Verformungszuwachs beschreibt. Die zugehörigen Formeln sind in den Gln.(4.12) zusammengestellt:

$$f_{lck,cf} = f_{lck} \cdot (1 + 1,1 \cdot \frac{\sigma_2}{f_{lc}}) \qquad \varepsilon_{lcc,cf} = 2,0\text{‰} \qquad \varepsilon_{lcu,cf} = 3,5\text{‰} \cdot \eta_t + 0,04 \cdot \frac{\sigma_2}{f_{lck}} \qquad (4.12)$$

In der Regel wird jedoch in Bemessungsnormen [3, 12, 91] sicherheitshalber auf eine Festigkeitssteigerung für umschnürte Druckglieder aus Leichtbeton verzichtet.

4.1.8 Verbesserung der Duktilität von Leichtbeton

Unter Duktilität versteht man die plastische Verformungsfähigkeit auf Material-, Querschnitts- oder Tragwerksebene. Unter hohen dynamischen Lasten (z. B. Erdbebenlasten) sind z. B. mehrfach statisch unbestimmte Tragwerke günstig, bei denen die hochbeanspruchten Querschnitte über eine große Verformungsfähigkeit verfügen zur Ausbildung von Fließgelenken (Systemzähigkeit), die die Möglichkeit zur Energiedissipation eröffnen. Um an diesen Stellen eine ausreichende Querschnittsduktilität zu schaffen, sind hohe mechanische Bewehrungsgrade unbedingt zu vermeiden (z. B. durch Veränderung der Querschnittsabmessungen). Darüber hinaus kann die Zähigkeit eines Stahlleichtbetonquerschnitts verbessert werden, indem die Verformungsfähigkeit des Leichtbetons im Nachbruchbereich und damit auch seine Bruchstauchung gesteigert wird (Materialzähigkeit).

Bei hochfestem Normalbeton gibt es Überlegungen, seine geringe Duktilität durch die Zugabe von Fasern zu erhöhen. *Kützing* [81] zeigte, daß die Zähigkeit von Stützen aus HSC durch das Beimengen einer Kombination aus Polypropylen- und Stahlfasern als sogenanntem Fasercocktail erheblich verbessert werden kann. Den Kunststoffasern kommt dabei die Aufgabe der Rißinitiierung zu, die notwendig ist, damit die Stahlfasern unmittelbar nach Überschreiten der Traglast ihre volle Funktionsfähigkeit als den Riß vernähende Zugelemente entfalten können. Der Erfolg stellte sich deshalb nur durch das Zusammenspiel beider Fasertypen ein. Die erforderliche Menge an Stahlfasern wurde zwischen 40 und 120 kg/m³ je nach Festigkeit des verwendeten Betons variiert. Allerdings wird als praxisrelevante Obergrenze für Normalbeton etwa 80 kg/m³ angegeben.

Auch für Leichtbetone ist die Frage interessant, ob durch die Zugabe eines Fasercocktails die Betoneigenschaften im Hinblick auf eine verbesserte Verformungsfähigkeit modifiziert werden können. Die Herstellung von Stahlfaserleichtbeton ist jedoch nicht ganz unproblematisch, da durch das Mißverhältnis zwischen Stahl- und Kornrohdichte Entmischungen bzw. Igelbildungen der Fasern zu befürchten sind. In [112] wurden insgesamt drei verschiedene Leichtbetone mit Leichtsand untersucht, die sich lediglich durch die Kornrohdichte des Grobzuschlags unterschieden. Mit der Begrenzung des Stahlfasergehaltes auf 40 kg/m³ konnte für die beiden schwereren Leichtbetone eine ausreichende Verarbeitbarkeit realisiert werden. In den Bildern 4-49 a–c sind die σ-ε-Linien der Stahlfaserleichtbetone auf drei verschiedenen Festigkeitsniveaus im Vergleich zur jeweiligen Referenzmischung ohne Fasern dargestellt.

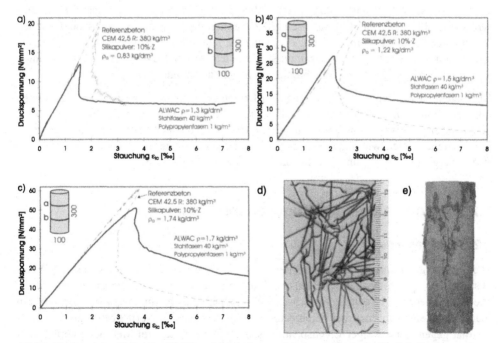

Bild 4-49 a) – c) σ-ε-Linien der Stahlfaserleichtbetone auf drei verschiedenen Festigkeitsniveaus im Vergleich zur jeweiligen Referenzmischung ohne Fasern;
d) verwendete Stahlfaser (*Dramix ZP* 30/0,5); e) typisches Bruchbild eines Probekörpers

Ein beachtlicher Erfolg stellte sich bei dem hochfesten Zuschlag ein (Bild 4-49c). An diesem Beispiel ist auch die Wirkungsweise der Fasern am deutlichsten sichtbar. Auf dem Belastungsast werden insbesondere durch die Polypropylenfasern künstlich Mikrorisse initiiert, die zur Dissipation der elastisch gespeicherten Energie beitragen. Aus diesem Vorgang profitieren maßgeblich die Stahlfasern, die aufgrund dieser Rißbildung bereits vor Erreichen der Traglast beansprucht und damit aktiviert werden, so daß im entscheidenden Moment ihre volle Funktionstüchtigkeit hergestellt ist. Dafür wird ein moderater Abfall der Druckfestigkeit in Kauf genommen, da die Krümmung des ansteigenden Astes etwas zunimmt. Im Gegensatz zur Referenzmischung ist der Widerstand gegen eine Rißfortpflanzung durch die Stahlfasern mit Endverankerung (Bild 4-49d) außerordentlich verbessert, so daß sich keine Betonstücke von dem Probekörper abspalten können. Statt dessen entsteht eine Vielzahl von Rissen über die gesamte Länge des Probekörpers (Bild 4-49e), die sich allesamt an der Energiedissipation beteiligen, so daß selbst die Bereiche außerhalb der Bruchprozeßzone plastische Verformungen aufweisen und ein Snap-Back-Effekt weitgehend vermieden wird. Die Duktilitätssteigerung durch Vermeidung des drastischen Traglastabfalls beruht somit auf einem veränderten Bruchverhalten, das durch die Fasern erzwungen wird.

Die Effektivität der Faserzugabe geht bei den beiden leichteren Betonen merklich zurück (Bilder 4-49 a und b). Dies liegt einerseits an den erheblichen Festigkeitseinbußen, die ohne sichtbare Plastizität im ansteigenden Ast einhergehen. Zum anderen springen die Stahlfasern folgerichtig nicht unmittelbar nach Überschreiten der Maximallast an, sondern lassen zuerst einen beträchtlichen Spannungsrückgang zu. Durch beide Effekte verliert der Faserleichtbeton in diesen Fällen an Attraktivität. Beim leichtesten ALWAC sind Entmischungserscheinungen bzw. größere Verdichtungsporen nicht auszuschließen.

Überlegungen zur Duktilitätssteigerung von Leichtbeton sind in der Regel eng verbunden mit dem Bauen in Erdbebengebieten. Plastische Verformungen und Fließgelenke sollen hier der Energiedissipation dienen. In dieser Hinsicht können Stahlfasern bei hochfesten Leichtbetonen einen wichtigen Beitrag leisten. Darüber hinaus steigern sie erheblich die Bruchenergie (Bild 4-75) und damit auch die Schubtragfähigkeit [81].

4.2   Leichtbeton unter Zugbeanspruchung

4.2.1   Allgemeines

Die Zugfestigkeit konstruktiver Leichtbetone kann experimentell auf verschiedene Weise bestimmt werden. Aufgrund der Beanspruchungen unterscheidet man zentrische Zugversuche sowie Biege- und Spaltzugversuche. Die Prüfverfahren sind mit denen für Normalbeton identisch. Gleichwohl muß bei Leichtbeton die im Vergleich zu Normalbeton größere Sensibilität gegenüber etwaiger Eigenspannungszustände bei allen drei Methoden berücksichtigt werden. Ursache dafür ist ein Schwindgefälle, das sich durch das Austrocknen der oberflächennahen Schichten einstellt, während die Kernbereiche aufgrund des Wasserreservoirs in den Leichtzuschlägen lange feucht gehalten werden (Bild 4-50).

Als Beispiel hierfür dient Bild 4-51, das die Unterschiede der zentrischen Zugfestigkeit eines ALWAC und eines SLWAC für verschiedene Lagerungsbedingungen an Hand von jeweils drei Prüfzylindern ($\varnothing/h$ = 100/150 mm) sichtbar macht. Demnach muß man mit Abminderungen der Zugfestigkeit zwischen 50–60 % bzw. 75–80 % je nach gewählter Matrix rechnen, wenn die Probekörper nicht unter Wasser, sondern etwa einen Monat trocken gelagert werden. Besonders große Auswirkungen dieser Eigenspannungen sind bei Matrizen mit Leichtsand und Prüfkörpern mit kleinen Abmessungen zu beobachten.

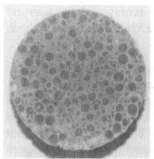

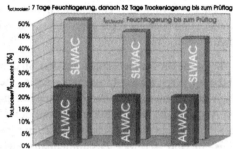

SLWAC:
$\rho = 1,7\ \text{kg/dm}^3$
$f_{lct} = 3,8\ \text{N/mm}^2$

ALWAC:
$\rho = 1,4\ \text{kg/dm}^3$
$f_{lct} = 3,2\ \text{N/mm}^2$

Bild 4-50 Sichtbares Feuchtegefälle über den Querschnitt

Bild 4-51 Einfluß von Eigenspannungen infolge unterschiedlichen Schwindens auf die zentrische Zugfestigkeit eines ALWAC und eines SLWAC (jeweils drei Proben)

Vor diesem Hintergrund ist es verständlich, daß in der Praxis der Spaltzugversuch zur Bestimmung der Zugfestigkeit konstruktiver Leichtbetone favorisiert wird. Zum einen können Spaltzugkörper aufgrund ihres Spannungsverlaufes mit Druckspannungsspitzen an den Auflagerstellen etwaige Eigenspannungen am besten neutralisieren. Zum anderen stellt dieser Versuch nur geringe Anforderungen an die Prüfmaschine und zeichnet sich auch darüber hinaus durch eine einfache Durchführung aus. Diese Überlegungen finden ihre Bestätigung durch die meisten Veröffentlichungen, die die Spaltzugfestigkeit als einzige Größe zur Dokumentation der Zugfestigkeit von Leichtbeton angeben. Aus diesem Grunde wird im folgenden die Zugfestigkeit von Leichtbeton aus seiner Spaltzugfestigkeit abgeleitet.

4.2.2 Spaltzugfestigkeit

Die Spaltzugfestigkeit wird nach DIN 1048, Teil 5 zumeist an liegenden Zylindern in einer Druckprüfung bestimmt, in der der Probekörper längs zweier gegenüberliegender Mantellinien über zwei Lastverteilungsstreifen belastet wird. Dadurch entstehen Zugspannungen senkrecht zur Lasteintragungsebene über ca. 90 % des Zylinderdurchmessers. Bei Erreichen der Zugfestigkeit wird der Probekörper schließlich in zwei Hälften gespalten. Die Spaltzugfestigkeit ergibt sich in Abhängigkeit von der Prüflast F und den Probekörperabmessungen zu $f_{ct,sp} = 0,64 \cdot F/(\varnothing \cdot l)$. Diese Gleichung basiert auf der Annahme eines zweiachsigen Spannungsverlaufes nach der Elastizitätstheorie. Alternativ zu dem Zylinder dürfen gemäß Norm auch Probekörper mit rechteckigem Querschnitt ($b \geq d$) verwendet werden. Nach

Bonzel [89] haben sowohl die Form als auch die Größe des Prüfkörpers nahezu keinen Einfluß auf das Meßergebnis.

Üblicherweise wird für die Auswertung von Spaltzugversuchen an Leichtbetonkörpern der gleiche Spannungsverlauf wie bei Normalbeton zugrunde gelegt, obwohl in diesem Fall eine etwas geringere Völligkeit der Zugzone aufgrund der höheren Sprödigkeit des Werkstoffs zu vermuten ist. Eine rechnerische Simulation mit Hilfe eines nichtlinearen FEM-Programms ergab beispielsweise eine rund dreiprozentige Abnahme der Traglast F für einen typischen ALWAC. Experimentelle Untersuchungen zu diesem Thema sind dem Autor nicht bekannt. Von daher werden die Gleichungen zur Versuchsauswertung auch auf Leichtbetone angewendet und dabei in Kauf genommen, daß die Spaltzugfestigkeit dadurch geringfügig unterschätzt wird.

Als Grundlage für die weiteren Betrachtungen dienen Spaltzugprüfungen vorwiegend an Zylindern aus Leichtbeton, deren Resultate aus 16 verschiedenen Literaturquellen (u. a. [30, 31, 55, 70, 74, 112]) entnommen sind. Zur Gewährleistung einheitlicher Bezugsgrößen wurde bei fehlenden Angaben die Würfeldruckfestigkeit mit den Faktoren aus Gl. (4.2) auf den Zylinder umgerechnet sowie die Trockenrohdichte mit $\rho = 0{,}92 \cdot \rho_{hd}$ abgeschätzt. Mit diesen Ergebnissen ist in Bild 4-52 der Zusammenhang zwischen der Spaltzugfestigkeit und der Zylinderdruckfestigkeit dargestellt. Als Trendlinie für die Gesamtheit aller hier berücksichtigten Leichtbetonversuche ergibt sich die Beziehung $f_{lct,sp} = 0{,}49 \cdot f_{lc,cyl}^{0{,}5}$. Auch in der Norm ACI 318-89 [92] wird die Spaltzugfestigkeit proportional zur Wurzel der Zylinderdruckfestigkeit angesetzt und die Betonarten Normalbeton, SLWAC und ALWAC über den Faktor c unterschieden (vgl. Bild 4-52). Demzufolge ergeben sich für Leichtbeton Abminderungsfaktoren von 87,6 % bzw. 76,9 % je nach gewählter Matrix. Die Trendlinie aus den Versuchsergebnissen ist nahezu mit der Gleichung für SLWAC identisch.

Um den Einfluß der Matrixart auf die Spaltzugfestigkeit zu betrachten, wurde bei der Darstellung in Bild 4-53 zwischen Leicht- und Natursandmatrizen differenziert. Die Trendlinien für beide Leichtbetonarten bestätigen, daß die Betone mit Leichtsand im Mittel etwa 10 % niedrigere Werte aufweisen als SLWAC. Aufgrund der höheren Kompatibilität würde

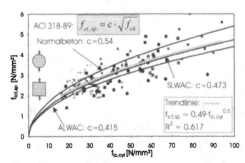
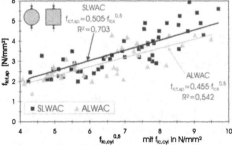
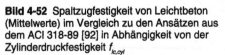

Bild 4-52 Spaltzugfestigkeit von Leichtbeton (Mittelwerte) im Vergleich zu den Ansätzen aus dem ACI 318-89 [92] in Abhängigkeit von der Zylinderdruckfestigkeit $f_{lc,cyl}$

Bild 4-53 Einfluß der Sandart auf die Spaltzugfestigkeit von Leichtbeton (Auswertung der Prüfergebnisse aus 16 verschiedenen Literaturquellen)

man jedoch zunächst bei ALWAC eine höhere Zugfestigkeit vermuten (Bild 3-35). Allerdings ist aus demselben Grund bei einem SLWAC gleicher Druckfestigkeit auch eine größere Matrixdruckfestigkeit notwendig (Bilder 3-29 und 3-30), so daß die damit einhergehende Erhöhung der Matrixzugfestigkeit (Bild A1-46) den ersten Effekt wieder abschwächt, zumal die Zugfestigkeit von Natursandmatrizen ohnehin tendenziell etwas höher ausfällt (Bild A1-50). Schließlich ist bei ALWAC auch ein stärkerer Einfluß auf die Zugfestigkeit durch die Überlagerung größerer Eigenspannungen infolge eines Schwindgefälles zu erwarten (Bild 4-51).

Von daher ist es verständlich, daß *Morales* [66] Leichtbetone entsprechend ihrer Nachbehandlung einteilt und dabei zwischen feuchter ($c = 0,473$) und trockener ($c = 0,415$) Lagerung unterscheidet. Mit diesem Ansatz erzielt auch *Hoff* [70] bei der Auswertung seiner Versuche eine gute Übereinstimmung mit den Meßwerten. Im ACI 318-89 wurden später die Formeln nach Morales übernommen, jedoch, wie bereits erwähnt, die Matrixart als Unterscheidungsmerkmal verwendet.

In vielen europäischen Normen (z. B. [1, 3, 91]) findet man einen proportionalen Zusammenhang zwischen der Spaltzugfestigkeit und der mit dem Exponenten $^2/_3$ behafteten Zylinderdruckfestigkeit. Mit zunehmender Druckfestigkeit fällt der Zuwachs der Zugfestigkeit jedoch geringer aus, so daß für hochfeste Betone im allgemeinen ein anderer Ansatz gilt (Gl. (5.1)). In Bild 4-54 wird der Exponentialansatz $f_{ct,sp} = k \cdot f_c^{2/3}$ mit den hier betrachteten Leichtbetonversuchen überprüft. Im Vergleich zu dem für Normalbeton geltenden Koeffizienten von $k = 0,33$ beträgt der Proportionalitätsfaktor für Leichtbeton nach dieser Auswertung nur $k = 0,254$, also etwa 76 % des Normalbetonwertes. Der in [30] ermittelte Vorfaktor von $k = 0,23$ liegt im Vergleich dazu ein wenig niedriger. Allerdings wurden in dieser Studie nur hochfeste Leichtbetone mit einer Würfeldruckfestigkeit zwischen 57 N/mm² und 100 N/mm² untersucht, so daß die geringeren Werte plausibel sind.

In Bild 4-55 sind die Ergebnisse aus Spaltzugprüfungen mit Leichtbetonen über der Festbetonrohdichte aufgetragen. Man erkennt, daß die Bandbreite mit abnehmender Betonrohdichte geringer wird. Dies ist offenbar darauf zurückzuführen, daß die Spanne der möglichen Druckfestigkeiten mit höheren Betonrohdichten zunimmt (Bild 1-5). Da die untere

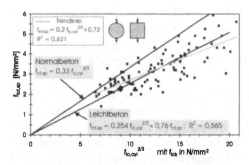
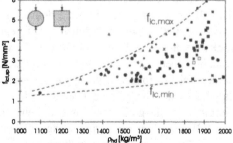

Bild 4-54 Spaltzugfestigkeit von Leichtbeton in Abhängigkeit von der Zylinderdruckfestigkeit mit dem Exponenten 2/3

Bild 4-55 Spaltzugfestigkeit von Leichtbeton in Abhängigkeit von der Festbetonrohdichte ρ_{hd}

Schranke für $f_{lc,sp,min}$ nahezu horizontal verläuft, ist zu vermuten, daß in diesen Fällen nicht der Leichtzuschlag, sondern die Matrix mit Natur- und Blähton-/Blähschiefersand für die Spaltzugfestigkeit des Leichtbetons maßgebend ist. Dies gilt im besonderen für einen Leichtbeton mit Blähglasmatrix (hier mit $\rho_{hd} = 1,1$ kg/dm³), deren deutlich niedrigere Zugfestigkeit (Bild A1-50) für den sichtbaren Ausreißer verantwortlich ist.

Mit Stahlfasern kann die Spaltzugfestigkeit von Leichtbeton zum Teil erheblich gesteigert werden. In [94] wurden nennenswerte Zuwächse bis zu 100 % bei einem Stahlfasergehalt bis 45 kg/m³ ($l = 50$-60 mm) gemessen. Darüber hinausgehende Fasergehalte konnten das Ergebnis nur noch unwesentlich verbessern. Die höhere Spaltzugfestigkeit von Stahlfaserleichtbeton kann auch durch eigene Versuche bestätigt werden, bei denen für die Beziehung $f_{lct,sp} = k \cdot f_{lc}^{2/3}$ Proportionalitätsfaktoren $k = 0,3$ bis $0,35$ ermittelt wurden. Als mögliche Erklärung ist denkbar, daß Stahlfasern Schwachstellen im Betongefüge und Risse durch lokale Spannungsspitzen überbrücken.

4.2.3   Zentrische Zugfestigkeit

Zur Bestimmung der zentrischen Zugfestigkeit wird ein Probekörper zwischen zwei Stahlplatten eingeklebt und danach über eine axiale Zugbeanspruchung bis zum Bruch belastet. Aufgrund der aufwendigen Proben- und Versuchsvorbereitung wird diese Prüfanordnung in der Regel nur für dehnungsgesteuerte Versuche zur Untersuchung des Nachbruchverhaltens von Beton angewendet (Abs. 4.3) und die Zugfestigkeit statt dessen aus Biege- oder Spaltzugversuchen abgeleitet. Letztere eignen sich im besonderen, da sie quasi keinem Maßstabseffekt unterliegen. Allerdings sind die von Normalbeton geltenden Umrechnungsformeln für Leichtbetone zu überprüfen.

Falls man einen Eigenspannungszustand im Probekörper weitestgehend vermeiden kann, indem ein Austrocknungsprozeß bis zur Prüfung verhindert wird, liegt bei Leichtbeton das Verhältnis von zentrischer Zugfestigkeit zur Spaltzugfestigkeit etwa zwischen 0,9 und 1,0. Bei der oberen Grenze wurde berücksichtigt, daß die Spaltzugfestigkeit von Leichtbeton bei der Auswertung etwas unterschätzt wird (vgl. Abs. 4.2.2). In den Bemessungsnormen findet man zumeist die von Normalbeton bekannte Beziehung $f_{lct} = 0,9 \cdot f_{lct,sp}$ (vgl. Gl. (5.3)), die zur Ermittlung der Widerstandsgrößen auf der sicheren Seite liegt (Abs. 5.2.2).

Unter Verwendung dieser Umrechnungsformel sind in Bild 4-56 die Ergebnisse der Spaltzugprüfungen aus Abschnitt 4.2.2 dem Bemessungsansatz aus DIN 1045-1 für Normalbeton im normal- und hochfesten Bereich gegenübergestellt. Demnach wird die Spaltzugfestigkeit von Leichtbeton durch die Berechnungsformeln für Normalbeton zum Teil erheblich überschätzt. Die beiden Normalbetonfunktionen spiegeln in etwa die obere Grenze der Leichtbetonprüfungen wider, während die Trendlinie um bis zu $\Delta f_{lct,sp} = 1$ N/mm² darunter liegt. Die größten Unterschiede ergeben sich für hochfeste Leichtbetone, da in diesem Fall die geringere Zugfestigkeit des Leichtzuschlags zum Tragen kommt (Bild 3-38). Bei Leichtbetonen mit niedriger Druckfestigkeit ist hingegen die Matrixzugfestigkeit für das Zugversagen ebenso maßgebend wie bei Normalbetonen gleicher Festigkeit, so daß in diesem Bereich im allgemeinen keine nennenswerten Unterschiede zwischen beiden Betonarten hinsichtlich ihrer Zugfestigkeit festzustellen sind. Aus dieser, in Abschnitt 3.5

bereits ausführlich dargelegten Sichtweise erscheint es zunächst unverständlich, daß in vielen Bemessungsnormen [1, 3, 6] ein Abminderungsfaktor $\eta_1 = 0{,}4 + 0{,}6 \cdot \rho / 2200$ in Abhängigkeit von der Trockenrohdichte ρ für Leichtbetone vorgesehen ist. Diese fungiert in diesem Fall als Ersatzgröße für die Kornrohdichte, um die geringere Zugfestigkeit des Leichtzuschlags zu berücksichtigen. Allerdings wird durch η_1 die Zugfestigkeit hochfester Leichtbetone, die notwendigerweise über eine relativ hohe Rohdichte verfügen, vergleichsweise wenig reduziert, obwohl hier die Abweichungen am deutlichsten sind. Umgekehrt ergeben sich für Leichtbetone mit niedriger Festigkeit und oftmals geringer Rohdichte die kleinsten η_1-Werte. Diese Überlegungen decken sich auch mit Bild 4-57, in dem die nach DIN 1045-1 berechneten Zugfestigkeiten unter Berücksichtigung von η_1 der vorliegenden Datenbasis gegenübergestellt werden. Demzufolge überschätzt die Norm erwartungsgemäß eher die Leichtbetonzugfestigkeit bei den mittleren und hohen Druckfestigkeiten, während es sich bei den niedrigeren Festigkeitsklassen oft umgekehrt verhält.

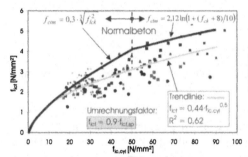

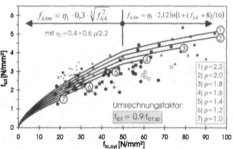

Bild 4-56 Zugfestigkeit von Leichtbeton in Abhängigkeit von der Zylinderdruckfestigkeit (abgeleitet aus Spaltzugversuchen)

Bild 4-57 Überprüfung des Abminderungsfaktors η_1 nach DIN 1045-1 hinsichtlich der Leichtbetonzugfestigkeit anhand von Spaltzugversuchen

Falls ein deutlich verbesserter Ansatz zur Beschreibung der Zugfestigkeit von Leichtbeton angestrebt wird, ist die elastische Kompatibilität der Einzelkomponenten (vgl. Bild 3-38) zwangsweise mit einzubeziehen. Diese Überlegung kann jedoch zu keiner praktikablen

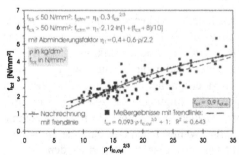

Alternative führen, da zum einen keine praxisgerechte Bestimmungsgleichung zu erwarten ist und zum anderen die dafür notwendigen Angaben im Bemessungsstadium in der Regel noch nicht bekannt sind. Zudem ist ein höherer Genauigkeitsanspruch angesichts der beachtlichen Streubreite der Zugfestigkeit und möglicher Eigenspannungen ohnehin nicht sinnvoll.

Bild 4-58 Überprüfung der Zugfestigkeit von Leichtbeton nach DIN 1045-1 [3] anhand von Spaltzugversuchen

Um die Zuverlässigkeit der Rechenwerte beurteilen zu können, werden in Bild 4-58 die auf die zentrische Zugfestigkeit umgerechneten Spaltzugversuche über der Abszisse $\rho \cdot f_{lck}^{2/3}$ aufgetragen und den nach DIN 1045-1 ermittelten Zugfestigkeiten gegenübergestellt. Danach liegt für die Gesamtheit der Meßergebnisse eine zufriedenstellende Übereinstimmung mit der Regressionsgeraden für die Rechenwerte vor. Dies trifft gleichermaßen auch für den Streubereich der Zugfestigkeit zu, der in Bild 4-59 mit den für Normalbeton üblichen Schranken für die Minimal- und Maximalwerte überprüft wird. Demnach sind die Zusammenhänge $f_{ct;0.05} = 0.7 \cdot f_{ctm}$ und $f_{ct;0.95} = 1.3 \cdot f_{ctm}$ auch auf Leichtbetone übertragbar (vgl. Gl. (5.2)).

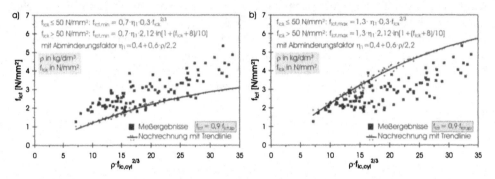

Bild 4-59 Überprüfung der a) minimalen Zugfestigkeit (5 % Quantil) und b) maximalen Zugfestigkeit (95 % Quantil) von Leichtbeton nach DIN 1045-1 anhand von Spaltzugversuchen

In Abschnitt 5.2.2 sind die bemessungsrelevanten Gleichungen zur Abschätzung der Zugfestigkeit zusammengefaßt. Für genauere Betrachtungen sollte die Zugfestigkeit jedoch experimentell bestimmt werden, um die zahlreichen Einflüsse zu erfassen.

4.2.4   Biegezugfestigkeit

Die Biegezugfestigkeit von Beton wird experimentell in Drei- oder Vierpunktbiegeversuchen bestimmt. Nach Bonzel [95] ergibt die Belastung mit zwei Einzellasten in den Drittelspunkten rund 10 bis 30 % geringere Werte, da in diesem Fall die geringste Zugfestigkeit innerhalb des mittleren Drittels der Spannweite und nicht wie beim Dreipunktbiegeversuch nur in Feldmitte für den Bruch maßgebend werden kann.

Aus einem Schwindgefälle resultierende Eigenspannungen wirken sich, ähnlich wie bei der zentrischen Zugfestigkeit (Bild 4-51), sehr deutlich auf die Biegezugfestigkeit von Leichtbeton aus. Dies gilt insbesondere für Leichtbetone mit Leichtsandmatrix, wie man Bild 4-60 entnehmen kann. Darin sind die im Rahmen einer Studie zur Bestimmung des Festigkeitspotentials von Leichtzuschlägen (Bild A1-3) ermittelten Biegezugfestigkeiten von Leichtbetonprismen für zwei verschiedene Lagerungsbedingungen dargestellt. Die Trendlinien zeigen, daß die kombinierte Feucht-/Trockenlagerung zu einer Festigkeitsabnahme von durchschnittlich 46 % führt. Um diesen Einfluß weitestgehend zu eliminieren, sollten deshalb Biegezugbalken bis zum Prüftag feucht bzw. unter Wasser gelagert werden.

Die Biegezugfestigkeit ist in einem wesentlich stärkeren Maße von der Größe des Probekörpers abhängig als die Spalt- bzw. zentrische Zugfestigkeit. Dieser Maßstabseffekt ba-

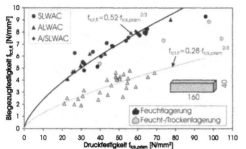

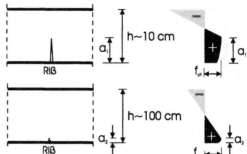

Bild 4-60 Einfluß der Lagerungsbedingung auf die Biegezugfestigkeit $f_{lct,fl}$ von Leichtbeton

Bild 4-61 Zugspannungsverteilung in einem Biegebauteil unterschiedlicher Höhe nach erfolgter Rißbildung [96]

siert auf der Berechnung der Biegezugfestigkeit als Quotient aus Biegemoment und elastischem Widerstandsmoment, dem eine über den Querschnitt lineare Spannungsverteilung (Bernoulli-Hypothese und Hookesches Gesetz) zugrunde liegt. In Wirklichkeit stellt sich jedoch eine völligere Zugspannungsverteilung ein (Bild 4-61). Dieses Phänomen beruht auf der Fähigkeit des Betons, Zugspannungen auch über einen Riß hinweg in Abhängigkeit der Rißbreite zu übertragen (Abs. 4.3). Dadurch wird die wahre Tragfähigkeit unterschätzt, so daß die errechnete Biegezugfestigkeit größer ausfällt als die zentrische Zugfestigkeit. Da mit zunehmender Bauteilhöhe auch die Rißbreiten im gleichen Maße anwachsen, weisen niedrige Biegebalken eine völligere Spannungsverteilung in der Zugzone auf als hohe, bei denen die Biegezugfestigkeit aufgrund der fast linearen Spannungsverteilung der zentrischen Zugfestigkeit nahezu entspricht.

Der „size-effect" der Biegezugfestigkeit ist somit auf die Zugspannungs-Rißöffnungs-Beziehung des Betons zurückzuführen. Da die Völligkeit der Spannungsverteilung in der Zugzone mit der Völligkeit der Entfestigungskurve (Bild 4-69) zunimmt, muß auch das Verhältnis $f_{lct,fl}/f_{lct}$ mit steigender Duktilität bzw. charakteristischer Länge l_{char} (Gl. 4.16) größer werden [82]. Dieser Einfluß wird über den Koeffizienten α_{fl} berücksichtigt, der für Normalbeton gemäß MC90 [5] etwa 1,5 beträgt (Bild 4-62). Folgerichtig weisen hochfeste Betone eine im Vergleich zu Normalbeton geringere Maßstabsabhängigkeit auf. In [96] wird deshalb für HSC $\alpha_{fl} = 2$ vorgeschlagen. Von daher liegt es nahe, diese Gesetzmäßigkeit auch für Leichtbetone zu überprüfen, für die man unter Einbeziehung der Ergebnisse aus Abschnitt 4.3 eine weitere Abminderung dieses Effektes erwartet.

Zur Untersuchung der Maßstabsabhängigkeit der Biegezugfestigkeit wurden in [112] Dreipunktbiegeversuche mit den in Tabelle 4-1 aufgeführten Leichtbetonen inklusive eines Normalbetons als Referenzmischung durchgeführt unter Verwendung von vier verschiedenen Balkenabmessungen gemäß Bild 4-63. Als Vergleichswert diente die Spaltzugfestigkeit. Alle Prüfergebnisse wurden gemäß DIN 1048 mit einer konstanten Belastungsgeschwindigkeit von $v = 0{,}05$ N/(mm²·sec) und als Mittelwert aus drei Probekörpern bestimmt, die bis zum Prüftag nach 28 Tagen unter Wasser lagerten.

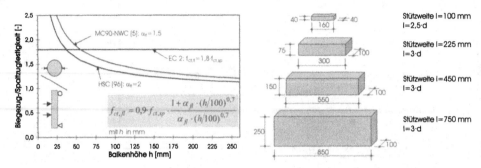

Bild 4-62 Maßstabsabhängigkeit der Biegezugfestigkeit für Normalbeton [5] und hochfesten
Beton [96]

Bild 4-63 Probekörperabmessungen
der Dreipunktbiegeversuche aus [112]
(Belastung durch mittige Einzellast)

Tabelle 4-1 Übersicht der Serien zur Untersuchung des Maßstabseffektes der Biegezugfestigkeit von Leichtbetonen anhand von Dreipunktbiegeversuchen

		Grob-zuschlag	ρ_a kg/dm³	$f_{lck,prism}$ [1] N/mm²	ρ_{hd} kg/dm³	$f_{lct,fl,3P}$ in N/mm² [1]	[2]	[3]	[4]	$f_{lct,sp}$ [5] N/mm²
1	ALWAC	Blähton	0,83	29,59	1,38	5,11	4,14	3,37	3,54	2,46
2	ALWAC	Blähton	1,22	46,04	1,54	5,03	4,84	5,11	5,25	3,04
3	ALWAC	Blähton	1,74	60,08	1,78	7,03	6,00	5,88	5,93	4,38
4	ALWAC	Blähschiefer	1,27	45,09	1,55	7,03	5,64	5,38	5,02	3,13
5	SLWAC	Blähton	0,83	33,59	1,68	5,33	4,87	4,13	3,99	2,71
6	SLWAC	Blähton	1,22	57,55	1,87	6,98	6,21	5,51	5,10	4,11
7	Normalbeton	Kies	2,65	43,96	2,33	6,78	5,80	5,55	4,85	3,39

[1] $40 \cdot 40 \cdot 160$ [2] $75 \cdot 100 \cdot 300$ [3] $150 \cdot 100 \cdot 550$ [4] $250 \cdot 100 \cdot 850$ [5] Zylinder $200 \cdot 100$

In Bild 4-64 sind die in dieser Studie ermittelten Biegezugfestigkeiten auf die Werte des 250 mm hohen Balkens bezogen und den Formeln aus [5] und [96] gegenübergestellt. Die Prüfergebnisse lassen einen deutlichen Trend erkennen, wonach die Maßstabsabhängigkeit der Biegezugfestigkeit im allgemeinen ausgehend von Normalbeton über Leichtbeton mit Natursand bis hin zu Leichtbeton mit Leichtsand deutlich abnimmt. Allerdings sind die Verhältniswerte auch mit großen Streuungen behaftet. Bei den meisten Leichtbetonserien können zwischen den Biegebalken mit $h = 150$ mm und 250 mm keine nennenswerten Maßstabseffekte mehr festgestellt werden.

Für die weitere Auswertung werden die ermittelten Biegezugfestigkeiten über die Beziehung $f_{lct,fl,3P} = 1,2 \cdot f_{lct,fl,4P}$ auf den Vierpunktbiegeversuch umgerechnet. Damit ist in Bild 4-65 ein Vergleich der Versuchsergebnisse mit den Ansätzen aus [5] und [96] möglich. Zusätzlich sind in dem Diagramm Resultate von Biegezugversuchen [30] an Balken mit den Abmessungen $100 \cdot 100 \cdot 500$ mm³ und hochfesten Leichtbetonen eingezeichnet, die in [30] über die Beziehung $f_{lct,fl} = 0,73 \cdot \sqrt{f_{lck}}$ abgeschätzt werden. Mit dem Zusammenhang aus Bild 4-52 ergibt sich damit ein Verhältnis $f_{lct,fl,100}/f_{lct,sp} \approx 0,73/1,2/0,49 = 1,24$. Ein zweiter Wert kann über die Biegezugversuche an Mörtelprismen ($40 \cdot 40 \cdot 160$ mm³) aus Bild 4-60

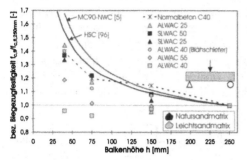

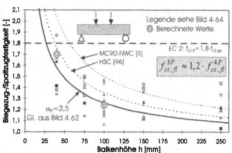

Bild 4-64 Maßstabsabhängigkeit der auf $h = 250$ mm bezogenen Biegezugfestigkeit von Normalbeton, SLWAC und ALWAC [112]

Bild 4-65 Verhältnis zwischen Biege- zur Spaltzugfestigkeit der Versuche aus [112] in Abhängigkeit von der Bauteilhöhe

und die Beziehung aus Bild 4-54 mit $f_{lct,fl,40}/f_{lct,sp} \approx 0{,}52/1{,}2/0{,}254 = 1{,}7$ errechnet werden. Auf dieser Grundlage wird für Leichtbetone eine Abschätzung vorgeschlagen unter Verwendung des Ansatzes aus dem MC90 (vgl. Bild 4-62) mit $\alpha_{fl} = 2{,}5$.

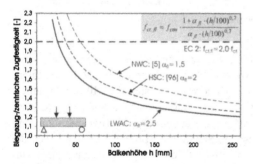

Bild 4-66 Maßstabseffekt der Biegezugfestigkeit bei Normalbeton, hochfesten Normalbeton und Leichtbeton

Für das Verhältnis von Biegezugfestigkeit zur zentrischen Zugfestigkeit ergibt sich mit $f_{lct} = 0{,}9 \cdot f_{lct,sp}$ der in Bild 4-66 dargestellte Zusammenhang, wobei die Balkenhöhe h in der Gleichung in mm einzusetzen ist. Die drei Kurven bestätigen, daß der Koeffizient α_{fl} mit zunehmender Duktilität des Betons geringer wird. Von daher ist die Maßstabsabhängigkeit der Biegezugfestigkeit bei Leichtbetonen am wenigsten ausgeprägt. Angesichts der großen Streuungen der Versuchsergebnisse ist der vorgeschlagene Ansatz als Anhaltswert zu verstehen.

4.3 Bruchmechanische Kennwerte

Bislang beschränkte sich die Diskussion des Zugtragverhaltens von Leichtbeton auf den Belastungszustand bis zum Erreichen der Zugfestigkeit. Für eine Betrachtung der Rißbildung muß jedoch darüber hinaus bekannt sein, inwieweit der Beton nach Überschreiten der Zugfestigkeit in der Lage ist, Zugspannungen über einen Riß hinweg zu übertragen. Zur Beschreibung dieses Nachbruchbereichs eignen sich die spezifische Bruchenergie G_F sowie das Entfestigungsverhalten, was im folgenden kurz erläutert werden soll.

Bild 4-67 zeigt die Zugspannungs-Verformungsbeziehung am Beispiel eines zentrisch gezogenen Probekörpers. Bis kurz vor Erreichen der Maximallast liegt ein nahezu ideal-elastisches Materialverhalten vor (Kurvenabschnitt I). Während dieser quasi elastischen

Verformung stellen sich Mikrorisse ein, die gleichförmig über den Probekörper verteilt sind (Zustand A). Schließlich sammeln sich jedoch die Mikrorisse an der schwächsten Stelle der Zugprobe an (Akkumulationszonen), so daß unmittelbar im Anschluß daran die Festigkeit erreicht wird (Zustand B). Die Energiedissipation beschränkt sich somit nicht nur auf die Bruchflächen (linear-elastische Bruchmechanik), sondern schließt auch den angrenzenden Bereich mit ein, die sogenannte Bruchprozeßzone (Fracture Process Zone). Daher ist die nicht-lineare Bruchmechanik auf Beton anzuwenden (Bild 4-68) [88].

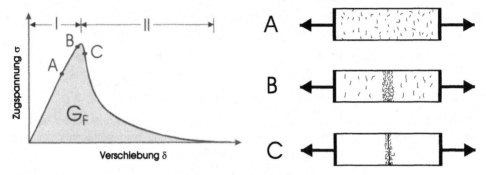

Bild 4-67 Zugspannungs-Verformungsbeziehung von Beton

Nach Überschreiten des Maximalwertes kann ein Versagen des Versuchskörpers nur durch eine Reduktion der Zugspannung vermieden werden (Kurvenabschnitt II). Mit zunehmender Verformung bildet sich ein diskreter Einzelriß aus, während sich die Mikrorisse außerhalb davon aufgrund der Entlastung sukzessive wieder schließen (Zustand C). Die Zugkraftübertragung im Einzelriß erfolgt über Materialbrücken und Kornverzahnung und nimmt mit zunehmender Rißbreite ab. Der gesamte Schädigungsprozeß läßt sich durch die kritische Beanspruchungsgröße (einachsige Zugfestigkeit), die zur Durchtrennung des Materials notwendige Bruchenergie sowie eine Funktion wiedergeben, die die lokalen Änderungen der mechanischen Eigenschaften beschreibt (Entfestigungskurve, Bild 4-69) [88].

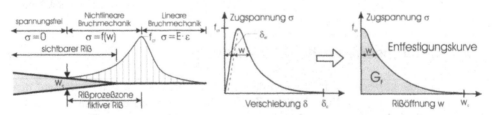

Bild 4-68 Modell des fiktiven Risses   **Bild 4-69** Ermittlung der Entfestigungskurve [12]

Modelle der nichtlinearen Bruchmechanik werden entsprechend ihrer Schadenslokalisierung unterschieden. Häufig wird das Modell des diskreten Risses angewendet, das auf *Hillerborg* [99] zurückgeht ("Fictitious crack model"). Die Mikrorisse in der Bruchprozeßzone werden dabei zusammengefaßt (Bild 4-68) und damit der gesamte Energieverzehr lediglich auf die Bruchflächen bezogen (Breite des Rißbandes → 0). Ansonsten wird im

Betonkörper ein linear-elastisches Verhalten zugrunde gelegt. Die Bruchprozeßzone stellt somit einen querschnittstrennenden, aber dennoch Zugkräfte übertragenden fiktiven Riß dar.

Meßtechnisch läßt sich die σ-w-Beziehung (Entfestigungskurve) von Beton auf direktem Wege durch dehnungsgesteuerte Versuche mit zentrischer Zugbeanspruchung bestimmen, indem die elastische Dehnung von der plastischen Verformung subtrahiert wird (Bild 4-69). Die auf das Ligament (nominelle Rißfläche) bezogene Fläche unter dieser Kurve entspricht der spezifischen Bruchenergie G_F. Allerdings stellen diese Versuche einen hohen Anspruch an die Versuchsapparatur und -steuerung, um einen stabilen Verlauf zu gewährleisten.

Einfacher in der Versuchsdurchführung sind verformungsgesteuerte Keilspalt- und Biegezugversuche, mit denen man jedoch lediglich die Bruchenergie bestimmen kann. Die Entfestigungskurve erhält man in beiden Fällen erst über eine nachträgliche Computersimulation.

Die Probekörper für die drei angesprochenen Prüfmethoden werden üblicherweise gekerbt, um die Meßstrecke der Rißaufweitung durch die Vorgabe einer Sollbruchstelle zu minimieren. Nur auf diese Weise ist eine kontrollierte Steuerung des Rißvorgangs gewährleistet, da der elastische Anteil innerhalb der gemessenen Verschiebung beschränkt und somit ein Snap-Back-Effekt vermieden wird [88]. Die Voraussetzung für die Verwendung gekerbter Prüfkörper ist allerdings, daß der untersuchte Werkstoff nicht kerbanfällig ist.

4.3.1 Kerbanfälligkeit

Ein Material gilt als kerbanfällig, wenn die auf die Nettofläche bezogene zentrische Zugfestigkeit eines gekerbten Körpers σ_n deutlich geringer ausfällt als die Zugfestigkeit eines ungekerbten Körpers. Dies trifft in der Regel auf homogene Materialien zu, zu denen auch der Zementstein zu zählen ist. Dieser Sachverhalt wird durch Bild 4-70 veranschaulicht, das eine Zusammenstellung der Kerbanfälligkeit verschiedener Materialien zeigt [100]. Demnach fällt die Nettozugspannung gekerbter Zementsteinproben auf Werte zwischen 20 und 50 % der zentrischen Zugfestigkeit. Hingegen gilt Beton gemeinhin als kerbunempfindlich. *Shah/McGarry* [37] konnten z. B. in Biegezugversuchen an gekerbten Balken lediglich eine Kerbanfälligkeit von Zementstein, nicht aber von Mörtel, Normalbeton und Leichtbeton mit Natursand feststellen.

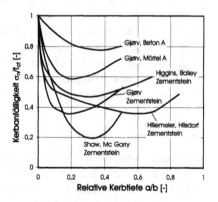

Bild 4-70 Zusammenstellung der Kerbanfälligkeit verschiedener Materialien aus [100]

Berücksichtigt man die unbehinderte Rißausbreitung bei Matrizen aus Leichtsand (Anhang A1.2.1), könnte man bei ALWAC ein ähnliches Verhalten wie beim Zementstein erwarten. Aus diesem Grunde wurde in [112] die Kerbanfälligkeit eines Leichtbetons mit Blähtonsand untersucht. Zu diesem Zweck wurden aus zwei Mischungen Leichtbetonzylinder mit Natursand und Leichtsand hergestellt, bis zum Prüftag unter Wasser gelagert und zwischenzeitlich gekerbt. Nach 28 Tagen erfolgte der Zugversuch mit verschiedenen Kerbtiefen, indem die Zylinder zwischen zwei gelenkig gelagerte Stahlbacken geklebt wurden (Bild 4-71). Die ermittelten Nettospannungen σ_n sind in Bild 4-71 auf die Zugfestigkeit der ungekerbten Probe bezogen und in Abhängigkeit der relativen Kerbtiefe a/b dargestellt,

wobei b dem Zylinderdurchmesser entspricht. Die Versuchswerte weisen beide Leichtbetone als kerbunempfindlich aus, insbesondere wenn man berücksichtigt, daß die gemessene Zugfestigkeit einer ungekerbten Probe in der Regel durch „wilde" Bruchflächen eher überschätzt wird. Die Resultate zeigen zudem den häufig zu beobachtenden Wiederanstieg der bezogenen Zugfestigkeit mit zunehmender Kerbtiefe, der in [100] über ein Modellgesetz erklärt wird.

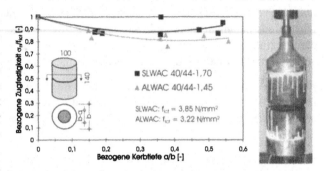

Bild 4-71 Zugversuche zur Untersuchung der Kerbanfälligkeit von ALWAC und SLWAC mit gekerbten Zylindern [112]

Das Ergebnis dieser Untersuchung erstaunt insofern, als selbst in Leichtbetonen ohne Natursand kein instabiles Rißwachstum festzustellen ist, obwohl die porigen Leichtzuschläge der Rißvergrößerung augenscheinlich keinen großen Widerstand bieten (Bild 3-22). Daher kann festgestellt werden, daß Zugversuche an gekerbten Probekörpern aus Leichtbeton mit Natur- oder Blähton-/Blähschiefersand sinnvoll sind. Ob diese Aussage allerdings auch auf Leichtbetone mit Blähglas zutrifft, ist angesichts der spröden Spaltkraft-Rißöffnungsbeziehung der Blähglasmatrix in Bild A1-56 sehr fraglich.

4.3.2 Bruchenergie

Die Energie pro Flächeneinheit, die man zur vollständigen Durchtrennung eines Betonkörpers benötigt, wird als spezifische Bruchenergie G_F bezeichnet. Der Einfluß des Leichtzuschlags und der Matrix auf die Bruchenergie von Leichtbeton wurde in [112] mit Hilfe von Keilspaltversuchen untersucht, bei denen Betonkörper mit vorgegebener Kerbe verformungsgesteuert gespalten werden. Zu dem Zweck wird ein prismatischer Prüfkörper mit vorgesägtem Spalt mittig auf ein Linienlager gesetzt und beidseitig mit zwei Stahlplatten bestückt, an denen jeweils zwei Rollen befestigt sind (Bild 4-72). Der Spaltvorgang erfolgt über einen Keil, der verformungsgesteuert zwischen die beiden Rollenpaare gepreßt wird. Als Steuergröße dient hierfür die über zwei Wegaufnehmer meßtechnisch erfaßte Rißaufweitung in der Wirkungslinie der horizontalen Spaltkraft. Für die Versuchsauswertung wird die Spaltkraft F_s als die horizontale Komponente der Pressenkraft F_v über der Steuergröße aufgetragen und dabei das Eigengewicht des Prüfkörpers in Form einer zusätzlichen Spaltkraft ΔF_s berücksichtigt. Die Fläche unter dieser Spaltkraft-Verformungskurve entspricht der Bruchenergie (Bild 4-81).

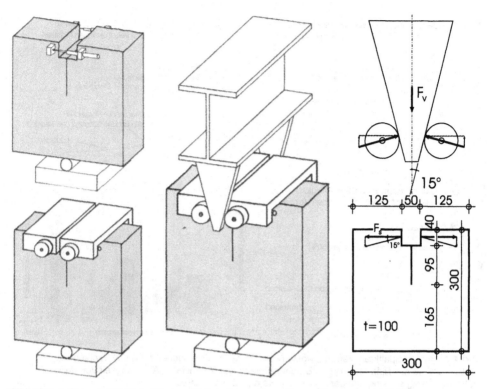

Bild 4-72 Aufbau und Kräftespiel eines Keilspaltversuches (Kompaktzugversuch) [112]

Bislang ist die Probenabmessung in keiner Richtlinie genormt, obwohl eine ausgeprägte Maßstabsabhängigkeit besteht, da die Bruchenergie mit wachsender Ligamentfläche und mit abnehmender Exzentrizität der Belastung größer wird. Das in [112] verwendete Prisma geht auf eine Untersuchung von *Slowik* zurück, in der er die Einflüsse auf die Bruchenergie für Keilspaltversuche betrachtet [88].

Getestet wurden Leichtbetone mit sieben verschiedenen Matrizen und unter Variation von drei Grobzuschlägen (Blähton mit $\rho_a = 0{,}83$, 1,22 sowie 1,74 kg/dm³). Repräsentative Meßkurven der aus drei Versuchen bestehenden Prüfserien sowie die Auswertung der Bruchenergie in Abhängigkeit von Matrix und Kornrohdichte sind in Bild 4-73a-d dargestellt. Ergänzt wurde die Studie durch Versuche an reinen Matrizen, auf die in Anhang A 1.2.5 eingegangen wird.

Deutliche Parallelen weisen die Meßkurven unabhängig von dem verwendeten Leichtzuschlag auf (Bild 4-73 a–c). Während die Mischungen mit Natursand eine Rißaufweitung von etwa 2 mm ermöglichen, konnten die Betone mit Leichtsandmatrix bestenfalls den halben Wert erzielen. Die Neigung des abfallenden Astes deutet darauf hin, daß im allgemeinen durch die Zugabe von Silikastaub die Sprödigkeit des Materials erhöht wird. Auf den ersten Blick ist somit die Matrix maßgebend für die Ergebnisse der Keilspaltversuche. Sie bestimmt den Verlauf der Spaltkraft-Verformungskurve und die größte Rißaufweitung.

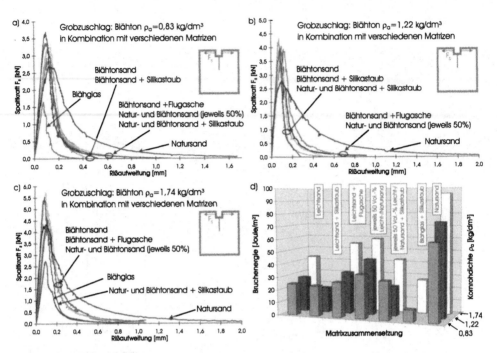

Bild 4-73 a) – c) Spaltkraft-Verformungskurven aus Keilspaltversuchen für drei verschiedene Grobzuschläge aus Blähton [112]; d) Bruchenergie dieser Versuche in Abhängigkeit von der Matrixzusammensetzung und der Kornrohdichte des Grobzuschlags

Der Grobzuschlag steuert lediglich über seine Zugfestigkeit die maximale Spaltkraft und beeinflußt damit auch die Bruchenergie. Dieser Sachverhalt wird in Bild 4-73d veranschaulicht, das die Bruchenergie aus den Keilspaltversuchen in Abhängigkeit der verwendeten Matrix und der Kornrohdichte des Grobzuschlags zeigt. Den größten Wert von $G_F = 95$ Joule/m² erzielt der hochfeste Leichtzuschlag ($\rho_a = 1{,}74$ kg/dm³) in Verbindung mit Natursand, während die Blähglasmatrix zusammen mit dem leichtesten Blähton ($\rho_a = 0{,}83$ kg/dm³) nur etwa $G_F = 9$ Joule/m² erreicht.

Zur Einordnung der Versuchsergebnisse mit Leichtbeton dienen die in Bild 4-74 exemplarisch dargestellten Meßkurven zweier Normalbetone mit hoher und niedriger Festigkeit. Die maximale Rißaufweitung beträgt in beiden Fällen 3 bzw. 3,5 mm. Die größere Zugfestigkeit der Normalbetone spiegelt sich in den vergleichsweise hohen Maximalwerten der Spaltkraft wider. Mit den gemessenen Bruchenergien von $G_F = 177$ bzw. 191 Joule/m² werden die Ergebnisse mit Leichtbeton bei weitem übertroffen.

Das Nachbruchverhalten unter Zugbeanspruchung wird durch Stahlfasern erheblich verbessert. In Bild 4-75 ist dies am Beispiel eines ALWAC 25/28-1,25 zu erkennen. Durch die Zugabe von 0,64 Vol.-% Stahlfasern bleibt in diesem Fall der rapide Abfall der Meßkurve im Keilspaltversuch aus, da nach Überschreiten der Maximallast der auftretende Riß durch ihn kreuzende Fasern vernäht wird. Dadurch erhöht sich die Bruchenergie $G_{F,lc}$ des Leicht-

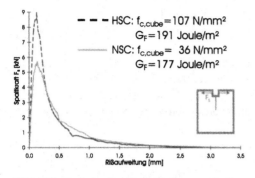

Bild 4-74 Typische Spaltkraft-Verformungsbeziehung für Normalbetone [112]

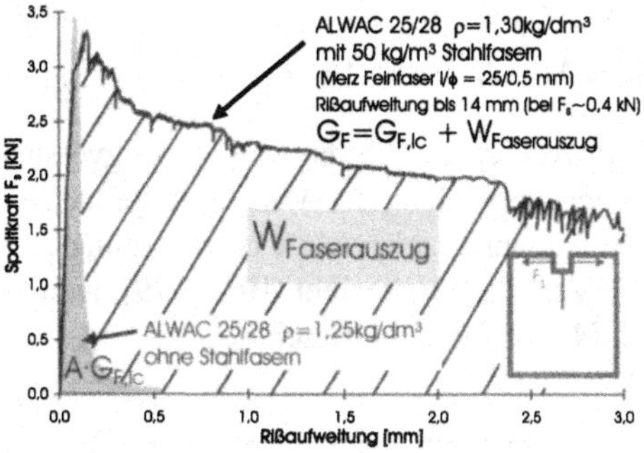

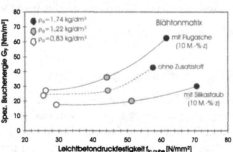

Bild 4-75 Einfluß von Stahlfasern auf die Spaltkraft-Verformungsbeziehung [112]

betons um einen beträchtlichen Anteil $W_{Faserauszug}$, der für das Herausziehen der Fasern benötigt wird [81].

In Bild 4-76 ist die Bruchenergie aus den Keilspaltversuchen über der Würfeldruckfestigkeit aufgetragen, wobei die Kornrohdichte des Grobzuschlags sowie die Art der Matrix entsprechend dem verwendeten Sand unterschieden wird. Der Einfluß beider Parameter ist in dieser Darstellung, ähnlich wie in Bild 4-73d, deutlich abzulesen. Die Streuung der Ergebnisse ist auch auf die Verwendung verschiedener Betonzusatzstoffe zurückzuführen, deren Auswirkungen aus diesem Grunde in Bild 4-77 am Beispiel von Leichtbetonen mit Blähtonsand separat betrachtet wird. Demnach wird die Bruchenergie durch die Zugabe von Silikastaub geringer, während mit Steinkohlenflugasche eine Erhöhung erzielt wird.

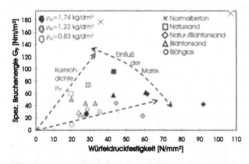

Bild 4-76 Bruchenergie in Abhängigkeit von der Würfeldruckfestigkeit

Bild 4-77 Einfluß des Zusatzstoffes auf die Bruchenergie

Die Keilspaltversuche haben belegt, daß die Größe der Bruchenergie maßgebend von der maximalen Spaltkraft bestimmt wird, die wiederum von der Betonzugfestigkeit abhängt. Folgerichtig formuliert *Hordijk* [101] Formeln (Gln. (4.13 a und b)) zur Abschätzung der Bruchenergie von Normal- und Leichtbeton ohne Differenzierung bezüglich der verwendeten Matrix als Funktion der zentrischen Zugfestigkeit. Wie der Vergleich mit Versuchsergebnissen nachfolgend allerdings bestätigt, ist der Geltungsbereich für Gl. (4.13b) auf Leichtbetone mit Natursand zu beschränken.

NWC: $G_F = 24 + 26 \cdot f_{ct}$ in [N/m], f_{ct} in [N/mm²]   (4.13a)

SLWAC: $G_F = 24 + 16 \cdot f_{lct}$ in [N/m], f_{lct} in [N/mm²]   (4.13b)

Walraven et al. führten in [74] Zugversuche mit Normalbeton und SLWAC durch. Die Gegenüberstellung der Versuchsergebnisse mit dem Ansatz nach *Hordijk* in Bild 4-78 zeigen eine ausgezeichnete Überstimmung. Falls man jedoch Leichtbetone mit Leichtsand in den Vergleich einbezieht (Bild 4-79), werden die gemessenen Werte von der Prognose nach Gl. (4.13) deutlich überschätzt.

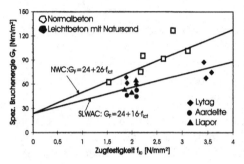 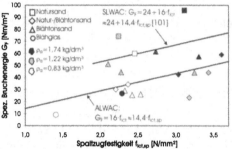

Bild 4-78 Bruchenergie von Normalbeton und SLWAC [74]

Bild 4-79 Bruchenergie von Leichtbeton in Abhängigkeit von der Spaltzugfestigkeit [112]

Von daher wird für ALWAC anhand der Ergebnisse der Keilspaltversuche [112] die modifizierte Gleichung (4.14) vorgeschlagen. Dabei wurde Gl. (5.3) zur Umrechnung der Spaltzugfestigkeit in die zentrische Zugfestigkeit verwendet.

ALWAC: $G_F = 16 \cdot f_{lct}$ in [N/m]; f_{lct} in [N/mm²]   (4.14)

4.3.3 Entfestigungsverhalten

Neben der Bruchenergie ist das Entfestigungsverhalten für die wirklichkeitsnahe Beschreibung der Rißbildung in Beton von Bedeutung. Dargestellt wird es in Form einer Zugspannungs-Rißöffnungsbeziehung. *Cornelissen/Hordijk/Reinhardt* führten zahlreiche dehnungsgesteuerte Zugversuche mit Normalbeton und Leichtbeton mit Natursand durch [102]. Aus den Ergebnissen konnten sie das typische Entfestigungsverhalten beider Betonarten ableiten (Bild 4-80 a und b). Danach liegen die prinzipiellen Unterschiede bei SLWAC, abgesehen von der Zugfestigkeit, in der geringeren Spannungsübertragung jenseits einer Rißöffnung von 20 µm sowie in der kleineren kritischen Rißöffnung w_c, bei der die im Riß übertragende Zugspannung den Wert Null erreicht. Da Leichtbetone mit Leichtsand in die Versuchsreihe nicht eingebunden wurden, werden die nachfolgenden Aussagen auf SLWAC beschränkt.

Zur Beschreibung der σ-w-Beziehung sind in der Literatur zahlreiche Modelle zu finden [103]. Prinzipiell unterscheidet man bi-lineare von exponentiellen Ansätzen. Zu letzteren gehört das Modell nach *Cornelissen/Hordijk/Reinhardt* [102], das nach Gl. (4.15) über drei

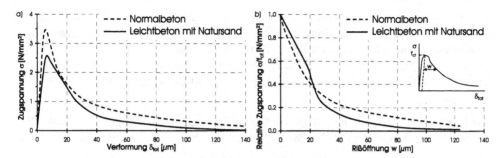

Bild 4-80 Typisches Entfestigungsverhalten von NWC und SLWAC:
a) Zugspannungs-Verformungskurven; b) bezogene σ-w-Beziehung [102]

Parameter die spezifischen Eigenschaften von Normalbeton und SLWAC entsprechend der Erkenntnisse aus Bild 4-80 berücksichtigt.

$$\sigma(w) = f_{ct} \cdot \left[\left\{ 1 + \left(c_1 \cdot \frac{w}{w_c} \right)^3 \right\} \cdot e^{-c_2 \frac{w}{w_c}} - \frac{w}{w_c} \cdot \left(1 + c_1^3 \right) \cdot e^{-c_2} \right] \qquad \text{nach [102] (Bild 4-83)} \quad (4.15)$$

mit $c_1 = 3$; $c_2 = 6{,}93$; $w_c = 160$ µm für NWC; $c_1 = 1$; $c_2 = 5{,}64$; $w_c = 140$ µm für SLWAC

Zur iterativen Bestimmung des Entfestigungsverhaltens wurden in [112] Keilspaltversuche (vgl. Bild 4-73) unter Anwendung des Modells des fiktiven Risses simuliert. Die Vorgehensweise mit den erforderlichen Eingabeparametern kann Bild 4-81 entnommen werden. Die vorgegebene σ-w-Beziehung ist dabei solange zu modifizieren, bis Meßkurve und Nachrechnung hinreichend genau übereinstimmen. Für die Simulation bietet es sich an, eine einfache, daher bi-lineare Funktion zu wählen. Wie die Ergebnisse zeigen, kann der Schnittpunkt beider Geraden mit den Koordinaten $\{w_1; f_1\}$ für die geprüften Leichtbetone mit ausreichender Genauigkeit konstant bei der Spannungsordinate $f_1 \approx 0{,}3 \cdot f_{lct}$ festgelegt werden. Dies entspricht in etwa dem Modell von *Duda* [103].

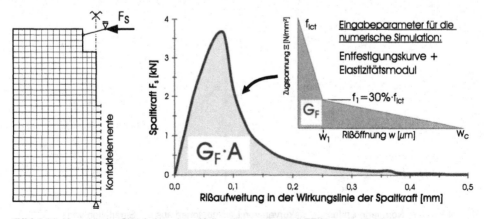

Bild 4-81 Numerische Simulation eines Keilspaltversuches: a) FE-Netz des Prüfkörpers;
b) Eingabeparameter und ermittelte Spaltkraft-Verformungskurve

Die auf diese Weise ermittelten σ-w-Beziehungen belegen, daß der Grobzuschlag im wesentlichen die Zugfestigkeit beeinflußt, während die Form der Entfestigungskurven fast ausschließlich von der Matrix und dem verwendeten Sand bestimmt wird. Aus diesem Grunde kann der Einfluß des Grobzuschlags durch die Normierung der Zugspannungen größtenteils eliminiert werden, indem die Spannung auf die Zugfestigkeit bezogen wird (Bild 4-82 a–g).

Somit ist es auch möglich, eine Mittelwertkurve für jede Matrix anzugeben (Bild 4-82h), sofern der Grobzuschlag nicht den Bruchmechanismus beeinflußt. Als Beispiel hierfür ist

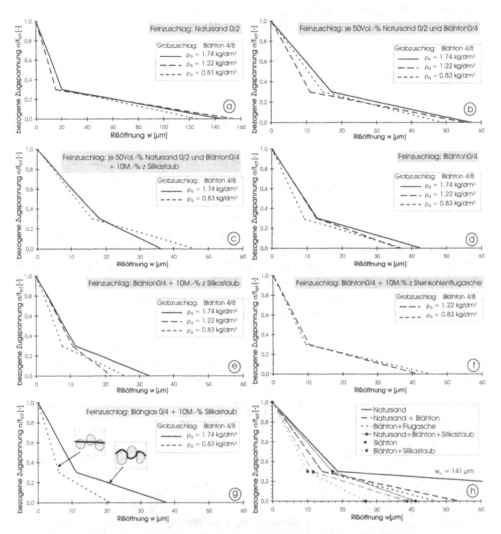

Bild 4-82 a) – g) Normierte Entfestigungskurven von Leichtbetonen aus der Simulation von Keilspaltversuchen für verschiedene Matrizen in Abhängigkeit des Grobzuschlags; h) Zusammenstellung der Mittelwertkurven aus den Bildern a) – g) [104]

Bild 4-82g zu nennen, das die beiden Entfestigungskurven einer Blähglasmatrix in Verbindung mit einem leichten und einem schweren, d. h. hochfesten Leichtzuschlag darstellt. Die unterschiedlichen Verläufe sind offenbar damit zu erklären, daß in dem Fall des hochfesten Zuschlags dieser nahezu unversehrt bleibt und sich die Risse angesichts der relativ schwachen Matrix um die Körner schlängeln, so daß die Rauhigkeit der Rißufer, ähnlich wie bei Normalbeton, deutlich zunimmt. Im anderen Fall verlaufen die Risse überwiegend durch den Grobzuschlag hindurch.

Die Auswirkungen verschiedener Matrizen auf das Entfestigungsverhalten von Leichtbeton werden in Bild 4-82h deutlich. Als Einflüsse sind zum einen die Sandrohdichte und zum anderen der verwendete Betonzusatzstoff zu erkennen. Die Reduktion der Sandrohdichte führt insbesondere zu einer eindeutigen Abnahme der kritischen Rißöffnung w_c. Durch die Zugabe von Silikastaub wird Leichtbeton etwas spröder (vgl. Bild 4-82 c, e, h), während die Verwendung von Steinkohlenflugasche zu einer leichten Erhöhung der Bruchenergie führt (Bild 4-82d). Angesicht der Streubreite der Ergebnisse ist es durchaus möglich, Leichtbetone mit einem Leichtsand von ungefähr $\rho_a \geq 1$ kg/dm³ (vgl. Tabelle 2-2) hinsichtlich des Entfestigungsverhaltens zusammenzufassen.

Auf der Grundlage des Modells von *Cornelissen/Hordijk/Reinhardt* [102] wird deshalb für ALWAC eine Anpassung der kritischen Rißöffnung auf $w_c = 70$ μm unter Beibehaltung der beiden übrigen Parameter c_1 und c_2 vorgeschlagen (Bild 4-83). Mit diesem Ansatz kann eine gute Übereinstimmung mit den Kurven für Leichtbetone mit Blähtonsand in Bild 4-82d erzielt werden. Falls der verwendete Sand deutlich leichter als $\rho_a \geq 1$ kg/dm³ sein sollte, muß der Parameter w_c weiter abgemindert werden.

Durch die Halbierung der kritischen Rißöffnung für ALWAC halbiert sich näherungsweise auch seine Bruchenergie im Vergleich zu SLWAC. Dieser Sachverhalt deckt sich in etwa mit den Ausführungen in Abschnitt 4.3.2 (Bild 4-79).

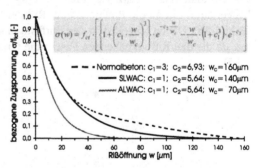

Bild 4-83 σ-w-Beziehung für Normalbeton, SLWAC und ALWAC unter Verwendung des Ansatzes aus [102] (Gl. 4.15)

Zur Diskussion der Ergebnisse wird das Modell nach *Duda* [103] herangezogen, der die Zugtragfähigkeit von Beton nach Erreichen der Maximallast durch zwei Tragwirkungen interpretiert (Bild 4-84). Zum einen ist dies der Widerstand gegen eine Rißausbreitung (primäre Tragwirkung), die bei Normalbeton durch die Zerstörung des Haftverbundes zwischen Korn und Matrix eingeleitet wird und die für den ersten, steil abfallenden Ast der Entfestigungskurve verantwortlich ist. Für eine Rißausbreitung in Leichtbeton muß in der Regel die Zuschlagszugfestigkeit überschritten werden, da der Haftverbund in den meisten Fällen größer ist (Abs. 3.2). Zum anderen wird als sekundäre Tragwirkung ein Widerstand geweckt, den der Beton durch Reibung der Rißaufweitung entgegensetzt und der die kritische Rißöffnung bestimmt (Bild 4-86).

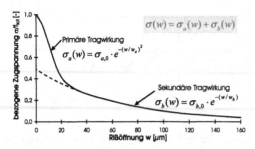

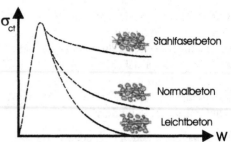

Bild 4-84 Modell für monoton steigende Rißbreite im Beton nach *Duda* [103]

Bild 4-85 Qualitative σ-w-Beziehungen für Normal-, Leicht- und Faserbeton nach *Hordijk* [105]

Die sekundäre Tragwirkung ist abhängig von der Rißverzweigung, der Rauhigkeit der Riß-ufer sowie der Kornverzahnung (Bild 4-85). In Normalbeton niedriger und mittlerer Druck-festigkeit verlaufen die Risse in der Regel um die Zuschlagkörner herum (Abs. 3.2). In diesem Fall bestimmt der Größtkorndurchmesser $\varnothing_{a,max}$ maßgebend die Rauhigkeit der Rißufer. Folgerichtig wird in [5] die kritische Rißöffnung w_c in Abhängigkeit von $\varnothing_{a,max}$ definiert. Bei Leichtbeton führt der Riß in der Regel durch das Zuschlagkorn (Bild 3-22), so daß ein ähnlicher Ansatz hier nicht in Frage kommt. Aufgrund des relativ geradlinigen Rißverlaufes nimmt die Rauhigkeit der Rißufer und damit auch die kritische Rißöffnung ab (Bild 4-86). Davon losgelöst ist das Entfestigungsverhalten von Stahlfaserbeton zu betrach-ten, da die den Riß vernähenden Fasern die Grenzrißbreite über ihre Länge festlegen (Bild 4-85).

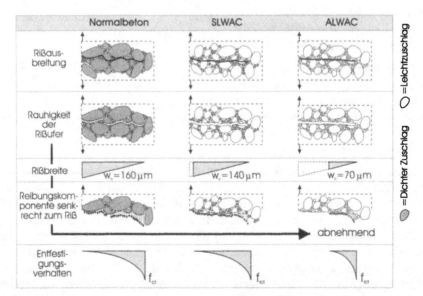

Bild 4-86 Einfluß der Grob- und Feinzuschläge auf den Widerstand, den der Beton durch Reibung senkrecht zum Riß einer Rißaufweitung entgegensetzt (sekundäre Tragwirkung des Entfestigungsverhaltens)

Die Ursache für den deutlichen Unterschied von ALWAC und SLWAC hinsichtlich der kritischen Rißöffnung w_c ist auf die behinderte Rißausbreitung bei Matrizen mit Natursand zurückzuführen (Anhang A1.2.1). Da Natursandkörner der Rißfortpflanzung einen ungleich größeren Widerstand bieten als poriger Sand, muß der Riß in diesem Fall dem Hindernis ausweichen. Dadurch nimmt die Rauhigkeit der Rißufer zwangsläufig zu, so daß die Reib- und Gleitvorgänge zwischen den Rißufern eine größere Bedeutung erlangen (Bild 4-86). Von daher sind Leichtbetone mit Natursand in der Lage, Zugspannungen über größere Riß- breiten zu übertragen als ALWAC.

Der Unterschied von Normal- und Leichtbeton in der primären Tragwirkung ist eher gering, obwohl sie bei beiden auf verschiedene Bruchmechanismen zurückzuführen ist. Aus den Simulationsergebnissen (Bild 4-82g+h) ist für Leichtbeton eine Tendenz herauszulesen, wonach der primäre Entlastungsast um so steiler abfällt, je leichter die Matrix ist.

4.3.4 Charakteristische Länge

Petersson [99] führt als Maß für die Duktilität eines Materials die charakteristische Länge l_{char} ein. Sie entspricht in einem Zugversuch genau der Hälfte des Teils der Prüfkörperlän- ge, in dem die zur Erzeugung einer Bruchfläche notwendige Energie gespeichert ist. Mit dieser Definition läßt sich die charakteristische Länge durch Gleichsetzen der Formände- rungsenergie und der Bruchenergie ableiten (Gl. (4.16)).

$$l_{char} = \frac{G_F \cdot E_c}{f_{ct}^2} \quad \text{in [mm]} \quad l_{char} = \frac{G_F \cdot E_{lc}}{f_{lct}^2} \qquad (4.16)$$

Thorenfeldt gibt in [98] charakteristische Längen für verschiedene Betone an (Tabelle 4-2). Da die charakteristische Länge gewissermaßen auch die Völligkeit der normierten Zugspannungs-Rißöffnungsbeziehung widerspiegelt (Bild 4-83), wird sie mit zunehmender Druckfestigkeit und abnehmender Trockenrohdichte geringer.

Tabelle 4-2 Charakteristische Länge für verschiedene Betone nach Thorenfeldt [98]

l_{char} für Normalbeton [mm]		l_{char} für Leichtbeton [mm]	
Niedrige Druckfestigkeit	Hohe Druckfestigkeit	Hohe Rohdichte	Niedrige Rohdichte
250-750	150-250	70-120	40-60

In Bild 4-87a ist die Beziehung zwischen der charakteristischen Länge und der Bruchener- gie anhand der Keilspaltversuche aus [112] dargestellt, wobei die zentrische Zugfestigkeit mit der Beziehung $f_{lct} = 0,9 \cdot f_{lct,sp}$ abgeschätzt wurde. Danach nimmt die Sprödigkeit von Leichtbeton mit abnehmender Kornrohdichte von Grob- und Feinzuschlag zu. Erwartungs- gemäß ergeben sich somit für Leichtbetone mit Blähglasmatrix die kleinsten, für SLWAC die größten Längen l_{char}. Die beiden hohen Werte von etwa 225 mm wurden für SLWAC mit, in bezug auf die Grobkornrohdichte, relativ niedriger Druckfestigkeit ermittelt. Daher dürften sie nahezu die Obergrenze der erreichbaren charakteristischen Länge bei Leichtbe- ton darstellen. In Bild 4-87b wird das Diagramm zu Vergleichszwecken durch die beiden Normalbetonversuche aus Bild 4-74 ergänzt, die die Angaben aus Tabelle 4-2 bestätigen.

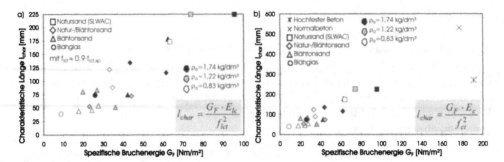

Bild 4-87 Charakteristische Länge verschiedener Betone in Abhängigkeit von der Bruchenergie:
a) Leichtbeton; b) Leichtbeton im Vergleich zu Normalbeton [112]

Auf der Grundlage der Ergebnisse der Keilspaltversuche werden in Tabelle 4-3 Anhaltswerte für die charakteristische Länge von SLWAC und ALWAC in Abhängigkeit von der Druckfestigkeit und der Kornrohdichte gegeben. Letztere bezieht sich bei ALWAC sowohl auf den Grobzuschlag als auch auf den Leichtsand.

Tabelle 4-3 Abschätzung der charakteristischen Länge für Leichtbeton auf der Grundlage der Ergebnisse der Keilspaltversuche aus [112]

l_{char} in [mm]	Hohe Kornrohdichte		Niedrige Kornrohdichte	
	SLWAC	ALWAC	SLWAC	ALWAC
Niedrige Druckfestigkeit	230	120	150	60
Hohe Druckfestigkeit	120	70	70	40

4.4   Mechanismen zur Schubkraftübertragung über Risse

In Abschnitt 4.3.3 wurde das Entfestigungsverhalten behandelt und damit die Fähigkeit des Leichtbetons, Zugspannungen über einen Riß hinweg zu übertragen. In diesem Kapitel wird nun ergänzt, inwieweit Schubkräfte in der Rißfläche eines Leichtbetonbauteils aktiviert werden können.

In Normalbeton niedriger und mittlerer Festigkeit verlaufen die Risse in der Regel um die Zuschlagskörner herum. Dadurch entstehen Rißufer mit relativ hoher Rauhigkeit, deren Größe von dem verwendeten Größtkorn abhängt. Aufgrund der Kornverzahnung (aggregate interlock) gegenüberliegender Rißufer können somit bei Verschiebungen parallel zur Rißfläche (Rißgleitung) Schubkräfte in dieser Richtung übertragen werden. Falls Bewehrungsstäbe die Rißufer kreuzen, wirken diese durch ihre Biegesteifigkeit zusätzlich als Dübel.

In Leichtbeton hingegen führen die Risse zumeist durch die Leichtzuschläge hindurch (Bild 3-22), so daß die Rauhigkeit der Rißufer deutlich geringer ausfällt. Von daher ist bei Leichtbeton die Schubkraftübertragung durch Kornverzahnung eingeschränkt. Um die Auswirkungen quantifizieren zu können, werden nachfolgend die beiden Mechanismen der

Kornverzahnung und der Dübelwirkung der Bewehrung in Leichtbeton betrachtet. Als Sonderfall ist die Verdübelungswirkung der Längsbewehrung in der Zugzone eines Biegebauteils anzusehen, da in diesem Fall die übertragbare Schubkraft angesichts des geringeren Randabstandes maßgeblich von der Betonzugfestigkeit abhängt.

4.4.1 Schubkraftübertragung durch Kornverzahnung

Die Rauhigkeit der Rißufer ist die Ursache dafür, daß bei einer Scherverformung s (Rißgleitung) Reibungskräfte in der Rißebene (Rißreibung) geweckt werden. Dadurch können Schubspannungen τ übertragen werden, deren Betrag abhängig ist von der Rißöffnung w und der im Riß wirkenden Drucknormalspannung σ (Bild 4-88). Den Zusammenhang zwischen diesen vier Größen untersuchten *Walraven/ Reinhardt* [170] experimentell für Normalbetone und einen SLWAC.

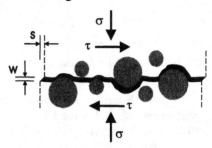

Bild 4-88 Schematische Darstellung der Kornverzahnung in Normalbeton [173]

Zu diesem Zweck wurden Versuchskörper nach Bild 4-89 mit Dübeln an den beiden Schmalseiten hergestellt, um daran nach dem Erhärten Stahlplatten zu befestigen und diese über vier externe Zugstangen miteinander zu verbinden. Dadurch konnte ein vor dem Versuchsbeginn erzeugter Riß in der Schubfläche (300·120 mm²) auf eine bestimmte Rißbreite w fixiert und während des Versuchs die auf den Probekörper wirkende Drucknormalspannung mit Hilfe der Zugstangen gemessen werden. Die Abmessungen des Versuchskörpers und der Lasteinleitung (vgl. Bild 4-91) gewährleisteten eine Schubbeanspruchung ohne nennenswerte Biegung. Durch die gewählte Lagerung konnte eine Dübelwirkung der Zugstangen ausgeschlossen werden. Als Meßgrößen dienten jeweils die aufgebrachte Schubkraft F_τ, die Rißgleitung s sowie die Kräfte in den Zugstangen.

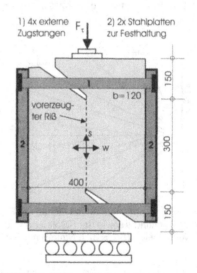

Bild 4-89 Push-off-Versuchskörper mit externen Zugstangen [170]

Zur Versuchsauswertung wurden die Ergebnisse einer Betonsorte in ein kombiniertes τ-s- und σ-s-Diagramm für die jeweils vorgegebene Rißöffnung eingezeichnet (Bild 4-90). Über eine Regressionsrechnung konnten daraus die in Tabelle 4-4 zusammengestellten Gln. (4.17a–d) für Normalbetone und Leichtbetone mit Natursand in Abhängigkeit von der Würfeldruckfestigkeit abgeleitet werden. Demnach sind die τ-s- und σ-s-Beziehungen näherungsweise linear.

Tabelle 4-4 Zusammenhang zwischen der Rißschubspannung τ, der Drucknormalspannung σ, der Rißgleitung s sowie der Rißöffnung w für Normalbeton und SLWAC [170]

Normalbeton	Leichtbeton mit Natursand
$\tau = -\dfrac{f_{ck}}{30} + \left\{1,8 \cdot w^{-0,8} + (0,234 \cdot w^{-0,707} - 0,2) \cdot f_{ck}\right\} \cdot s$	$\tau = -\dfrac{f_{lck}}{80} + \left(1,495 \cdot w^{-1,233} - 1\right) \cdot s$
$\sigma = -\dfrac{f_{ck}}{20} + \left\{1,35 \cdot w^{-0,63} + (0,191 \cdot w^{-0,552} - 0,15) \cdot f_{ck}\right\} \cdot s$	$\sigma = -\dfrac{f_{lck}}{40} + \left(1,928 \cdot w^{-0,87} - 1\right) \cdot s$

mit $f_{ck} = f_{ck,cube}$; $f_{lck} = f_{lck,cube}$; $\tau > 0$; $\sigma > 0$; s in [mm]; w in [mm]   (4.17a–d)

In Bild 4-90a+b werden die Näherungsformeln (4.17a–d) den Meßwerten zweier Betone gegenübergestellt, wobei die Übereinstimmung zufriedenstellend ist. Für die Anwendung der Diagramme sind verschiedene Möglichkeiten denkbar. Beispielsweise kann für einen vorgegebenen Verschiebungszustand (Gleitung und Rißöffnung) die übertragbare Rißschubspannung und die vorhandene Drucknormalspannung abgelesen werden. Unter Vorgabe von σ und τ kann umgekehrt aber auch das Wertepaar gefunden werden, das in beiden Diagrammhälften für eine bestimmte Gleitung die gleiche Rißöffnung liefert.

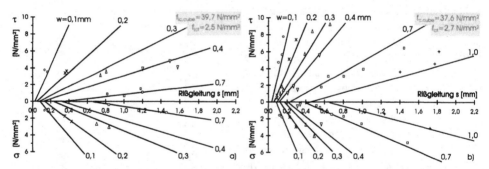

Bild 4-90 Zusammenhang zwischen der Rißschubspannung τ, der Drucknormalspannung σ, der Rißgleitung s sowie der Rißöffnung w für : a) SLWAC ($f_{lc,cube}$ = 39,7 N/mm², $\rho \approx$ 1,8) und b) Normalbeton ($f_{c,cube}$ = 37,6 N/mm²) mit Größtkorn $\varnothing_{max}$ = 16 mm [170]

Ein Vergleich dieser Zusammenhänge zwischen einem SLWAC und einen Normalbeton etwa gleicher Festigkeit in Bild 4-90 verdeutlicht, daß bei Leichtbeton, wie eingangs vermutet, für eine bestimmte Drucknormalspannung und eine gewählte Rißöffnung einerseits die Rißgleitung deutlich größer und andererseits die übertragbare Rißschubspannung geringer ausfällt. Es ist anzunehmen, daß diese Tendenz bei ALWAC noch verstärkt wird. Ferner ist festzustellen, daß bei SLWAC ab einer Rißöffnung von etwa $w > 0,7$ mm keine nennenswerten Rißreibungskräfte aktiviert werden können im Gegensatz zu Normalbeton. Für die Schubbemessung von Leichtbetonbauteilen mit geringer bzw. ohne Querkraftbewehrung bedeutet dies, daß der Anteil aus Rißreibung im Bruchzustand zu vernachlässigen ist (vgl. Abs. 5.4.2.1).

4.4.2 Schubkraftübertragung durch Kornverzahnung und gleichzeitiger Dübelwirkung

Eine die Rißebene kreuzende Bewehrung verdübelt aufgrund ihrer Biegesteifigkeit die von ihr durchdrungenen Rißufer miteinander. In diesem Fall wirkt neben der Kornverzahnung ein zweiter Mechanismus, der Schubkräfte über einen Riß überträgt. Die gleichzeitige Wirkung beider Einflüsse wurde ebenfalls von *Walraven/Reinhardt* [170] für Normalbetone und einen SLWAC untersucht, wobei sie Versuchskörper mit gleichen Abmessungen wie in Abschnitt 4.4.1 verwendeten (Bild 4-91). Aufgrund der innenliegenden Bewehrung, deren Gehalt man über den Bügeldurchmesser variierte, konnte in diesem Fall auf den Stahlrahmen in Bild 4-90 verzichtet werden. Zur Versuchsauswertung wurden neben der aufgebrachten Schubkraft F_τ die Rißgleitung sowie die durchschnittliche Rißöffnung gemessen.

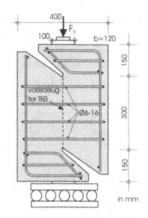

Bild 4-91 Push-off-Versuchskörper mit bewehrter Schubfuge [170]

Die Ergebnisse belegen eine Zunahme der Rißschubspannung mit der Steigerung des Bewehrungsgehaltes und der Druckfestigkeit und erwartungsgemäß deren Abnahme bei der Verwendung des Leichtbetons mit Natursand (Bild 4-92 als Beispiel). Aufgrund der geringeren Rauhigkeit der Rißufer konnte beim SLWAC bei gleicher Rißöffnung eine deutlich höhere Rißgleitung beobachtet werden (vgl. Bild 4-90). Im Vergleich zu Normalbeton ($w = 0{,}60 \cdot s^{2/3}$ [5]) wurde deshalb in [6] die Rißöffnungs-Rißgleitungsbeziehung für SLWAC mit $w = 0{,}45 \cdot s^{2/3}$ modifiziert (Bild 4-93).

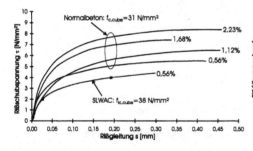

Bild 4-92 Rißschubspannung τ in Abhängigkeit vom Bewehrungsgehalt ρ und der Rißgleitung bei Normalbeton und SLWAC [170]

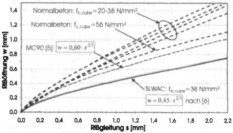

Bild 4-93 Zusammenhang zwischen der Rißöffnung w und der Rißgleitung s bei Normalbeton und SLWAC [170]

Der Bemessungswert der Rißschubspannung $\tau_{fu,d}$ wird im Model Code 90 [5] für Normalbetone formuliert (Tabelle 4-5). Der Ansatz berücksichtigt sowohl die Kornverzahnung über den Bemessungswert der Drucknormalspannung σ_{cd} als auch die Dübelwirkung über den Bewehrungsgehalt ρ (Gl.(4.18a). Weiterhin wird in [5] der Verlauf der Rißschubspannungs-Rißgleitungsbeziehung für den Bezugswert $s_u = 2$ mm angegeben (Gl. (4.19 a und b)).

Auf der Grundlage der Ergebnisse aus [170] wurde im Erweiterungsdokument des MC90 für Leichtbeton [6] zum einen der Bemessungswert der Rißschubspannung $\tau_{fu,d}$ auf 62,5 %

Tabelle 4-5 Bemessungswert der Rißschubspannung $\tau_{fu,d}$ (Gln. (4.18 a und b)) und deren Zusammenhang mit der Rißgleitung s (Gln. (4.19 a und d)) für Normalbetone [5] und SLWAC [6]

Normalbeton	Leichtbeton mit Natursand
$\tau_{fu,d} = 0{,}4 \cdot f_{cd}^{2/3} \cdot \left(\sigma_{cd} + \rho \cdot f_{yd}\right)^{1/3}$ (4.18a)	$\tau_{fu,d} = 0{,}25 \cdot f_{lcd}^{2/3} \cdot \left(\sigma_{cd} + \rho \cdot f_{yd}\right)^{1/3}$ (4.18b)
$\tau_{fd}/\tau_{fu,d} = 10 \cdot \left(s/s_u\right)$ für $s < 0{,}10$ mm	$\tau_{fd}/\tau_{fu,d} = 3{,}33 \cdot \left(s/s_u\right)$ für $s < 0{,}15$ mm
$\dfrac{s}{s_u} = 1{,}7 \cdot \left[\left(\dfrac{\tau_{fd}}{\tau_{fu,d}}\right)^4 - 0{,}5 \cdot \left(\dfrac{\tau_{fd}}{\tau_{fu,d}}\right)^3\right] + 0{,}05$ für $s \geq 0{,}10$ mm und $s_u = 2$ mm	$\dfrac{s}{s_u} = 1{,}7 \cdot \left[\left(\dfrac{\tau_{fd}}{\tau_{fu,d}}\right)^4 - 0{,}5 \cdot \left(\dfrac{\tau_{fd}}{\tau_{fu,d}}\right)^3\right] + 0{,}15$ für $s \geq 0{,}15$ mm und $s_u = 0{,}25 - 0{,}40$ mm

mit $f_{cd} = f_{ck}/1{,}5$; $f_{lck} = f_{lck}/1{,}5$; $\tau > 0$; $\sigma_{cd} > 0$; s in [mm]   (4.19a–d)

des Wertes für Normalbeton reduziert (Bild 4-94b). Zum anderen beschränkte man die Bezugsrißgleitung auf $s_u = 0{,}25 - 0{,}4$ mm, da bei größeren Scherverformungen in den Versuchen kaum nennenswerte Schubspannungen übertragen werden konnten. Dadurch mußte dementsprechend auch der Verlauf der τ_{fd}-s-Beziehung für SLWAC angepaßt werden (Bild 4-94a).

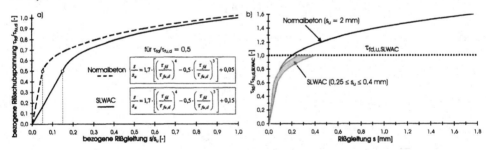

Bild 4-94 Beziehung zwischen der Rißschubspannung τ_{fu} und der Rißgleitung s bei Normalbeton und SLWAC nach den Gln. (4.18 a–b) und (4.19 a–d)

4.4.3 Dübeltragfähigkeit der Biegezugbewehrung in Biegebalken

Ein Teil des Schubwiderstandes eines Biegebalkens ist auf die Verdübelungswirkung der Biegezugbewehrung zurückzuführen (Bild 5-16). Dabei stützt sich die Längsbewehrung mit der Dübelkraft V_d auf die untere Betonüberdeckung ab, die diese Kraft über die Zugfestigkeit des Betons zwischen den Bewehrungsstäben auf einer Nettobreite b_n und einer bestimmten, vom Stabdurchmesser d_s abhängigen Länge wieder in den Balkenquerschnitt zurückhängt (Bild 4-95). Der Ausfall der Dübeltragwirkung wird nach Überschreiten der Zugfestigkeit durch einen Längsriß in Bewehrungshöhe sichtbar, der, sofern keine Bügelbewehrung die Lastaufhängung übernimmt, sich bei gleichbleibender Belastung bis zum

Auflager fortpflanzen kann. Aufgrund der besonderen Tragwirkung in der Randnähe des Bauteils gilt die Verdübelungswirkung der Längsbewehrung als ein Sonderfall der Schubübertragungsmechanismen.

Baumann/Rüsch [175] haben die Dübelwirkung der Biegezugbewehrung in Normalbetonbalken untersucht und aus den Ergebnissen empirisch gewissermaßen eine Ersatzlänge $l_z = 0{,}55 \cdot d_s /(f_{ck}^{1/3})$ bei einer einlagigen Bewehrung ermittelt, über die die Betonzugfestigkeit zur Aufhängung der Dübelkraft V_d rechnerisch wirksam ist. Dabei wurde vereinfachend in der Fläche

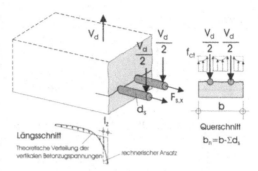

Bild 4-95 Prinzip der Verdübelungswirkung der Längsbewehrung in Biegebalken

$l_z \cdot b_n$ eine konstante Spannung angenommen. Demnach können der Bewehrungsstabdurchmesser und der E-Modul des Betons (Gl. (5.4)) als Einflußgrößen für die Lastausbreitung interpretiert werden. Unter Berücksichtigung der heutzutage üblichen Einheiten ergibt sich somit die aus [175] umgerechnete Gl. (4.20) für die Dübelkraft $V_{d,cr}$ zu Beginn der Horizontalrißbildung in Normalbetonbauteilen.

$$V_{d,cr}^{NC} = f_{ct} \cdot b_n \cdot l_z \approx 0{,}164 \cdot b_n \cdot d_s \cdot \sqrt[3]{f_{ck}} \text{ in [kN] für einlagige Bewehrung} \qquad (4.20)$$

mit $b_n = b - \Sigma d_s =$ Nettobalkenbreite zwischen den Bewehrungsstäben, l_z, b_n und d_s in [cm]

Um die Anwendbarkeit dieser Gleichung auf Leichtbetone zu überprüfen, wurden in [176] fünf Balkenversuche mit ALWACs unterschiedlicher Druckfestigkeit durchgeführt (vgl. Bild 4-98). Zur besseren Vergleichbarkeit mit Normalbetonergebnissen aus früheren Untersuchungen wählte man den Versuchsaufbau aus [175], bei dem in den Balken ein mit der Längsbewehrung vorgefertigtes Mittelteil aus hochfestem Normalbeton durch eine Fuge getrennt (mehrlagige Folie mit Zwischenschichten aus Fett) integriert wird (Bild 4-96). Dadurch konnte im Versuch die Last auf das Mittelteil aufgebracht und von dort lediglich über die beiden Längsbewehrungsstäbe in den umliegenden Biegebalken eingeleitet werden. Auf jeder Belastungsstufe wurde die vertikale Relativverschiebung δ zwischen Mittelteil und Leichtbetonbalken über zwei Wegaufnehmer je Balkenseite gemessen.

Bild 4-97 zeigt für die Versuchsserie die Dübelkraft, aufgetragen über der in zwei Maßstäben dargestellten Relativverschiebung. Der Beginn der Rißbildung ist deutlich an der überproportionalen Verformungszunahme ohne nennenswerte Laststeigerung zu erkennen, wenn sich der Horizontalriß zum Auflager hin langsam fortpflanzt, bis er schließlich den von der Fuge im Abstand von 15 cm angeordneten Bügel erreicht. Diese Aufhängebewehrung wird nun mit wachsender Verformung aktiviert, so daß die übertragbare Dübelkraft im weiteren Versuchsverlauf wieder zunimmt. Die beschriebene Last-Verformungskurve ist typisch für Normal- und Leichtbetone gleichermaßen. Davon abweichend wird bei einem Stahlfaserbeton der Horizontalriß direkt nach der Entstehung durch die Fasern vernäht, so daß in diesem Fall in Anbetracht der stetigen Kurvenform die Rißdübelkraft $V_{d,cr}$ im Diagramm nicht ablesbar ist.

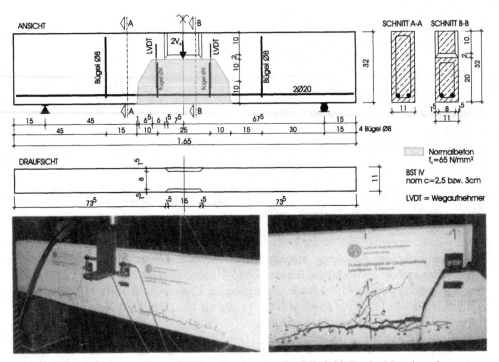

Bild 4-96 Aufbau der Versuche aus [176] zur Bestimmung der Dübelwirkung der Längsbewehrung in Leichtbetonbalken

In Bild 4-98 werden die experimentell ermittelten Ergebnisse der Gl. (4.20) gegenüberge-stellt. Dabei liegen die Verdübelungsrißlasten der Leichtbetonversuche (Quadrate) gering-fügig unter dem Normalbetonansatz von *Baumann/Rüsch*. Wie die Erhöhung der Werte durch den Faktor $1/\eta_1$ nach Gl. (5.1) zeigt (Dreiecksymbole), ist dies erwartungsgemäß auf die niedrigere Zugfestigkeit der ALWACs zurückzuführen. Damit bietet es sich an, den Leichtbetoneinfluß über den Abminderungsfaktor η_1 bei der Bestimmung der Dübeltrag-

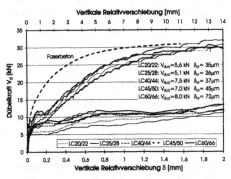

Bild 4-97 Beziehung zwischen der Dübel-kraft V_d und der vertikalen Relativverschie-bung δ

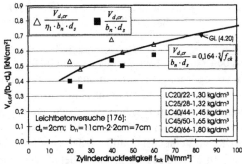

Bild 4-98 Vergleich der Ergebnisse der Leichtbetonversuche aus [176] mit Gl. (4.20) nach *Baumann/Rüsch* [175]

fähigkeit $V_{d,cr}$ zu berücksichtigen (Gl. (4.21)). Dieser Ansatz dürfte in der Regel auf der sicheren Seite liegen, da durch den geringeren E-Modul des Leichtbetons auch eine größere Balkenlänge l_z für die Lastaufhängung aktiviert wird.

$$V_{d,cr}^{LWAC} = f_{lct} \cdot b_n \cdot l_z \approx 0{,}164 \cdot \eta_1 \cdot b_n \cdot d_s \cdot \sqrt[3]{f_{lck}} \quad \text{in [kN] für einlagige Bewehrung} \quad (4.21)$$

$$\text{mit } b_n = b - \Sigma d_s, \qquad \eta_1 \text{ nach Gl. (5.1)}, \qquad l_z, b_n \text{ und } d_s \text{ in [cm]}$$

4.5 Zusammenwirken von Leichtbeton und Betonstahl

Eine der Grundvoraussetzungen für die Funktionsfähigkeit von Stahlbeton ist der Verbund (bond) zwischen Beton und Bewehrung, der das Zusammenwirken der beiden Werkstoffe gewährleistet (Bild 4-99). Er ermöglicht nicht nur die Verankerung der Bewehrungsstäbe (Grenzzustand der Tragfähigkeit), sondern sorgt auch dafür, daß die Rißbreiten im Stahlbetonbau begrenzt werden können (Grenzzustand der Gebrauchstauglichkeit). Die in der Fuge zwischen Beton und Bewehrung übertragenen Verbundspannungen sind aufgrund komplexer Zusammenhänge von der Relativverschiebung zwischen den beiden Verbundpartnern (Schlupf) abhängig; bei Rißbildung ermöglicht der Schlupf die Rißöffnung. In ungerissenen Bereichen tritt kein oder nur ein sehr geringer Schlupf auf, so daß dort lediglich der manchmal als Haftspannung oder Haftreibung bezeichnete Anfangswert der Verbundspannung übertragen werden kann. Mit Beginn der Mikrorißbildung und zunehmendem Schlupf nehmen die übertragbaren Verbundspannungen zunächst zu, bis sie nach Überschreiten eines Maximums auf einen mehr oder weniger konstanten Wert abfallen (Gleitreibung). Der Zusammenhang zwischen den Verbundspannungen und dem Schlupf ist somit maßgebend für die sich bei Zugbeanspruchung von Stahlbeton einstellenden Rißbreiten.

Bei nahezu gleicher Wärmedehnzahl von Beton und Stahl wird der Verbund bei Temperaturänderungen des Verbundwerkstoffes nur geringfügig in Anspruch genommen. Dies gilt auch für Leichtbeton trotz seiner im Vergleich zu Normalbeton niedrigeren Wärmedehnzahl, so daß dieser Einfluß bei den folgenden Betrachtungen unberücksichtigt bleibt.

Der Zusammenhang zwischen Verbund und Schlupf ist abhängig von der Oberflächenbeschaffenheit der Bewehrungsstäbe (bezogene Rippenfläche), vom Stabdurchmesser d_s, von der Betondeckung c, von der Lage der Stäbe beim Betonieren und schließlich von den Betoneigenschaften wie Druck- und Zugfestigkeit sowie E-Modul. Aus dem letztgenannten Einfluß ergibt sich ein gegenüber Normalbeton verändertes Verbundverhalten bei Leichtbeton, das üblicherweise über die Verbundspannungs-Schlupfbeziehung wiedergegeben wird, dem sogenannten Verbundgesetz.

4.5.1 Beziehung zwischen Verbundspannung und Schlupf

Zur Beurteilung des Verbundes muß zwischen zwei möglichen Versagensarten unterschieden werden. Während bei niedriger Betondruckfestigkeit die Betonkonsolen zwischen den Stahlrippen abscheren, wird es bei geringer Betonüberdeckung oder -zugfestigkeit aufgrund der Ringzugbeanspruchung (Bild 4-99) zu einer Längsrißbildung kommen. Letztere Versa-

gensart ist bei niedrigen Betonüberdeckungen
typisch für hochfeste Betone und Leichtbetone gleichermaßen, da deren Verhältnis von
Zug- zur Druckfestigkeit niedriger ist als bei
Normalbeton. Von daher sind hochbelastete
Verankerungsstellen in Leichtbetonbauteilen
sorgfältig zu verbügeln und dort auch gegebenenfalls die Betonüberdeckung zu vergrößern (Abs. 5.6). Für hochfesten Beton wurde
aus diesem Grunde ein tiefgerippter Betonstahl entwickelt [113], der einen weicheren
Verbund mit dem Beton ermöglicht, so daß in
diesem Fall wieder die Betonkonsole für das
Versagen maßgebend wird.

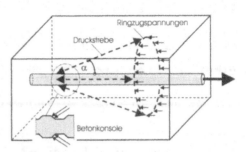

Bild 4-99 Kraftübertragung zwischen Stahl
und Beton

Die experimentelle Bestimmung der Verbundspannung-Schlupfbeziehung erfolgt in der
Regel anhand von Ausziehversuchen, sogenannten Pull-out-Versuchen (Bild 4-100). *Walraven* et al. führten solche Untersuchungen [74] mit herkömmlichem Rippentorstahl und
verschiedenen Leichtzuschlägen in Verbindung mit Natursand auf zwei verschiedenen
Festigkeitsniveaus durch. Als Referenzmischungen dienten zwei Normalbetone. Die Variation des Betonstahldurchmessers mit d_s = 12, 16 und 20 mm sollte seinen Einfluß näher
beleuchten. Für die Auswertung wurde eine konstante Verteilung der Verbundspannung τ
über die Verbundlänge von $3 \cdot d_s$ zugrunde gelegt.

Da sich die unterschiedlichen Stabdurchmesser nicht nennenswert auf die Ergebnisse aus-
wirkten, wurden Mittelkurven der Pull-out-Versuche für die verschiedenen Betone ausgewählt. Diese Vorgehensweise ist gerechtfertigt, weil die Betonüberdeckung in den Versuchen zur Vorbeugung eines Ringzugversagens ausreichend groß gewählt wurde, so daß der
Einfluß des Bewehrungsdurchmessers theoretisch kaum mehr bestand. Da die Zugfestigkeit
zumeist als maßgebende Einflußgröße für die Verbundspannung angesehen wird (Gl. 5.50),
ist diese in Bild 4-101 zur Vergleichbarkeit auf die Zugfestigkeit bezogen worden.

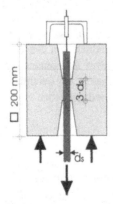

Bild 4-100
Pull-out-Versuchskörper [74]

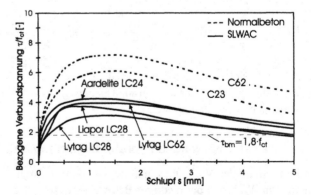

Bild 4-101 Bezogene Verbundspannung-Schlupfbeziehung für
Normalbeton und SLWAC unter statischer Belastung [74]

Aus dem Diagramm geht hervor, daß die Verbundspannung trotz der Normierung bei den Leichtbetonversuchen deutlich niedriger ist als bei den Referenzbetonen. Die verschiedenen Leichtzuschläge zeigen in dieser Darstellung ein vergleichbares Verhalten, obwohl die Kornrohdichten zwischen $\rho_a = 0,94$ und 1,63 kg/dm³ variierten. Für kleine Schlupfwerte bis etwa 0,2 mm sind die Unterschiede zwischen Normal- und Leichtbeton noch eher gering, da der Verbund in dieser Phase 1 im wesentlichen auf Adhäsion und Reibung zwischen Stahl und Beton beruht. Der Haftverbund kann für Leichtbetone zum Teil sogar größer sein [79], was auf die innere Nachbehandlung und die geringere Mikrorißbildung aufgrund seines homogeneren Gefüges (Abs. 3) zurückzuführen ist. Die Zugabe von Feinstoffen wie Silikastaub wirkt sich diesbezüglich positiv aus. Nach der Überwindung der Haftkräfte schließt sich bei höheren Schubspannungen der mechanische Verbund an (Phase 2), bei dem sich die Stahlrippen in den Beton eindrücken und dadurch hohe Druckspannungen in den Betonkonsolen hervorrufen (Bild 4-99). Da mit dem E-Modul, der Zugfestigkeit und der aufnehmbaren Teilflächenpressung (Abs. 5.4.4) die maßgebenden Einflußgrößen des Scherverbunds für Leichtbetone niedriger ausfallen, führt dies in dieser Phase zu einem weicheren Verbund einerseits und auch zu reduzierten Verbundspannungen andererseits. Angesicht der ausreichend gewählten Betonüberdeckung stellte sich bei allen Versuchen ein Versagen der Betonkonsole ein.

In Bild 4-102 ist die Beziehung zwischen Verbundspannung und Schlupf dargestellt. Auf der Grundlage dieser Ergebnisse wird in [6] ein Verbundgesetz für SLWAC vorgeschlagen (Tabelle 4-6), wie üblich als Potenzfunktion, bestehend aus einem Faktor τ_{max} und einem Exponenten α, der die Steifigkeit des Verbundes einbezieht (Gl. (4.22)). Bei der Festlegung dieser beiden Parameter wird für SLWAC einerseits der weichere Verbund durch einen höheren Exponenten ($\alpha = 0,35$) und andererseits die geringere Schubspannung durch einen niedrigeren Vorfaktor $\tau_{max} = 0,3 \cdot f_{lck}^{0,82}$ berücksichtigt. Da Pull-out-Versuche in der Regel großen Streuungen unterworfen sind, ist eine Differenzierung des Leichtzuschlags angesichts der moderaten Unterschiede nicht notwendig. Die Verbundbedingungen für den Bewehrungsstab im Versuch werden auf der sicheren Seite liegend als gut eingestuft. Nach MC90 [5] ergibt sich davon der 0,5-fache Wert für mäßige Verbundbedingungen bei horizontalen Bewehrungsstäben ohne ausreichende Betonüberdeckung, bei denen sich Hohlräume unter dem Stahl durch Absetzen des Frischbetons bilden können.

$$\tau(x) = \tau_{max} \cdot s^{\alpha}(x) \tag{4.22}$$

Tabelle 4-6 Verbundgesetz für Normalbeton und SLWAC unter statischer Belastung

1) Normalbeton für mäßige Verbundbedingungen nach *Tue* [113]

f_{ck}	20	25	30	35	40	45	50	55	60	70	80
τ_{max}[1]	6,2	7,8	9,3	10,2	10,8	11,3	11,5	11,6	11,4	11,9	13,6
α	0,30	0,30	0,30	0,28	0,28	0,26	0,26	0,26	0,24	0,22	0,22

2) Leichtbeton mit Natursand für mäßige Verbundbedingungen nach [6]

f_{lck}	20	25	30	35	40	45	50	55	60	
τ_{max}[1]	3,5	4,2	4,9	5,5	6,2	6,8	7,4	8,0	8,6	$\tau_{max} = 0,3 \cdot f_{lck}^{0,82}$
α					0,35					

[1] Für gute Verbundbedingungen wird τ_{max} mit dem Faktor 2 multipliziert

Sofern die Betonkonsole für das Versagen maßgebend wird, deckt das Potenzgesetz den Bereich bis zum Erreichen der maximalen Verbundspannung bei etwa $s_1 = 1$ mm ab. Im Modell nach MC90 (Bild 4-103) kann die Spannung τ_{max} durch eine Umschnürung (z. B. durch Querbewehrung oder eine ausreichende Betonüberdeckung) bei weiteren Verformungen bis zu einem Schlupf s_2 aufrecht erhalten werden (2. Bereich), ab dem die Umschnürungswirkung durch Längsrißbildung eingeschränkt wird. Wegen der niedrigeren Zugfestigkeit wurde deshalb dieser Grenzwert für SLWAC auf $s_2 = 2$ mm (anstatt 3 mm) reduziert. Mit zunehmendem Schlupf treten nun verstärkt Längsrisse auf (3. Bereich), bis schließlich nach Abscheren der Betonkonsolen bei einem Schlupf s_3, der dem Rippenabstand entspricht, nur noch eine Restspannung τ_f aufgrund von Reibung verbleibt (4. Bereich). Falls keine Umschnürung vorliegt (Versagen aufgrund der Ringzugbeanspruchung), sind für Normalbeton $s_2 = s_1 = 0,6$ mm sowie $s_3 = 1$ mm (bzw. 2,5 mm für mäßige Verbundbedingungen) anzusetzen. Ein adäquates Modell für Leichtbeton wurde in [6] nicht angegeben.

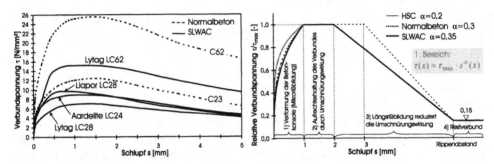

Bild 4-102 Verbundspannung-Schlupfbeziehung für Normalbeton und SLWAC [74]

Bild 4-103 Verbundspannung-Schlupf-Modell (umschnürt) für SLWAC unter statischer Belastung nach [6]

Für die Umsetzung des Verbundverhaltens in der Norm muß zwischen den Grenzzuständen der Gebrauchstauglichkeit (Rißbreitenbeschränkung) und der Tragfähigkeit (Nachweis der Betonstahlverankerung) unterschieden werden. Der Berechnung der Rißbreite (Abs. 5.5) liegt eine mittlere Verbundspannung $\tau_{bm} = 1,8 \cdot f_{ctm}$ (Bild 4-101) zugrunde, die aus dem Verbundgesetz (Gl. 4.22) abgeleitet wird (Versagen der Betonkonsole). Bei der Festlegung des Bemessungswertes der Verbundspannung f_{bd} geht man hingegen davon aus, daß die Betonzugfestigkeit aufgrund der Ringzugbeanspruchung überschritten wird. Daher ergeben sich in diesem Fall deutlich niedrigere Werte (Abs. 5.6.2).

4.5.2 Mitwirkung des Betons zwischen den Rissen

In einem ungerissenen Stahlbetonstab oder einer Biegezugzone in Zustand I teilen sich die Zugkräfte auf Beton und Stahl im Verhältnis ihrer Dehnsteifigkeiten auf unter der Voraussetzung, daß Stahl- und Betondehnungen annähernd gleich sind ($\varepsilon_s = \varepsilon_c$). Wenn durch Laststeigerung oder Zwangbeanspruchung die Zugfestigkeit des Betons an einer Stelle erreicht wird, stellt sich dort ein Riß ein (Erstrißbildung), der dazu führt, daß der Bewehrungsstahl nun zwischen den Rißufern die gesamte Zugkraft alleine übernehmen muß (Bild 4-104a). Die Stahlspannung beträgt σ_{sr1} (Bild 4-105). Im Riß fällt die Betondehnung auf $\varepsilon_c = 0$, während die Stahldehnung um das Maß $\Delta\varepsilon_s = A_{c,eff} \cdot f_{lctm}/(E_s \cdot A_s)$ ansteigt. Der Dehnungssprung wird über den Verbund zwischen Stahl und Beton innerhalb der Einleitungslänge l_{es} vollständig kompensiert.

Wird die Rißkraft F_{cr} nun gesteigert, bilden sich sehr schnell weitere Risse an Stellen, die über eine etwas höhere Zugfestigkeit verfügen. Angesichts der engen Streubreite der Zugfestigkeit innerhalb eines Bauteils ist bereits bei etwa der 1,3-fachen Erstrißkraft die Stahldehnung an jeder Stelle größer als die Betondehnung (abgeschlossenes Rißbild, Bild 4-104b). Die zugehörige Stahlspannung wird als σ_{srn} bezeichnet (Bild 4-105; Bereich B).

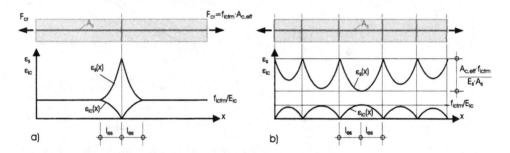

Bild 4-104 Verschiedene Rißzustände: a) Einzelriß, b) abgeschlossenes Rißbild

Bei weiteren Laststeigerungen vergrößern sich im wesentlichen die Rißbreiten, während die Rißanzahl und -abstände nahezu unverändert bleiben (Bild 4-105, Bereich C). Zwischen den Rissen wirkt der Beton aufgrund der Verbundspannung mit, so daß die Steifigkeit des Stahlbetonstabes in Zustand II größer ist als die des reines Betonstahls. Dieser Effekt wird auch als „Tension Stiffening" bezeichnet. In der Praxis findet er Anwendung bei nichtlinearen Verfahren der Schnittgrößenermittlung (Abs. 5.3) sowie bei der Berechnung von Rißbreiten und Durchbiegungen.

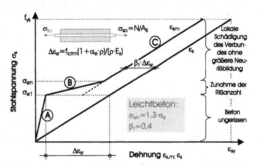

Bild 4-105 Mitwirkung des Leichtbetons zwischen den Rissen nach [6]

Zur Beurteilung des „Tension Stiffening" bei Leichtbeton führten *Walraven* et al. [74] Versuche mit zentrischer Zugbeanspruchung an 1 m langen Stahlbetonstäben mit vier verschiedenen Bewehrungsanordnungen durch (Bild 4-107). Als Leicht- und Normalbetone wurden genau die Mischungen ausgewählt, die bereits bei vorangegangenen Pull-out-Versuchen verwendet wurden (Bild 4-101).

Ein repräsentatives Ergebnis zeigt die Spannungs-Dehnungsbeziehung der Zugversuche mit einem Betonstahldurchmesser $d_s = 12$ mm in Bild 4-106. Aufgrund der verschiedenen Betonzugfestigkeiten ergeben sich auch unterschiedliche Stahlspannungen σ_{sr1} bei Erstrißbildung. Ansonsten sind jedoch keine nennenswerten Abweichungen zwischen Normal- und Leichtbetonen hinsichtlich des Tension-Stiffening-Effektes festzustellen. Dies verwundert zunächst insofern, als die Verbundspannung-Schlupfbeziehung nach Bild 4-101 für Leichtbetone doch eindeutige Besonderheiten aufweist. Allerdings liegen die Schlupfwerte bei den Zugversuchen zumeist unter 0,2 mm und damit in dem Bereich des Haftverbundes, in dem die Unterschiede weniger ausgeprägt sind.

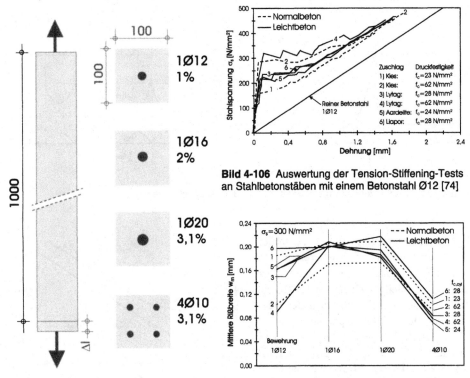

Bild 4-106 Auswertung der Tension-Stiffening-Tests an Stahlbetonstäben mit einem Betonstahl Ø12 [74]

Bild 4-107 Versuchskörper mit zentrischer Zugbeanspruchung [74]

Bild 4-108 Mittlere Rißbreite der Zugversuche bei einer Stahlspannung $\sigma_s = 300$ N/mm² [74]

Bild 4-108 zeigt die mittlere Rißbreite w_m bei einer Stahlspannung von $\sigma_s = 300$ N/mm². Die Ergebnisse bestätigen überwiegend den wohlbekannten günstigen Einfluß kleinerer Durchmesser auf die Rißbreite. Signifikante Unterschiede im Rißverhalten von Normal- und Leichtbeton sind hingegen nicht zu erkennen. Dies wird auch durch die Nachrechnung der Leichtbetonversuche hinsichtlich des Rißabstandes und der Rißbreite bestätigt, die unter Verwendung der für Normalbeton gültigen Formeln eine gute Übereinstimmung mit den Versuchsdaten erzielte. Von daher wird das Konzept der Rißbreitenbegrenzung in

DIN 1045-1 auf Leichtbetone ohne Abminderung der mittleren Verbundspannung τ_{bm} übertragen.

Aufgrund dieser Versuchsreihe wird in [6] das Modell für die Mitwirkung des Betons zwischen den Rissen für Leichtbetone unverändert übernommen (Bild 4-105). Nach Gl. (5.2) entspricht das 95 %-Quantil der Zugfestigkeit dem 1,3-fachen Mittelwert, so daß die Beziehung $\sigma_{srn} = 1{,}3 \cdot \sigma_{sr1}$ gilt. Der Tension-Stiffening-Effekt kommt in der Differenz zwischen der Stahldehnung im Riß ε_s und der mittleren Stahldehnung ε_{sm} zum Ausdruck, die nach theoretisch abgeschlossener Rißbildung ($\sigma_s > \sigma_{srn}$) den unteren Grenzwert nach Gl. (4.23) in Abhängigkeit vom geometrischen Bewehrungsgrad ρ und der Zugfestigkeit f_{lctm} annimmt.

$$\varepsilon_s - \varepsilon_{sm} = \frac{0{,}4 \cdot f_{lctm}}{\rho \cdot E_s} \cdot (1 + \alpha_E \cdot \rho) \quad \text{mit } \alpha_E = \frac{E_s}{E_{lcm}} \tag{4.23}$$

4.6 Zeitabhängige Verformungen

Zeitabhängige Verformungen sind entweder auf lastunabhängige Prozesse wie Schwinden und Quellen oder lastabhängige Kriechvorgänge zurückzuführen. Da Normalzuschläge abgesehen von wenigen Ausnahmen weder schwinden noch kriechen, werden diese Vorgänge bei Normalbeton neben den äußeren Einflüssen vornehmlich von den Eigenschaften des Zementsteins dominiert, während die Zuschläge lediglich die Verformungen behindern.

Bei konstruktivem Leichtbeton erwartet man Änderungen im zeitabhängigen Verhalten aufgrund des höheren Volumenanteils des Zementsteins und der spezifischen Eigenschaften der Leichtzuschläge. Dazu gehört der geringere E-Modul sowie die Porosität bzw. Porenstruktur in Verbindung mit dem Sättigungsgrad, die den Wasserhaushalt in dem Beton maßgeblich beeinflussen.

Es ist zu vermuten, daß die im Vergleich zu Normalbeton zahlreichen Einflußparameter der Kriech- und Schwindvorgänge beim konstruktiven Leichtbeton die Ursache dafür sind, daß in verschiedenen Veröffentlichungen zum Teil widersprüchliche Ergebnisse zu finden sind. Im folgenden soll deshalb der augenblickliche Wissensstand zusammengefaßt und mögliche Auswirkungen typischer Leichtzuschlagseigenschaften auf die für Normalbeton entwickelten Kriech- und Schwindtheorien aufgezeigt werden. Weitere Forschungsarbeiten sind nötig, um die Prognosen durch gezielte Parameterstudien experimentell zu untermauern.

4.6.1 Schwinden

Der Begriff "Schwinden" wird gemeinhin mit dem Trocknungsschwinden verbunden, das auf dem Austrocknungsprozeß des erhärteten Betons beruht. Darüber hinaus gibt es mit dem plastischen und autogenen Schwinden sowie dem Karbonatisierungsschwinden noch drei weitere Erscheinungen.

Das plastische Schwinden entsteht bei jungem Normalbeton im Anfangsstadium des Erhärtungsprozesses durch Verdunsten des Anmachwassers an der Betonoberfläche. Ein Stillstand dieses Vorgangs ist bei einer erreichten Betondruckfestigkeit von ungefähr 1 N/mm² zu erwarten. Wenn die Verdunstungsrate die Wasserabsonderung („Bluten" des Betons) übersteigt, trocknet der Beton an der Oberfläche aus. Es entstehen Wassermenisken und dadurch kapillare Kräfte zwischen den Körnern, die proportional sind zum Kehrwert des jeweiligen Meniskusradius (Kapillarschwinden). Von daher ist der Kapillarzug um so größer, je geringer der Abstand zwischen den Partikeln ist, d. h. der Kapillarzug wächst mit abnehmendem Wasserzementwert und zunehmender Packungsdichte. Wenn die auftretenden Zugspannungen die momentane Zugfestigkeit überschreiten, stellen sich Risse an der Oberfläche ein. Aus diesem Grunde sollte der Beton nach dem Verdichten durch Nachbehandlung vor Austrocknung geschützt werden (Abs. 2.5.5). Aufgrund der Saugfähigkeit der Leichtzuschläge neigen Leichtbetonmischungen weit weniger zum Bluten, was das plastische Schwinden in diesem Fall verstärken kann.

Abgesehen vom Kapillarschwinden kann speziell bei Leichtbeton eine weitere Erscheinung des plastischen Schwindens auftreten, die auf die Wasserabsorption der Leichtzuschläge in den ersten Stunden nach dem Verdichten des Betons zurückzuführen ist. Diese Gefahr besteht insbesondere bei der Verwendung von teilweise offenporigen Zuschlägen mit niedrigem Vorsättigungsgrad. In diesen Fällen stellt sich bei Leichtbeton ein stärkeres plastisches Schwinden ein. Damit ist ein erhöhtes Rißrisiko an der Betonoberfläche während des Erstarrens verbunden, da die Kernbereiche über die Wasserreservoire in den Zuschlägen über einen sehr langen Zeitraum feucht gehalten werden (Abs. 2.6.2). Auf das Schwindmaß haben diese Vorgänge an der Betonoberfläche allerdings keinen nennenswerten Einfluß.

Das autogene Schwinden ε_{cas}, auch als chemisches Schwinden bekannt, wird unabhängig von Bauteilabmessung und umgebender Atmosphäre durch die Volumenabnahme während der Hydratation hervorgerufen, da die Reaktionsprodukte im Zementstein ein kleineres Volumen einnehmen als Zement und Wasser im Zementleim. Die einzelnen Mechanismen, die diesen Schrumpfprozeß verursachen, sind quantitativ nur schwer zu erfassen. Das Hauptproblem stellt dabei das während der Hydratation sich kontinuierlich verändernde Porensystem dar. Unstrittig ist, daß das autogene Schwinden sehr stark mit einem Abfall des Feuchtigkeitsgehaltes im Beton bzw. der relativen Feuchtigkeit im Porensystem ($\Delta RH/\Delta t$) korreliert [135, 177]. Dieser mit dem Betonalter einhergehende Prozeß wird auch als Selbstaustrocknung (Self-Desiccation) des Betons bezeichnet. Dadurch entstehen in den Kapillaren Zugkräfte, die bei hochfestem Beton aufgrund des geringeren w/z-Wertes und der damit verbundenen kleineren Porendurchmesser besonders ausgeprägt sind. Von daher ist der innere Austrocknungsprozeß verantwortlich für die große Bedeutung des chemischen Schwindens bei hochfestem Beton. Aufgrund ihres niedrigen Wassergehaltes übertrifft es in diesem Fall sogar die Werte des Trocknungsschwindens ε_{cds} (Bild 4-109).

Jüngste Studien [135, 136, 139] belegen, daß das autogene Schwinden bei hochfestem Beton durch den teilweisen Austausch dichter Zuschläge durch wassergesättigte Leichtzuschläge [134] drastisch reduziert werden kann. Beispielsweise zeigt *van Breugel* [135], daß sich das Schwinden eines C80/95 in den ersten beiden Wochen etwa halbiert, wenn 25 Vol.-% des dichten Zuschlags durch vorgesättigten Blähton ersetzt wird (Bild 4-110).

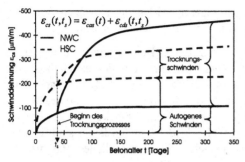

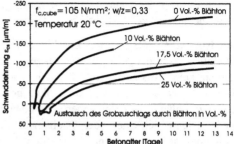

Bild 4-109 Zeitliche Entwicklung des autogenen Schwindens bei NWC und HSC [83]

Bild 4-110 Reduktion des autogenen Schwindens von HSC durch die Zugabe von wassergesättigten Leichtzuschlägen [135]

Dieser positive Einfluß läßt sich auf die innere Nachbehandlung zurückführen, die durch den Wasserspeicher in den Zuschlägen ermöglicht wird. Dadurch wird Feuchtigkeit nach Bedarf dem erhärtenden Zementstein zugeführt und so der Selbstaustrocknung entgegengewirkt. In [135] wird darauf hingewiesen, daß weitere Verbesserungen durch die Erhöhung des Leichtzuschlaganteils möglich sind. Diese Prognose stützt sich auf vorhergehende Untersuchungen, in denen bei Leichtbetonen mit einem w/z-Wert von 0,37 kein chemisches Schwinden konstatiert werden konnte. Statt dessen wurde in diesen Versuchen ein anfängliches Quellen gemessen. Es ist naheliegend, daß die Verbesserung des autogenen Schwindens durch Leichtzuschläge verloren geht, wenn diese versiegelt bzw. umhüllt werden. In diesem Fall wirkt sich die geringere Steifigkeit des porigen Zuschlags dahingehend aus, daß die anfänglichen Schwindverformungen im Vergleich zu Normalbeton mit analoger Zusammensetzung wesentlich größer ausfallen [136].

Das Karbonatisierungsschwinden beruht auf der chemischen Umwandlung von Calciumhydroxid in Calciumkarbonat und ist abhängig vom Feuchtegehalt im Zementstein und in der Atmosphäre. Dabei wird das Calciumhydroxid aus den Gelporen herausgelöst und der entstandene Hohlraum reduziert [44]. Dieser Schwindprozeß ist wie die Karbonatisierung nur auf die oberflächennahen Bereiche beschränkt. Auf das Gesamtschwindmaß hat dieser Vorgang deshalb keinen Einfluß, allerdings kann die Dauerhaftigkeit durch Rißbildung an der Betonoberfläche beeinträchtigt werden. Da gemäß Abschnitt 4.8.2 die Karbonatisierung in Normal- und Leichtbetonen vergleichbar ist, sind auch keine nennenswerten Unterschiede beider Betonarten hinsichtlich des Karbonatisierungsschwindens zu erwarten.

In den meisten Fällen ist das Trocknungsschwinden ε_{cds} die wichtigste Komponente im gesamten Schwindprozeß. Es beruht auf der Austrocknung des erhärteten Betons und kann für Normalbeton in erster Näherung proportional zum Wasserverlust gesetzt werden. Die daraus resultierenden Schwindverformungen entwickeln sich nur sehr langsam mit der Zeit, weil langwierige Diffusionsvorgänge dafür verantwortlich sind. Die maßgebenden Einflußparameter für das Schwindmaß sind der Wassergehalt im Beton, der Zementleimanteil, der E-Modul des Zuschlags, die Bauteildicke sowie die relative Feuchte der Außenluft. Der zeitliche Ablauf wird bei Normalbeton weitestgehend von der Porosität des Zementsteins und wiederum der Bauteildicke bestimmt. Nachfolgend werden die einzelnen Einflüsse näher betrachtet und hinsichtlich des Schwindverhaltens von Leichtbeton diskutiert.

Bei Normalbeton leisten die Zuschläge in der Regel keinen Beitrag zum zeitabhängigen Verformungsverhalten. Über Zuschläge mit porigem Gefüge konnte diesbezüglich bis vor kurzem keine Aussage getroffen werden. Allerdings wurde mit dem in [138] vorgestellten Meßverfahren nun auch die Möglichkeit geschaffen, das Schwinden von wassergesättigten Leichtzuschlägen zu untersuchen. Die bisherigen Versuche an Blähtonkörnern zeigen entweder leichte Schwind- oder Quellverformungen. Im Mittel konnten keine signifikanten Dehnungsänderungen gemessen werden. Es ist jedoch nicht auszuschließen, das manche Leichtzuschläge schwinden bzw. quellen.

Die Kornrohdichte ist beim Schwinden von großer Bedeutung, da sie maßgeblich den E-Modul des Leichtzuschlags bestimmt (Bild A1-15) und damit auch seinen Widerstand gegenüber Schwindverformungen. In [137] wird gezeigt, daß das Schwindmaß mit niedrigerer Kornrohdichte zunimmt, da ein weicherer Zuschlag das Schwinden des Leichtbetons weniger behindert (Bild 4-111).

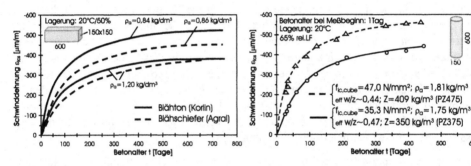

Bild 4-111 Abhängigkeit des Trocknungs-schwindens von der Kornrohdichte [137]

Bild 4-112 Abhängigkeit des Trocknungs-schwindens vom Mörtelgehalt [140]

Da der Zementstein zumeist die einzige schwindfähige Komponente darstellt, muß das Schwindmaß mit steigendem Zementsteinvolumen zunehmen [70]. Die im Vergleich zu Beton erhöhten Schwindmaße von Mörteln bestätigen diese These [142]. Daher wird das Schwindmaß auch in erster Näherung proportional zum Zementsteinvolumen angesetzt [83]. In [140] wurden der Zementleimanteil und die Zementsorte zweier Leichtbetone variiert, während die Mischungsrezeptur ansonsten nahezu unverändert blieb. Wie Bild 4-112 zeigt, fällt die Schwinddehnung mit höherem Zementgehalt und höherer Zementfestigkeit deutlich größer aus als bei der Vergleichsmischung. Dies ist in diesem Fall im wesentlichen auf das größere Zementsteinvolumen, zum Teil aber auch auf die höhere Zementgüte zurückzuführen. Dadurch wird im jungen Betonalter mehr Zementgel durch die größere Mahlfeinheit bzw. Oberfläche gebildet und ein höherer Hydratationsgrad erzielt, so daß die Schwindneigung aufgrund der stärkeren Zugkräfte bei kleineren Poren (Kapillarzug) und der geringeren unhydratisierten Zementmenge zunimmt [142].

Abgesehen von dem Volumenanteil bestimmt der Zementstein das Trocknungsschwinden auch über seine Porosität, weil mit steigendem Wassergehalt bzw. *w/z*-Wert die Menge an verdampfbarem Wasser zunimmt. Da die Matrixdruckfestigkeit eines Leichtbetons oberhalb der Grenzfestigkeit größer ist als die eines Normalbetons gleicher Druckfestigkeit, könnte dadurch das bei Leichtbeton übliche größere Zementsteinvolumen teilweise wieder kompensiert werden.

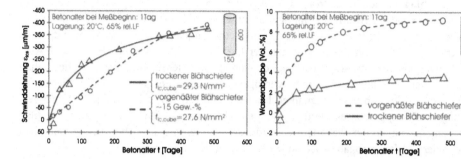

Bild 4-113 Verlauf des Schwindens in Abhängigkeit vom Feuchtegehalt der Leichtzuschläge [140]

Bild 4-114 Gewichtsverlust der Schwindprüfzylinder (Wasserabgabe) aus Bild 4-113 [140]

Bei Leichtbeton kann das Schwindmaß im Gegensatz zu Normalbeton nicht zur Abschätzung proportional zum Wasserverlust während der Austrocknung gesetzt werden. Dies wird in den Bildern 4-113 und 4-114 deutlich, die den Schwindverlauf sowie den Gewichtsverlust zweier Mischungen zeigen, die abgesehen vom Feuchtegehalt der Leichtzuschläge praktisch identisch sind [140]. Während die Schwindverformung nach 480 Tagen bei unterschiedlichem zeitlichen Verlauf für beide Betone annähernd gleich ist (Bild 4-113), unterscheiden sich die abgegebenen Wassermengen doch erheblich (Bild 4-114). Bestätigung finden diese Versuchsergebnisse durch eine andere Studie [141], in der drei verschiedene Leichtzuschläge mit jeweils zwei unterschiedlichen Sättigungsgraden verarbeitet wurden. Die Mischungen mit den stärker vorgenäßten Zuschlägen weisen einerseits einen wesentlich höheren Gewichtsverlust durch Wasserabgabe (Bild 4-116) und andererseits einen

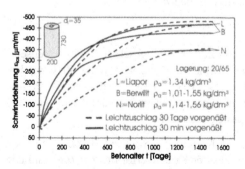

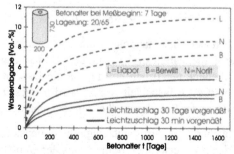

Bild 4-115 Verlauf des Schwindens in Abhängigkeit vom Feuchtegehalt der Leichtzuschläge [141]

Bild 4-116 Gewichtsverlust der Schwindprüfzylinder (Wasserabgabe) aus Bild 4-115 [141]

verzögerten Schwindverlauf auf (Bild 4-115). Im Laufe der Zeit erreichen die Schwindverformungen aber die Werte der Vergleichsbetone und können diese, ähnlich wie in Bild 4-113, dann sogar leicht überbieten. Vermutlich nimmt die Differenz mit weiterer Meßdauer noch etwas zu, da nur bei den Leichtbetonen mit den kurz vorgenäßten Zuschlägen ein Stillstand des Schwindens nach etwa 1600 Tagen festgestellt werden konnte.

Nach den Ergebnissen beider Untersuchungen zu urteilen muß man davon ausgehen, daß das im Zuschlag gespeicherte Wasser keinen nennenswerten Beitrag zum Schwindmaß leistet, sondern die Schwindverformung nur unwesentlich erhöht. Allerdings wirkt das Kornporenwasser der Entwässerung des Zementsteins entgegen, so daß der Schwindprozeß in den ersten Monaten verzögert wird. Da der Diffusionswiderstand des Betons das Austrocknen maßgebend bestimmt, wird das Schwinden bei Leichtbeton angesichts der hohen Dichtigkeit der Kontaktzone zudem verzögert. In verschiedenen Veröffentlichungen [17, 139] konnte deshalb bei vorgenäßten Leichtzuschlägen eine anfängliche Volumenvergrößerung (Quellen) gemessen werden, wenn die Diffusion des Wassers aus dem Zuschlag in den Zementstein größer war als die Verdunstungsrate, wie z. B. bei dicken Bauteilen oder behinderter Wasserabgabe nach außen durch eine Beschichtung.

Durch das Schwinden wird ein Eigenspannungszustand im Querschnitt erzeugt, da die oberflächennahen Zonen sehr viel schneller ein Feuchtegleichgewicht mit der umgebenden Luft erreichen als die Kernbereiche. Leichtbetone sind besonders anfällig für diese Feuchtegradienten, wie bereits in Abschnitt 4.2.1 beschrieben, da die inneren Zonen über einen sehr langen Zeitraum durch die Wasserreservoire in den Zuschlägen feucht gehalten werden.

Für die Bemessung kann man annehmen, daß bei gefügedichtem Leichtbeton ein etwas höheres Endschwindmaß $\varepsilon_{lcs}(\infty,t_s)$ im Vergleich zu Normalbeton zu erwarten ist, da die weicheren Zuschläge den Schwindprozeß weniger stark behindern und der Volumenanteil der Matrix in der Regel etwas größer gewählt wird (siehe Abs. 5.2.4).

4.6.2 Kriechen

Im Gebrauchszustand $\sigma_c \leq 0{,}45 \cdot f_{ck}$ ist die Kriechverformung $\varepsilon_{cc}(t,t_0)$ des Betons annähernd proportional zur kriecherzeugenden Spannung $\sigma_c(t_0)$. Die Kriechgeschwindigkeit nimmt mit der Zeit ab. Als Proportionalitätsfaktor dient das Kriechmaß $\alpha_c(t,t_0)$.

$$\varepsilon_{cc}(t,t_0) = \alpha_c(t,t_0) \cdot \sigma_c(t_0) \qquad \text{mit} \quad \alpha_c(t,t_0) \ \text{in mm}^2/\text{N} \tag{4.24}$$

Für höhere Spannungen ist dieser Zusammenhang nur noch eingeschränkt gültig. Jenseits der Dauerstandfestigkeit nimmt die Kriechgeschwindigkeit sogar mit der Zeit zu, bis schließlich der Bruch eintritt. Da die Dauerstandfestigkeit von Leichtbeton bereits in Abschnitt 4.1.6 behandelt wurde, wird in diesem Abschnitt nicht weiter darauf eingegangen, sondern der Kriechprozeß nur unter Gebrauchslasten untersucht.

Üblicherweise wird heutzutage die dimensionslose Kriechzahl $\varphi(t,t_0)$ zur Beschreibung des Kriechens verwendet, definiert als der Quotient aus der Kriechverformung $\varepsilon_{cc}(t,t_0)$ und der elastischen Anfangsverformung ε_{ci}, die die elastische Dehnung entweder bei Belastungsbeginn t_0 (Gl. 4.25a) oder bei einem Betonalter von 28 Tagen (Gl. 4.25b) darstellt.

$$\varphi(t,t_0) = \frac{\varepsilon_{cc}(t,t_0)}{\varepsilon_{ci}(t_0)} = \varepsilon_{cc}(t,t_0) \cdot \frac{E_{ci}}{\sigma_c(t_0)} \quad \text{bzw.} \quad \varphi(t,t_0) = \frac{\varepsilon_{cc}(t,t_0)}{\varepsilon_{ci}(t_{28})} \qquad (4.25\text{a+b})$$

Die Kriechzahl von Normalbeton ist abhängig von betontechnologischen Parametern (w/z-Wert, Zementart, Zuschlagvolumen und -steifigkeit) sowie äußeren Einflüssen (Umgebungsklima, Belastungsalter, Bauteilabmessung). Bezieht man die Gesamtverformung auf die kriecherzeugende Spannung, erhält man die Kriechfunktion $J(t,t_0)$.

$$J(t,t_0) = \frac{\varepsilon_{ci}(t_0) + \varepsilon_{cc}(t,t_0)}{\sigma_c(t_0)} = \frac{1}{E_c(t_0)} + \frac{\varphi(t,t_0)}{E_{ci}} \qquad (4.26)$$

Die Kriechverformung setzt sich aus dem Grundkriechen und dem Trocknungskriechen zusammen. Unter Grundkriechen bzw. „reinem Kriechen" versteht man die Kriechverformung des Betons, der mit seiner Umgebung im Feuchtegleichgewicht steht. Darüber hinaus stellen sich weitere Kriechverformungen ein, wenn die Probe während der Belastung austrocknen kann. Dieses sogenannte Trocknungskriechen läßt sich meßtechnisch aus der Differenz der Kriechverformung eines unversiegelten und eines versiegelten Prüfkörpers ermitteln [83].

Obwohl bereits viele Theorien für das Grundkriechen entwickelt wurden, konnte keine davon bislang alle Phänomene zufriedenstellend erklären. Es scheint unstrittig zu sein, daß das von dem Zementgel adsorbierte und damit physikalisch gebundene Wasser eine entscheidende Rolle spielt. In einigen Modellen wird das Grundkriechen auf Bewegungen dieser Wassermoleküle im Zementstein zu Stellen mit niedrigerer Spannung zurückgeführt, so daß die Gelpartikel näher zusammenrücken [142]. Dieser Vorgang ist bei einer Entlastung teilweise reversibel, da sich die Partikel in diesem Fall wieder auseinander bewegen können. Durch Mikrorißbildung während der Belastung, bleibende Gleitvorgänge sowie die Bildung von Primärbindungen zwischen den Gelpartikeln sind jedoch irreversible Verformungen unvermeidbar. Bild 4-117 zeigt eine Darstellung der einzelnen Verformungsanteile aus Kriechen und Schwinden.

Von Normalbeton ist bekannt, daß das Trocknungskriechen um so stärker ausgeprägt ist, je höher der Wasserverlust während der Belastung ist [83]. Daraus läßt sich ableiten, daß die

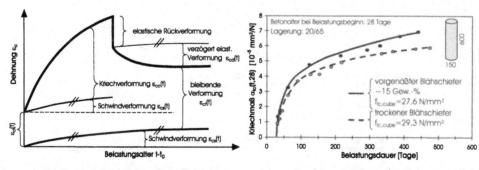

Bild 4-117 Verformungsanteile des Betons unter Kriechen und Schwinden

Bild 4-118 Entwicklung des Kriechmaßes für $\sigma_c = 0{,}33 \cdot f_{lck,cube}(t{=}28d)$ [140]

Kriechverformungen mit niedrigerer Luftfeuchtigkeit und kleineren Bauteilabmessungen zunehmen. Eine höhere Verdunstungsrate scheint somit die Beweglichkeit der Wassermoleküle zu fördern und damit den Kriechprozeß zu beschleunigen. Für das Grundkriechen von Normalbeton gilt, daß die damit einhergehenden Verformungen mit höherem Feuchtigkeitsgehalt größer ausfallen. Welche Konsequenzen sich daraus für Leichtbeton ergeben, soll im folgenden anhand einiger Versuchsergebnisse erläutert werden.

Die Bedeutung des Trocknungskriechens ist bei Leichtbeton geringer einzuschätzen als bei Normalbeton. Dies zeigt sich z. B. an dem schwächeren Einfluß der Bauteildicke auf das Kriechmaß [17]. Offenbar wirkt der Wasserspeicher in den Leichtzuschlägen dem Verdunstungsprozeß entgegen.

Die Abhängigkeit des Grundkriechens von dem Feuchtigkeitsgehalt ist auch bei Leichtbetonen festzustellen. Beispielsweise wurde in [140] das Kriechen zweier Leichtbetone mit trockenem und vorgesättigtem Blähschiefer miteinander verglichen. Die höheren Kriechmaße ergaben sich über die gesamte Meßdauer für die Mischung mit dem feuchten Leichtzuschlag (Bild 4-118). *Rostásy* et. al. haben in [141] das Kriechen von Leichtbeton mit Leichtsand untersucht und dabei drei verschiedene Leichtzuschläge mit zwei unterschiedlichen Vorsättigungsgraden variiert.

Wie aus den Bildern 4-119 und 4-120 abzulesen ist, nimmt das Kriechmaß auch hier mit steigendem Feuchtegehalt der Leichtzuschläge zu. Diese Erhöhung der Kriechgeschwindigkeit durch die Wasserzufuhr aus den Leichtzuschlägen kann nur auf ein erhöhtes Grundkriechen zurückzuführen sein, da das Trocknungkriechen durch die innere Nachbehandlung eher verzögert wird. Damit werden die für Normalbeton geltenden Grundsätze auch für Leichtbeton bestätigt. Das Ausmaß der Kriechsteigerung aufgrund der Vornässung ist von dem Leichtzuschlag und seinem Porensystem abhängig.

In der gleichen Studie [141] sollte auch der Einfluß des Betonalters auf das Kriechen untersucht werden, indem die Versuche mit 7 und 28 Tage alten Probekörpern durchgeführt wurden. In den Bildern 4-119 und 4-120 wird deutlich, daß das Endkriechmaß mit steigendem Betonalter bei Belastungsbeginn abnimmt. Die Kriechkurven der drei Leichtzuschläge stellen sich entsprechend der Steifigkeit des Leichtbetons ein, d. h., je höher der E-Modul des Betons bzw. des Zuschlags ist, desto niedriger sind die gemessenen Kriechverformun-

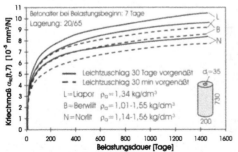

Bild 4-119 Entwicklung des Kriechmaßes
für $\sigma_c = 0{,}25 \cdot f_{lck,cube}(t = 7\,d)$ [141]

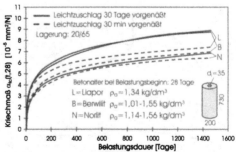

Bild 4-120 Entwicklung des Kriechmaßes
für $\sigma_c = 0{,}25 \cdot f_{lck,cube}(t = 28\,d)$ [141]

gen. In allen Versuchen konnte selbst nach vierjähriger Meßdauer kein Stillstand des Kriechens festgestellt werden.

Nach [17, 140] zeigen auch Leichtbetone mit gebrochenen Leichtzuschlägen ein stärkeres Kriechen und Schwinden als mit Zuschlägen mit ausgeprägter Sinterhaut. Diese Beobachtung läßt sich damit erklären, daß gebrochene Zuschläge in der Regel über einen größeren Anteil an offenen Poren verfügen (vgl. Tabelle A1-3) und damit eine wirkungsvollere Wasserspeicherung erzielen.

Viele Einflußparameter des Schwindens lassen sich auch auf den Kriechprozeß übertragen. Dazu gehören unter anderem der E-Modul des Zuschlags sowie die Zementleimmenge und -porosität. Je größer die Zementleimmenge ist, desto größer ist auch das zu erwartende Kriechmaß (Bild 4-121).

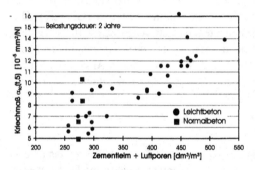

Bild 4-121 Einfluß der Zementleimmenge auf das Kriechmaß von Normal- und Leichtbeton [17]

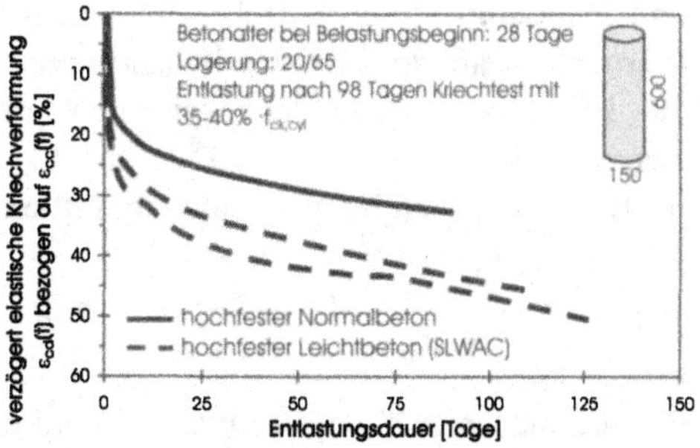

Bild 4-122 Verzögert elastische Kriechverformung von HSC und HSLWAC bezogen auf die Gesamtkriechverformung [139]

Die verzögert elastischen Kriechverformungen $\varepsilon_{cd}(t)$ von Leichtbeton sind gewöhnlich größer als die eines Normalbetons gleicher Festigkeit. In [139] wird dies deutlich in einer Studie mit hochfesten Betonen gezeigt (Bild 4-122). Als Erklärung könnte man auch in diesem Fall die höhere elastische Kompatibilität durch die Leichtzuschläge anführen, die die Neigung zur Mikrorißbildung und damit zu irreversiblen Verformungen mindert.

Die bisherigen Kriechkurven von Leichtbetonen haben gezeigt, daß sich ihr Verlauf nicht grundlegend von dem eines Normalbetons unterscheiden. Daher kann man unter Berücksichtigung des zumeist zeitlich verzögerten Schwindens bei Leichtbeton (Bild 4-115) feststellen, daß, im Gegensatz zu Normalbeton, der Kriech- und der Schwindvorgang nicht affin zueinander verlaufen, sondern insbesondere im frühen Betonalter selbst gegenläufige Verformungen durch etwaige Quellerscheinungen möglich sind.

Im Vergleich zu Normalbeton liegen die Kriechmaße von Leichtbeton in der gleichen Größenordnung. Im allgemeinen sind jedoch aufgrund der weicheren Leichtzuschläge und des höheren Feuchtegehalts etwas größere Kriechverformungen bei Leichtbeton zu erwarten (z. B. [144]). Auf hochfestem Niveau wurden in [143] für beide Betonarten nahezu identische Kriechmaße gemessen, allerdings bei einer kriecherzeugenden Spannung von $\sigma_c(t_0) \geq$ 50 % $\cdot f_c$ (siehe auch Abs. 5.2.5).

4.7   Thermische Eigenschaften

Die Vorzüge des konstruktiven Leichtbetons hinsichtlich seiner wärmeisolierenden Eigenschaften haben seine Blütezeit in den 1970er Jahren in Deutschland mit begründet. Mit der Novellierung der Wärmeschutzverordnung im Jahre 1982 und den dadurch gestiegenen Anforderungen an das Wärmedämmvermögen von Baukonstruktionen wurde die einschalige Bauweise (vgl. Bild 6-3) jedoch mehr und mehr durch Sandwich-Elemente unter Verwendung organischer und mineralischer Dämmstoffe verdrängt. Abgesehen von dem energiesparenden Gesichtspunkt sind die gegenüber Normalbeton veränderten thermischen Eigenschaften des Leichtbetons aber auch von großer Bedeutung für seine Herstellung (Abs. 2.6.1) und Bemessung (Abs. 5.2.6).

Die Wärmedehnzahl α_{cT} von Beton ist abhängig von den Wärmeausdehnungskoeffizienten und E-Moduln seiner Einzelkomponenten sowie deren Volumenanteilen (Gl. 4.27). Die Wärmedehnzahl der Matrix schwankt je nach Feuchtegehalt zwischen $\alpha_{mT} = 10 \cdot 10^{-6}$/K und $20 \cdot 10^{-6}$/K. Normalzuschläge weisen entsprechend ihrem Quarzgehalt Ausdehnungskoeffizienten zwischen $\alpha_{aT} = 5,5 \cdot 10^{-6}$/K und $14 \cdot 10^{-6}$/K auf [83]. Aus diesen Angaben wird für die Bemessung von Normalbeton ein mittlerer Wert $\alpha_{cT} = 10 \cdot 10^{-6}$/K abgeleitet.

$$\alpha_{cT} = \frac{\alpha_{aT} \cdot E_a \cdot V_a + \alpha_{mT} \cdot E_m \cdot V_m}{E_a \cdot V_a + E_m \cdot V_m} \quad \text{mit } E_m \sim E_a \qquad \alpha_{cT} = \alpha_{aT} \cdot V_a + \alpha_{mT} \cdot V_m \quad (4.27)$$

Die Wärmedehnzahl der Leichtzuschläge liegt mit $\alpha_{aT} = 3,5 \cdot 10^{-6} - 6 \cdot 10^{-6}$/K etwas niedriger bzw. im unteren Bereich des für dichte Zuschläge bekannten Spektrums [17]. Diesem reduzierenden Effekt steht zum einen die höhere Festigkeit bzw. Steifigkeit der Matrix gegenüber, sofern Natursand verwendet wird. Zum anderen weisen Leichtzuschläge einen niedrigeren E-Modul und geringeren Volumenanteil V_a auf, so daß die Verformung der Matrix weniger behindert wird. Die Vielfalt der Einflußparameter macht eine gewisse Streubreite der Versuchsergebnisse mit Leichtbeton plausibel, die im Mittel überwiegend eine Abminderung des Ausdehnungskoeffizienten um etwa 20 % im Vergleich zu Normalbeton ergaben [6, 148] (vgl. Bild 4-144). Daher wird in [2] mit $\alpha_{lcT} = 8 \cdot 10^{-6}$/K für Leichtbeton ein Anhaltswert angegeben mit der Anmerkung, daß der tatsächliche Wert beträchtlich höher sein kann.

Das Wärmespeicherungsvermögen als Maß für die Wärmespeicherung eines Baustoffes ist das Produkt aus Rohdichte ρ und spezifischer Wärmekapazität c, die für die meisten Baustoffe etwa gleich groß ist. Damit kann annähernd ein proportionaler Zusammenhang zwischen der Wärmespeicherung und der Rohdichte angesetzt werden. Das Wärmespeicherungsvermögen von Leichtbeton ist demnach geringer als das von Normalbeton. Dadurch sind unter anderem auch höhere Temperaturen in Leichtbetonbauteilen während der Hydratation zu erwarten (Abs. 2.6.1).

Die Wärmeleitfähigkeit λ wird außer von der Dichte des porenfreien Stoffes vor allem von Porigkeit und Feuchtigkeit beeinflußt. Eine hohe Porigkeit reduziert den durchfließenden Wärmestrom, da die Wärme in Luft schlechter als im Stoff geleitet wird. Aus diesem Grunde ist nicht nur die Wärmedämmung von Leichtbeton deutlich besser als die von Normalbeton (λ_{NC} = 2,1 W/(m·K)), sondern auch die Wärmeleitfähigkeit eines Leichtbetons mit Natursand bei gleicher Rohdichte um etwa 20 % höher als die eines Leichtbetons mit Leichtsand (Bild 4-123). Ein hoher Feuchtegehalt, wie er sich z. B. bei wassergesättigten Zuschlägen über einen längeren Zeitraum einstellt, vergrößert die Leitfähigkeit spürbar, so daß bei einer Feuchte von 5 Vol.-% die im trockenen Zustand gemessenen Werte im allgemeinen um etwa 20 % zunehmen (Bild 4-124). In der Praxis werden zum Teil durchaus höhere Feuchtegehalte gemessen. Nicht zuletzt aufgrund verschiedener Schadensfälle in den 70er Jahren wurde deshalb in den neueren Ausgaben der DIN 4108-4 den λ-Werten von gefügedichten Leichtbetonen ein Feuchtegehalt von 13 M.-% zugrundegelegt (Bild 4-123).

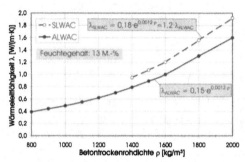

Bild 4-123 Wärmeleitfähigkeit von Leichtbeton nach DIN V 4108 Teil 4, 02/2002

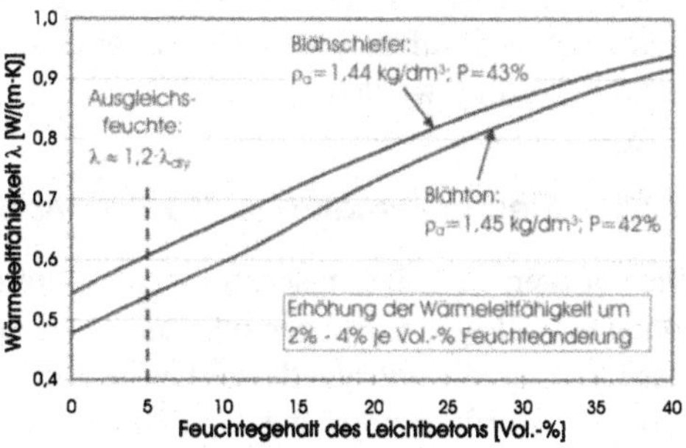

Bild 4-124 Einfluß des Feuchtegehaltes auf die Wärmeleitfähigkeit [17]

4.8 Dauerhaftigkeit

Dauerhafter Beton widersteht widrigen Einflüssen aus chemischen oder physikalischen Angriffen, um die Sicherheit, die Gebrauchstauglichkeit sowie ein akzeptables Erscheinungsbild des Bauwerks für eine bestimmte Nutzungsdauer unter Vermeidung unvorhersehbarer Instandhaltungsmaßnahmen zu gewährleisten. Eine Gefährdung der Dauerhaftigkeit liegt, von mechanischen Beanspruchungen einmal abgesehen, dann vor, wenn Gase oder Flüssigkeiten in das Bauteil eindringen, die entweder die Korrosion des Bewehrungsstahls einleiten oder den Beton von innen angreifen. Als Transportwege für die eindringenden Substanzen dienen bei Normalbeton das Porensystem des Zementsteins und der Kontaktzone zwischen Zuschlag und Matrix sowie eventuelle Mikrorisse. Im Zuge von außerordentlich kostspieligen Betonsanierungen hat seit längerer Zeit bereits ein Umdenken dahingehend eingesetzt, neben dem Nachweis der Tragfähigkeit und Gebrauchstauglichkeit auch die Dauerhaftigkeit als gleichwertiges Element in den Bemessungsregeln zu verankern.

Dieser Sinneswandel war für die Anwendung von Leichtbeton im konstruktiven Ingenieurbau in Nordamerika und Skandinavien sicherlich förderlich, da Leichtbeton eine besonders gute Dauerhaftigkeit nachgesagt wird. Die Einschätzung mag zunächst verwundern, da die porösen Leichtzuschläge dem Stofftransport einen geringeren Widerstand bieten als dichte Zuschläge (Bild 4-127). Von daher neigt man dazu, im ersten Augenblick bei Leichtbeton eine höhere Durchlässigkeit als bei Normalbeton zu erwarten. Allerdings wird diese Ver-

mutung durch zahlreiche Veröffentlichungen widerlegt, die aufzeigen, daß die hohe elastische Kompatibilität der Komponenten, die dichte Kontaktzone sowie die innere
Nachbehandlung den Transport über Mikrorisse und die Kontaktzone drastisch reduzieren
und somit das Manko der porösen Leichtzuschläge in der Regel bei weitem kompensieren.

Die Anforderungen hinsichtlich der Dauerhaftigkeit des Betons werden in DIN 1045-1 und
DIN 1045-2 in Abhängigkeit von den Umweltbedingungen bzw. Expositionsklassen formuliert (Tabelle 2-6). Unterschieden wird dabei zwischen Umweltklassen für karbonatisie-
rungs- bzw. chloridinduzierte Bewehrungskorrosion sowie für Betonangriff, der durch eine
aggressive chemische Umgebung, Frost-Tauwechsel oder Verschleiß erfolgen kann. Im
folgenden sollen die Mechanismen des Stofftransports in Leichtbeton beleuchtet und die
Auswirkungen auf den Korrosionsschutz sowie den Frost-Tausalz- und Verschleißwiderstand aufgezeigt werden.

4.8.1 Mechanismen des Stofftransportes

Die meisten Schädigungsprozesse im Beton erfordern das Eindringen von Wasser, von
Ionen in wäßrigen Lösungen oder auch von Gasen in das Bauteil. Von daher gilt die Durchlässigkeit als die entscheidende Größe für die Dauerhaftigkeit des Betons. Als Mechanismen des Stofftransports dienen Diffusion, kapillare Saugvorgänge oder Strömungen aufgrund eines äußeren Druckunterschieds, sogenannte Sickerströmungen. Welcher dieser
Vorgänge schließlich vorherrscht, richtet sich nach dem Sättigungsgrad des Porensystems
und den übrigen Randbedingungen. Untersuchungen der Durchlässigkeit von Beton unterscheiden sich erheblich, nicht nur in dem Stofftransport sowie dem Prüfaufbau und der
–durchführung, sondern auch im Testmedium (z. B. Wasser, Gas, Öl), so daß eine vergleichende Bewertung zwischen Normal- und Leichtbeton deshalb nur unter identischen Prüf-
bedingungen möglich ist. Solche Gegenüberstellungen werden nun kurz vorgestellt.

In [120] wurde die Sauerstoffdurchlässigkeit zweier Leichtbetone mit Natursand im Vergleich zu einem Normalbeton und einer Natursandmatrix mit gleichem w/z-Wert und unter
Variation verschiedener Nachbehandlungs- und Trocknungsmethoden untersucht. In allen

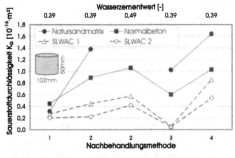

Bild 4-125 Sauerstoffdurchlässigkeit K_G
von SLWAC im Vergleich zu NWC und
einer Natursandmatrix [120]

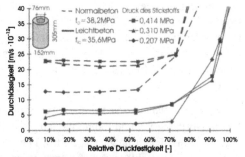

Bild 4-126 Stickstoffdurchlässigkeit von
SLWAC und NWC in Abhängigkeit vom
Druckspannungsniveau [123]

Fällen konnten zumindest gleiche Werte, in der Regel jedoch erheblich niedrigere Eindring-
raten für die beiden Leichtbetone gemessen werden (vgl. Bild 4-125).

In einer anderen Studie [123] wurde der Einfluß des Druckspannungsniveaus auf die Stickstoffdurchlässigkeit von SLWAC und NWC mit gleicher Festigkeit geprüft. Aus Bild 4-126
wird ersichtlich, daß die Durchlässigkeit des Normalbetons zum einen im unbelasteten
Zustand erheblich höher liegt. Zum anderen zeigt sich aber auch, daß die Mikrorißbildung
bei Leichtbetonen erwartungsgemäß später einsetzt (vgl. Abs. 4.1.5) und somit auch der
starke Abfall des Eindringwiderstandes erst bei einem höheren Ausnutzungsgrad von etwa
72-82 % stattfindet. Darüber hinaus wird in [123] darauf hingewiesen, daß in vier weiteren,
ganz unterschiedlichen Untersuchungen von *Khokrin*, *Nishi*, *Keeton* und *Bamforth* jeweils
die konstruktiven Leichtbetone die niedrigsten Durchlässigkeitswerte in den jeweiligen
Testserien in allen Festigkeitsklassen aufwiesen.

In [70] wurde der Widerstand von hochfesten Normal- und Leichtbetonen gegen das Eindringen von Chlorid-Ionen verglichen, basierend auf der elektrischen Leitfähigkeit. Bei
diesem beschleunigten Testverfahren nach AASHTO T277 konnte auch für hochfeste
Leichtbetone ein zumindest mit ihrem schwereren Pendant ebenbürtiges Verhalten beobachtet werden. Zusätzlich erzielte man für SLWAC eine spürbare Verbesserung des Wider-
standes durch die Zugabe von Silikastaub.

Diese Feststellung deckt sich mit den Erkenntnissen aus einer weiteren Untersuchung
[124], bei der der Diffusionskoeffizient D_c für zehn hochfeste, dem Meerwasser ausgesetzte
Leichtbetone bestimmt wurde. Durch die Zugabe von Silikastaub (10 M.-% v. Z.) konnte
hier die Durchlässigkeit um nahezu den Faktor 5 reduziert werden, was wohl in erster Linie
auf den Füllereffekt zurückzuführen ist. Wie erwartet, wurde die Porosität des Leichtzuschlags als ein weiterer Einflußparameter identifiziert. Hingegen konnten Auswirkungen
aufgrund verschiedener Feinsande oder durch Variation des Größtkorndurchmessers nicht
festgestellt werden. Leider fehlt in diesem Fall der Bezug zum Normalbeton. Aus den Versuchsergebnissen wurde schließlich unter Annahme eines zulässigen Chloridgehaltes von
0,1 bzw. 0,4 M.-% v. Z. und einer Betondeckung $c = 75$ mm für die hochfesten Leichtbetone mit Silikastaub eine Lebensdauer von 30 bis 60 Jahren für vorgespannte Konstruktionen
bzw. 60 bis 130 Jahren für Stahlleichtbetonbauteile prognostiziert.

Im Rahmen der gleichen Studie wurde auch der Wassereindringkoeffizient K von
HSLWAC bestimmt [125]. Die Messungen ergaben in Abhängigkeit der Matrixqualität
äußerst niedrige Werte zwischen $K = 1,3 \cdot 10^{-12}$ und $< 1 \cdot 10^{-14}$. Für ALWAC konnten höhere Werte als bei SLWAC gemessen werden. Entgegen den bisherigen Ergebnissen schnitten
in dieser Versuchsreihe die hochfesten Leichtbetone zum Teil etwas schlechter ab als HSC
der gleichen Festigkeit. Zwischen der Gesamtporosität und dem Eindringkoeffizienten
konnte kein direkter Zusammenhang festgestellt werden, wohl aber zwischen der Wasser-
durchlässigkeit und der in der Parallelstudie ermittelten eingedrungenen Chloridmenge.
Auch in [130] wird eine etwas erhöhte Wasserpermeabilität bei den untersuchten Leichtbetonen im Vergleich zum Normalbeton gleicher Festigkeit festgestellt.

An dieser Stelle sei die Frage erlaubt, inwieweit eine Übertragbarkeit der Laboruntersuchungen hinsichtlich realitätsnaher Prognosen der wahren Lebensdauer von Bauwerken

gegeben ist. In [122] wird darauf hingewiesen, daß in Versuchen an kleinen, spannungsfrei-en Probekörpern rapide Temperaturwechsel oder dynamische Biegebeanspruchungen nicht simuliert werden, die allerdings für Deckschichten von Brücken die Wirklichkeit darstellen. Damit kommt der elastischen Kompatibilität der Einzelkomponenten in der Praxis eine noch viel größere Bedeutung zu, als dies in den Laboruntersuchungen zum Ausdruck kommt, da aus geringer Kompatibilität resultierende Mikrorisse die Dauerhaftigkeit des Bauteils drastisch reduzieren. Dennoch sind Testreihen, wie die hier erwähnten, für die Forschung unverzichtbar. Man sollte allerdings bedenken, daß ein auf Laborergebnissen basierender Vergleich der Durchlässigkeit beider Betonarten in der Praxis für Leichtbeton günstiger ausfallen würde. Bestätigung findet diese These durch Untersuchungen an Brük-ken in den USA, bei denen sowohl Normal- als auch Leichtbeton zum Einsatz kamen (Abs. 1.3). Entnommene Leichtbetonproben aus Bauwerken, die dem rauhen Seeklima über Jahr-zehnte ausgesetzt waren, zeigten keinerlei Lockerung des Verbundes zwischen Zuschlag und Matrix [122].

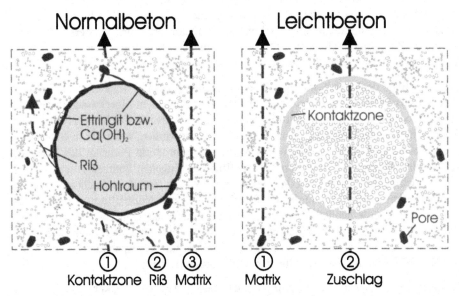

Bild 4-127 Transportwege für eindringende Substanzen in Normal- und Leichtbeton

Aus den vorgestellten Studien lassen sich folgende Schlußfolgerungen hinsichtlich des Stofftransportes in konstruktivem Leichtbeton ziehen. In das Bauteil eindringende Substan-zen suchen sich vornehmlich den Weg durch die Matrix oder den porösen Leichtzuschlag (Bild 4-127). Die Durchlässigkeit im Leichtbeton wird deshalb mit zunehmendem w/z-Wert und abnehmender Kornrohdichte ρ_a größer. Im Vergleich zu Normalbeton gleicher Festig-keit ist der Widerstand bei Leichtbeton gegen eindringende Substanzen größer, allerdings nimmt dieser Unterschied mit zunehmender Betongüte ab. Auf hochfestem Niveau ist die Dauerhaftigkeit beider Betone gleichermaßen exzellent, so daß auch der Begriff „Hochlei-stung" für hochfeste Betone unabhängig von ihrer Rohdichte berechtigt ist.

Die hohe Durchlässigkeit von Normalbeton mit niedriger Festigkeit ist in erster Linie auf die schwache Kontaktzone zurückzuführen (vgl. Abs. 3.2). Die dichten Zuschläge können kein Wasser absorbieren, so daß ein Wasserfilm auf der glatten Kornoberfläche entsteht und sich bevorzugt Portlandit und Ettringit hier anlagert, zwei Reaktionsprodukte mit moderater Festigkeit. An der Kornwandung entlang können somit Flüssigkeiten und Gase verhältnismäßig leicht in das Innere des Betons eindringen. Ferner begünstigt die große Diskrepanz zwischen der Steifigkeit von Zuschlag und Matrix eine frühzeitige Mikrorißbildung unter Eigenspannungen bzw. äußeren Lasten, die einen weiteren Transportweg für eindringende Substanzen eröffnen (Bild 4-127). Beide Transportwege, Kontaktzone und Mikrorisse, sind dafür verantwortlich, daß die Durchlässigkeit des Verbundwerkstoffes „Normalbeton" wesentlich höher ist als die der Einzelkomponenten. Mit abnehmendem *w/z*-Wert und der Zugabe von Silikastaub wird die Permeabilität von Kontaktzone und Matrix sukzessive reduziert.

Im Gegensatz dazu ist bei konstruktivem Leichtbeton eine gute Dauerhaftigkeit selbst bei niedrigen Festigkeiten gegeben, da die Kontaktzone unabhängig von den Komponenten außerordentlich gut ausgebildet ist. Im wesentlichen ist dies auf die mechanische Verzahnung durch das Eindringen des Zementleims in die Oberflächenporen des Korns und die Saugfähigkeit sowie die schwache puzzolanische Reaktivität der Leichtzuschläge zurückzuführen. Eigentlich kann bei Leichtbeton von einer „Zone" keine Rede sein, da es keine strukturellen Unterschiede zwischen der Matrix und der Kontaktzone gibt. Damit scheidet dieser Transportweg aus. Die hohe elastische Kompatibilität der Komponenten mindert die Gefahr der Mikrorißbildung. Schließlich verbleibt nur noch der Weg durch die Komponenten selbst. Die Hydratation des Zementsteins profitiert von der inneren Nachbehandlung durch den von ihm eingeschlossenen Zuschlag. Insbesondere bei Hochleistungsmatrizen wird der poröse Zuschlag mit einem Material niedriger Durchlässigkeit umgeben, das als dichte Umhüllung dient und den chemischen und physikalischen Einwirkungen so einen hohen Widerstand bietet. Damit wird auch deutlich, daß man die Dauerhaftigkeit von Leichtbeton nicht von seiner Druckfestigkeit ableiten kann, wie dies bei Normalbeton der Fall ist. Vielmehr wird sie unter betontechnologischem Aspekt von dem Wasserzementwert und der Kornrohdichte bestimmt. Darüber hinaus spielt die Herstellungsqualität und vor allem die Nachbehandlung eine große Rolle.

4.8.2 Korrosionsschutz der Bewehrung

Ein zuverlässiger Rostschutz für die Bewehrung ist in chemischer Hinsicht durch eine Passivschicht auf der Stahloberfläche und physikalisch durch eine in Qualität und Dicke ausreichende Betonüberdeckung erreichbar. Die Alkalität der Hydratationsprodukte des Zementes ($Ca(OH)_2$) passiviert den Stahl mit einer beständigen, festhaftenden oxidischen Deckschicht aus Fe_2O_3. Den physikalischen Schutz übernimmt die Betonüberdeckung, die durch ihren Diffusionswiderstand den Zutritt korrosionsfördernder Medien, wie z. B. Kohlendioxid oder Sauerstoff, behindert. Kohlendioxid neutralisiert die Betonüberdeckung durch Karbonatisierung und depassiviert damit den Schutzmantel auf der Bewehrung, während der Sauerstoffzutritt neben dieser Depassivierung und der elektrischen Leitfähigkeit eine der drei notwendigen Voraussetzungen für eine elektrochemische Korrosion darstellt.

Allerdings kann durch Chlorid-Einwirkung in entsprechender Konzentration selbst in nichtkarbonatisierten Bereichen die Schutzschicht auf dem Stahl an örtlich begrenzten Stellen zerstört werden (Lochkorrosion). Folgerichtig wird in den Normen zwischen karbonatisierungs- und chloridinduzierter Bewehrungskorrosion differenziert und gemäß der vorliegenden Expositionsklasse ein Mindestzementgehalt, eine Mindestbetonüberdeckung c_{min} sowie ein limitierter w/z-Wert gefordert (Tabelle 2-6). Diese Maßnahmen in Verbindung mit einer angemessenen Nachbehandlung (Abs. 2.5.5) sollen eine ausreichende Alkalität des Zementsteins sowie eine begrenzte Durchlässigkeit garantieren.

Eine Gegenüberstellung des Korrosionsschutzes der Bewehrung in Leicht- und Normalbeton ist deshalb auf die Permeabilität der Betonüberdeckung ausgerichtet. In [127] wird gezeigt, daß die Korrosion in konstruktivem Leichtbeton nur unwesentlich höher ist im Vergleich zu Normalbeton. Nach den Versuchsergebnissen würde es bei einer Betonüberdeckung von 30 mm und einem Wasserzementwert $w/z < 0{,}65$ bei trockenen Umweltbedingungen mehr als 50 Jahre dauern, bis die Karbonatisierung die Bewehrung erreicht. Als Ursache werden mit der Porosität der Leichtzuschläge auf der einen Seite und der verbesserten Kontaktzone, dem in der Regel höheren Zementgehalt und der größeren Dichtigkeit des Zementsteins auf der anderen Seite die bekannten, gegenläufigen Effekte genannt. Aus den gleichen Gründen wird auch in [17] der Korrosionsschutz der Bewehrung in Leichtbeton bei sachgerechter Herstellung dem in Normalbeton gleichgesetzt. Bestätigung finden diese Aussagen durch nordamerikanische Berichte [122, 126] von Untersuchungen an Leichtbetonbauwerken, die trotz extremer Umweltbedingungen auch nach Jahrzehnten nur geringste Karbonatisierungstiefen aufwiesen. Die entnommenen Bohrkerne stammen von verschiedenen Leichtbetonschiffen (z. B. die U.S.S. Selma) und -brücken (z. B. Chesapeake Bay Bridge, New York Thruway Bridges). Von ähnlich guten Erfahrungen wird in russischen Publikationen berichtet [121]. In [75] werden die wesentlichen Ergebnisse verschiedener Untersuchung (*Yokoyama* et al., *Beresford/Ho, Grimer*) vorgestellt, die folgende Rückschlüsse zulassen. Zum einen wird die Karbonatisierung weit mehr von dem Zementgehalt und der Qualität der Betonüberdeckung bestimmt als vom Zuschlagstyp. Zum anderen ist allerdings auch eine leichte Zunahme der Karbonatisierungstiefen vom Normalbeton ausgehend über SLWAC bis hin zum ALWAC festzustellen.

In wenigen Literaturquellen wird dem Leichtbeton eine deutlich größere Empfindlichkeit gegenüber Karbonatisierung nachgesagt. In [128] wurden Versuchsbalken mit $f_c \sim 30\ \mathrm{N/mm^2}$ aus drei verschiedenen Leichtbetonen sowie einem Normalbeton über elf Jahre ungeschützt im Freien auslagert. Der Normalbetonkörper wies dabei die geringste Karbonatisierungstiefe auf, insbesondere im Vergleich zu dem getesteten ALWAC. In der abschließenden Bewertung wird in Aussicht gestellt, daß ein Austausch des Leichtsandes durch Natursand eine erhebliche Erhöhung der Dauerhaftigkeit bewirkt. Bestätigung findet dieses Ergebnis durch eine ähnliche Studie [129] mit Auslagerungsversuchen, in denen im Vergleich Normal- zu Leichtbeton für letzteren ein um etwa 50 % höherer Karbonatisierungskoeffizient k ermittelt wurde [Bild 4-128]. Allerdings wird im ersten Forschungsbericht dieses Vorhabens auf die unzureichende Verdichtung der verwendeten Leichtbetonprüfkörper hingewiesen, die auf die Karbonatisierung durch eine poröse Betonüberdeckung hindeutet. Auch in [130] schneidet der Leichtbeton etwas schlechter ab.

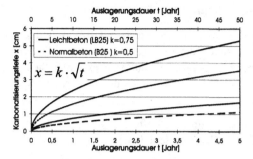

Bild 4-128 Aus Versuchen an einem B25 und LB25 abgeleitete Karbonatisierungsgeschwindigkeit [129]

Eine scharfe Abgrenzung der karbonatisierten Zone wie beim Normalbeton ist bei Leichtbeton kaum möglich, insbesondere bei niedriger Trockenrohdichte, da die Karbonatisierung durch Leichtzuschläge mit niedriger Kornrohdichte schneller fortschreitet im Vergleich zu den übrigen Bereichen [127].

Ähnlich wie im Abschnitt 4.8.1 ergeben die Veröffentlichungen, ebenso wie die Normen [7], hinsichtlich des Korrosionsschutzes kein einheitliches Bild. Prinzipiell ist davon auszugehen, daß der Zuschlagtyp nicht den maßgebenden Einfluß ausübt, sondern der Zementgehalt und die Qualität der Beton-überdeckung. Es ist anzunehmen, daß bei Leichtzuschlägen mit sehr geringer Kornrohdichte die Karbonatisierung insbesondere in Kombination mit Leichtsand etwas schneller vonstatten geht, so daß in diesem Fall eine erhöhte Betonüberdeckung von $\Delta c = 5$ bis 10 mm für leichte ALWA-Betone zu empfehlen ist. Für mittlere und schwere Leichtbetone dürfte ein mit Normalbeton etwa gleichwertiger Widerstand vorliegen. Besondere Vorteile lassen sich beim Leichtbeton aus seinem relativ unempfindlichem Verhalten gegenüber Zwangbeanspruchungen in der praktischen Anwendung ableiten. In [122] wird in diesem Zusammenhang wiederum auf die hohe elastische Kompatibilität und die geringe Mikrorißbildung hingewiesen, die Leichtbeton eine hohe Widerstandsfähigkeit gegenüber aggressiven Medien verleiht.

In [6] hat man sich der Mehrheit der internationalen Normen und Erfahrungen angeschlossen und die Gültigkeit der für Normalbetone definierten Mindestbetonüberdeckung aus MC90 auch für konstruktive Leichtbetone bestätigt. In [3] wurde diesem Vorschlag gefolgt mit dem Zusatz, daß die Tabellenwerte für c_{min} mindestens 5 mm größer sein müssen als der Durchmesser des porigen Größtkorns (Abs. 5.6.1). Damit soll vermieden werden, daß die gesamte Betonüberdeckung an einigen Stellen ausschließlich durch ein Leichtzuschlagkorn gebildet wird, da eine beschleunigte CO_2-Diffusion durch den Leichtzuschlag möglich ist. In der niederländischen Richtlinie CUR 39 [93] wird darüber hinaus für alle Leichtbetonoberflächen, die nicht der Schalung zugewandt sind, eine Erhöhung der Betondeckung um $\Delta c = 5$ mm vorgesehen, um der Unebenheit der abgezogenen Betonflächen Rechnung zu tragen.

Bei der Diskussion über die notwendige Betonüberdeckung darf nicht vergessen werden, daß die Dauerhaftigkeit von Betonbauwerken in erster Linie von der Qualität der Betonüberdeckung bestimmt wird und erst im Anschluß daran von ihrer Dicke. In [2] wird darauf hingewiesen, daß die Dauerhaftigkeit von Leichtbeton äußerst anfällig ist bei unzureichenden Nachbehandlungsmaßnahmen (Abs. 2.5.5). Deshalb muß diesem Punkt besondere Beachtung geschenkt werden. Eine dickere Betonüberdeckung kann eine schlechte Betonqualität nicht kompensieren, im Gegenteil führt sie sogar bei Spannungsspitzen zu größeren Rißbreiten an der Oberfläche.

4.8.3   Widerstand gegen Frost- bzw. Frost-Taumittel-Einwirkung

Die Zerstörungsmechanismen beim Frost- und Frost-Tausalz-Angriff auf Beton sind äußerst komplex und lassen sich deshalb nicht alleine auf die Volumenzunahme des Wassers um ca. 9 % beim Gefrieren reduzieren. Darüber hinaus gibt es weitere Schädigungstheorien, die oftmals auf der Anwesenheit eines Taumittels beruhen. Einige davon werden nachfolgend kurz beschrieben:

- Durch Eisbildung in Kapillarporen wird Wasser in größere Luftporen getrieben. Je weiter eine Luftpore entfernt ist, um so größer ist der hydraulische Druck.

- Die Porengröße beeinflußt den Gefrierpunkt dahingehend, daß das Wasser in größeren Kapillarporen schneller gefriert. Die Eisbildung reduziert den Dampfdruck, so daß zum Ausgleich ein Dampftransport von kleineren zu größeren Poren erfolgt.

- Schädigungen können durch unterschiedliche Temperaturausdehnungskoeffizienten α_T zwischen Zementstein (variiert zwischen $1\text{-}2{,}4 \cdot 10^{-5}\,1/K$ je nach Feuchtegehalt) und Zuschlag bzw. Eis ($5 \cdot 10^{-5}\,1/K$) verstärkt werden [51].

- Das Auftauen einer Eisschicht mit Taumittel an der Betonoberfläche entzieht den tiefer liegenden Bereichen Wärme und löst dort eine plötzliche Abkühlung aus, die zu einem Temperaturgefälle und zu Eigenspannungen führt. Durch diesen Temperatursturz können die unteren Schichten gefrieren und einen hydrostatischen Druck im noch nicht gefrorenen Wasser aufbauen [17].

- Natriumchlorid erniedrigt den Gefrierpunkt, so daß unter Berücksichtigung eines Temperatur- und Konzentrationsgradienten über den Betonquerschnitt ein schichtweises Gefrieren an der Oberfläche und in tieferen Lagen erfolgen kann. Wenn nach einem Temperaturabfall eine dazwischen liegende Schicht erst später gefriert, werden innere Spannungen im Beton hervorgerufen [51].

- In hochfestem Beton können sowohl Frost- als auch Frost-Tausalz-Belastung zur Umwandlung von Monosulfatphasen des Zementes in zusätzliches Ettringit unter Volumenzunahme führen.

Diese Aufstellung erhebt keineswegs den Anspruch auf Vollständigkeit. Vielmehr soll damit die Komplexität dieser Materie verdeutlicht werden. Allgemein gilt, daß unter Frost-Tau-Einwirkung mit Zerstörungen des Betongefüges und Abplatzungen zu rechnen ist, wenn das Porensystem des Betons soweit mit Wasser gefüllt ist, daß ein kritischer Sättigungsgrad S_{crit} erreicht ist. Dieser Wert kann z. B. über dynamische E-Modulmessungen ermittelt werden, da ab einem bestimmten Sättigungsgrad Gefügezerstörungen unter Frost-Tau-Belastung einsetzen, die mit einem Abfall des E-Moduls einhergehen. Der tatsächliche bzw. kapillare Sättigungsgrad S_{real} wird über die Auswertung der zeitlichen Entwicklung des kapillaren Saugens bestimmt. In einem Diagramm, in dem die aufgesaugten Wassermenge über der Wurzel der Absorptionsdauer aufgetragen ist, ergibt sich der gesuchte Wert als Schnittpunkt zweier Geraden, die quasi zwei unterschiedliche Geschwindigkeiten symbolisieren. Dies bedeutet, daß im wesentlichen Porengrößen für den Frost-Tau-Widerstand von Interesse sind, in die das Wasser nur sehr langsam eindringen kann (aktive Luftporen) (vgl. Bild 4-130).

Normalbetone werden hinsichtlich des Frostwiderstandes als 1-Phasen-Material angesehen, da nur die poröse Matrix über ein Porensystem verfügt. Bei Leichtbeton wird indes zwischen dem porigen Zuschlag einerseits und der Zementmatrix, eingebrachten Luftporen und dichten Feinzuschlägen andererseits unterschieden. Die dichte Kontaktzone übt keinen negativen Einfluß auf den Frostwiderstand aus, wie dies für Normalbeton der Fall ist, und bedarf deshalb keiner besonderen Berücksichtigung. Nach *Fagerlund* [131] hat jede der beiden Phasen ihren kritischen und tatsächlichen Sättigungsgrad S_{crit} und S_{real}. Der Frostwiderstand F wird durch die Differenz beider Werte berechnet, wobei die Dauerhaftigkeit für positive Werte von F gegeben ist (Bild 4-129). Nur wenn beide Einzelphasen separat über einen ausreichenden Frostwiderstand verfügen, ist auch der des Verbundwerkstoffes gegeben. Ein gegenseitiger Wasseraustausch zwischen beiden Porensystemen ist möglich, so daß die Poren der einen Komponente als Entlastungsvolumen für das Wasser der anderen fungieren können.

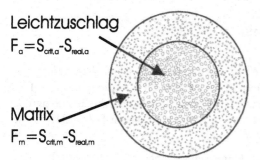

Leichtzuschlag
$$F_a = S_{crit,a} - S_{real,a}$$

Matrix
$$F_m = S_{crit,m} - S_{real,m}$$

Bild 4-129 Modell des Frostwiderstandes der Komponenten von Leichtbeton nach [131]

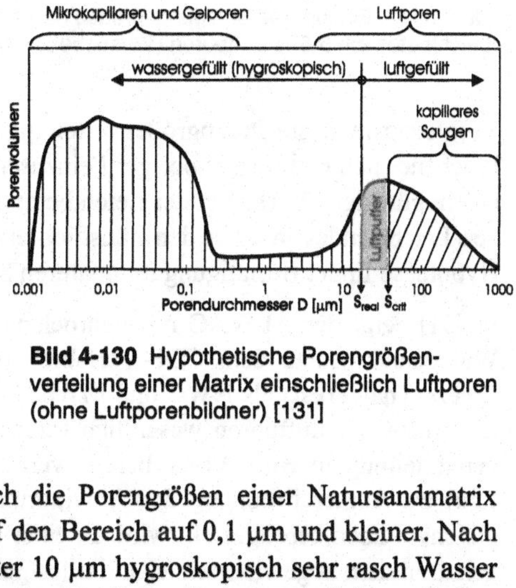

Bild 4-130 Hypothetische Porengrößenverteilung einer Matrix einschließlich Luftporen (ohne Luftporenbildner) [131]

Nach Bild A1-59 im Anhang beschränken sich die Porengrößen einer Natursandmatrix ohne zusätzliche Luftporen im wesentlichen auf den Bereich auf 0,1 μm und kleiner. Nach [131] zieht der größte Teil der feinen Poren unter 10 μm hygroskopisch sehr rasch Wasser an und ist deshalb für den Druckausgleich von untergeordneter Bedeutung. Sehr große Poren bis hin zu einem Durchmesser von 1 mm werden hingegen durch kapillares Saugen mit Wasser gefüllt. Aus diesen Überlegungen heraus wird die Wirkungsweise eines Luftporenbildners deutlich, der zusätzliche Poren in einem Bereich zwischen 1 μm und 1 mm in den Beton einbringt. In Bild 4-130 wird dieser Sachverhalt durch eine hypothetische Porengrößenverteilung einer Natursandmatrix mit zusätzlichen Luftporen wiedergegeben.

Der Sättigungsgrad der Leichtzuschläge hat einen großen Einfluß auf den Frost-Tau-Widerstand. In [133] wird von Frost-Tau-Prüfungen an Leichtbetonen mit fünf verschiedenen Leichtzuschlägen berichtet, die mit unterschiedlichen Sättigungsgraden verarbeitet wurden. Unter der Annahme, daß die Wasseraufnahme der Zuschläge während der Prüfung zu vernachlässigen ist, wird in Bild 4-131 gezeigt, daß die Frost-Tau-Beständigkeit mit zunehmender Sättigung der Zuschläge abnimmt. Auf diese Weise kann für einen Mischungsentwurf ein minimaler Wert $S_{crit,a}$ für eine bestimmte Anzahl von Frost-Tau-Wechseln ermittelt werden. Unbefriedigend bleibt bei dieser Studie, daß der Sättigungsgrad der Zuschläge vor dem Mischvorgang nichts über die wahren Verhältnisse im Beton aussagt, da die Zuschläge in der Mischung noch weiteres Wasser absorbieren (Abs. 2.5.1). Ein hoher Sättigungsgrad bzw. mangelnde Frostbeständigkeit von oberflächennahen Leichtzuschlägen kann zu sogenannten Popouts (= aus der Oberfläche herausgeplatzte Zuschläge) führen [17, 70].

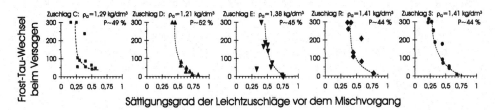

Bild 4-131 Einfluß des Sättigungsgrades der Leichtzuschläge auf die Frost-Tau-Beständigkeit von Leichtbeton mit 5-6 % Luftporen (Versuche nach ASTM C 295) [133]

Vergleicht man die Porengrößenverteilung einer Leichtsandmatrix unter Verwendung gebrochener und damit offenporiger Feinzuschläge (Bild A1-60) mit der Kurve in Bild 4-130, ist ein günstiges Verhalten der Leichtbetone mit Leichtsand zu erwarten, da die Porengröße des Leichtsandes in etwa den künstlich erzeugten Luftporen entspricht [126, 131]. Diese Hypothese findet Bestätigung in mehreren Studien.

In [51] zeigt der ALWAC mit gebrochenem Feinzuschlag einen besseren Frost-Tausalz-Widerstand gemäß dem CDF-Verfahren (Capillary Suction of De-Icing Chemicals and Freeze-Thaw Test) als NWC und MWC. Dagegen können Feinzuschläge mit ausgeprägter Sinterhaut die Luftporen wesentlich schlechter ersetzen, wie ein Blick auf die Porengrößenverteilung in Bild A1-61 bereits verrät. Das stärkere kapillare Saugen von ALWAC führt zur keiner Erhöhung der Abwitterungsrate, da gleichzeitig ein ausreichendes Ausgleichvolumen bereitgestellt wird. In einer chemischen Analyse konnte kein erhöhter Salzgehalt in dem abgewitterten Material festgestellt werden, so daß man davon ausgehen muß, daß die Salze von den Leichtzuschlägen aufgenommen werden.

Um den Frost-Tausalz-Widerstand einer Fußgängerbrücke in Rudisleben/Thüringen [164] zu beurteilen, wurde in [112] der bei diesem Projekt verwendete ALWAC 45/50-1,45 (Tabelle 6-12) im Vorfeld mit dem CDF-Test nach *Setzer* [132] überprüft. Bei diesem Prüfverfahren wird ein Prüfkörper nach einer 21-tägigen Trockenlagerung in einen Behälter mit definierter Kochsalzlösung gelegt und danach alles zusammen in einer temperaturkontrollierten Prüftruhe 28 Frost-Tau-Wechseln unterzogen (Bild 4-132). Ein Temperaturzyklus umfaßt 12 Stunden und durchfährt dabei nach einem festgelegten Programm einen Bereich zwischen 20 und –20 °C. Die Probekörper (150 · 150 · 75 mm³) wurden an den Seitenflächen mit einer Aluminiumfolie abgeklebt, um eine definierte Prüffläche von 22500 mm² zu

 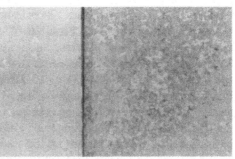

Bild 4-132 Temperaturkontrollierte Prüftruhe (CDF-Truhe) mit Edelstahlbehälter und Probekörper (150 · 150 · 75 mm³)

Bild 4-133 Vergleich der Oberfläche des ALWAC 45/50 vor und nach der Abwitterung (28 Frost-Tau-Zyklen)

gewährleisten. Die Messung des Materialverlustes an der Oberfläche des Betons (Abwitterung) erfolgte mehrfach während der Versuchsdurchführung in unregelmäßigen Abständen.

In der Studie wurden zwei Prüfserien mit je fünf Probekörpern untersucht, wobei eine Mischung mit trockenen und eine mit vorgesättigten Zuschlägen hergestellt wurde. In den Bildern 4-134 und 4-135 sind die Ergebnisse des CDF-Tests dargestellt. Die Unterschiede beider Serien sind vernachlässigbar. Bild 4-133 zeigt die Oberfläche eines Prismas vor und nach der Versuchsdurchführung.

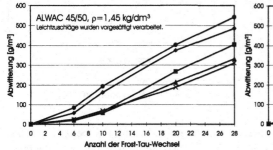 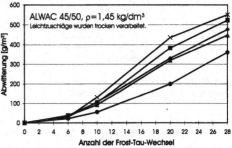

Bild 4-134 CDF-Test eines ALWAC (mit vorgesättigten Zuschlägen hergestellt)

Bild 4-135 CDF-Test eines ALWAC (mit trockenen Zuschlägen hergestellt)

Als Abnahmekriterium für einen erhöhten Frost-Tausalz-Widerstand wird für Normalbeton ein Grenzwert von 1500 g/m² nach 28 Frost-Tau-Wechseln empfohlen. Da das abgewitterte Material (Matrix) bei einem ALWAC eine niedrigere Dichte aufweist, muß der Grenzwert in Abhängigkeit von der verwendeten Matrixrohdichte abgemindert werden. Im vorliegenden Fall beträgt die maximal zulässige Abwitterung 1500 g/m² · 1,6/2,1 ~ 1140 g/m². Der höchste Meßwert lag nach 28 Frostwechseln bei 550 g/m² und damit weit unter dem Abnahmekriterium. Dies mag auch auf den verwendeten, gebrochenen Leichtsand 0/4 zurückzuführen sein, der, wie bereits erwähnt, über ein günstiges Porenspektrum (Bild A1-61) verfügt.

Über das CDF-Verfahren hinaus gibt es insbesondere in Nordamerika noch weitere Prüfme-thoden zur Untersuchung des Frost-Tau-Widerstandes. *Hoff* [70] testete fünf Leichtbetone mit fünf verschiedenen Verfahren, um speziell die Tauglichkeit für arktische Anwendungen zu überprüfen. In der sogenannten spektralen Frost-Tau-Prüfmethode werden die Prüfkör-per innerhalb eines Spektralzyklus 60 Frost-Tau-Wechseln unterzogen (Bild 4-136). Das Ergebnis in Bild 4-137 zeigt, daß die Frost-Tau-Beständigkeit nicht alleine über die Abwit-terungsrate definiert werden kann. Ein Betonversagen kann auch ohne sichtbare Effekte an der Oberfläche durch Gefügezerstörung eingeleitet werden, wie eine dynamische E-Modul-messung belegt. Bemerkenswert ist, daß die drei Mischungen mit Silikastaub durch Mikro-rißbildung und die Leichtbetone mit Flugasche und Schlacke durch fortschreitende Abwit-terung versagten, wobei letztere bei der wirklichen Konstruktion durch Wellen und Eisanprall noch verstärkt wird. Die Gesamtstudie von *Hoff* ergab, daß alle geprüften Leichtbetone über eine exzellente Frost-Tau-Beständigkeit verfügen. Lediglich bei einer sehr großen Anzahl von Frostzyklen wurde ein Betonversagen durch innere Zerstörungen eingeleitet (Bild 4-137). Aus den Versuchsergebnissen hat sich ein kritischer Feuchtegehalt von 12 bis 13 M.-% bezogen auf die Trockenrohdichte herauskristallisiert.

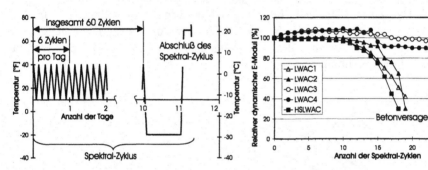

Bild 4-136 Temperaturzyklus bei der spektralen Frost-Tau-Prüfmethode [70]

Bild 4-137 Frost-Tau-Widerstand von SLWAC mit dem spektralen Prüfverfahren [70]

Insgesamt kann man feststellen, daß der Frost-Tau-Widerstand von Leichtbeton zumindest ebenbürtig dem von Normalbeton eingeschätzt wird [6]. Als dominierende Einflußparame-ter sind der Sättigungsgrad und die Porenstruktur der Leichtzuschläge sowie die Art des Feinzuschlags zu nennen. Bei hohen Anforderungen an die Frost-Tau-Beständigkeit sollte dennoch ein Luftporenbildner wie bei Normalbeton eingesetzt werden.

4.8.4   Verschleißwiderstand

Unter dem Begriff Verschleißwiderstand versteht man die Resistenz des Betons gegenüber mechanischen Einwirkungen in Form von schleifenden, rollenden oder stoßenden Bean-spruchungen, die z. B. durch starken Verkehr, rutschendes Schüttgut, häufige Stöße, stark strömendes Wasser, Feststoffe führendes Wasser oder auch durch Eis in arktischen Gefil-den hervorgerufen werden. Die Abriebsverluste richten sich nach der Festigkeit und Härte des Zuschlags, der Matrix sowie der Güte der Kontaktzone. Aus diesem Grunde wird für

Normalbeton mit hohem Verschleißwiderstand eine Mindestgüte C30/37 gefordert, der Mehlkorngehalt und w/z-Wert begrenzt, ein harter Feinzuschlag und ein Grobkorn mit hohem Verschleißwiderstand und mäßiger Rauhigkeit gefordert.

Legt man diese Anforderungen zugrunde, muß der Verschleißwiderstand bei Leichtbeton aufgrund der porigen Zuschläge niedriger eingeschätzt werden. Bestätigung findet diese Vermutung durch Versuche mit der Böhme-Scheibe (schleifende Beanspruchung) und dem Ebener-Gerät (rollende Beanspruchung) [17]. In den Versuchen mit Leichtbeton ergaben sich eineinhalb- bis fünfmal höhere Abriebswerte im Vergleich zu Normalbeton. Für die rollende Beanspruchung spielt die Rauhigkeit der Oberfläche eine große Rolle. In dieser Hinsicht weisen Leichtbetone auf der Betonieroberseite Nachteile auf, da die leichten Zuschläge ein wenig aus der Fläche herausragen. Folgerichtig konnten in den Versuchen mit dem Ebner-Gerät bei der glatten, der Schalung zugewandten Oberfläche weit geringere Abriebe gemessen werden. Als Schutz für Straßenbeläge und Verkehrsflächen mit Fahrzeugbetrieb bietet sich von daher eine glatte Zusatzschicht mit hohem Abriebwiderstand an, die frisch in frisch mit dem Leichtbeton hergestellt einen monolithischen Verbund mit diesem sicherstellt.

In amerikanischen Veröffentlichungen [19, 70] wurde allerdings auch gezeigt, daß der Verschleißwiderstand von Leichtbeton gleichwertig oder sogar besser als der von Normalbeton sein kann. Offenbar sind die verschiedenen mechanischen Beanspruchungen nicht unbedingt miteinander vergleichbar, so daß man eine differenzierte Betrachtung vornehmen muß. Probleme können bei Normalbeton auftreten, wenn der Abrieb intensiv an der Matrix einsetzt, die Zuschläge dadurch mehr oder weniger frei liegen und von äußeren Einwirkungen leicht aus dem Betongefüge herausgelöst werden können. In diesem Fall kann eine starke Kontaktzone wie beim Leichtbeton, die den Zuschlag und die Matrix innig miteinander verbindet, eine deutliche Verbesserung bewirken. In [19] wird deshalb und wegen der erhöhten Matrixdruckfestigkeit dem Leichtbeton eine durchaus hohe Widerstandsfähigkeit gegen Abrieb durch Packeis bescheinigt. Gestützt wird diese Aussage durch eine Untersuchung von *Hoff* [70], in der die Leichtbetone etwas besser abschnitten als der Referenzbeton mit dichten Zuschlägen. Allerdings wurde in einer Parallelstudie in Japan ein konträres Resultat trotz ähnlicher Randbedingungen erzielt. Es ist äußerst schwer, absolute Werte für diese komplizierte, aus schleifender und stoßender Beanspruchung zusammengesetzte Einwirkung anzugeben. Die verschiedenen Prüfmethoden ergeben völlig unterschiedliche Abriebverluste. Dies dürfte auch ein Grund dafür sein, daß bislang noch keine Standardprüfung definiert worden ist.

Zusammenfassend kann man sagen, daß ein Gesamturteil über den Verschleißwiderstand kaum möglich ist, da dieser maßgebend von der Art der Einwirkung abhängig ist. Tendenziell ist jedoch bei Leichtbeton mit größerem Abriebverlust im Vergleich zu Normalbeton zu rechnen, insbesondere bei schleifenden und rollenden Einflüssen, da hier der weiche Zuschlag und die rauhe Oberfläche maßgebend werden. Bei kombinierten Beanspruchungen können diese Defizite teilweise durch die starke Kontaktzone und die Matrix kompensiert werden. Deshalb ist auch nach [70] die Eignung von hochfesten Leichtbetonen für arktische Anwendungen gegeben.

4.9   Verhalten unter Brandeinwirkung

Der Feuerwiderstand von Stahlleichtbeton wird zum einen von den mechanischen Eigenschaften des Leichtbetons unter hohen Temperaturen und zum anderen vom Zusammenwirken von Stahl und Leichtbeton im Bauteil bestimmt. Dazu gehört der wärmeisolierende
Schutz der Bewehrung durch den Beton und mögliche Betonabsprengungen.

Hinsichtlich der mechanischen Eigenschaften interessiert vor allem der Druckfestigkeits-
und Steifigkeitsabfall des Leichtbetons unter hohen Temperaturen. Nach bisherigen Erkenntnissen [149] ist die Abnahme der Druckfestigkeit mit zunehmender Temperatur eher
geringer als bei Normalbeton (Bild 4-138), insbesondere wenn die Grenzfestigkeit des Zuschlags überschritten ist. In diesen Fällen wirkt sich die Zersetzung der Hydratationsprodukte ab etwa 450 °C und die damit verbundenen Festigkeitseinbußen des Zementsteins
weniger folgenschwer auf die Druckfestigkeit des Verbundwerkstoffes aus (vgl. Bild 3-20).
Für beide Betonarten gilt, daß der Abfall aufgrund hoher Temperaturen mit zunehmender
Druckfestigkeit in der Regel stärker ausfällt [148, 150] (Bild 4-139). Dies liegt zu einem
daran, daß der Matrix bei hochfestem Beton ein höherer Traganteil zukommt als bei normalfestem Beton, so daß die Umwandlung des Zementsteins gravierendere Folgen hat.
Zum anderen wird der auf dem Trocknungsprozeß beruhende festigkeitssteigernde Effekt
durch die hohe Dichtigkeit dieser Betone abgeschwächt [150].

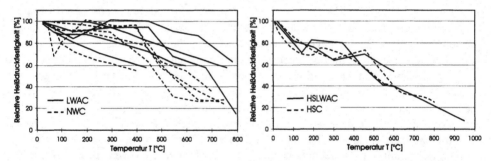

Bild 4-138 Heißdruckfestigkeit normalfester   **Bild 4-139** Heißdruckfestigkeit hochfester
Betone bezogen auf die Druckfestigkeit bei   Betone bezogen auf die Druckfestigkeit bei
Raumtemperatur [149]   Raumtemperatur [148, 150]

Deutlicher als bei der Druckfestigkeit zeigt sich ein Unterschied beider Betonarten unter
Brandeinwirkung hinsichtlich des E-Moduls. Wie man in Bild 4-140 sehen kann, ist beim
Normalbeton ein wesentlich größerer Steifigkeitsabfall im Vergleich zu Leichtbeton zu
konstatieren [149]. Als Erklärung könnte man anführen, daß zu Beginn die Entwässerung
des Zementsteins bis etwa 300 °C und der damit einhergehende Schwindprozeß zu Mikrorissen in der relativ schwachen Kontaktzone führt. Durch die Zersetzung des Calciumhy-
droxids oberhalb von 450 °C wird die elastische Kompatibilität zwischen Zuschlag und
Matrix weiter verschlechtert, so daß sich die Rißbildung verstärkt. Bei einer Temperatur
von etwa 573 °C findet dann bei quarzitischen Zuschlägen eine Quarzumwandlung unter

Volumenzunahme statt [149]. Die daraus resultierende Dehnungsdifferenz zwischen Zementstein und Zuschlag führt zu einer Gefügelockerung, so daß der E-Modul auf diesem Temperaturniveau weiter abfällt. Im Gegensatz dazu ist die Rißbildung bei Leichtbeton unter Brandbeanspruchung weitaus geringer [17], da die weicheren Zuschläge das Schwinden weniger behindern und die Auswirkungen der Zementsteinzerstörung auf das Steifigkeitsverhältnis der Komponenten vergleichsweise klein sind. Schließlich verfügen industrielle Leichtzuschläge über einen hohen Feuerwiderstand, da sie selbst bei Temperaturen von 1200 °C und mehr hergestellt wurden.

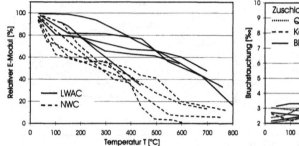

Bild 4-140 E-Modul bei verschiedenen Temperaturen bezogen auf den E-Modul bei Raumtemperatur [149]

Bild 4-141 Bruchstauchung verschiedener Betone auf unterschiedlichen Temperaturstufen [149]

Einerseits wird zwar die Steifigkeit des Normalbetons durch die Quarzumwandlung beachtlich reduziert, andererseits ist damit aber auch eine erhebliche Steigerung der Verformungsfähigkeit verbunden. Dies wird besonders deutlich bei einer Gegenüberstellung der σ-ε-Linien eines HSC mit einem HSLWAC auf unterschiedlichen Temperaturstufen. Während die Verformungen beim HSC ab einer Temperatur von 550 °C drastisch ansteigen, ist die Bruchstauchung des HSLWAC oberhalb von 350 °C nahezu konstant (Bilder 4-142 und 4-143). Diese Beobachtung ist auch auf normalfeste Betone übertragbar, wie man an den Bruchstauchungen verschiedener Betone in Bild 4-141 ersehen kann.

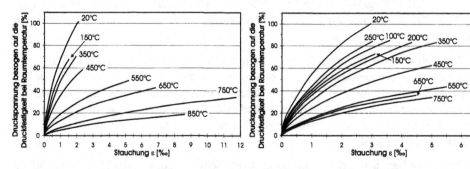

Bild 4-142 σ-ε Linien von HSC unter hohen Temperaturen [148]

Bild 4-143 σ-ε Linien von HSLWAC unter hohen Temperaturen [148]

Die in Brandversuchen gemessene Gesamtdehnung ε_{tot} setzt sich aus drei Teilen zusammen. Neben der spannungsabhängigen elastischen Dehnung $\varepsilon_{el}(\sigma)$ wird ein ausschließlich thermisch induzierter Dehnungsanteil $\varepsilon_{th}(T)$ sowie die transiente Kriechdehnung $\varepsilon_{tr}(\sigma,T)$ unterschieden, die zugleich spannungs- und temperaturabhängige Dehnungsanteile umfaßt [149]. Die thermische Dehnung $\varepsilon_{th}(T)$ ist für verschiedene Betone sowie Zementstein in Bild 4-144 dargestellt. Die Steigung der Kurven entspricht der Wärmedehnzahl α_{cT}, so daß für die thermische Dehnung die gleichen Einflußparameter gelten, die bereits in Abschnitt 4.7 für die Wärmedehnzahl genannt wurden.

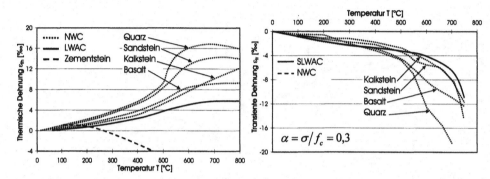

Bild 4-144 Thermische Dehnung von Zementstein und verschiedenen Betonen [149]

Bild 4-145 Transiente Dehnung verschiedener Betone bei einem Belastungsgrad von $\alpha = 0,3$ [149]

Die transiente Dehnung $\varepsilon_{tr}(\sigma,T)$ darf auch als Maß für die Verformungsfähigkeit des Betons gewertet werden. Wie Bild 4-145 zeigt, nimmt dieses Kriechmaß, ähnlich wie die Bruchstauchung, ausgehend von Leichtbeton, über Betone mit Kalkstein bis hin zu Quarzbetonen kontinuierlich zu. Für Leichtbetone kann dies zur Folge haben, daß trotz aller Vorteile hinsichtlich des geringeren Festigkeits- und Steifigkeitsabfalls und niedrigerer Wärmeleitfähigkeit und -dehnung ein frühzeitiges Versagen unter Brandbeanspruchung eintreten kann. Beispielsweise zeigte sich bei Brandversuchen mit Verbunddecken aus Leichtbeton, daß nach dem Fließen des ungeschützten Verbundbleches die Druckzone des Biegebauteils sehr viel schneller versagte im Vergleich zu Verbunddecken aus Normalbeton, was auf die geringere Verformungsfähigkeit des Leichtbetons im Brandfall zurückzuführen ist. In diesem Fall muß die geringe Zunahme der Grenzstauchung durch Bewehrungszulagen kompensiert werden.

Im Brandfall muß der Beton zur Sicherstellung des Tragwiderstandes zusätzlich die Aufgabe übernehmen, den Bewehrungsstahl vor starker Erwärmung zu schützen. Stahlbetonbauteile müssen deshalb in Abhängigkeit der Feuerwiderstandsklasse eine Betonüberdeckung mit ausreichendem Wärmedurchlaßwiderstand aufweisen. Aufgrund der niedrigeren Wärmeleitfähigkeit kann diese Anforderung von Leichtbeton besser erfüllt werden als von Normalbeton (ACI 213R-87).

Allerdings verliert der Beton schlagartig seine Schutzfunktion, sobald es während der Brandbeanspruchung zu Betonabsprengungen kommt, sogenannten Abplatzungen, durch die die Bewehrung zumindest lokal freigelegt wird. Die Folge davon ist ein unmittelbarer Festigkeitsverlust der Stahls, der zu einem verfrühten Versagen der Konstruktion führt. Absprengungen können sich aber auch dahingehend auswirken, daß der Beton durch die erfahrene Querschnittsschwächung den ihm zugedachten Traganteil nicht mehr aufnehmen kann. Nach [147] sind Absprengungen bei Leichtbetonen auf drei Ursachen zurückzuführen. Zum einen können Eigen- und Zwängungsspannungen infolge ungleichmäßiger Erwärmung des Querschnitts bzw. unterschiedliche Dehnung von Stahl und Leichtbeton hervorgerufen werden, wobei die geringere Wärmedehnzahl des Leichtbetons den zweiten Effekt etwas verstärkt, jedoch den ersten gemeinsam mit dem niedrigeren E-Modul abschwächt. Ein weiterer Grund sind Gefügespannungen durch unterschiedliche Dehnungen zwischen Leichtzuschlag und Zementstein. Die wichtigste Ursache für Abplatzungen in Leichtbeton sind jedoch Zugspannungen infolge hydrostatischer Wasserdampfdrücke und infolge ausströmenden Wasserdampfes. Verantwortlich für dieses Phänomen ist die Kontaktzone bzw. die große Dichtigkeit des Leichtbetons, gegebenenfalls in Verbindung mit einem hohen Wassergehalt in den Zuschlagsporen. Insbesondere bei extrem rascher Aufheizung (Hydrocarbon Fire) wird dadurch der Dampfdruck möglicherweise nicht schnell genug abgebaut.

In [148, 150] wird untersucht, inwieweit die Zugabe von organischen Fasern (Polypropylenfasern) das Abplatzrisiko bei HSLWAC reduzieren kann. Diese Fasern schmelzen bzw. verbrennen bereits bei einer Temperatur von ca. 170 °C, schaffen so Druckentlastungskanäle und sollen dadurch zum notwendigen Druckabbau beitragen. In beiden Veröffentlichungen konnte durch die Faserzugabe von 0,1 bis 0,2 Vol.-% eine signifikante Verbesserung erzielt werden. Legt man allerdings die Erfahrungen mit hochfestem Normalbeton zugrunde, können diese Versuchsergebnisse nicht unbedingt verallgemeinert werden. Entscheidend für die Wirksamkeit der Fasern ist wohl der Feuchtegehalt im Leichtbeton und die Erwärmungsgeschwindigkeit bei Brandbeanspruchung.

5 Bemessung

5.1 Allgemeines

Leichtbeton und Stahlleichtbeton mit geschlossenem Gefüge wurden in Deutschland bislang nach DIN 4219-2 [12] bemessen. Diese Norm ist 1979 als „Aufsatzschale" für das Regelwerk von Normalbeton, die damalige DIN 1045, konzipiert worden und beinhaltete lediglich die Änderungen in der Bemessung aufgrund der Verwendung gefügedichter Leichtbetone (Tabelle 5-1). Die Bemessung von Bauteilen aus Spannleichtbeton erfolgte analog nach DIN 4227 Teil 4 als Ergänzung zu DIN 4227 Teil 1, in der die Spannbetonbemessung für Normalbeton geregelt wurde.

Tabelle 5-1 Nationale und europäische Regelwerke für konstruktiven Leichtbeton

	Alte nationale Normengeneration	Neue nationale Normengeneration	Europäische Regelwerke
Herstellung	DIN 4219-1 (79)	DIN 1045-2 (01)	EN 206-1 (00)
Bemessung	DIN 4219-2 (79) DIN 4227-4 (86)	DIN 1045-1 (01)	prEN 1992-1(01)
Leichtzuschlag	DIN 4226-2 (83)	DIN 4226-2 (02)	EN 13055-1

Die neue DIN 1045-1 faßt die Bemessung sowohl für beide Betonarten als auch für Stahl- und Spannbetonbauteile zusammen. Der Anwendungsbereich umfaßt somit neben Normalbeton auch gefügedichte Leichtbetone, die unter Verwendung von groben Leichtzuschlägen gemäß DIN 4226-2 mit einer Trockenrohdichte $800 \text{ kg/m}^3 \leq \rho \leq 2000 \text{ kg/m}^3$ hergestellt werden (Leichtbeton mit Natursand = SLWAC). Zusätzlich darf auch der Natursand durch einen Leichtsand ausgetauscht werden (Leichtbeton mit Leichtsand = ALWAC). Die Norm gilt hingegen nicht für Betone mit groben Normalzuschlägen in Verbindung mit Leichtsand, da deren Tragverhalten nicht ausreichend abgesichert ist; Hintergrund ist die schwierige Herstellung und insbesondere die mangelhafte elastische Kompatibilität, die veränderte Eigenschaften im Vergleich zu gleichschweren Betonen mit groben Leichtzuschlägen nicht ausschließt. Darüber hinaus sind auch Leichtbetone mit haufwerksporigem Gefüge, matrixporige Leichtbetone sowie Porenbetone nicht Gegenstand der DIN 1045-1. Kommentiert wird die Norm im DAfStb-Heft 525, in dem Erläuterungen und ergänzende Anwendungsregeln (Teil 1) sowie Hintergründe (Teil 2) zu finden sind.

Im folgenden werden die Besonderheiten in der Bemessung konstruktiver Leichtbetone nach DIN 1045-1 vorgestellt. Die wesentlichen Aspekte entsprechen den Empfehlungen des Erweiterungsdokumentes des MC90 für Leichtbeton [6], das als Grundlage für alle Leichtbetonbemessungsnormen dient.

Bei der Behandlung von Leicht- und Normalbeton innerhalb einer Norm wird eine ganzheitliche Betrachtung angestrebt. Daher erscheint es sinnvoll, sowohl innerhalb des großen Spektrums der konstruktiven Leichtbetone zu differenzieren als auch weiche Übergänge zwischen beiden Betonarten zu formulieren. Dieser Vorsatz wird oftmals durch Abminderungsfaktoren realisiert, die in Abhängigkeit von der Trockenrohdichte ρ als stellvertretende Größe für die Kornrohdichte mit einem Bezugswert von zumeist $\rho = 2200$ kg/m³ gemäß [6] definiert sind. Leichte Normalbetone (MWC = Modified Weight Concrete) mit $\rho > 2000$ kg/m³, bei denen eine Zuschlagsfraktion teilweise oder sogar komplett durch Leichtzuschläge ausgetauscht werden, sind von den geringfügigen Abminderungen in diesem Fall nicht betroffen, sondern können wie Normalbetone ohne Leichtzuschläge bemessen werden.

5.2 Leichtbetoneigenschaften nach DIN 1045-1

5.2.1 Klassifizierung

Die Klassifizierung der Festbetoneigenschaften von Leichtbeton wird über die Druckfestigkeits- und Rohdichteklassen gemäß Tabelle 5-2 vorgenommen. Die Druckfestigkeitsklassen, die für Leichtbeton durch das vorangestellte Symbol LC (Lightweight Aggregate Concrete) gekennzeichnet werden, unterscheiden sich von denen für Normalbeton, da bei Leichtbeton der Einfluß der Probekörpergeometrie kleiner ist (vgl. Abs. 4.1.1). Im allgemeinen geht man bei Leichtbeton von einem Verhältnis der Zylinder- zur Würfeldruckfestigkeit von ungefähr 0,9 bis 1,0 aus [98]. Die Festigkeitsklassen in Tabelle 5-2 weisen demnach einen zumeist als konservativ zu bewertenden Quotienten von etwa 0,91 auf. In der Eignungsprüfung (Erstprüfung) empfiehlt es sich für den Festigkeitsnachweis auf Zylinder zurückzugreifen, da zum einen die Zylinderdruckfestigkeit die bemessungsrelevante Bezugsgröße darstellt und zum anderen der Nachweis der Druckfestigkeit damit oftmals leichter gelingt. Dem Anwender ist es freigestellt, sich vorab einen Umrechnungsfaktor für eine bestimmte Mischungsrezeptur zu ermitteln, um anschließend die laufende Produktion mit Würfeln zu überwachen.

Als hochfest wird ein Leichtbeton mit einer Druckfestigkeitsklasse LC 55/60 oder höher bezeichnet. Die hochfesten Druckfestigkeitsklassen LC 70/77 und LC 80/88 bedürfen weiterer auf den Verwendungszweck abgestimmter Nachweise. Die Verwendung der Festigkeitsklasse LC 8/9 ist nach dieser Norm auf die Bemessung und Konstruktion unbewehrter Wände in Wohngebäuden beschränkt.

Der Zusammenhang zwischen der charakteristischen Zylinderdruckfestigkeit f_{lcm} und dem Mittelwert $f_{lcm} = f_{lck} + 8$ wurde von Normalbeton übernommen. Nach den Ausführungen in Abschnitt 2.7 liegt man für Leichtbetone mit diesem Ansatz in der Regel auf der sicheren Seite.

Mit der Angabe des Rechenwertes ρ der Trockenrohdichte wird die Leichtbetonbezeichnung komplettiert. Üblicherweise wird die erforderliche Rohdichteklasse D (Density) nach Tabelle 5-2 an die Druckfestigkeitsklasse durch ein Komma oder Bindestrich getrennt angehängt. Eine Rohdichteklasse umfaßt eine Spanne von 200 kg/m³ innerhalb der beiden Grenzwerte ρ_{sup} und ρ_{inf}. Alternativ kann die Rohdichte auch als Zielwert festgelegt werden. Als Rechenwert der Trockenrohdichte darf näherungsweise der Mittelwert einer Rohdichteklasse angesetzt werden. Der Rechenwert ist neben der Druckfestigkeit die maßgebende Größe zur Ermittlung der meisten Leichtbetoneigenschaften, wie z. B. der Zugfestigkeit (und aller von ihr abhängigen Größen), des E-Moduls oder auch der Wärmeleitfähigkeit. Zur Lastermittlung wird allerdings der charakteristische Wert der Wichte verwendet, der zusätzlich zum oberen Grenzwert der Rohdichteklasse ρ_{sup} einen Feuchtegehalt von 50 kg/m³ sowie einen Zuschlag von 100 kg/m³ für Stahleinlagen bei bewehrten Leichtbetonbauteilen beinhaltet.

Tabelle 5-2 Druckfestigkeits- und Rohdichteklassen gefügedichter Leichtbetone nach [4,16]

Festigkeitsklasse		$f_{lck,\ cyl}$ N/mm²	$f_{lck,\ cube}$ N/mm²
Normalfester Leichtbeton	LC 8/9	8	9
	LC 12/13	12	13
	LC 16/18	16	18
	LC 20/22	20	22
	LC 25/28	25	28
	LC 30/33	30	33
	LC 35/38	35	38
	LC 40/44	40	44
	LC 45/50	45	50
	LC 50/55	50	55
Hochfester Leichtbeton	LC 55/60	55	60
	LC 60/66	60	66
	LC 70/77	70	77
	LC 80/88	80	88

Rohdichteklasse	Trockenrohdichte kg/m³
D 1,0	$800 \leq \rho \leq 1000$
D 1,2	$1000 < \rho \leq 1200$
D 1,4	$1200 < \rho \leq 1400$
D 1,6	$1400 < \rho \leq 1600$
D 1,8	$1600 < \rho \leq 1800$
D 2,0	$1800 < \rho \leq 2000$

mit $\rho_{inf} < \rho \leq \rho_{sup}$

Charakteristischer Wert der Wichte zur Lastermittlung nach DIN 1045-1:	
unbewehrter Leichtbeton:	$\rho_{sup} + 50$ kg/m³
bewehrter Leichtbeton:	$\rho_{sup} + 150$ kg/m³

5.2.2 Zugfestigkeit

Die Zugfestigkeit von Leichtbeton wird abgesehen von etwaigen Eigenspannungszuständen (vgl. Abs. 4.2.1) von der Zugfestigkeit des Grobzuschlags und der Matrix sowie von dem E-Modul-Verhältnis dieser beiden Komponenten beeinflußt (Bild 3-37). Während die Zugfestigkeit der Einzelkomponenten über die Kornrohdichte und Matrixdruckfestigkeit bzw. die Trockenrohdichte und Leichtbetondruckfestigkeit beschrieben werden kann, ist der signifikante Einfluß der elastischen Kompatibilität kaum in ein praxisgerechtes Bemessungskonzept einzuarbeiten. Deshalb beschränkt sich die Norm auf die Abminderung der Zugfestigkeit eines Normalbetons gleicher Druckfestigkeit mit dem Faktor η_1 nach Gl. (5.1). Dieser Ansatz liefert nach Abschnitt 4.2.3 im Mittel eine zufriedenstellende Übereinstimmung mit Meßergebnissen (Bild 4-58). Nach Bild 4-59 können die für Normalbeton geltenden Gleichungen zur Berechnung des 5 %- und 95 %-Quantils auch auf

Leichtbeton übertragen werden (Gl. (5.2)). Die zentrische Zugfestigkeit f_{lct} darf näherungsweise nach Gl. (5.3) aus der Spaltzugfestigkeit $f_{lct,sp}$ berechnet werden. Dabei sind die Einschränkungen nach Abschnitt 4.2.3 zu beachten. Der Maßstabseffekt der Biegezugfestigkeit $f_{lct,fl}$ kann für Leichtbeton nach Bild 4-66 abgeschätzt werden.

$$f_{lctm} = \eta_1 \cdot 0{,}3 \cdot \sqrt[3]{f_{lck}^2} \quad \text{bis LC50/55} \quad f_{lctm} = \eta_1 \cdot 2{,}12 \ln\left(1 + \frac{f_{lck}+8}{10}\right) \quad \text{ab LC55/60} \quad (5.1)$$

$$\text{mit } \eta_1 = 0{,}4 + 0{,}6 \cdot \rho / 2200$$

ρ [kg/m³]	1000	1100	1200	1300	1400	1500	1600	1700	1800	1900	2000
η_1 [-]	0,673	0,700	0,727	0,755	0,782	0,809	0,836	0,864	0,891	0,918	0,945

$$5\,\%\text{-Quantil: } f_{lctk;0{,}05} = 0{,}7 \cdot f_{lctm} \qquad 95\,\%\text{-Quantil: } f_{lctk;0{,}95} = 1{,}3 \cdot f_{lctm} \qquad (5.2)$$

$$f_{lct} = 0{,}9 \cdot f_{lct,sp} \qquad (5.3)$$

Allerdings zeigt der Vergleich der Spaltzugfestigkeit verschiedener Leichtbetone mit den Bemessungswerten von Normalbeton (Bild 4-56), daß die größten Unterschiede in der Zugfestigkeit bei höheren Druckfestigkeiten vorliegen. Bei niedrigeren Druckfestigkeiten sind die Abweichungen eher gering, obwohl gerade in diesem Bereich der Faktor η_1 zu den größten Abminderungen aufgrund der geringeren Trockenrohdichte führt. Dieser Widerspruch bei niedrigen Druckfestigkeiten kann für die Ermittlung der von der Zugfestigkeit beeinflußten Widerstandsgrößen akzeptiert werden, weil der Ansatz in diesem Bereich offensichtlich auf der sicheren Seite liegt. Im Gegensatz dazu wird allerdings die Mindestbewehrung in diesen Fällen unterschätzt angesichts einer Abminderung von bis zu 30 %. Deshalb wird bei der Berechnung der Mindestbewehrung der Reduktionsfaktors auf $\eta_1 \geq 0{,}85$ begrenzt (Abs. 5.6.3).

5.2.3 Elastizitätsmodul

Der E-Modul von Leichtbeton hängt von dem E-Modul seiner Matrix und seines Grobzuschlages ab. Beide Einflußparameter können über die Druckfestigkeit und Trockenrohdichte des Leichtbetons berücksichtigt werden, indem der für Normalbeton in Abhängigkeit der Festigkeitsklasse definierte E-Modul über den Faktor η_E nach Gl. (5.4) abgemindert wird (Bild 4-10). Eine ausführliche Betrachtung zum E-Modul findet man in Abschnitt 4.1.2. Aufgrund der nahezu linearen Spannungs-Dehnungsbeziehung bei Leichtbeton im Gebrauchszustand kann der Tangentenmodul E_{lc0} mit dem mittleren E-Modul E_{lcm} gleichgesetzt werden.

$$E_{lcm} = \eta_E \cdot 9500 \cdot \sqrt[3]{f_{lck}+8} \quad \text{mit } \eta_E = (\rho / 2200)^2 \qquad E_{lc0} \approx E_{lcm} \qquad (5.4)$$

ρ [kg/m³]	1000	1100	1200	1300	1400	1500	1600	1700	1800	1900	2000
η_E [-]	0,207	0,250	0,298	0,349	0,405	0,465	0,529	0,597	0,669	0,746	0,826

5.2.4 Schwinden

Der Schwindvorgang läuft bei Leichtbeton in der Regel zeitlich verzögert ab und ist im wesentlichen von dem Sättigungsgrad des Zuschlages abhängig. Durch die Abgabe des im Zuschlag gespeicherten Kernwassers an den Zementstein können anfangs sogar Quellerscheinungen auftreten. Weitere Einflüsse auf das Schwindmaß sind die Porosität und der Volumenanteil des Zementsteins (vgl. Abs. 4.6.1). Da für Leichtbetone höhere Matrixfestigkeiten (mit geringerer Zementsteinporosität) erforderlich sind im Vergleich zu einem Normalbeton gleicher Festigkeit, meistens aber auch eine größere Zementleimmenge, dürften sich diese beiden Wirkungen in etwa kompensieren.

Tabelle 5-3 Erhöhungsfaktoren zur Ermittlung der Schwinddehnung $\varepsilon_{lcds\infty}$ von Leichtbeton

Betonfestigkeitsklasse	LC 12/13, LC 16/18	ab LC 20/22
Erhöhungsfaktor η_3	1,5	1,2

Insgesamt wird davon ausgegangen, daß das Endschwindmaß bei Leichtbetonen etwas höher liegt, da die Schwindbehinderung durch die weicheren Leichtzuschläge geringer ist im Vergleich zu dichten Zuschlägen. In der Norm wird deshalb für die Trocknungsschwinddehnung $\varepsilon_{lcds\infty}$ zum Zeitpunkt $t = \infty$ ein Erhöhungsfaktor η_3 der für Normalbeton geltenden Werte in Abhängigkeit von der Betonfestigkeitsklasse vorgeschlagen, die in diesem Fall stellvertretend für die Kornrohdichte steht (Gl. (5.5)). Für genauere Werte muß auf Versuchsergebnisse zurückgriffen werden.

$$\varepsilon_{lcds\infty} = \eta_3 \cdot \varepsilon_{cds\infty} \qquad \eta_3 \text{ nach Tabelle 5-3} \qquad\qquad (5.5)$$

5.2.5 Kriechen

Für das Kriechen von Leichtbeton gelten ähnliche Überlegungen wie für das Schwinden, was die Auswirkungen der weicheren Zuschläge, der Zementleimmenge sowie der Zementsteinporosität auf den Kriechprozeß betrifft. Bisherige Versuchsergebnisse lassen den Schluß zu, daß die Kriechdehnung gefügedichter Leichtbetone ε_{lcc} für im mittleren Betonalter aufgebrachte Dauerlasten (kriecherzeugende Betonspannung σ_c) in der gleichen Größenordnung liegt wie die von Normalbeton gleicher Festigkeit (vgl. Abs. 4.6.2). Weil die Kriechzahl $\varphi_{lc}(t,t_0)$ auf die elastische Anfangsverformung bezogen wird und damit von dem E-Modul abhängig ist, muß bei der Umrechnung der Endkriechzahl von Normalbeton auf Leichtbeton der Abminderungsfaktor η_E nach Gl. (5.4) berücksichtigt werden, der das Verhältnis der E-Moduln beider Betonarten widerspiegelt. Für die niedrigen Druckfestigkeitsklassen LC12/13 und LC16/18 wird ein zusätzlicher Erhöhungsfaktor $\eta_2 = 1,3$ gewählt, der die geringere Kriechbehinderung bei leichten Leichtzuschlägen berücksichtigt (Tabelle 5-4). Die nach Gl. (5.7) ermittelten Kriechzahlen sind als Anhaltswerte zu verstehen. In Fällen, in denen dem Kriecheinfluß eine große Bedeutung zukommt, sollte die Bemessung auf Versuchswerte gestützt werden.

Tabelle 5-4 Erhöhungsfaktoren η_2 zur Ermittlung des Endkriechmaßes $\alpha_{lc}(\infty,t_0)$ und der Endkriechzahl $\varphi_{lc}(\infty,t_0)$ von Leichtbeton der Festigkeitsklassen LC12/13 und LC16/18

Betonfestigkeitsklasse	LC 12/13, LC 16/18	ab LC 20/22
Erhöhungsfaktor η_2	1,3	1,0

Endkriechmaß: $\alpha_{lc}(\infty,t_0) = \eta_2 \cdot \alpha_c(\infty,t_0)$ mit η_2 nach Tabelle 5-4   (5.6)

Endkriechzahl: $\varphi_{lc}(\infty,t_0) = \alpha_{lc}(\infty,t_0) \cdot E_{lcm} = \eta_E \cdot \eta_2 \cdot \varphi(\infty,t_0)$ mit η_E nach Gl. (5.4)   (5.7)

Kriechdehnung zum Zeitpunkt $t=\infty$: $\varepsilon_{lcc}(\infty,t_0) = \varphi_{lc}(\infty,t_0) \cdot \dfrac{\sigma_c}{E_{lc0}}$ (5.8)

5.2.6 Wärmedehnzahl

Die Wärmedehnzahl von Leichtbeton hängt im wesentlichen von der Steifigkeit und der Wärmedehnzahl der verwendeten Zuschläge ab und kann nach [3] zwischen $\alpha_{lcT} \approx 5\text{--}11 \cdot 10^{-6}\,\mathrm{K}^{-1}$ liegen (vgl. Abs. 4.7). In der Norm wird ein mittlerer Wert von $\alpha_{lcT} = 8 \cdot 10^{-6}\,\mathrm{K}^{-1}$ angegeben.

5.3 Schnittgrößenermittlung

DIN 1045-1 sieht vier verschiedene Verfahren zur Schnittgrößenermittlung in Stab- und Flächentragwerken aus Normalbeton vor (Tabelle 5-5). Für Leichtbeton wird jedoch aufgrund seiner geringeren Duktilität und des damit einhergehenden mangelnden Umlagerungsvermögens die Anwendung dieser Berechnungsmethoden eingeschränkt.

Tabelle 5-5 Verfahren zur Schnittgrößenermittlung von Leichtbetonbauteilen

1) Linear-elastische Berechnung
Durchlaufträger mit einem Stützweitenverhältnis von $0,5 < l_{eff,1}/l_{eff,2} < 2,0$:
$x/d \leq 0,35$ keine zusätzlichen Maßnahmen zur Sicherstellung ausreichender Duktilität
$x/d > 0,35$ zusätzliche Maßnahmen zur Sicherstellung ausreichender Duktilität durch eine Mindestbewehrung zur Umschnürung der Biegedruckzone (Abs. 5.6.3)
2) Linear-elastische Berechnung mit Umlagerung
Möglicher Momentenumlagerungsfaktor $\delta = M/M_{el}$ für Durchlaufträger mit annähernd gleicher Steifigkeit und einem Stützweitenverhältnis von $0,5 < l_{eff,1}/l_{eff,2} < 2,0$:
Hochduktiler Stahl: $\delta \geq 0,72+0,8 \cdot x_d/d$ und $\delta \geq 0,8$
Stahl mit normaler Duktilität: $\delta = 1$
3) Verfahren nach der Plastizitätstheorie
Nach der Norm sollte das Verfahren für Leichtbeton nicht angewendet werden.
4) Nichtlineare Verfahren
Es wird die Spannungs-Dehnungslinie für Leichtbeton (nach Gln. (5.9)) sowie ein Dauerstandfaktor $\alpha = 0,8$ angesetzt.

- **Linear-elastische Berechnung mit und ohne Umlagerung**

Für die linear-elastische Berechnung wird das Verhalten von Leichtbeton mit dem von hochfestem Normalbeton gleichgesetzt. Dies betrifft zum einen die Festlegung der bezogenen Grenzdruckzonenhöhe $\xi_{lim} = x/d = 0,35$ (anstatt 0,45), ab der zusätzliche Maßnahmen zur Sicherstellung einer ausreichenden Duktilität der Biegedruckzone zu ergreifen sind (vgl. Abs. 5.6.3 – Mindestbewehrung). Gegebenenfalls kann auch durch Wahl einer Druckbewehrung auf diese Mindestbügelbewehrung verzichtet werden (vgl. Tabelle A2-3).

Zum anderen dürfen die nach der Elastizitätstheorie ermittelten Schnittgrößen bei der Verwendung eines hochduktilen Stahls nur bis zu 20 % (anstatt 30 %) umgelagert werden, ohne den genauen Nachweis einer ausreichenden Rotationsfähigkeit (siehe Plastizitätstheorie) für den Querschnitt zu erbringen, für den die Momentenabminderung berücksichtigt wird. Der zulässige Umlagerungsgrad $(1-\delta)$ ist darüber hinaus noch abhängig von der bezogenen Druckzonenhöhe x_d/d im Grenzzustand der Tragfähigkeit nach der Umlagerung, wobei der Berechnung die Bemessungswerte der Einwirkungen und Baustofffestigkeiten zugrunde gelegt werden (daher Index d). Somit wird auch Biegebauteilen aus Leichtbeton im geringem Maße eine plastische Verformungsfähigkeit unterstellt.

- **Plastizitätstheorie**

Niedrigere Umlagerungsfaktoren als $\delta = 0,8$ dürfen nicht angesetzt werden, da die Verfahren nach der Plastizitätstheorie (Fließgelenktheorie, Bruchlinientheorie) für Leichtbetone ausgeschlossen werden. Diese Sicherheitsmaßnahme ist auf fehlende Kenntnisse über die zulässige plastische Rotation $\theta_{pl,d}$ zurückzuführen, die die Grundlage für den genauen Nachweis der Rotationsfähigkeit darstellt.

- **Nichtlineare Verfahren**

Im Gegensatz zu Berechnungen nach Theorie II. Ordnung (geometrisch nichtlinear) bezieht sich der Begriff „nichtlineare Berechnung" auf Verfahren, die nichtlineare Schnittgrößen-Verformungsbeziehungen verwenden (physikalisch nichtlinear). Voraussetzung dafür ist eine wirklichkeitsnahe Abbildung des Tragwerkverhaltens für jede Einwirkungskombination (Superpositionsprinzip nicht gültig). Daher wird neben der Mitwirkung des Betons zwischen den Rissen („Tension Stiffening") auch eine realitätsnahe Spannungs-Dehnungslinie für den Leichtbeton (Bild 5-1) berücksichtigt, die auch für Verformungsberechnungen angesetzt wird. Die Norm unterscheidet in diesem Zusammenhang zwischen ALWAC und SLWAC hinsichtlich der Form des ansteigenden Astes und setzt für beide Betone vereinfachend einen konstanten Plastizitätsfaktor k von 1,1 bzw. 1,3 fest, falls durch Prüfungen kein genauerer Wert belegt wird. Damit bleibt der geringe Einfluß der Druckfestigkeit auf den Plastizitätsfaktor unberücksichtigt (Bild 4-13).

Mit dieser Angabe und dem mittleren E-Modul $E_{lcm} = \eta_E \cdot E_{cm}$ ist die Dehnung ε_{lc1} bei Erreichen der Festigkeit f_{lc} bekannt. Zudem wird aufgrund der Sprödigkeit auf den Nachbruchbereich verzichtet ($\varepsilon_{lc1u} = \varepsilon_{lc1}$). Die vollständige Spannungs-Dehnungslinie wird durch die Gleichungen (5.9) wiedergegeben.

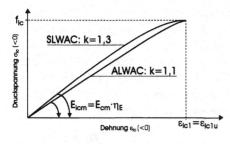

$$\frac{\sigma_{lc}}{f_{lc}} = -\frac{k \cdot \eta - \eta^2}{1 + (k-2) \cdot \eta} \qquad (5.9)$$

$$\text{mit } \eta = \frac{\varepsilon_{lc}}{\varepsilon_{lc1}}$$

$$\varepsilon_{lc1} = -k \cdot \frac{f_{lc}}{E_{cm} \cdot \eta_E} \quad (\eta_E \text{ nach Gl. (5.4)})$$

$$\varepsilon_{lc1u} = \varepsilon_{lc1}$$

Bild 5-1 Spannungs-Dehnungslinien für nichtlineare Verfahren der Schnittgrößenermittlung (Traglastermittlung) und für Verformungsberechnungen

$$k = \begin{cases} 1,3 & \textit{für SLWAC} \\ 1,1 & \textit{für ALWAC} \end{cases}$$

Für den Höchstwert der ertragenen Betondruckspannung f_{lc} darf bei der nichtlinearen Schnittgrößenermittlung der Rechenwert $f_{lcR} = 0,85 \, \alpha f_{lck}$ (für hochfeste Leichtbetone $f_{lcR} = 0,85 \, \alpha f_{lck}/\gamma_c'$) mit $\alpha = 0,8$ angesetzt werden. Der Reduktionsfaktor 0,85 ergibt sich aus dem Verhältnis des bei den nichtlinearen Verfahren verwendeten einheitlichen Teilsicherheitsbeiwertes $\gamma_R = 1,3$ zu $\gamma_c = 1,5$. Die versteifende Wirkung des Leichtbetons zwischen den Rissen darf nach [74] näherungsweise wie für Normalbeton angesetzt werden (Abs. 4.5.2).

Für die Verformungsberechnung darf f_{lc} mit f_{lcm} gleichgesetzt werden. Damit wird der mit der charakteristischen Festigkeit ermittelte E-Modul in Bezug gesetzt zu dem mittleren Festigkeitswert ($f_{lcm} = f_{lck} + 8$). Insbesondere bei Leichtbetonen mit niedriger Festigkeit kann dadurch die Bruchdehnung erheblich überschätzt werden. In diesem Fall bietet sich die Verwendung des um 10 % erhöhten Fraktilwertes als mittlere Druckfestigkeit an ($f_{lcm} = 1,1 \cdot f_{lck}$).

5.4 Nachweise in den Grenzzuständen der Tragfähigkeit

5.4.1 Bemessung für Biegung mit Normalkraft

5.4.1.1 Bemessungsgrundlagen

Der Begriff Biegung mit Normalkraft beinhaltet in diesem Abschnitt auch die beiden Sonderfälle eines Querschnittes unter reiner Biegung sowie unter mittiger Normalkraft. Die Bemessung im Grenzzustand der Tragfähigkeit erfolgt unter der Annahme ebenbleibender Querschnitte, sofern ein Balken, eine Platte oder eine Stütze mit einer Schlankheit $l/h \geq 2$ vorliegt und damit keine Scheibe. Außerdem wird ein vollkommener Verbund zwischen Beton und Bewehrung unterstellt und die Betonzugfestigkeit vernachlässigt. Um ein Bauteilversagen bei Erstrißbildung ohne Vorankündigung zu vermeiden (Duktilitätskriterium), ist eine Mindestbewehrung nach Abschnitt 5.6.3 einzubauen.

Die einwirkenden Bemessungsschnittgrößen M_{Ed} und N_{Ed} rufen Dehnungen und damit innere Kräfte (F_{lcd}, F_{sd1}, F_{sd2}) in einem Stahlbetonquerschnitt hervor (Bild 5-7). Die Dehnungsebenen können nach Bild 5-2 zwischen den rechnerischen Bruchdehnungen für Stahl und Beton variiert werden, bis die äußeren und inneren Kräfte im Gleichgewicht stehen. Bei Erreichen der Betonstahldehnung $\varepsilon_s = 25$ ‰ (Stahlversagen bzw. $\varepsilon_p = \varepsilon_p^{(0)} + 25$ ‰ für Spannstähle) oder der rechnerischen Bruchstauchung des Betons (Betonversagen) ist die Tragfähigkeit des Querschnittes erschöpft. Dabei ist eine Berücksichtigung der Verfestigung des Stahls nach Erreichen der Streckgrenze möglich. Nach Bild 5-2 können für die Biege- und Normalkraftbemessung drei Bereiche unterschieden werden.

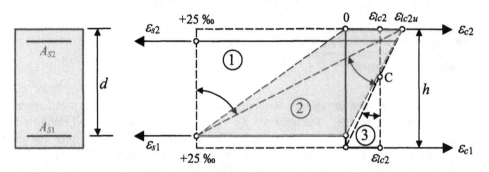

Bild 5-2 Mögliche Dehnungsverteilungen im Grenzzustand der Tragfähigkeit:
Bereich 1: Mittiger Zug und Zugkraft mit geringer Ausmitte
Bereich 2: Reine Biegung sowie überwiegende Biegung mit Längskraft
Bereich 3: Mittiger Druck und Druckkraft mit geringer Ausmitte

Im Bereich 1 steht der gesamte Querschnitt unter Zugbeanspruchung, die nur der Bewehrung nach dem Hebelgesetz zugewiesen wird. Daher unterscheidet sich die Bemessung von Leichtbetonquerschnitten unter mittiger Zugkraft oder Zugkraft mit geringer Ausmitte nicht von der Bemessung von Zuggliedern aus Normalbeton (z. B. unter Verwendung von Interaktionsdiagrammen aus Tabelle A2-4). Für Betonstahl S500 darf bei einer Grenzdehnung von $\varepsilon_{su} = 25$ ‰ der charakteristische Wert der Zugfestigkeit $f_{tk,cal} = 525$ N/mm² angesetzt werden. Damit ergibt sich in den Interaktionsdiagrammen für zentrischen Zug eine bezogene Normalkraft von $v_{Ed} = 1,05 \cdot \omega_{tot}$.

Im Bereich 3 wird der Querschnitt durch eine mittige oder exzentrische Normaldruckkraft mit geringer Ausmitte vollständig überdrückt, wie dies bei Stützen häufig vorkommt. In diesem Fall darf die Dehnung im Punkt C höchstens $\varepsilon_{lc2} = -2,0$ ‰ (für hochfeste Leichtbetone bis zu $-2,06$ ‰) betragen. Die Bemessung für Längsdruckkräfte mit kleiner Ausmitte wird in Abschnitt 5.4.1.3 behandelt.

Der grau unterlegte Bereich 2 umfaßt Bauteile, die durch reine oder überwiegende Biegung mit Längskraft beansprucht werden. Die zugehörigen Dehnungsebenen weisen sowohl positive als auch negative Dehnungen auf. Die Bemessung von Rechteckquerschnitten unter überwiegender Biegung mit und ohne Normalkraft ist Gegenstand des Abschnitts 5.4.1.2.

Im Gegensatz zur Spannungs-Dehnungslinie für die Schnittgrößen- und Verformungsberechnung (Bild 5-1) werden zur Ermittlung des Querschnittswiderstandes idealisierte Diagramme zur einfachen Handhabung verwendet. Die Norm bietet mit dem Parabel-

Rechteck- und dem bilinearen Diagramm sowie dem Spannungsblock drei Alternativen an, die für Leichtbeton dessen besondere Eigenschaften berücksichtigen (Bild 5-3). Dazu gehört die geringere Völligkeit, der größere Dauerstandeinfluß sowie die Sprödigkeit im Nachbruchbereich, wie dies einaxiale Druckversuche belegen (Bild 4-11).

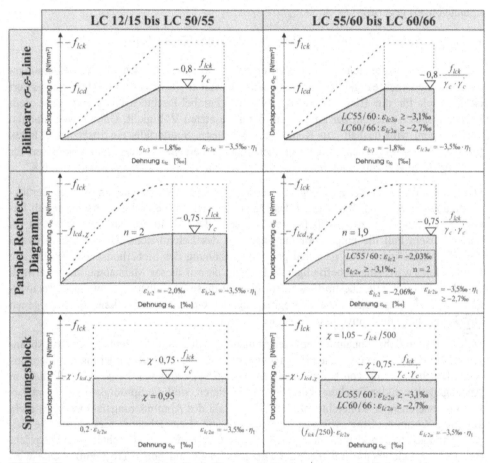

Bild 5-3 Spannungs-Dehnungslinien für die Querschnittsbemessung von Leichtbeton

Ein größerer Dauerstandeinfluß liegt bei Leichtbeton in der Regel immer dann vor, wenn das Umlagerungsvermögen von der Matrix auf einen hoch ausgenutzten Leichtzuschlag eingeschränkt ist. Dieser Fall ist jedoch in einem Bemessungskonzept schwierig zu verankern, weil dafür die Tragreserve des Leichtzuschlags unter Kurzzeitbeanspruchung bekannt sein muß. Deshalb wird für alle Leichtbetone einheitlich ein reduzierter Dauerstandfaktor $\alpha = 0,8$ verwendet.

Weil die Form des Parabel-Rechteck-Diagramms und des Spannungsblocks von Normalbeton übernommen wurde, mußte in diesen beiden Fällen mit Hilfe des α-Wertes neben dem

Langzeitverhalten auch die geringere Völligkeit der σ-ε-Linie des Leichtbetons berücksichtigt werden. Der Faktor $\alpha = 0,75$ ergibt sich über einen Vergleich von Parabel-Rechteck- und bilinearem Diagramm mit einer Proportionalitätsgrenze von $\varepsilon_{lc} = -2,0$ ‰ $= \varepsilon_{lc2}$. Damit ist die Äquivalenz beider Momente der Druckzonenresultierenden (vgl. Bild 5-7, Tabelle 5-6) um die neutrale Achse bei maximaler Randstauchung $\varepsilon_{lcu} = -3,5$ ‰ (ohne Berücksichtigung von η_1) gegeben:

$$(1 - k_a) \cdot \alpha \cdot \alpha_R = (1 - 0,416) \cdot \underline{0,75} \cdot 0,81 = (1 - 0,376) \cdot \underline{0,8} \cdot 0,714 = 0,365$$

Aufgrund der verschiedenen α-Faktoren ergeben sich zwei unterschiedliche Bemessungswerte für die Druckfestigkeit von Leichtbeton. Der mit $\alpha = 0,75$ ermittelte Bemessungswert ist lediglich für die Biegebemessung mit dem Parabel-Rechteck-Diagramm bzw. dem Spannungsblock relevant zur Anpassung der angesetzten Völligkeit. Um Verwechslungen vorzubeugen, wird deshalb zur Kennzeichnung dieses Sonderfalls ein zusätzlicher Index (z. B. $f_{lcd,\chi} = 0,75 \cdot f_{lck}/\gamma_c$) empfohlen. In allen anderen Bereichen ist der Bemessungswert für die Druckfestigkeit von Leichtbeton $f_{lcd} = 0,8 \cdot f_{lck}/\gamma_c$ mit einem Dauerstandfaktor $\alpha = 0,8$.

Das Hauptaugenmerk bei der Biegebemessung von Leichtbetonbauteilen gilt der Berücksichtigung der erhöhten Sprödigkeit des Materials. Ziel muß es sein, Querschnitte mit hohem Bewehrungsgrad auszuschließen, bei denen die Druckzone bemessungsrelevant ist, da nur in diesem Fall die eingeschränkte Duktilität des Leichtbetons das Sicherheitsniveau beeinträchtigen kann. Eine pauschal gewählte Erhöhung des Sicherheitsbeiwertes für alle Leichtbetone wäre eine unbefriedigende Lösung, da mit dieser Maßnahme auch schwach bewehrte Querschnitte „bestraft" werden, obwohl diese ein äußerst gutmütiges Bruchverhalten zeigen. Deswegen ist eine Begrenzung der Grenzstauchung bzw. der bezogenen Druckzonenhöhe die sinnvollere Variante.

Da eine wesentliche Zunahme der Grenzstauchung selbst unter exzentrischer Druckbeanspruchung (Bild 4-15) oder Dauerlast nicht stattfindet, ist eine Abminderung der rechnerischen Bruchstauchung von Normalbeton ($\varepsilon_{cu} = -3,5$ ‰) zwingend. Es ist sinnvoll, diese in Abhängigkeit von der Trockenrohdichte zu formulieren, weil die Sprödigkeit von Leichtbeton mit abnehmender Rohdichte zunimmt. Die Wahl des Abminderungsfaktors η_1 ist nicht auf einen Zusammenhang zwischen Zugfestigkeit und Grenzdehnung, sondern auf die Tatsache zurückzuführen, daß die hiermit erzielte Reduktion dem gewünschten Maß entspricht (Gl. (5.10)). Leichtbeton mit niedriger Druckfestigkeit und hoher Trockenrohdichte wird ein gewisses Umlagerungsvermögen unterstellt, da die Betondruckfestigkeit weit unterhalb der Grenzfestigkeit des Zuschlags liegt. Dies läßt auf ein Matrixversagen schließen, so daß ein gleitender Übergang zum Normalbeton gerechtfertigt erscheint. Für hochfeste Leichtbetone kann auch die Bedingung maßgebend werden, daß die rechnerische Bruchstauchung eines Normalbetons gleicher Festigkeit nicht überschritten werden darf ($\varepsilon_{lcu} \leq \varepsilon_{cu}$).

$$\varepsilon_{lcu} = -3,5‰ \cdot \eta_1 = -3,5‰ \cdot (0,4 + 0,6 \cdot \frac{\rho}{2200}) \leq \varepsilon_{cu} \quad \text{mit } \rho \text{ in [kg/m}^3] \tag{5.10}$$

ρ [kg/m³]	1000	1100	1200	1300	1400	1500	1600	1700	1800	1900	2000
ε_{lcu} [‰]	-2,35	-2,45	-2,55	-2,64	-2,74	-2,83	-2,93	-3,02	-3,12	-3,21	-3,31

Vom Parabel-Rechteck-Diagramm ausgehend kann nunmehr die Proportionalitätsgrenze $\varepsilon_{lc3} = -1,8$ ‰ des bilinearen Zusammenhangs mit $\alpha = 0,80$ sowie einer Grenzdehnung $\varepsilon_{lcu} = -3,5$ ‰ · $\eta_1 \geq \varepsilon_{cu}$ abgeleitet werden, mit der eine bestmögliche Übereinstimmung beider Ansätze für die Trockenrohdichten 1,0 kg/dm³ $\leq \rho \leq$ 2,0 kg/dm³ erzielt wird (Bild 5-4).

Die Anpassung des Spannungsblocks in Bezug auf das Parabel-Rechteck-Diagramm wird für Normalbeton über den Abminderungsfaktor $\chi = 0,95$ bzw. $1,05 - f_{lck} / 500$ (vgl. Bild 5-3) vorgenommen. Daher ist es einleuchtend, daß auch für Leichtbeton die Gleichwertigkeit beider Spannungs-Dehnungslinien hinsichtlich der Produkte $\alpha \cdot \alpha_R$ bzw. $(1 - k_a) \cdot \alpha \cdot \alpha_R$ zufriedenstellend gegeben ist, wenn für den Spannungsblock unter Berücksichtigung von χ mit $\alpha = 0,75$ der gleiche Wert verwendet wird wie für das Parabel-Rechteck-Diagramm (Bild 5-4).

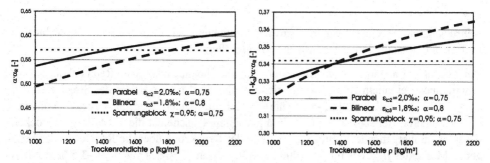

Bild 5-4 Vergleich der verschiedenen Spannungs-Dehnungslinien von Leichtbeton hinsichtlich a) der Völligkeit $\alpha \cdot \alpha_R$ und b) des bezogenen Momentes der Druckzonenresultierenden um die neutrale Achse $(1-k_a) \cdot \alpha \cdot \alpha_R$ (rechteckige Druckzone)

Bei hochfestem Normalbeton ist ein erhöhter Sicherheitsbeiwert anzusetzen, der in erster Linie die größere Auswirkung eines streuenden w/z-Wertes auf die Druckfestigkeit abdecken soll. Diese Maßnahme zielt auf hochfeste Matrizen ab, die in allen Leichtbetonfestigkeitsklassen zur Anwendung kommen können, um auf einem vorgegebenen Festigkeitsniveau die Rohdichte zu minimieren (Hochleistungsleichtbetone). Allerdings ist der Einfluß des effektiven w/z-Wertes für Leichtbetone mit niedriger Rohdichte erheblich geringer, da angesichts der hochfesten Matrix in diesem Fall die Grenzfestigkeit des Leichtzuschlags bei weitem überschritten ist (Bild 3-20). Deshalb wird ein erhöhter Sicherheitsbeiwert nur für hochfeste Leichtbetone vorgesehen, der sich, wie für hochfesten Normalbeton, aus dem Produkt $\gamma_c \cdot \gamma'_c$ ergibt.

$$\gamma'_{lc} = \gamma'_c = \frac{1}{1,1 - f_{lck}/500} \geq 1,0 \qquad \text{für } f_{lck} > 50 \text{ N/mm}^2 \qquad (5.11)$$

Um die Auswirkungen der reduzierten Bruchstauchung auf die Biegebemessung darzustellen, ist in Bild 5-5 der mechanische Bewehrungsgehalt ω_1 über dem bezogenen Moment μ_{Eds} für zwei verschiedene Grenzstauchungen aufgetragen. Während im niedrigen und mittleren Beanspruchungsbereich kein merklicher Einfluß festzustellen ist, werden hohe Be-

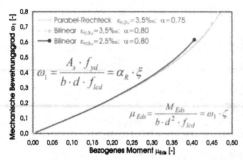

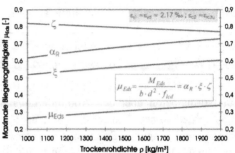

Bild 5-5 Einfluß der reduzierten Grenzdehnung auf die Biegebemessung recht-
eckiger Leichtbetonquerschnitte

Bild 5-6 Maximale Biegetragfähigkeit μ_{Eds} bei
Erreichen der Streckgrenze f_{yd} in Abhängigkeit
von ρ (bilineares Diagramm)

wehrungsgrade bei einer rechnerischen Bruchstauchung von $\varepsilon_{lc3u} = -2,5$ ‰ ausgeschlossen.
In diesem Fall ist die Druckzonenfläche zu vergrößern.

Der Einfluß der abgeminderten Grenzstauchung auf hochbeanspruchte Rechteckquerschnitte wird auch bei einem Blick auf die Biegetragfähigkeit bei Erreichen der Streckgrenze f_{yd} ($\varepsilon_{s1} = 2,17$ ‰) deutlich (Bild 5-6). Während sich die Änderungen der Druckzonenhöhe ξ und des inneren Hebelarms ζ in etwa kompensieren, entscheidet die mit fallender Trockenrohdichte einhergehende Völligkeitsabnahme der Druckzone über die Reduktion des bezogenen Momentes μ_{Eds}, das für $\rho = 1000$ kg/m³ nur noch 75 % des mit $\varepsilon_{lcu} = -3,5$ ‰ ermittelten Wertes beträgt.

5.4.1.2 Bemessung für überwiegende Biegung mit Normalkraft

Ein Bauteil wird überwiegend durch Biegung mit und ohne Normalkraft beansprucht, wenn sich im Querschnitt eine Dehnungsebene mit einer Druck- und Zugzone einstellt (Bereich 2 in Bild 5-2). Die zulässigen Werte für die Stahl- und Leichtbetondehnung betragen $\varepsilon_s = 25$ ‰ und $\varepsilon_{lcu} = -3,5$ ‰ $\cdot$ $\eta_1 \geq \varepsilon_{cu}$. In Bild 5-7 sind Schnittgrößen, Dehnungsebene und innere Kräfte einschließlich der für die Bemessung relevanten dimensionslosen Beiwerte für einen Rechteckquerschnitt aus Leichtbeton ohne Druckbewehrung unter Biegung mit Normalkraft exemplarisch dargestellt. Die inneren Kräfte können mit den Werkstoffgesetzen des Leichtbetons (Tabelle 5-2) und des Bewehrungsstahls wie folgt ermittelt werden:

$$F_{lcd} = \alpha_R \cdot x \cdot b \cdot \frac{\alpha \cdot f_{lck}}{\gamma_c} = \alpha_R \cdot \xi \cdot d \cdot b \cdot f_{lcd} \quad \text{(Betondruckkraft)} \tag{5.12}$$

$$F_{sd1} = \sigma_{s1} \cdot A_{s1} \quad \text{(Stahlzugkraft)} \tag{5.13}$$

$$M_{Eds} = M_{Ed} - N_{Ed} \cdot (h/2 - d_1) \quad \text{(auf die Schwerachse der Bewehrung bezogene} \tag{5.14}$$
$$\text{Bemessungswert des einwirkenden Moments)}$$

$$M_{Eds} = F_{lcd} \cdot z = \alpha_R \cdot \xi \cdot d \cdot b \cdot f_{lcd} \cdot \zeta \cdot d \quad \Rightarrow \quad \mu_{Eds} = \frac{M_{Eds}}{b \cdot d^2 \cdot f_{lcd}} = \alpha_R \cdot \xi \cdot \zeta \tag{5.15}$$

Das Integral über die Betondruckspannungen wird über den Völligkeitsbeiwert α_R und einen Faktor k_a zur Lageermittlung der resultierenden Betondruckkraft F_{lcd} beschrieben. In Tabelle 5-6 sind diese Beiwerte in Abhängigkeit von der Randstauchung einschließlich des Abminderungsfaktors α für die in der Norm vorgesehenen σ-ε-Linien zusammengestellt. In Verbindung mit Gl. (5.15) kann damit für jede Dehnungsebene das bezogene Moment μ_{Eds} eindeutig bestimmt werden.

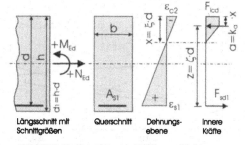

Bild 5-7 Rechteckquerschnitt aus Stahl-Leichtbeton ohne Druckbewehrung unter Biegebeanspruchung mit Normalkraft

Tabelle 5-6 Zusammenstellung der Beiwerte α, α_R und k_a für die rechteckige Biegedruckzone in Abhängigkeit von der Randstauchung ε_{lc} für die Anwendung der σ-ε-Diagramme nach DIN1045-1

Bilineare σ-ε-Linie	für $|\varepsilon_{lc}| < 1{,}8\text{‰}$	$\alpha = 0{,}8$	$\alpha_R = \dfrac{0{,}5 \cdot |\varepsilon_{lc}|}{1{,}8}$	$k_a = \dfrac{1}{3}$
	für $|\varepsilon_{lc}| \geq 1{,}8\text{‰}$	$\alpha = 0{,}8$	$\alpha_R = \dfrac{|\varepsilon_{lc}| - 0{,}9}{|\varepsilon_{lc}|}$	$k_a = \dfrac{0{,}5 \cdot \varepsilon_{lc}^2 - 0{,}9 \cdot |\varepsilon_{lc}| + 0{,}54}{|\varepsilon_{lc}| \cdot (|\varepsilon_{lc}| - 0{,}9)}$
Parabel-Rechteck-Diagramm[1]	für $|\varepsilon_{lc}| < 2\text{‰}$	$\alpha = 0{,}75$	$\alpha_R = \dfrac{|\varepsilon_{lc}|}{2} - \dfrac{\varepsilon_{lc}^2}{12}$	$k_a = \dfrac{8 - |\varepsilon_{lc}|}{24 - 4 \cdot |\varepsilon_{lc}|}$
	für $|\varepsilon_{lc}| \geq 2\text{‰}$	$\alpha = 0{,}75$	$\alpha_R = \dfrac{3 \cdot |\varepsilon_{lc}| - 2}{3 \cdot |\varepsilon_{lc}|}$	$k_a = \dfrac{|\varepsilon_{lc}| \cdot (3 \cdot |\varepsilon_{lc}| - 4) + 2}{2 \cdot |\varepsilon_{lc}| \cdot (3 \cdot |\varepsilon_{lc}| - 2)}$
Spannungs-Block[1]	$\chi \cdot \alpha = 0{,}95 \cdot 0{,}75 \approx 0{,}712$		$\alpha_R = 0{,}8$	$k_a = 0{,}4$

[1] Gilt nur für normalfeste Leichtbetone der Festigkeitsklasse LC50/55 und niedriger

Falls eine äußere Normalkraft N_{Ed} (als Zugkraft positiv) vorhanden ist, wird ihr Angriffspunkt über die Beziehung Gl. (5.14) in den Schwerpunkt der Zugbewehrung verschoben und das Versatzmoment beim angreifenden Biegemoment berücksichtigt (M_{Eds}). Trägt man die Kennwerte der einzelnen Dehnungsebenen über der dimensionslosen Größe μ_{Eds} auf, erhält man das allgemeine Bemessungsdiagramm für Rechteckquerschnitte (Bild 5-8). Als Eingangswert dient das bezogene Moment, mit dem neben dem x/d-Verhältnis in erster Linie der innere Hebelarm $z = \zeta \cdot d$ bzw. der mechanische Bewehrungsgehalt ω abgelesen werden kann. Diese Bemessungshilfe ist jedoch nicht allgemeingültig, da die zulässige Bruchstauchung von Trockenrohdichte und Betondruckfestigkeit abhängt. Bild 5-8 zeigt exemplarisch die Bemessungsdiagramme für normalfeste Leichtbetone mit $\rho = 1150$ und 1700 kg/m³ unter Verwendung der bilinearen σ-ε-Linie.

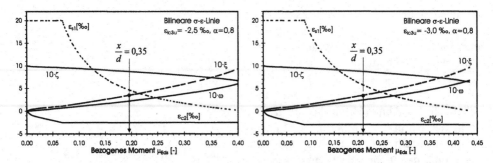

Bild 5-8 Biegebemessung von Leichtbetonrechteckquerschnitten mit dimensionslosen Beiwerten für
a) $\varepsilon_{lc3u} = -2,5$ ‰ ($\rho = 1150$ kg/m³) und b) $\varepsilon_{lc3u} = -3,0$ ‰ ($\rho = 1700$ kg/m³)

Die tabellarische Form des allgemeinen Bemessungsdiagramms wird als ω-Verfahren bezeichnet, weil mit Hilfe des mechanischen Bewehrungsgrades $\omega_1 = \alpha_R \cdot \zeta$ die erforderliche Biegebewehrung A_{s1} nach Gl. (5.16) berechnet wird. In Tabelle A2-2 im Anhang ist eine Auswertung des ω-Verfahrens für verschiedene Trockenrohdichten unter Verwendung des bilinearen σ-ε-Diagramms abgedruckt.

$$\omega_1 = \frac{A_{s1} \cdot \sigma_{s1} - N_{Ed}}{b \cdot d \cdot f_{lcd}} = \frac{F_{lcd}}{b \cdot d \cdot f_{lcd}} = \alpha_R \cdot \zeta \quad \Rightarrow \quad A_{s1} = \frac{1}{\sigma_{s1}} \cdot (\omega_1 \cdot b \cdot d \cdot f_{lcd} + N_{Ed}) \quad (5.16)$$

In den Bemessungsdiagrammen in Bild 5-8 wird auch deutlich, daß mit zunehmender Beanspruchung μ_{Eds} die Stahldehnung ε_{s1} immer weiter reduziert wird. Für $\varepsilon_{s1} < 2,17$ ‰ kann die Streckgrenze der Bewehrung nicht mehr ausgenutzt werden. Außerdem wird bereits vorher das Verhältnis $x/d = 0,35$ überschritten, so daß in diesem Fall die Biegedruckzone durch eine Mindestbewehrung umschnürt werden muß (Tabelle 5-5). Aus diesen beiden Gründen kann es sinnvoll sein, eine Druckbewehrung A_{s2} anzuordnen (Bild 5-9), sofern die bezo-

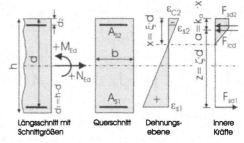

Bild 5-9 Rechteckquerschnitt aus Leichtbeton mit Druckbewehrung unter Biegebeanspruchung mit Normalkraft

gene Druckzonenhöhe den Wert $\zeta_{lim} = 0,35$ übersteigt. Weil das zu dieser Dehnungsebene zugehörige Moment $\mu_{Eds,lim}$ nicht ausreicht, um die vorliegende Beanspruchung aufzunehmen, wird der fehlende Anteil $\Delta\mu_{Eds} = \mu_{Eds} - \mu_{Eds,lim}$ über ein Kräftepaar $F_{sd2} = \Delta F_{sd1}$ abgedeckt. Das Zusatzmoment $\Delta\mu_{Eds}$ kann somit über den großen inneren Hebelarm $\zeta = d-d_2$ abgetragen werden.

$$F_{sd2} = \sigma_{s2} \cdot A_{s2} \text{ (Stahldruckkraft) und } F_{sd1} = \sigma_{s1} \cdot (A_{s1,lim} + A_{s2}) \text{ (Stahlzugkraft)} \quad (5.17)$$

In Tabelle A2-3 im Anhang sind die für die Biegebemessung mit Druckbewehrung relevanten Beiwerte in Form des ω-Verfahrens einschließlich der maßgebenden Formeln zusammengefaßt. Für die Biegebemessung von Leichtbeton eignen sich besonders dimensionslose Verfahren aufgrund der von der Trockenrohdichte abhängigen Betonstauchung. Das für Normalbetone übliche k_d-Verfahren basiert hingegen auf dimensionsgebundenen Beiwerten und ist deshalb als Bemessungshilfe für Leichtbetone angesichts der zahlreichen Variationsmöglichkeiten weniger gut geeignet.

5.4.1.3 Bemessung für Längsdruckkraft mit geringer Ausmitte

In einem Stahlbetonquerschnitt ist unter Biegedruckbeanspruchung eine höhere Randstauchung ε_{c2u} zulässig als unter zentrischer Druckbeanspruchung (ε_{c2}). Bei Normalbeton wird dies damit erklärt, daß unter Biegedruck Spannungsumlagerungen von den stärker beanspruchten Randfasern in weniger gestauchte Fasern möglich sind. Mit wachsender Druckfestigkeit und Druckzonenhöhe (bzw. Bauteilhöhe) nimmt diese Verformungsfähigkeit von Bauteilen unter Biegedruckbeanspruchung ab. Folgerichtig wird für hochfeste Normalbetone die zulässige Randstauchung ε_{c2u} sukzessive reduziert. Die Maßstabsabhängigkeit von der Druckzonenhöhe bleibt in den Bemessungsnormen hingegen unberücksichtigt.

Sowohl das Nachbruchverhalten von Leichtbetonen unter Druckbeanspruchung nach Abschnitt 4.1.4 als auch die geringe Steigerung der Bruchstauchung in einem Querschnitt unter exzentrischer Druckkraft (Bild 4-15) haben gezeigt, das Leichtbetone aufgrund der höheren Sprödigkeit nur über eine geringe Verformungsfähigkeit der Druckzone verfügen. Daher wird die maximal zulässige Randstauchung unter Biegedruck ε_{lc2u} mit dem Faktor η_1 reduziert.

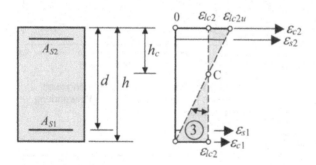

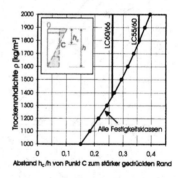

Bild 5-10 Dehnungsverteilung für Leichtbetonquerschnitte unter Längskraft mit geringer Ausmitte

Bild 5-11 Abstand h_c in Abhängigkeit von Trockenrohdichte ρ und Druckfestigkeit

Unter einer mittigen Druckkraft oder einer Längsdruckkraft mit geringer Ausmitte wird ein Querschnitt vollkommen überdrückt (Bereich 3). In diesem Fall darf die Dehnung im Punkt C für normalfeste Leichtbetone höchstens $\varepsilon_{lc2} = -2{,}0\ \permil$ betragen, entsprechend der rechnerischen Bruchstauchung unter zentrischer Druckbeanspruchung (Bild 5-10). Mit dieser Forderung soll ein gleitender Übergang für Querschnitte unter mittigem und exzentrischem Druck erzielt werden. Für hochfeste Leichtbetone wird der Wert auf $\varepsilon_{lc2} = -2{,}03\ \permil$

(LC 55/60) bzw. $\varepsilon_{lc2} = -2{,}06\ ‰$ (LC 60/66) angepaßt, wie dies Ergebnisse von zentrischen Druckversuchen (Bild 4-11) auch bestätigen. Im Gegensatz zu Normalbeton ($\varepsilon_{c2,k} = -2{,}2\ ‰$) darf die rechnerische Bruchstauchung ε_{lc2} für Leichtbetone zur Berücksichtigung der günstigen Wirkung des Kriechens (Lastumlagerung auf die Bewehrung) nicht erhöht werden. Damit wird eine Lastumlagerung auf den Betonstahl nicht angesetzt. Dies ist darauf zurückzuführen, daß die Bruchstauchung von Leichtbeton auch unter Dauerlast nicht wesentlich zunimmt (Bild 4-34).

Da die rechnerische Bruchstauchung $\varepsilon_{lc2u} = \varepsilon_{lc3u}$ über die Trockenrohdichte abgemindert wird, rückt der Drehpunkt C der Dehnungsebenen im Bereich 3 immer dichter an den stärker gedrückten Rand heran. Der bezogene Abstand h_c/h, der als Maß für eine mögliche Spannungsumlagerung unter Biegedruckbeanspruchung angesehen werden kann, wird dadurch geringer (Bild 5-11).

Zur Bemessung eines vollkommen überdrückten Querschnittes scheiden ω- oder k_d-Verfahren aus. Statt dessen wird für überwiegend auf Normalkraft beanspruchte Biegebauteile

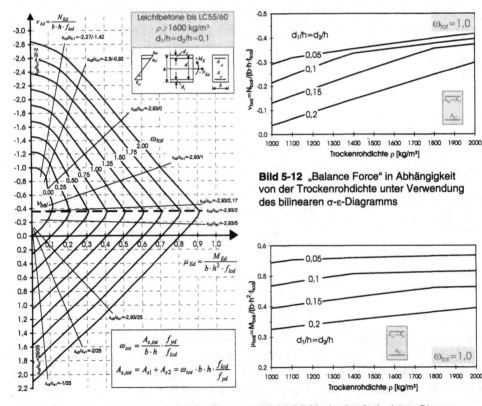

Bild 5-12 „Balance Force" in Abhängigkeit von der Trockenrohdichte unter Verwendung des bilinearen σ-ε-Diagramms

Bild 5-13 μ-ν-Interaktionsdiagramm für Leichtbetone bis LC55/60 mit $\rho \geq 1600\ \text{kg/m}^3$ (bilineares σ-ε-Diagramm)

Bild 5-14 Maximal aufnehmbares Biegemoment μ_{bal} in Abhängigkeit von der Trockenrohdichte (bilineare σ-ε-Linie)

ohne Knickgefahr zumeist das μ-ν-Interaktionsdiagramm (Bild 5-13) verwendet, das eine für Stützen typische symmetrische Bewehrungsanordnung ($A_{s1} = A_{s2}$) vorsieht. Als Eingangswerte dienen die dimensionslosen Größen ν_{Ed} und μ_{Ed}, mit denen der mechanische Gesamtbewehrungsgrad ω_{tot} ermittelt wird.

$$\nu_{Ed} = \frac{N_{Ed}}{b \cdot h \cdot f_{lcd}} \qquad \mu_{Ed} = \frac{M_{Ed}}{b \cdot h^2 \cdot f_{lcd}} \qquad \omega_{tot} = \frac{A_{s,tot}}{b \cdot h} \cdot \frac{f_{yd}}{f_{lcd}} \qquad (5.18)$$

Bei Normalbeton werden die Interaktionsdiagramme für verschiedene Randabstände der Bewehrung $d_1/h = d_2/h$ angegeben. Für Leichtbetone müssen die Bemessungshilfen zusätzlich auch in Abhängigkeit von der Trockenrohdichte ρ variiert werden, weil diese die rechnerische Bruchstauchung bestimmt. Einen geringen Einfluß auf das Interaktionsdiagramm übt ebenfalls die verwendete σ-ε-Linie aus, insbesondere bei zentrischer Druckbeanspruchung, da sich hier der unterschiedliche α-Wert bei gleicher Völligkeit bemerkbar macht. Für die Interaktionsdiagramme in diesem Buch (siehe Anhang A2) wurde die bilineare σ-ε-Linie (Bild 5-3) zugrunde gelegt. Damit können auch hochfeste Leichtbetone bemessen werden, indem ein hinsichtlich der rechnerischen Bruchstauchung äquivalentes Diagramm verwendet wird (LC55/60 entspricht $\rho = 1780$ kg/m³, LC60/66 entspricht $\rho = 1360$ kg/m³).

Das maximale Biegemoment $M_{Ed,max}$ wird bei einer bestimmten Drucknormalkraft aufgenommen, die man auch als „balance force" N_{bal} bezeichnet. Der zugehörige Dehnungszustand ist dadurch gekennzeichnet, daß die rechnerische Grenzstauchung erreicht ist und gleichzeitig die Zugbewehrung ins Fließen kommt. Die bei größter Momententragfähigkeit eines Querschnitts aufnehmbare Längsdruckkraft N_{bal} ist abhängig von der Trockenrohdichte und dem Randabstand der Bewehrung (Bild 5-12), weil dadurch die Völligkeit der Druckzone sowie die Spannung der Druckbewehrung beeinflußt wird. Das maximal aufnehmbare Biegemoment M_{bal} wird hingegen weniger von der Trockenrohdichte, sondern hauptsächlich von Bewehrungsgrad und -lage bestimmt (Bild 5-14).

Bei schlanken Bauteilen muß der Einfluß der Tragwerksverformung auf den Grenzzustand der Tragfähigkeit berücksichtigt werden, sofern sich dadurch die Tragfähigkeit um mehr als 10 % verringert. Einzeldruckglieder gelten als schlank, wenn folgende Grenzschlankheiten λ_{max} überschritten werden:

$$\lambda_{max} = 25 \quad \text{für } |\nu_{Ed}| = \frac{N_{Ed}}{A_c \cdot f_{lcd}} \geq 0,41 \qquad \lambda_{max} = \frac{16}{\sqrt{|\nu_{Ed}|}} \quad \text{für } |\nu_{Ed}| < 0,41 \qquad (5.19)$$

Für größere Schlankheiten als λ_{max} ist der Einfluß aus Theorie II. Ordnung zu berücksichtigen, d. h. das Gleichgewicht aus inneren und äußeren Kräften wird am verformten System formuliert. Erfüllt die Lastausmitte nach Theorie I. Ordnung die Bedingung $e_0 \geq 0,1h$, bietet sich das Modellstützenverfahren an (Bild 5-15). In diesem Fall wird der Gleichgewichtsnachweis für eine Kragstütze mit $l = l_0/2$ durch die Bemessung im kritischen Querschnitt an der Einspannung unter der maximalen Auslenkung der Stütze nach Theorie II. Ordnung erbracht. Dafür wird die zusätzliche Lastausmitte e_2 aus Theorie II. Ordnung berechnet, indem die Verkrümmung $1/r$ an der Einspannstelle nach *Quast* unter der Annahme abgeschätzt wird, daß Zug- und Druckbewehrung im kritischen Querschnitt gerade die Fließgrenze erreichen (Gl. (5.20)). Diese Hypothese stützt sich auf experimentelle Untersuchungen, so daß eine größere Krümmung mit $\varepsilon_{s1} = \varepsilon_{yd}$ und einer Randstauchung ε_{c2u} nicht anzusetzen ist. Für vorwiegend auf Druck beanspruchte Querschnitte mit $v_{Ed} < v_{bal} \sim -0,4$ (Bild 5-12) darf die Verkrümmung in Abhängigkeit von der Beanspruchung N_{Ed} mit dem Beiwert $K_2 = (N_{ud} - N_{Ed})/(N_{ud} - N_{bal})$ abgemindert werden (N_{ud} = Bemessungswert der zentrischen Drucktragfähigkeit).

$$(1/r) = 2 \cdot K_2 \cdot \varepsilon_{yd} / (0,9d) \quad \Rightarrow \quad e_2 = K_1 \cdot (1/r) \cdot l_0^2 / 10 \qquad \text{mit } K_2 \leq 1; \quad K_1 \leq 1 \quad (5.20)$$

Der Berechnung der Kopfauslenkung e_2 wird ein parabelförmiger Verkrümmungsverlauf zugrunde gelegt, für den die Integration einen Koeffizienten von $5/48 \approx 1/10$ ergibt. Für Bauteile mit einer Schlankheit $\lambda < 35$ wird e_2 über den Faktor $K_1 = \lambda/10 - 2,5$ reduziert. Die Bemessung des kritischen Querschnittes kann nun für N_{Ed} und $M_{Ed} = N_{Ed} \cdot e_{tot}$ mit Hilfe des μ-ν-Interaktionsdiagrammes erfolgen, wobei e_{tot} die Gesamtausmitte am Stützenkopf darstellt bestehend aus der Ausmitte e_0 nach Theorie I. Ordnung sowie den zusätzlichen Ausmitten e_2 aus Theorie II. Ordnung und e_a infolge ungewollter Lastausmitte.

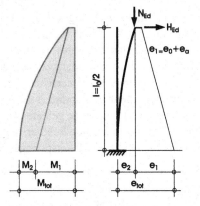

Bild 5-15 Modellstütze

Das Modellstützenverfahren kann für Leichtbeton in der gleichen Weise verwendet werden, obwohl man im ersten Moment einen stärkeren Einfluß der Theorie II. Ordnung aufgrund des geringeren E-Moduls vermuten würde. Da die Verkrümmung an der Einspannstelle bei dieser Methode jedoch für einen aufgerissenen Querschnitt mit definierter Dehnungsebene ermittelt wird, übt der E-Modul keinen Einfluß auf die Bemessung schlanker Druckglieder aus Leichtbeton nach diesem Verfahren aus. Ein Unterschied zu Normalbeton ist lediglich bei der Berechnung des Bemessungswertes N_{ud} und des Abminderungsfaktors K_2 aufgrund von $f_{lcd} < f_{cd}$ gegeben.

Die Druckfestigkeit von Rundstützen aus Normalbeton kann durch eine Umschnürungsbewehrung nur dann nennenswert gesteigert werden, wenn der umschnürte Kernquerschnitt im Verhältnis zum Gesamtquerschnitt relativ groß ist. Dies ist darauf zurückzuführen, daß der Betonmantel angesichts der für eine Umschnürung notwendigen massiven Bügel- bzw. Wendelbewehrung vorzeitig abplatzt, so daß die Traglast schließlich mit dem Kernquerschnitt erreicht wird (Bild 4-47). Damit ist eine Umschnürung nur für dicke Normalbetonstützen interessant. Aus diesem Grunde wurden umschnürte Druckglieder in der DIN 1045-1 ausgespart und lediglich im DAfStb-Heft 525 behandelt.

Wie in Abschnitt 4.1.7.3 bereits gezeigt wurde, ist darüber hinaus die Umschnürungswirkung bei Leichtbetonen deutlich geringer als bei Normalbeton. Deshalb sollte bei umschnürten Druckgliedern aus Leichtbeton auf die Berücksichtigung eines Festigkeitszuwachses verzichtet werden.

5.4.2 Bemessung für Querkraft, Torsion und Durchstanzen

Die Querkraftbemessung nach DIN 1045-1 sieht ein durchgängiges und konsistentes Konzept für alle Betonarten und Vorspanngrade vor. Es gewährleistet einen gleitenden Übergang zu anderen Schubproblemen wie Durchstanzen, Schub in Fugen sowie in Druck- bzw. Zuggurtanschlüssen, da in der Regel das gleiche mechanische Grundmodell Verwendung findet. Prinzipiell wird bei der Nachweisführung ($V_{Ed} \leq V_{Rd}$) zwischen Bauteilen mit und ohne rechnerisch erforderlicher Querkraftbewehrung unterschieden.

5.4.2.1 Bauteile ohne rechnerisch erforderliche Querkraftbewehrung

Bild 5-16 zeigt ein typisches Biegeschubversagen eines Stahlbetonbalkens ohne Querkraftbewehrung. Nach Überschreiten der Biegezugfestigkeit wachsen die Biegerisse mit zunehmender Beanspruchung und erzeugen damit einzelne Betonzähne im Biegebalken, die in der Betondruckzone eingespannt sind und auch Schubkräfte untereinander über Rißreibung und Dübelwirkung der Längsbewehrung übertragen können. Bei weiterer Laststeigerung entwickelt sich schließlich aus einem Biegeriß ein Schrägriß, der die Betonzähne an ihrer Einspannung durchtrennt und die Druckzone sukzessive einschnürt. Der Schubbruch des Balkens wird letztendlich durch den Ausfall der Dübelwirkung der Längsbewehrung herbeigeführt, indem die Betonüberdeckung abgespalten wird und ein Horizontalriß zum Auflager hin fortschreitet (eventuell wird dadurch auch ein Verankerungsbruch ausgelöst). Da die Betonzugfestigkeit den Zeitpunkt sowohl der Schrägrißbildung als auch des Dübelausfalls bestimmt, ist sie die maßgebende Einflußgröße für den Schubwiderstand. Aus dieser Erkenntnis kann für Leichtbetone eine um den Faktor η_1 abgeminderte Schubtragfähigkeit von Bauteilen ohne Querkraftbewehrung abgeleitet werden.

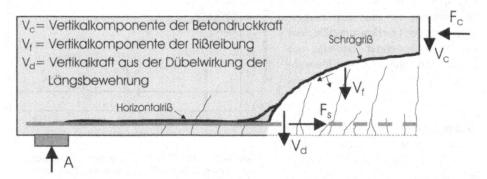

Bild 5-16 Biegeschubversagen eines Stahlbetonbalkens ohne Querkraftbewehrung mit den Komponenten des Schubwiderstandes

In dem Freikörperbild 5-16 sind die drei Komponenten des Schubwiderstandes dargestellt. Dazu zählen zum einen Reibungskräfte V_f, die in Biege- und Schubrissen übertragen werden (vgl. Abs. 4.4.1). Allerdings ist davon auszugehen, daß diesem Mechanismus bei Leichtbeton eine eher geringe Bedeutung zukommt, da hier insbesondere der Schrägriß kurz vor Erreichen der Bruchlast zumeist eine beachtliche Rißbreite aufweist (siehe unten).

Ein weiterer Traganteil V_d wird dadurch aktiviert, daß korrespondierende Rißufer über die Längsbewehrung miteinander verdübelt werden. Nach Abschnitt 4.4.3 ist in der Regel auch der Beitrag dieser Komponente am Schubwiderstand als untergeordnet einzuschätzen. Der Hauptanteil V_c wird deshalb über die ungerissene Druckzone übertragen. Die Schubtragfähigkeit von Bauteilen ohne Querkraftbewehrung $V_{Rd,ct}$ hängt somit, abgesehen von der Betonzugfestigkeit, auch von dem Längsbewehrungsgrad ρ_l ab, weil dieser neben dem Dübelwiderstand in erster Linie die Druckzonenhöhe beeinflußt.

Beide Einflußgrößen werden in DIN 1045-1 über einen empirischen Ansatz berücksichtigt (Gl. (5.21)), der an den MC90 [5] angelehnt ist und im folgenden näher erläutert wird. Die bezogene Druckzonenhöhe kann in der Form $k_x \approx 0{,}78 \cdot (\rho_l \cdot E_s/E_c)^{1/3}$ hergeleitet werden [172]. Zur Vereinfachung der Zusammenhänge bietet es sich an, diesen Wurzelexponenten auch im Ausdruck $f_{lck}^{1/3}$ aufzunehmen, um näherungsweise die Betonzugfestigkeit zu beschreiben. Für Leichtbetone muß zusätzlich die geringere Zugfestigkeit über den Abminderungsfaktor η_1 nach Gl. (5.1) einbezogen werden. Außerdem wird der Maßstabseffekt über den Faktor κ erfaßt, da die Schubtragfähigkeit bei kleineren Bauteilhöhen zunimmt. Dies ist darauf zurückzuführen, daß die Bruchprozeßzone nicht im gleichen Maße mit der Bauteilhöhe zunimmt (vgl. auch Maßstabseffekt der Biegezugfestigkeit in Abschnitt 4.2.4) und die Dübeltragfähigkeit unabhängig von der Bauteilhöhe ist. Die Interaktion von Querkraft und Normalkraft wird über den Bemessungswert der Betonlängsspannung σ_{cd} (als Druckspannung negativ) berücksichtigt. Die Kalibrierung des Vorfaktors erfolgte anhand einer Gegenüberstellung mit Versuchen an Schubbalken ohne Querkraftbewehrung, wobei die gemessene Schubbruchlast dem charakteristischen Wert $V_{Rk,ct} = 1{,}5 \cdot V_{Rd,ct}$ gleichgesetzt wurde

(Bild 5-17). Dadurch konnte der für Normalbeton ermittelte Vorfaktor von 0,1 auch für Leichtbeton bestätigt werden, so daß der Bemessungswert der Querkrafttragfähigkeit $V_{Rd,ct}$ biegebewehrter Bauteile aus Leichtbeton ohne Querkraftbewehrung nach Gl. (5.21) berechnet werden kann. Tabelle A2-5 zeigt für $N_{Ed} = 0$ eine Auswertung des Bemessungswertes der maximalen Schubspannung ohne Querkraftbewehrung $\tau_{Rd,ct,max} = V_{Rd,ct}/(b_w \cdot d)$ in Abhängigkeit von der Festigkeitsklasse und Trockenrohdichte ($\kappa = 2$; $\rho_l = 0{,}02$).

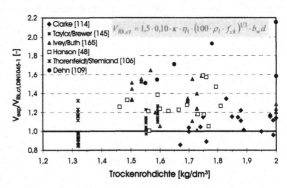

Bild 5-17 Gegenüberstellung verschiedener Schubversuche an Leichtbetonbalken ohne Querkraftbewehrung mit DIN 1045-1 [109]

$$V_{Rd,ct} = [0{,}10 \cdot \kappa \cdot \eta_1 \cdot (100 \cdot \rho_l \cdot f_{lck})^{1/3} - 0{,}12\,\sigma_{cd}] \cdot b_w d \tag{5.21}$$

$$\text{mit} \quad \kappa = 1 + \sqrt{\frac{200}{d}} \le 2{,}0 \quad \text{mit } d \text{ in [mm]}; \qquad \rho_l = \frac{A_{sl}}{b_w \cdot d} \le 0{,}02 \; ; \qquad \sigma_{cd} = \frac{N_{Ed}}{A_c}$$

Maßgebend für die Bemessung von Bauteilen ohne Schubbewehrung ist der bereits angesprochene Schrägriß, der sich ohne Vorankündigung einstellt, wie die Tatsache belegt, daß die Rißbildung zumeist auch von einem lauten Knall begleitet wird. Die Rißneigung richtet sich nach der vorliegenden Schubschlankheit und wird in [106] für Leichtbeton mit 20° bis 40° beziffert. Da die Rißbreite dieses Schrägrisses bereits in kürzester Zeit nach seiner Entstehung inakzeptable Werte annimmt, sollte nach [106] anstatt der Traglast die zum Schrägriß führende Belastung den Schubwiderstand definieren. DIN 1045-1 sieht zwar keinen Querkraftnachweis im Grenzzustand der Gebrauchstauglichkeit zur Begrenzung der Betonzugspannungen oder einer Rißbreitenbeschränkung der Schubrisse vor, allerdings wird in diesem Zusammenhang für Balken und einachsig gespannte Platten mit $b/h < 5$ eine Mindestquerkraftbewehrung gefordert (siehe Abs. 5.6.3). Damit soll unter Beachtung des Robustheitskriteriums „Riß vor Bruch" ein sprödes Versagen vermieden werden.

Falls, z. B. bei vorgespannten Bauteilen, ein ungerissener Querschnitt im Grenzzustand der Tragfähigkeit nachgewiesen werden kann ($\sigma_{ct} \leq f_{lct;0,05}/\gamma_c$, mit γ_c siehe unten), darf die Querkrafttragfähigkeit von Bauteilen ohne Schubbewehrung auch nach der Dübelformel gemäß Gl. (5.22) mit dem statischen Moment S_y und dem Flächenträgheitsmoment I_y berechnet werden, wobei der erhöhte Sicherheitsbeiwert für unbewehrten Beton anzusetzen ist. Bei Vorspannung mit sofortigem Verbund wird gegebenenfalls die Vorspannkraft je nach Verankerungsgrad des Spanngliedes an der betrachteten Stelle über den Faktor $\alpha_l = l_x/l_{bpd} \leq 1$ abgemindert. Für Leichtbeton ist bei der Ermittlung der Schubtragfähigkeit die geringere Zugfestigkeit $f_{lct;0,05}$ nach Tabelle A2-1 zu berücksichtigen.

$$V_{Rd,ct} = \frac{I_y \cdot b_w}{S_y} \cdot \sqrt{\left(\frac{f_{lctk;0,05}}{\gamma_c}\right)^2 - \alpha_l \cdot \sigma_{cd} \cdot \frac{f_{lctk;0,05}}{\gamma_c}} \quad \text{mit} \quad f_{lctk;0,05} \leq 2,7 \text{ N/mm}^2; \qquad (5.22)$$

$\alpha_l \leq 1,0;$ $\gamma_c = 1,8$ für unbewehrten Beton bzw. spröde Versagensart
(bzw. $\gamma_c = 1,55$ bei außergewöhnlicher Bemessungssituation)

5.4.2.2 Bauteile mit rechnerisch erforderlicher Querkraftbewehrung

Der Querkraftbemessung biegebewehrter Bauteile mit Querkraftbewehrung nach DIN 1045-1 liegt ein Fachwerkmodell zugrunde mit einem Druckgurt und Druckstreben aus Beton sowie einem Zuggurt und Zugstäben, die von der Längs- bzw. Querkraftbewehrung gebildet werden (Bild 5-18). Maßgebend für die Wirtschaftlichkeit der Bemessung ist der

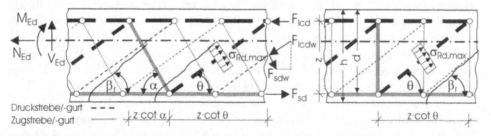

Bild 5-18 Fachwerkmodell für die Querkraftbemessung biegebewehrter Bauteile mit
a) geneigter und b) lotrechter Querkraftbewehrung nach DIN 1045-1

Winkel α der Querkraftbewehrung zur Bauteilachse ($45° \leq \alpha \leq 90°$) sowie der Druckstrebenwinkel θ, der innerhalb vorgegebener Grenzen frei gewählt werden darf.

Hintergrund der variablen Druckstrebenneigung ist die Fähigkeit querkraftbewehrter Bauteile aus Normalbeton, den maximalen Schubwiderstand mit zunehmender Schubbeanspruchung zu aktivieren, indem die schiefen
Hauptdruckspannungen durch Rißreibungskräfte zu flacheren Neigungen drehen, wenn
die Bügelbewehrung zu fließen beginnt. In
Versuchen zeigt sich dies durch die Neubil-
dung flacherer Risse, die zum Teil die bestehenden Risse kreuzen (Bild 5-19). Es ist zu-

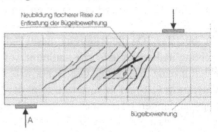

Bild 5-19 Drehung der schiefen Haupt-
druckkraft im Schubversuch [107]

nächst zu bezweifeln, daß auch Leichtbeton über ein ähnliches Umlagerungsvermögen wie
Normalbeton verfügt, da einerseits die Verzahnung der gegenüberliegenden Rißufer deutlich geringer ist (Bild 4-86) und andererseits eine größere Sprödigkeit vorliegt. Zur Klärung
dieses Sachverhaltes wurden verschiedene experimentelle Untersuchungen mit Leichtbetonbalken durchgeführt.

So konnten *Walraven* et al. [107] in Schubversuchen an Doppel-T-Balken aus SLWAC mit
Querkraftbewehrung durchaus eine deutliche Drehung der Hauptdruckspannungen bis hin
zu $\theta = 28°$ bei niedrigen Schubbewehrungsgraden feststellen (Bild 5-19), die auf eine Übertragung beträchtlicher Schubspannungen über Risse hinweg hindeutet. Nach Meinung der
Autoren zeigt sich hierfür die unregelmäßige Form der Rißufer verantwortlich, die es ermöglicht, trotz der größeren Parallelverschiebungen (etwa 30 % größer als in vergleich-
baren Normalbetonbalken [107], vgl. Bild 4-93) zwischen den Rißufern konzentriert an
Kontaktpunkten Schubkräfte zu übertragen. Diese Beobachtungen konnten *Thorenfeldt*
et al. [108] und *Dehn* [109] anhand ähnlicher Versuche an Doppel-T-Trägern bestätigen,
bei denen Druckstrebenneigungen $\theta \geq 25°$ gemessen wurden. Auf der Grundlage dieser
Versuchsergebnisse hebt die Norm den Mindestdruckstrebenwinkel bei Leichtbetonbautei-
len auf den Wert $\cot\theta \leq 2,0$ bzw. $\theta \geq 26,6°$ an (anstatt $\theta \geq 18,4°$ für Normalbeton).

Darüber hinaus wird an den unteren Grenzwert der Druckstrebenwinkel nach Gl. (5.23)
eine weitere Bedingung geknüpft, die neben dem Rißwinkel $\cot\beta_r \approx 1,2$-$1,4 \cdot \sigma_{cd} / f_{lcd}$ (Bild
5-18) den Betontraganteil $V_{Rd,c}/V_{Ed}$ berücksichtigt, der im Gegensatz zu Bauteilen ohne
Schubbewehrung im wesentlichen auf Rißreibung basiert. Längsdruckkräfte N_{Ed} (≤ 0) wir-
ken sich negativ auf den Vertikalanteil der Rißreibung aus, weil sich dadurch flachere
Druckstrebenneigungen einstellen. Als Rauhigkeitsbeiwert β_{ct} wird der Höchstwert nach
Tabelle 5-7 für verzahnte Fugen bzw. monolithischen Verbund zugelassen. Weil der Maß-
stabseffekt bei Bauteilen mit Schubbewehrung deutlich niedriger ausfällt, wird auf den κ-
Faktor an dieser Stelle verzichtet. Da man bei der Bestimmung von $V_{Rd,c}$ (entspricht nahezu
Gl. (5.21) für $\sigma_{cd} = 0$, $\kappa = 2$, $\rho_1 = 0,02$) die Betonzugfestigkeit auch über den Term $f_{ck}^{1/3}$
beschreibt, muß für Leichtbeton zusätzlich der Abminderungsfaktor η_1 angesetzt werden.
Damit wird den geringeren übertragbaren Rißreibungskräften bei Leichtbeton Rechnung
getragen (vgl. Abs. 4.4.1).

$$0,58 \le \cot\theta \le \frac{1,2-1,4\cdot\sigma_{cd}/f_{lcd}}{1-V_{Rd,c}/V_{Ed}} \le 2,0 \qquad \text{bzw.} \quad 26,6° \le \theta \le 59,9° \qquad (5.23)$$

$$\text{mit} \quad V_{Rd,c} = \beta_{ct}\cdot 0,10\cdot\eta_1\cdot f_{lck}^{1/3}\cdot\left(1+1,2\frac{\sigma_{cd}}{f_{lcd}}\right)\cdot b_w\cdot z\;; \qquad \beta_{ct}=2,4\;; \qquad \sigma_{cd}=\frac{N_{Ed}}{A_c}$$

Der Schubwiderstand von Bauteilen mit Querkraftbewehrung setzt sich somit aus einem Betonanteil $V_{Rd,c}/V_{Ed}$ und einem Querkraftbewehrungsanteil $(1\text{-}V_{Rd,c}/V_{Ed})$ zusammen. Bei rein biegebeanspruchten Leichtbetonbauteilen ist für den Grenzfall $\cot\theta=2$ zumindest 60 % der einwirkenden Querkraft V_{Ed} über Querkraftbewehrung abzudecken (40 % bei Normalbeton). Dieser Mindestwert der Schubdeckung (bezogen auf ein 40°-Fachwerk) gilt auch für $V_{Rd,c}/V_{Ed} > 1$. Unter Vernachlässigung des Betonanteils darf die Querkraftbemessung für Biegebauteile mit und ohne Längsdruckkraft als Vereinfachung auch mit $\cot\theta=1,2$ $(\theta=39,8°)$ bzw. bei Biegung mit Längszugkraft mit $\cot\theta=1$ $(\theta=45°)$ erfolgen. Die Wahl eines Druckstrebenwinkels $39,8° < \theta \le 59,9°$ kann in bestimmten Fällen sinnvoll sein, um auf Kosten einer erhöhten Querkraftbewehrung das Versatzmaß der Biegezugbewehrung a_l und damit auch die am Auflager zu verankernde Zugkraft zu reduzieren (z. B. bei Fertigteilen).

Unter Verwendung der zulässigen bzw. gewählten Druckstrebenneigung θ wird die erforderliche Querkraftbewehrung *erf* a_{sw} nach Gl. (5.24) bzw. (5.24a) in Abhängigkeit vom Winkel α ermittelt (vgl. Bild 5-18). Angesichts der steileren Druckstreben ergeben sich hierbei für Leichtbeton höhere Werte als für Normalbeton (Bild 5-20). In jedem Fall muß die Mindestschubbewehrung nach Abschnitt 5.6.3 beachtet werden.

$$V_{Rd,sy} = \frac{A_{sw}}{s_w}\cdot f_{yd}\cdot z\cdot(\cot\theta+\cot\alpha)\cdot\sin\alpha \qquad (s_w = \text{Abstand der Querkraftbewehrung}) \;(5.24)$$

$$\text{für } \alpha = 90°: \; V_{Rd,sy} = \frac{A_{sw}}{s_w}\cdot f_{yd}\cdot z\cdot\cot\theta \qquad \text{bzw.} \quad \text{erf } a_{sw} = \frac{A_{sw}}{s_w} = \frac{V_{Ed}}{z\cdot\cot\theta\cdot f_{yd}} \qquad (5.24a)$$

Zum Abschluß der Fachwerkbemessung ist die Druckstrebentragfähigkeit $V_{Rd,max}$ zu überprüfen. Sie wird über die effektive Betondruckspannung nachgewiesen, die in einem gerissenen Druckfeld aufgenommen werden kann. Für Leichtbetone entspricht sie dem um den Faktor $\alpha_c = 0,75\cdot\eta_1$ reduzierten Bemessungswert f_{lcd} (vgl. Gl. (5.39)), wobei der Abminderungsfaktor η_1 den größeren Einfluß von Querzugkräften berücksichtigt angesichts der geringeren Zugfestigkeit des Leichtbetons.

Nach Bild 5-18 ergibt sich für die Druckstrebe eine Querschnittsfläche von $A_{lcdw} = b_w\cdot(z\cdot\cot\theta)\cdot\sin\theta$ sowie eine Druckkraft $F_{lcdw} = V_{Ed}\cdot\cot\theta/(\cos\theta+\sin\theta\cdot\cot\alpha)$ bzw. bei lotrechter Schubbewehrung $F_{lcdw} = V_{Ed}/\sin\theta$. Daraus kann der Bemessungswert der maximalen Schubtragfähigkeit (= Druckstrebentragfähigkeit) zu $V_{Rd,max} = \alpha_c\cdot f_{lcd}\cdot A_{lcdw}\cdot(V_{Ed}/F_{lcdw})$ und mit trigonometrischen Umformungen schließlich Gl. (5.25) bzw. Gl. (5.25a) abgeleitet werden. Für zwei häufige Sonderfälle $\cot\theta=2$ bzw. 1,2 sind in Tabelle A2-6 der Bemessungswert der maximalen Schubspannung mit Querkraftbewehrung $\tau_{Rd,max} = V_{Rd,max}/(b_w\cdot z)$ in Abhängigkeit von der Festigkeitsklasse und Trockenrohdichte aufgeführt.

$$V_{Rd,\max} = b_w \cdot z \cdot \alpha_c \cdot f_{lcd} \, \frac{\cot\theta + \cot\alpha}{1 + \cot^2\theta} \qquad \text{mit } \alpha_c = 0{,}75 \cdot \eta_1 \qquad (5.25)$$

$$\text{für } \alpha = 90°: \; V_{Rd,\max} = \frac{b_w \cdot z \cdot \alpha_c \cdot f_{lcd}}{\cot\theta + \tan\theta} \qquad \text{mit } \alpha_c = 0{,}75 \cdot \eta_1 \qquad (5.25a)$$

Mit den vorgestellten Bedingungen kann nun der Zusammenhang zwischen der bezogenen Querkraft $V_{Ed}/(b_w \cdot d \cdot f_{lcd})$ und dem erforderlichen mechanischen Schubbewehrungsgrad $erf\omega_w$ nach Gl. (5.26) hergestellt werden, wie er in Bild 5-20 für Normal- und Leichtbeton dargestellt ist. Die Druckstrebentragfähigkeit, die Grenzwerte der Druckstrebenneigung sowie die Mindestbewehrung (Abs. 5.6.3) bilden die fett eingezeichneten Schranken, zwischen denen der erforderliche Schubbewehrungsgrad für eine bestimmte bezogene Querkraft und einen zulässigen Druckstrebenwinkel nach Gl. (5.23) abgelesen werden kann. Im Vergleich zu Normalbeton ist bei Leichtbeton insbesondere der Einfluß der Trockenrohdichte auf die Druckstrebentragfähigkeit sowie der Grenzwert $\theta \geq 26{,}6°$ zu beachten. In den Diagrammen ist näherungsweise der innere Hebelarm mit $z = 0{,}9 \cdot d$ abgeschätzt worden, wie dies die Norm für den Nachweis der Querkrafttragfähigkeit zuläßt.

$$erf\,\omega_w = \frac{A_{sw} \cdot f_{yd}}{s_w \cdot b \cdot f_{lcd}} \qquad (5.26)$$

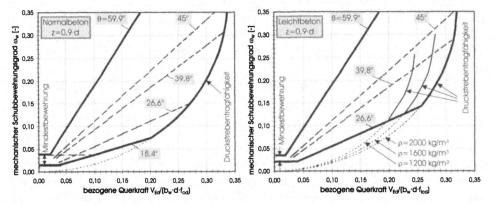

Bild 5-20 Zusammenhang zwischen der bezogenen Querkraft und dem erforderlichen mechanischen Schubbewehrungsgrad $erf\,\omega_w$ für a) Normalbeton und b) Leichtbeton

5.4.2.3 Weitere Schubnachweise

Der vorgestellte Bemessungsansatz wird auch auf andere Schubprobleme angewendet. Dazu gehört der Nachweis der Übertragung von Schubkräften zwischen Balkensteg und Gurten (Schulterschub), bei dem man ebenfalls auf das Fachwerkmodell aus Abschnitt 5.4.2.2 zurückgreift. Zur Anpassung der Gln. (5.23) bis (5.25) werden dabei $b_w = h_f$ und $z = a_v$ gesetzt, wobei h_f die Gurtplattendicke sowie a_v die Länge des Gurtabschnittes darstellt, in dem der Längsschubfluß als konstant angenommen werden darf (maximal der halbe Abstand zwischen Momentennullpunkt und Momentenhöchstwert bzw. bei Einzella-sten der Abstand zwischen Querkraftsprüngen). Damit wird in der Norm davon ausgegan-gen, daß eine plastische Umlagerung der Schubkräfte innerhalb von a_v möglich ist. In Druckgurten darf zur Vereinfachung mit $\cot\theta = 1,2$ bzw. in Zuggurten mit $\cot\theta = 1,0$ ge-rechnet werden. Für Leichtbetonbauteile sind die Ausführungen des vorangegangenen Ab-schnitts auch auf den Nachweis des Druck- und Zuggurtanschlusses übertragbar.

In Arbeitsfugen zwischen nacheinander betonierten Ortbetonabschnitten oder in Fugen zwischen Fertigteilen und Ortbeton können Schubkräfte v_{Ed} (je Längeneinheit) in Abhän-gigkeit von der Oberflächenbeschaffenheit der Fuge und gegebenenfalls der Tragfähigkeit einer Verbundbewehrung übertragen werden. Die Oberfläche der Fuge bestimmt dabei den Rauhigkeitsbeiwert β_{ct} sowie den Reibungsbeiwert μ nach Tabelle 5-7. Der Bemessungs-wert der aufnehmbaren Schubkräfte je Längeneinheit $v_{Rd,ct}$ in Fugen ohne Verbundbeweh-rung setzt sich nach Gl. (5.27) aus zwei Anteilen zusammen: dem Kraftschluß aufgrund einer Normalspannung σ_{Nd} senkrecht zur Fuge sowie dem Formschluß aufgrund der Fugen-rauhigkeit. Letzterer ist verantwortlich für die Kraftübertragung in Rissen, die nach Gl. (5.21) und (5.23) proportional zu dem Ausdruck $\eta_1 \cdot f_{lck}^{1/3}$ angesetzt wird, wodurch auch der Einfluß von Leichtbeton seine Berücksichtigung findet. Für $\beta_{ct} = 2,4$ ergibt sich der Vorfak-tor 0,1, so daß in diesem Fall der Übergang zu monolithischen Konstruktionen hergestellt ist. Der Wert b steht nachfolgend für die Breite der Kontaktfläche.

$$v_{Rd,ct} = \left(0,042 \cdot \beta_{ct} \cdot \eta_1 \cdot f_{lck}^{1/3} - \mu \cdot \sigma_{Nd}\right) \cdot b \quad \text{mit} \quad \sigma_{Nd} = \frac{n_{Ed}}{b} \geq -0,6 f_{lcd} \qquad (5.27)$$

Tabelle 5-7 Rauigkeitsbeiwerte β_{ct} und Reibungsbeiwerte μ nach DIN1045-1

Oberflächenbeschaffenheit	β_{ct}	μ
verzahnt, monolithischer Verbund	2,4	1,0
rau	2,0 [1]	0,7
glatt	1,4 [1]	0,6
sehr glatt	0	0,5

[1] $\beta_{ct} = 0$, falls infolge Einwirkungen rechtwinklig zur Fuge diese unter Zug steht

Der Schubwiderstand in einer Fuge kann durch eine die Fuge kreuzende Verbundbeweh-rung a_s (je Längeneinheit) gesteigert werden. In diesem Fall ergeben sich der Bemessungs-widerstand der aufnehmbaren Schubkraft $v_{Rd,sy}$ sowie der zulässige Druckstrebenwinkel θ für Leichtbetone analog zu den Gln. (5.24) und (5.27), wobei für σ_{cd} (als Druckspannung negativ) der Bemessungswert der Längsspannung im anzuschließenden Querschnittsteil eingesetzt werden darf.

$$v_{Rd,sy} = a_s \cdot f_{yd} \cdot (\cot\theta + \cot\alpha) \cdot \sin\alpha - \mu \cdot \sigma_{Nd} \cdot b \qquad (\sigma_{Nd} \text{ senkrecht zur Fuge}) \qquad (5.28)$$

$$\text{mit} \quad 0,58 \leq \cot\theta \leq \frac{1,2\mu - 1,4 \cdot \sigma_{cd}/f_{lcd}}{1 - v_{Rd,ct}/v_{Ed}} \leq 2,0 \quad \text{für Leichtbeton,} \qquad \begin{array}{l} v_{Rd,ct} \text{ nach Gl. (5.27)} \\ \sigma_{cd} \text{ parallel zur Fuge} \end{array}$$

5.4.2.4 Torsionsbemessung

Falls die Torsionstragfähigkeit eines Bauteils für das Gleichgewicht einer Konstruktion notwendig ist, ist dieses Bauteil auf Torsion zu bemessen. Für näherungsweise rechteckige Vollquerschnitte, die durch ein Torsionsmoment T_{Ed} beansprucht werden, ist lediglich die Mindestbewehrung nach Abschnitt 5.6.3 vorzusehen, wenn die nachfolgenden Bedingungen erfüllt sind.

$$T_{Ed} \le \frac{V_{Ed} \cdot b_w}{4,5} \quad \text{bzw.} \quad V_{Ed} \cdot \left(1 + \frac{4,5 \cdot T_{Ed}}{V_{Ed} \cdot b_w}\right) \le V_{Rd,ct}; \qquad V_{Rd,ct} \text{ nach Gl. (5.21)} \qquad (5.29)$$

Die St. Venant'sche Torsion ruft einen umlaufenden Schubfluß in Voll- und Hohlquerschnitten hervor. Der Kern eines Vollquerschnitts wird dabei durch Rißbildung im Zustand II kaum beansprucht, so daß hier für die Bemessung näherungsweise ein Ersatzhohlquerschnitt gemäß Bild 5-21 mit einer effektiven Wanddicke t_{eff} verwendet werden darf, der die von der Verbindungslinie der Schwerpunkte der äußersten Längsbewehrungsstäbe festgelegten Fläche A_k einschließt. In den Wänden des Hohlquerschnitts mit der Höhe z wirkt infolge des Torsionsmomentes T_{Ed} der Schubfluß $V_{Ed,T}/z = T_{Ed}/(2A_k)$. Damit kann bei kombinierter Beanspruchung aus Querkraft (V_{Ed}) und Torsion ($V_{Ed,T}$) die resultierende Schubkraft $V_{Ed,T+V}$ nach Gl. (5.30) bestimmt werden.

$$V_{Ed,T+V} = V_{Ed,T} + \frac{V_{Ed} \cdot t_{eff}}{b_w} \quad \text{mit} \quad V_{Ed,T} = \frac{T_{Ed} \cdot z}{2 \cdot A_k} \quad (z = \text{Wandhöhe}) \qquad (5.30)$$

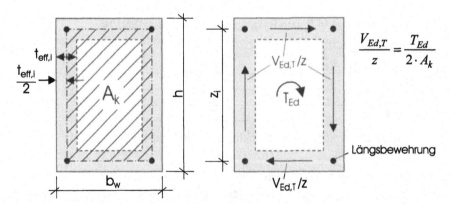

Bild 5-21 Vollquerschnitt unter Torsionsbeanspruchung sowie Ersatzhohlquerschnitt

Räumlich gesehen wird die Torsionsbeanspruchung über eine Röhre abgetragen. Zur Bemessung wird daher ein räumliches Fachwerk in den Mittelflächen dieser Röhre zugrundegelegt, das aus geneigten Betondruckstreben sowie einer Längs- und Bügelbewehrung als Zugstäben besteht. Für die zulässige Druckstrebenneigung dieses Fachwerks gilt für Leichtbetone Gl. (5.23), wobei V_{Ed} durch $V_{Ed,T+V}$ sowie b_w durch t_{eff} zu ersetzen ist. Vereinfachend darf auch ein Winkel von $\theta = 45°$ gewählt werden. Analog zu Gl. (5.24a) ergibt sich für den Schubfluß $V_{Ed,T}/z$ eine zur Bauteilachse senkrechte Torsionsbügelbewehrung

A_{sw} sowie eine auf den Umfang des Ersatzhohlquerschnitts bezogene Torsionslängsbewehrung A_{sl}/u_k gemäß Gl. (5.31).

$$T_{Rd,sy} = \frac{A_{sw}}{s_w} \cdot f_{yd} \cdot 2A_k \cdot \cot\theta \qquad \text{bzw.} \qquad T_{Rd,sy} = \frac{A_{sl}}{u_k} \cdot f_{yd} \cdot 2A_k \cdot \tan\theta \qquad (5.31)$$

Die Druckstrebentragfähigkeit kann auf gleiche Weise aus Gl. (5.25a) mit $b_w = t_{eff}$ abgeleitet werden. Die zulässige Betondruckspannung wird im allgemeinen bei Torsionsbeanspruchung im Gegensatz zum Nachweis der Querkrafttragfähigkeit auf $\alpha_{c,red} \cdot f_{lcd} = 0{,}7 \cdot \alpha_c \cdot f_{lcd}$ reduziert. Die Ausnahme sind Hohlquerschnitte mit Bewehrung an den Wandinnen- und außenseiten.

$$T_{Rd,max} = \frac{\alpha_{c,red} \cdot f_{lcd} \cdot 2A_k \cdot t_{eff}}{\cot\theta + \tan\theta} \qquad \text{mit } \alpha_{c,red} = 0{,}7 \cdot \alpha_c = 0{,}525 \cdot \eta_1{}^{[1]} \qquad (5.32)$$

[1] Für Hohlquerschnitte mit Bewehrung an der Innen- und Außenseite der Wände: $\alpha_{c,red} = \alpha_c$

Bei gleichzeitiger Wirkung einer Querkraft und eines Torsionsmomentes sind beide Beanspruchungen für den Druckstrebennachweis gemäß Gl. (5.33) zu überlagern. Eine Unterscheidung wird dabei für Voll- bzw. Hohlquerschnitte getroffen, da das Umlagerungsvermögen im letzteren Fall angesichts der begrenzten Wandstärken eingeschränkt ist.

Vollquerschnitte: $\left[\dfrac{T_{Ed}}{T_{Rd,max}}\right]^2 + \left[\dfrac{V_{Ed}}{V_{Rd,max}}\right]^2 \le 1$ Hohlquerschnitte: $\dfrac{T_{Ed}}{T_{Rd,max}} + \dfrac{V_{Ed}}{V_{Rd,max}} \le 1$ (5.33)

5.4.2.5 Platten mit und ohne Durchstanzbewehrung

Bei punktförmig gelagerten Platten tritt im Stützenbereich ein räumlicher Spannungszustand auf, hervorgerufen durch eine Kombination aus zweiachsiger Biege- und Schubbeanspruchung. Wie im Stahlbetonbau üblich, werden beide Einflüsse für den Nachweis im Grenzzustand der Tragfähigkeit separat betrachtet. Zunächst ist zu prüfen, ob eine Durchstanzbewehrung notwendig ist. Dazu wird der Durchstanzwiderstand in einem kritischen Rundschnitt mit dem Umfang u_{crit} im Abstand der 1,5-fachen mittleren Nutzhöhe d der Platte vom Stützenrand berechnet (Bild 5-22). Dies entspricht einem Rißwinkel von $\beta_r = 33{,}7°$.

Auf eine Durchstanzbewehrung darf in punktgestützten Platten verzichtet werden, wenn in besagtem Rundschnitt die Querkrafttragfähigkeit $v_{Rd,ct}$ je Längeneinheit nach Gl. (5.34) größer ist als die aufzunehmende Querkraft $v_{Ed} = \beta \cdot V_{Ed}/u_{crit}$, wobei der Beiwert β eine nichtrotationssymmetrische Verteilung der Querkräfte berücksichtigt (Gl. (5.36)). Im Vergleich zur Querkrafttragfähigkeit $v_{Rd,ct}$ linienförmig gelagerter Platten nach Gl. (5.21) fällt auf, daß im kritischen Rundschnitt der Vorfaktor um 40 % größer ist. Dies ist auf den günstigen Effekt des mehraxialen Spannungszustands im Durchstanzbereich zurückzuführen, der allerdings mit zunehmendem Abstand vom Stützenanschnitt abklingt. Dieser Sachverhalt wird in der Norm über den Abminderungsfaktor κ_a erfaßt, mit dessen Hilfe innerhalb einer Länge von $3,5 \cdot d$ ein gleitender Übergang zur Querkrafttragfähigkeit $V_{Rd,ct} \cdot b_w$ nach Gl. (5.21) erreicht wird. Für die Tragfähigkeit im Übergangsbereich ergibt sich somit $v_{Rd,ct,a} = \kappa_a \cdot v_{Rd,ct}$ (Gl. (5.35)).

$$v_{Rd,ct} = [0,14 \cdot \kappa \cdot \eta_1 \cdot (100 \cdot \rho_l \cdot f_{lck})^{1/3} - 0,12\,\sigma_{cd}] \cdot d \qquad \text{mit } d = 0,5 \cdot (d_x + d_y) \qquad (5.34)$$

$$\kappa = 1 + \sqrt{\frac{200}{d\,[\text{mm}]}} \le 2,0 \; ; \quad \rho_l = \sqrt{\rho_{lx} \cdot \rho_{ly}} \le \begin{cases} 0,04\,f_{lcd}\,/\,f_{yd} \\ 0,02 \end{cases} ; \quad \sigma_{cd} = \frac{\sigma_{cd,x} + \sigma_{cd,y}}{2}$$

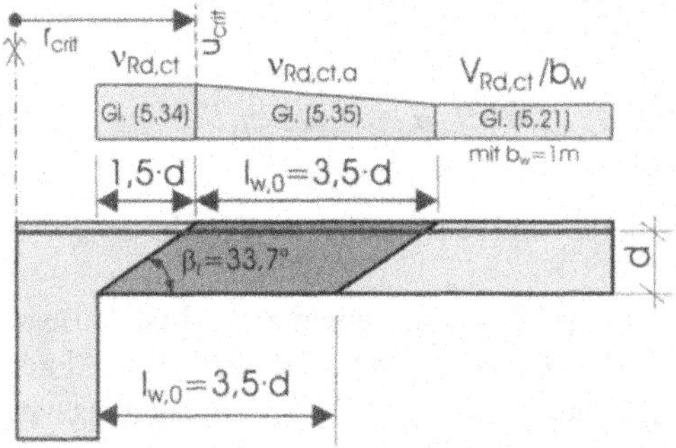

$$v_{Rd,ct,a} = \kappa_a \cdot v_{Rd,ct} \qquad (5.35)$$

$$\text{mit } \kappa_a = 1 - \frac{0,29 \cdot l_w}{3,5 \cdot d} \ge 0,71$$

$v_{Rd,ct}$ aus Gl. (5.34)

$l_{w,0} =$ Abstand vom kritischen Rundschnitt

$l_w = l_{w,0}$ bei Platten ohne Durchstanzbewehrung

Bild 5-22 Betontraganteil bei Platten ohne Durchstanzbewehrung

Der Einfluß von Leichtbeton wird beim Betontraganteil über den Faktor η_1 auf gleiche Weise wie in den vorangegangenen Abschnitten berücksichtigt. Zur Ermittlung des Bemessungswertes der maximalen Schubspannung $\tau_{Rd,ct,\max} = v_{Rd,ct,\max}/d$ im kritischen Rundschnitt von Leichtbetonplatten ohne Normalkraft und ohne Durchstanzbewehrung können die Werte aus Tabelle A2-5, erhöht um den Faktor 1,4, verwendet werden.

Bei hohen Beanspruchungen kann der Bemessungswert der maximalen Querkrafttragfähigkeit im kritischen Rundschnitt durch die Wahl einer Durchstanzbewehrung bis zu 50 % auf $v_{Rd,\max} = 1,5 \cdot v_{Rd,ct}$ erhöht werden. In diesem Fall sind sowohl der Bereich der Durchstanzbewehrung ($v_{Rd,sy}$) als auch der Bereich außerhalb davon ($v_{Rd,ct,a}$) längs des äußeren Rundschnittes rechnerisch zu untersuchen, indem jeweils die Einhaltung der Bedingung nach Gl. (5.36) für den betrachteten Schnitt mit dem Umfang u nachgewiesen wird. Bild 5-23 veranschaulicht das Bemessungskonzept.

$$v_{Ed} = \frac{\beta \cdot V_{Ed}}{u} \le v_{Rd} \quad \text{[Innenstütze: } \beta = 1,05; \text{ Randstütze } \beta = 1,4; \text{ Eckstütze } \beta = 1,5]} \quad (5.36)$$

Der Nachweis des äußeren Rundschnitts mit dem Umfang u_a ist unter Annahme eines Rißwinkels von $\beta_r = 33,7°$ in einem Abstand $1,5 \cdot d$ von der letzten Bewehrungsreihe nach Gl. (5.35) zu führen, um damit auch den Übergang zur Plattentragfähigkeit nach Abschnitt 5.4.2.1 abzudecken. Von daher bestimmt die Querkrafttragfähigkeit $v_{Rd,ct,a}$ längs des äußeren Rundschnitts oftmals auch die notwendige Anzahl der Bewehrungsreihen, d. h. den Abstand l_w der äußeren Bewehrungsreihe vom Stützenrand.

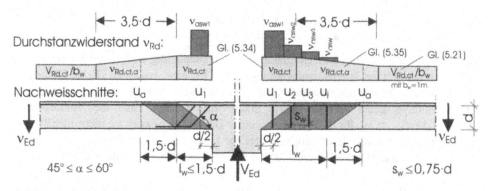

Bild 5-23 Durchstanzwiderstand und erforderliche Nachweisschnitte bei Platten mit Durchstanzbewehrung (links mit ausschließlich Schrägstäben, rechts mit Durchstanzbewehrung rechtwinklig zur Plattenebene)

Der Bemessungswert der Querkrafttragfähigkeit mit Durchstanzbewehrung $v_{Rd,sy}$ wird im Abstand von $0,5 \cdot d$ vom Stützenrand ermittelt (U_1). Falls weitere Reihen mit zur Plattenebene rechtwinkliger Durchstanzbewehrung erforderlich sind, ist zusätzlich auch in diesen Schnitten U_2 bis U_i der Nachweis nach Gl. (5.36) zu erbringen. Für den zulässigen Abstand zwischen den Bewehrungsreihen gilt $s_w \leq 0,75 \cdot d$. Die einzelnen Bemessungswerte $v_{Rd,sy}$ können nach Gl. (5.37) in Abhängigkeit von der gewählten Bewehrung (Tabelle 5-8) ermittelt werden. Dabei berücksichtigt der Beiwert κ_s den verminderten Einfluß des Verankerungsschlupfs der Durchstanzbewehrung mit zunehmender Plattendicke und damit deren Wirksamkeit.

Tabelle 5-8 Bemessungswert der Querkrafttragfähigkeit mit Durchstanzbewehrung $v_{Rd,sy}$ längs innerer Nachweisschnitte

Nachweisschnitt mit Umfang u	Durchstanzbewehrung	
	rechtwinklig zur Plattenebene	mit ausschließlich Schrägstäben
Im Abstand $0,5 \cdot d$ vom Stützenrand	$v_{Rd,sy} = v_{Rd,c} + \dfrac{\kappa_s \cdot A_{sw1} \cdot f_{yd}}{u_1}$	$v_{Rd,sy} = v_{Rd,c} + \dfrac{1,3 A_s \cdot \sin \alpha \cdot f_{yd}}{u}$
Für die weiteren Bewehrungsreihen	$v_{Rd,sy} = v_{Rd,c} + \dfrac{\kappa_s \cdot A_{swi} \cdot f_{yd} \cdot d}{u_i \cdot s_w}$	(5.37)

$$\text{mit } \kappa_s = 0,7 + 0,3 \cdot \frac{d-400}{400} \begin{cases} \geq 0,7 \\ \leq 1,0 \end{cases}; \quad \text{es darf } v_{Rd,c} = v_{Rd,ct} \text{ nach Gl. (5.34) gesetzt werden}$$

Der Bemessungswert $v_{Rd,sy}$ setzt sich somit aus dem Betontraganteil $v_{Rd,c}$ sowie einem Traganteil der Durchstanzbewehrung $v_{Rd,asw}$ zusammen, der für jede Bewehrungsreihe i separat ermittelt wird. Dadurch kann die Durchstanzbewehrung A_{swi} analog zur Querkraftdeckungslinie eines Balkens abgestuft werden (Bild 5-23). Für Leichtbetone wird in allen Bemessungsgleichungen prinzipiell der Betontraganteil nach Gl. (5.34) um den Faktor η_1

abgemindert. Ansonsten unterscheidet sich die Nachweisführung nicht von Normalbeton, da der Rißwinkel $\beta_r = 33{,}7°$ auch für Leichtbeton verwendet wird.

Zur Sicherstellung der Durchstanztragfähigkeit bei unplanmäßig ausmittiger Belastung sind im Bereich der Stützen Mindestmomente $m_{Edx} = \eta_x \cdot V_{Ed}$ bzw. $m_{Edy} = \eta_y \cdot V_{Ed}$ je Längeneinheit abzudecken (Momentenbeiwerte $\eta_{x,y}$ aus Tabelle 14 der Norm), sofern aus der Schnittgrößenermittlung keine höheren Werte maßgebend werden. Falls die Voraussetzung $v_{Rd,max} = 1{,}5 \cdot v_{Rd,ct} \geq v_{Ed}$ für die Anordnung einer Durchstanzbewehrung nicht zutrifft, können die Plattendicke, die Betonfestigkeit oder der Längsbewehrungsgrad erhöht bzw. auch Sonderbewehrungsformen (z. B. Dübelleisten, Doppelkopfanker) gewählt werden.

5.4.3 Stabwerkmodelle

Die Anwendung der bisher genannten Standardbemessungsverfahren ist für Tragwerksbereiche mit ausgeprägt nichtlinearer Dehnungsverteilung im allgemeinen nicht möglich. Dazu zählen Bauteilabschnitte mit geometrischer (z. B. Querschnittssprünge, Rahmenecken, Knicke und Aussparungen) oder statischer Diskontinuität aufgrund konzentrierter Belastungen (z. B. Auflagerkräfte, Einzellasten, Spannkraftverankerung). Diese sogenannten *D*-Bereiche (*D* = Diskontinuität) können durch Stabwerke modelliert und bemessen werden, wobei sich ein Stabwerk aus Betondruckstreben, Zugstäben (Bewehrung) und den verbindenden Knoten zusammensetzt (Bild 5-24). Die Nachweise dieser drei Elemente erfolgt im Grenzzustand der Tragfähigkeit.

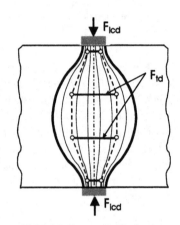

Bild 5-24 Querzugkräfte in einem Druckfeld mit Einschnürung [3]

Da Leichtbetone prinzipiell stärker zu Spaltrißbildung in Richtung eines Druckfeldes neigen als Normalbetone, wird der größere Einfluß von Querzugspannungen beim Betondruckstrebennachweis, analog zu Gl. (5.25), über den Abminderungsfaktor η_1 nach Gl. (5.1) berücksichtigt. Damit wird der Bemessungswert der Druckstrebenfestigkeit $\sigma_{Rd,max}$ jeweils für ein gerissenes oder ungerissenes Druckfeld wie folgt begrenzt:

$$\sigma_{Rd,max} = 1{,}0 \cdot \eta_1 \cdot f_{lcd} \qquad \text{für ungerissene Betondruckzonen} \tag{5.38}$$

$$\sigma_{Rd,max} = 0{,}75 \cdot \eta_1 \cdot f_{lcd} \qquad \text{für Druckstreben parallel zu Rissen} \tag{5.39}$$

Bei der Bemessung der Knoten nach Bild 5-25 wird neben der höheren Spaltrißgefahr die geringere aufnehmbare Teilflächenpressung nach Abschnitt 5.4.4 ebenfalls durch den Abminderungsfaktor η_1 berücksichtigt:

$$\sigma_{Rd,max} = 1{,}1 \cdot \eta_1 \cdot f_{lcd} \qquad \text{in Druckknoten (ohne Verankerung von Zugstäben)} \tag{5.40}$$

$$\sigma_{Rd,max} = 0{,}75 \cdot \eta_1 \cdot f_{lcd} \qquad \text{in Druck-Zug-Knoten (mit Verankerung von Zugstäben)} \tag{5.41}$$

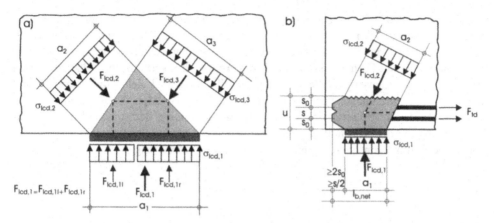

Bild 5-25 Knotenbereich für den Nachweis von a) Druckknoten und b) Druck-Zug-Knoten

5.4.4   Teilflächenpressung

Durch konzentrierte Einzellasten werden Betonkörper nur auf Teilflächen belastet. Der Beton unterhalb der Lasteinleitungsfläche A_{c0} erfährt dadurch eine Stauchung in Belastungsrichtung sowie Querdehnungen, die sich allerdings aufgrund des Umgebungsbetons nicht unbehindert einstellen können (Bild 5-26). Durch diese Behinderung wird im Bauteil ein dreiachsiger Spannungszustand geweckt, der die aufnehmbare Teilflächenpressung f_{c0} im Vergleich zur einachsigen Druckfestigkeit steigert. Auf den umgebenden Beton wird gleichzeitig eine Sprengwirkung ausgeübt, die bei einer randnahen Beanspruchung dazu führen kann, daß dieser nach Überschreiten seiner Zugfestigkeit seine umschnürende Funktion verliert. Die bestimmenden Einflußparameter der Teilflächenpressung sind somit der Wirksamkeitsfaktor k einer Umschnürung sowie die Betonzugfestigkeit.

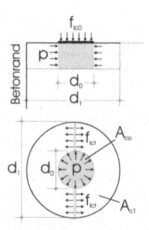

Bild 5-26 Modellvorstellung zur Teilflächenpressung [5]

Für Normalbetone wurde eine Festigkeitszunahme ermittelt, die sich proportional zur Quadratwurzel des Flächenverhältnisses A_{c1}/A_{c0} einstellt, wobei A_{c1} die rechnerische Verteilungsfläche der Kraft darstellt. Dieser Zusammenhang läßt sich nicht ohne weiteres auf andere Betone übertragen, wie sich bereits in Versuchen mit hochfestem Beton [73] gezeigt hat. Die mit steigender Betongüte sich nur unterproportional entwickelnde Zugfestigkeit führt in Verbindung mit dem geringeren Wirksamkeitsfaktor k zu niedrigeren Teilflächenpressungen. Ähnliche Konsequenzen sind deshalb auch für Leichtbetone zu erwarten.

Versuche zur Einleitung konzentrierter Einzellasten in Leichtbeton wurden an unbewehrten Probekörpern in [74, 75] und [76] durchgeführt. Danach ist bei Leichtbeton der Einfluß der

Übertragungsfläche A_{c0} auf die aufnehmbare Teilflächenpressung f_{c0} geringer im Vergleich zum Normalbeton (Bild 5-27a). Dieser Sachverhalt wurde in einigen Normen (z. B. [12, 91]) bislang in der Form umgesetzt, daß man den Wurzelexponenten in der für Normalbeton definierten Formel von zwei auf drei erhöhte. Im wesentlichen stützte man sich dabei auf die Versuchsergebnisse aus [76], die allerdings an Leichtbetonen mit ein und derselben Trockenrohdichte von $\rho \approx 1{,}5$ kg/dm³ ermittelt wurden. Unter Beachtung der Ergebnisse aus [74, 75] zeigt sich jedoch, daß die Reduktion der aufnehmbaren Teilflächenpressung mit der Abnahme der Trockenrohdichte ρ des Leichtbetons einhergeht (Bild 5-27b). Der Einfluß von ρ wächst mit zunehmender Lastausbreitung.

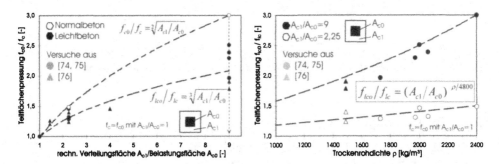

Bild 5-27 Auswertung verschiedener Versuche zur Teilflächenpressung von Leichtbeton in Abhängigkeit von dem A_{c1}/A_{c0}-Verhältnis (a) und der Trockenrohdichte (b)

Damit bietet es sich an, den Wurzelexponenten in Abhängigkeit von der Trockenrohdichte zu formulieren:

$$f_{lco}/f_{lcd} = (A_{c1}/A_{c0})^{\rho/4800} \leq \rho/800 \qquad \text{mit } \rho \text{ in [kg/m³]} \tag{5.42}$$

Als Bezugswert wurde in diesem Fall ausnahmsweise $\rho = 2400$ kg/m³ gewählt und damit eine gute Übereinstimmung mit den Versuchsergebnissen aus [74, 75] erzielt. Durch die Einbeziehung der Trockenrohdichte können beide maßgebenden Einflußgrößen des Leichtbetons auf seine Teilflächenpressung berücksichtigt werden. Zum einen ist dies die geringere Zugfestigkeit, die in Gl. (5.1) über ρ erfaßt wird. Zum anderen ist die Kompressibilität (Bild 4-38) und damit auch die Umschnürungswirkung von der Zuschlagsteifigkeit (Bild 4-41) und somit

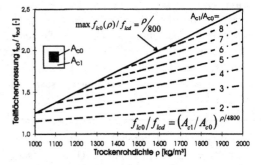

Bild 5-28 Teilflächenpressung in konstruktivem Leichtbeton nach DIN 1045-1

auch von ρ abhängig. Die Einhaltung des maximal anrechenbaren Grenzwertes für das Flächenverhältnis $A_{c1}/A_{c0} = 9$ wird über die Forderung $f_{lco}/f_{lc} \leq \rho/800$ sichergestellt. Bild 5-28 zeigt eine graphische Darstellung dieses Zusammenhangs.

5.4.5   Materialermüdung

Das Ermüdungsverhalten von Leichtbeton unter Druck- und Biegebeanspruchung wurde in mehreren Veröffentlichungen ebenbürtig dem von Normalbeton und hochfestem Beton erachtet [62, 98]. Als Ursache wird die elastische Kompatibilität des Leichtbetons angeführt, da Ermüdungsbrüche im allgemeinen von Mikrorissen ausgehen, die damit im engen Zusammenhang mit der Materialermüdung zu sehen sind. In [62] wird gezeigt, daß die $\sigma\text{-}\varepsilon$-Beziehung bei Leichtbeton auch nach hohen Lastspielzahlen einen nahezu linear elastischen Charakter zeigt, während selbst bei hochfestem Normalbeton ein hysteretisches Verhalten zu beobachten ist.

Allerdings ist bei einem Anriß in einem Leichtbetonbauteil mit einem vergleichsweise beschleunigten Rißwachstum zu rechnen. Es ist auch denkbar, daß der Verbund zwischen Leichtbeton und Bewehrung frühzeitiger bei einer Ermüdungsbeanspruchung versagt. Aus diesen Gründen wird in der Norm eine gesonderte, anwendungsbezogene Ermüdungsbetrachtungen bei Leichtbeton gefordert.

5.5   Nachweise in den Grenzzuständen der Gebrauchstauglichkeit

Die Gebrauchstauglichkeit eines Bauteils wird durch die Begrenzung der Betondruckspannungen, der Stahlspannungen, der Rißbreiten sowie der Verformungen sichergestellt. Zudem kann bei einer vorgespannten Konstruktion je nach Vorspannart und Expositionsklasse auch der Nachweis, daß unter bestimmten Bedingungen keine Dekompression eintritt, erforderlich sein.

- **Begrenzung der Spannungen**

Zur Vermeidung von Längsrissen und überproportionalen Kriechverformungen wird die Druckspannung von Normalbeton auf $0{,}6 \cdot f_{ck}$ bzw. $0{,}45 \cdot f_{ck}$ begrenzt. Für Leichtbeton ist aufgrund der nahezu linearen Spannungs-Dehnungslinie und der erst später eintretenden Mikrorißbildung keine Änderung notwendig.

- **Begrenzung der Rißbreiten**

Die Rißbreitenbegrenzung wird im wesentlichen durch eine Begrenzung der Stahlspannungen unter der maßgebenden Einwirkungskombination aus Last und/oder Zwang sichergestellt. Die hierfür anzusetzenden Schnittgrößen dürfen allerdings nicht kleiner als die Rißschnittgrößen angenommen werden, um unvorhersehbare Zwänge oder Eigenspannungen über eine Mindestbewehrung A_s unter Beachtung der Rißbreitenbeschränkung (Gl. (5.43)) abzudecken.

In den Nachweisen zur Rißbreitenbeschränkung darf die geringere effektive Zugfestigkeit des Leichtbetons berücksichtigt werden. Sofern der Zeitpunkt der Rißbildung nicht mit Sicherheit festgelegt werden kann, ist für Leichtbeton eine abgeminderte Mindestzugfestigkeit von $f_{lct,min} = 2{,}5$ N/mm² (anstatt 3,0 N/mm² für Normalbeton) anzusetzen. Dieser Wert liegt unter der Bezugszugfestigkeit $f_{ct,0} = 3$ N/mm², so daß der Grenzdurchmesser d_s^* nach Gl. (5.44) bzw. (5.48) anzupassen ist. Die zulässige Rißbreite wird durch die vorliegende Umgebungs- bzw. Anforderungsklasse für Stahl- und Spannbetonbauteile festgelegt und im Nachweis der rechnerisch maximalen Rißbreite gleichgesetzt. Die Herleitung der nachfolgenden Berechnungsformeln sowie die Hintergründe für das Nachweiskonzept können in [119] nachgelesen werden.

Die Mindestbewehrung A_s für erhöhte Anforderungen (Rißbreitenbeschränkung) wird unter Ansatz einer zulässigen Stahlspannung σ_s ermittelt, die aus Tabelle 20 der Norm in Abhängigkeit von der zulässigen Rißbreite w_k und dem vorliegenden Grenzdurchmesser d_s^* nach Gl. (5.44) abgelesen wird. Die Einflüsse aus der Spannungsverteilung in der Zugzone, aus der Änderung des inneren Hebelarmes nach einer Rißbildung sowie aus möglichen Eigenspannungen werden über die beiden Abminderungsfaktoren k_c und k berücksichtigt.

$$A_s = k_c \cdot k \cdot f_{lct,eff} \cdot A_{ct} / \sigma_s \qquad \text{mit} \quad k_c \leq 1 \quad \text{und} \quad k \leq 1, \quad \sigma_s \text{ aus Tab. 20} \qquad (5.43)$$

$$d_s^* = d_s \cdot \frac{4 \cdot (h-d)}{k_c \cdot k \cdot h_t} \cdot \frac{f_{ct,0}}{f_{lct,eff}} \leq d_s \cdot \frac{f_{ct,0}}{f_{lct,eff}} \qquad \begin{array}{l} \text{mit} \quad f_{ct,0} = 3{,}0 \text{ N/mm}^2 \\ \text{und} \quad f_{lct,eff} \geq 2{,}5 \text{ N/mm}^2 \end{array} \qquad (5.44)$$

Bei der Begrenzung der Rißbreite wird eine mittlere Verbundspannung $\tau_{bm} = 1{,}8 \cdot f_{lct,eff}$ wie für Normalbetone angesetzt, obwohl das Verhältnis $\tau_{b,max}/f_{lct}$ nach Bild 4-101 bei Leichtbeton niedriger ausfällt. In Abschnitt 4.5.2 konnte allerdings gezeigt werden, daß das Rißverhalten beider Betonarten vergleichbar ist. Dies ist darauf zurückzuführen, daß im Gebrauchszustand zumeist nur kleine Schlupfwerte auftreten und die Unterschiede zwischen Normal- und Leichtbeton in diesem Bereich der Verbundspannung-Schlupfbeziehung weniger ausgeprägt sind. Auch die Mitwirkung des Leichtbetons zwischen den Rissen ist dem Verhalten von Normalbeton gleichzusetzen (Bild 4-105). Aus diesem Grunde sind die Formeln (5.45) bis (5.47) zur Berechnung des maximalen Rißabstandes $s_{r,max}$ und des Rechenwertes der Rißbreite w_k auch auf Leichtbeton übertragbar. σ_s steht nachfolgend für die Betonstahlspannung im Riß (Zustand II).

$$w_k = s_{r,max} \cdot (\varepsilon_{sm} - \varepsilon_{cm}) \qquad (5.45)$$

$$s_{r,max} = \frac{f_{lct,eff} \cdot d_s}{2 \cdot \tau_{bm} \cdot eff\rho} \leq \frac{\sigma_s \cdot d_s}{2 \cdot \tau_{bm}} \quad \text{mit} \frac{\tau_{bm}}{f_{lct,eff}} = 1{,}8 \Rightarrow \quad s_{r,max} = \frac{d_s}{3{,}6 \cdot eff\rho} \leq \frac{\sigma_s \cdot d_s}{3{,}6 \cdot f_{lct,eff}} \quad (5.46)$$

$$\varepsilon_{sm} - \varepsilon_{cm} = \frac{\sigma_s - 0{,}4 \cdot \dfrac{f_{lct,eff}}{eff\rho} \cdot (1 + \alpha_e \cdot eff\rho)}{E_s} \geq 0{,}6 \frac{\sigma_s}{E_s} \qquad \text{mit} \quad \alpha_E = \frac{E_s}{E_{lcm}} \qquad (5.47)$$

Die Beschränkung der Rißbreite kann auch ohne deren direkte Berechnung erfolgen, indem der Stabdurchmesser oder der Abstand der Bewehrungsstäbe (nur bei Lastbeanspruchung) begrenzt wird. In der Norm werden dafür die Tabellen 20 und 21 zur Verfügung gestellt, mit denen die zulässigen Höchstwerte in Abhängigkeit von dem Rechenwert der Rißbreite w_k und der Betonstahlspannung σ_s in Zustand II abgelesen werden. Der zulässige Grenzdurchmesser der Bewehrungsstäbe ist im Anschluß daran gemäß Gl. (5.48) zu modifizieren, um schließlich den Nachweis $d_s \leq \mod d_s^*$ zu führen.

$$\mod d_s^* = d_s^* \cdot \frac{\sigma_s \cdot A_s}{4(h-d) \cdot b \cdot f_{ct,0}} \geq d_s^* \cdot \frac{f_{lct,eff}}{f_{ct,0}} \qquad \text{mit } f_{ct,0} = 3{,}0 \text{ N/mm}^2 \qquad (5.48)$$

- **Begrenzung der Verformungen**

Die Durchbiegung biegebeanspruchter Bauteile ist zu beschränken, um ihre ordnungsgemäße Funktion und ihr Erscheinungsbild und das der angrenzenden Bauteile nicht zu beeinträchtigen. Dieser Nachweis kann entweder über eine direkte Verformungsberechnung geführt werden oder aber vereinfacht über die Begrenzung der Biegeschlankheit l_i / d.

Der Grenzwert der zulässigen Biegeschlankheit $l_i / d \leq 35$ für Normalbeton wurde auf einer Bauschadensanalyse [2] basierend lastunabhängig formuliert. Dies entspricht z. B. einer Stahlbetondecke in Zustand I (konstantes Trägheitsmoment $I \approx d^3/12$) mit einem Langzeit-E-Modul $E_\infty = 10000 \text{ N/mm}^2$ und einer zulässigen Durchbiegung von $l/250$ bei einer Flächenlast von $q = 6 \text{ kN/m}^2$ (Bild 5-29a). Dieser Ansatz ist auf Leichtbeton übertragbar, indem der Grenzwert mit dem Faktor $\alpha_{l/d}$ in Abhängigkeit von dem E-Modulverhältnis $\eta_E = E_{lc}/E_c$ wie folgt abgemindert wird {mit $E_c = 3 \cdot E_{c,\infty}$; $\varphi(\infty,t_0) = 2{,}5$}:

$$\alpha_{l/d} \approx \sqrt[3]{\frac{E_{lc,\infty}}{E_{c,\infty}}} \approx \sqrt[3]{\frac{\dfrac{\eta_E \cdot E_c}{1+0{,}8 \cdot 2{,}5 \cdot \eta_E}}{E_c/3}} = \sqrt[3]{\frac{3}{1/\eta_E + 2}} \approx \eta_E^{0,15} \Rightarrow \frac{l_i}{d} \leq 35 \cdot \eta_E^{0,15} \qquad (5.49)$$

In Bild 5-29b ist der Abminderungsfaktor $\alpha_{l/d}$ in Abhängigkeit von der Trockenrohdichte ρ und im Vergleich zu den bisherigen Regelungen nach DIN 4219 T.2 ($\alpha_{l/d} = 0{,}9$) und ENV 1992-1-4 ($0{,}8 \leq \alpha_{l/d} \leq 0{,}87$) dargestellt. Demnach wird die zulässige Biegeschlankheit für Leichtbetonbauteile zwischen 4 bis 20 % reduziert. Dies gilt ebenfalls für Deckenplatten

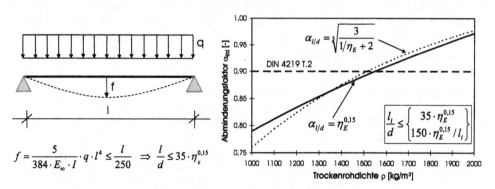

Bild 5-29 (a) Herleitung der zulässigen Biegeschlankheit für Bauteile aus Leichtbeton; (b) Darstellung des Abminderungsfaktors $\alpha_{l/d}$ in Abhängigkeit von der Trockenrohdichte

mit erhöhten Anforderungen an die Durchbiegungsbeschränkung, die z. B. Trennwände zu tragen haben (siehe Tabelle 5-9).

Tabelle 5-9 Zulässige Biegeschlankheit von Deckenplatten des üblichen Hochbaus aus Leichtbeton (η_E nach Gl. (5.4), Auswertung in Tabelle A2-9)

Mindestanforderung	$l_i/d \leq 35 \cdot \eta_E^{0,15}$
Erhöhte Anforderung für $l_i > 4,28$ m, um Schäden an angrenzenden Bauteilen (z. B. an leichten Trennwänden) zu verhindern	$l_i/d \leq 150 \cdot \eta_E^{0,15}/l_i$ mit l_i in [m]

5.6   Besonderheiten in der Bewehrungsführung

5.6.1   Allgemeines

Aufgrund der niedrigeren Zugfestigkeit unterliegt Leichtbeton einer größeren Spaltgefahr als Normalbeton. Dieser Unterschied ist für die konstruktive Durchbildung von Leichtbetontragwerken dahingehend zu berücksichtigen, daß bei hoch bewehrten Verankerungsbereichen und Übergreifungsstößen entweder eine erhöhte Betonüberdeckung oder eine verstärkte Verbügelung gewählt wird, um das Risiko von Betonabplatzungen zu vermindern (Bild 5-31). Auch bei der Einleitung konzentrierter Druckkräfte, wie sie z. B. im Verankerungsbereich von Spannlitzen und -drähten auftreten, muß eine Querbewehrung gewählt werden, die die auftretenden Spaltzugkräfte sicher aufnimmt.

Prinzipiell ist bei der Bewehrungsführung ein kleinerer Abstand der Rüttelgassen vorzusehen, da die Wirkung von Innenrüttlern bei Leichtbeton auf einen kleineren Radius beschränkt ist (Abs. 2.5.4).

Die Verankerungslänge kann durch Haken und Schlaufen deutlich verringert werden, sofern die lokalen Spannungsspitzen in den Krümmungsbereichen und die damit verbundenen hohen Spaltkräfte von dem Beton aufgenommen werden können. Aufgrund der niedrigeren Spaltzugfestigkeit von Leichtbeton werden die für Normalbeton angegebenen Mindestwerte der Biegerollendurchmesser d_{br} um 30 % erhöht (Tabelle 5-10). Aus dem gleichen Grund dürfen unbewehrte Leichtbetonquerschnitte höchstens mit einer Festigkeitsklasse LC20/22 (anstatt C35/45) ausgenutzt werden.

Tabelle 5-10 Mindestwerte der Biegerollendurchmesser d_{br}

	Haken, Winkelhaken, Schlaufen		Schrägstäbe oder andere gebogene Stäbe		
	Stabdurchmesser		Mindestwerte der Betondeckung rechtwinklig zur Biegeebene		
	$d_s < 20$ mm	$d_s \geq 20$ mm	> 100 mm $> 7 \cdot d_s$	> 50 mm $> 3 \cdot d_s$	≤ 50 mm $\leq 3 \cdot d_s$
$d_{br} \geq$	$5,2 \cdot d_s$	$9,1 \cdot d_s$	$13 \cdot d_s$	$19,5 \cdot d_s$	$26 \cdot d_s$

Die notwendige Betondeckung ist im Hinblick auf einen ausreichenden Korrosionsschutz der Bewehrung, die Sicherstellung des Verbundes und die Gefahr von Betonabplatzungen zu beurteilen. Die hohe Dichtigkeit der Kontaktzone zwischen Matrix und Zuschlag ist die Ursache für die in der Regel gute Dauerhaftigkeit von Leichtbeton trotz der Porosität der Leichtzuschläge. Daher wird in der Norm zur Gewährleistung einer ausreichenden Dauerhaftigkeit keine Erhöhung der Betonüberdeckung für Leichtbeton gefordert, sofern diese um mindestens 5 mm größer ist als der Durchmesser des porigen Größtkorns. Damit soll der mit geringerem Widerstand verbundene Stofftransport über den porigen Leichtzuschlag direkt zum Bewehrungsstab verhindert werden. Zur Sicherstellung des Verbundes tragen die in Abschnitt 5.6.2 genannten Maßnahmen bei. Die erforderliche Sorgfalt zur Vermeidung von Betonabplatzungen an kritischen Stellen wurde oben bereits erwähnt.

5.6.2 Verankerung und Übergreifungsstöße von Betonstahl

Für den Bemessungswert der Verbundspannung f_{bd} (design bond strength) ist oft die Überschreitung der Zugfestigkeit aufgrund der Ringzugbeanspruchung maßgebend, die zur Längsrißbildung und damit zur Reduktion der Umschnürungswirkung führt (Abs. 4.5.1). Diese Versagensart ist ähnlich wie bei hochfestem Beton auch bei Leichtbeton wahrscheinlicher als bei Normalbeton, da ein geringeres Verhältnis von Zug- zur Druckfestigkeit vorliegt. Aus diesem Grunde wird der Bemessungswert der Verbundspannung f_{bd} für Leichtbeton entsprechend der geringeren Zugfestigkeit mit dem Faktor η_1 nach Gl. (5.1) abgemindert. Das Grundmaß der Verankerungslänge l_b bzw. die erforderliche Verankerungslänge $l_{b,net}$ vergrößert sich damit bei Leichtbetonbauteilen um den Faktor $1/\eta_1$. Da bei der Ermittlung von f_{bd} im Gegensatz zum Nachweis der Rißbreitenbeschränkung (Gebrauchszustand) nicht von dem Abscheren der Betonkonsole, sondern auf der sicheren Seite liegend vom Ringzugversagen ausgegangen wird, beträgt der Bemessungswert nur etwa 58 % der mittleren Verbundspannung τ_{bm}. Diese Abminderung beinhaltet einen erhöhten Sicherheitsbeiwert (1,71 anstatt 1,5), der die größere Streuung der Verbundfestigkeit im Vergleich zu anderen Materialgrößen berücksichtigt.

$$f_{bd} = 2,25 \cdot \frac{f_{lctk;0,05}}{\gamma_c} = 1,05 \cdot f_{lctm} / \gamma_c' = 1,05 \cdot \eta_1 \cdot f_{ctm} / \gamma_c' \tag{5.50}$$

$$l_b = \frac{d_s}{4} \cdot \frac{f_{yd}}{f_{bd}} \quad \text{vgl. Tabelle A2-8} \quad l_{b,net} = \alpha_a \cdot l_b \cdot \frac{A_{s,erf}}{A_{s,vorh}} \geq l_{b,min} \tag{5.51}$$

Die Gefahr von Betonabplatzungen in Verankerungsbereichen wächst mit zunehmenden Stabdurchmesser. Daher wird in der Norm die Verwendung von Stäben mit einem Durchmesser $d_s > 32$ mm sicherheitshalber mit der Maßgabe verbunden, daß ihr Einsatz in Leichtbeton durch Versuchsergebnisse oder Erfahrungswerte abgesichert werden muß. Gleiches gilt auch für Stabbündel. Des weiteren darf bei Stabbündeln der Durchmesser des Einzelstabes 20 mm nicht überschreiten.

Prinzipiell sollten Übergreifungsstöße und Verankerungen von Bewehrungsstäben in Leichtbeton bei geringen Betonüberdeckungen durch Bügel gesichert werden [6]. Darüber

hinaus wird in [6] für Leichtbetonbauteile empfohlen, den Stababstand in Übergreifungs-
und Verankerungszonen zu erhöhen, um das Abplatzrisiko der Betonüberdeckung in stark
bewehrten Bereichen zu mindern (Bild 5-31). Dieser Hinweis stützt sich unter anderem auf
eine Studie [75], in der ein Übergreifungsstoß in einem Biegebalken mit drei verschiedenen
Leichtbetonen und einem Normalbeton als Referenzmischung geprüft wurde (Bilder 5-30
und 5-31).

In den Versuchen wurde bei den Leichtbetonbalken eine um etwa 15 % niedrigere, auf die
Spaltzugfestigkeit $f_{lct,sp}$ bezogene Verbundspannung festgestellt (Bild 5-32). Die Unterschiede waren besonders ausgeprägt bei geringen Betonüberdeckungen. Dies deutet darauf-

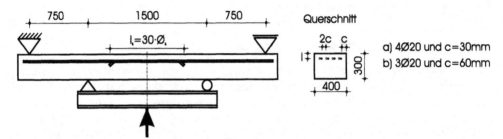

Bild 5-30 Versuchsaufbau zur Untersuchung eines Übergreifungsstoßes in Normal- und
Leichtbetonbalken [75]

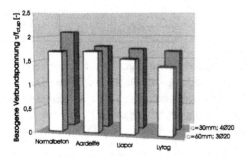

Bild 5-31 Typisches Versagen eines Übergreifungsstoßes durch Abplatzen der Betonüberdeckung
(Bilder aus [75])

Bild 5-32 Vergleich der bezogenen Verbundspannungen in einem Übergreifungsstoß für
Normal- und Leichtbeton [75]

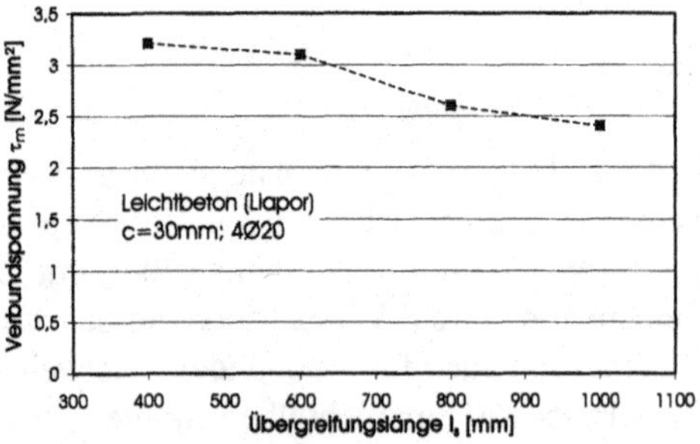

Bild 5-33 Abhängigkeit der Verbundspannung
von der Übergreifungslänge [75]

hin, daß in den Bemessungsnormen die Erhöhung der Übergreifungslänge l_s durch den Faktor $1/\eta_1$ über das Grundmaß der Verankerungslänge l_b eventuell nicht ausreicht. In Anbetracht der Tatsache, daß die Verbundspannung mit der Übergreifungslänge l_s abnimmt (Bild 5-33), wird deshalb in [75] für Leichtbeton eine zusätzliche Erhöhung von l_s um 30 % vorgeschlagen.

Allerdings wurde in der Norm aus den angesprochenen Gründen für Leichtbeton die Druckfestigkeitsklasse, ab der eine erhöhte Querbewehrung im Bereich von Übergreifungsstößen anzuordnen ist, um eine Klasse heruntergesetzt. Damit muß ab einem Durchmesser der gestoßenen Stäbe von $d_s \geq 16$ mm bei einer Zylinderdruckfestigkeit $f_{lck} \leq 45$ N/mm² bzw. ab $d_s \geq 12$ mm für $f_{lck} \geq 50$ N/mm² eine Querbewehrung mit einer Gesamtquerschnittsfläche angeordnet werden, die nicht geringer ist als die Querschnittsfläche eines gestoßenen Stabes. Zusätzlich ist die Querbewehrung in diesem Fall bügelartig auszubilden, falls der Abstand der gestoßenen Stäbe in Querrichtung $s \leq 12 \cdot d_s$ ist.

5.6.3 Mindestbewehrung

Mindestbewehrungen werden in der Norm aus unterschiedlichen Gründen gefordert. Zumeist dienen sie der Versagensvorankündigung, der Sicherstellung einer ausreichenden Duktilität sowie der Aufnahme unberücksichtigter Zwangschnittgrößen aus Temperatur, Schwinden, Kriechen oder Bauwerksverformungen. Zum Teil übernehmen sie auch konstruktive Aufgaben, wie die Knick- und Lagesicherung der Tragbewehrung oder die Sicherung von Montage- und Bauzuständen. Auf die Mindestbewehrung mit Anforderungen an die Rißbreitenbeschränkung wurde bereits in Abschnitt 5.5 eingegangen.

In den Fällen, in denen die Mindestbewehrung von der Betonzugfestigkeit abhängig ist, darf die geringere Zugfestigkeit des Leichtbetons über den Faktor η_1 in Ansatz gebracht werden. Sofern keine genaueren Werte vorliegen, sollte allerdings die Abminderung auf $\eta_1 \geq 0,85$ begrenzt werden, da sich die Zugfestigkeit von Normal- und Leichtbeton bei niedrigeren Festigkeitsklassen eher weniger unterscheidet (vgl. Abs. 5.2.2). Dies betrifft neben der Mindestlängsbewehrung auch den Grundwert ρ für die Ermittlung der Oberflächenbewehrung bei vorgespannten Leichtbetonbauteilen, der auch für die Mindestquerkraftbewehrung in Balken und Plattenbalken verwendet wird. Nach [171] ergibt sich für den Grundwert bei Ansatz einer Völligkeit des Zugkeils unter Eigenspannungen von 80 % über ein Viertel der Bauteilhöhe sowie unter Berücksichtigung der Umrechnung der Betonzugfestigkeit von β_{bz} auf f_{ctm} folgender Zusammenhang:

$$\rho = 0{,}16 \cdot f_{lctm} \,/\, f_{yk} = 0{,}16 \cdot \eta_1 \cdot f_{ctm} \,/\, f_{yk} \qquad \text{mit } \eta_1 \geq 0{,}85 \qquad \text{siehe Tabelle 5-11} \qquad (5.52)$$

Somit wird die Mindestoberflächenbewehrung von vorgespannten Leichtbetonbauteilen mit den für Normalbeton bekannten Formeln (Tabelle 30 der Norm) unter Verwendung des Grundwertes ρ nach Tabelle 5-11 ermittelt.

Tabelle 5-11 Grundwerte ρ [in ‰] für die Ermittlung der Mindestbewehrung bei Leichtbeton

Trocken-rohdichte	Charakteristische Leichtbetondruckfestigkeit f_{lck} [N/mm²]										
	12	16	20	25	30	35	40	45	50	55	60
2000 kg/m³	0,48	0,58	0,66	0,78	0,88	0,96	1,06	1,14	1,24	1,27	1,33
1900 kg/m³	0,47	0,56	0,64	0,76	0,85	0,94	1,03	1,11	1,20	1,23	1,29
1800 kg/m³	0,45	0,54	0,62	0,74	0,83	0,91	1,00	1,08	1,17	1,19	1,26
1700 kg/m³	0,44	0,53	0,60	0,72	0,80	0,88	0,97	1,05	1,13	1,16	1,22
≤1600 kg/m³	0,43	0,52	0,60	0,71	0,79	0,87	0,95	1,03	1,11	1,14	1,20

- **Robustheitsbewehrung in Biegebauteilen**

Die Mindestlängsbewehrung für Balken und Platten soll in erster Linie ein robustes Trag-verhalten gewährleisten, indem ein Bauteilversagen bei Erstrißbildung ohne Vorankündi-gung vermieden wird. Daher muß der Stahlbetonquerschnitt in der Lage sein, zumindest das Rißmoment $M_{cr} = f_{lctm} \cdot W_c$ mit dem Mittelwert der Leichtbetonzugfestigkeit f_{lctm} nach Tabelle A2-1 und dem Widerstandsmoment W_c des ungerissenen Betonquerschnitts auf-nehmen zu können. Die Stahlspannung darf bis zur Streckgrenze ausgenutzt werden.

$$\min A_s = \frac{M_{cr}}{f_{yk} \cdot z} = \frac{f_{lctm} \cdot W_c}{f_{yk} \cdot z} = \frac{\rho \cdot W_c}{0,16 \cdot z} \qquad \text{mit } \rho \text{ nach Tabelle 5-11} \qquad (5.53)$$

für Rechteckquerschnitte mit $z = 0,9 \cdot d$: $\qquad \min A_s = 1,157 \cdot \rho \cdot b \cdot d \qquad (5.53a)$

- **Mindestquerkraftbewehrungsgrad**

Die Mindestquerkraftbewehrung hat die Aufgabe, die Schubrißlast $V_{Rk,ctm}$ unter Ansatz des Mittelwertes der Betonzugfestigkeit mit einfacher Sicherheit aufzunehmen, um einen sprö-den Schubzugbruch zu vermeiden. Sie ist stets notwendig für Balken und einachsig ge-spannte Platten mit $b/h < 5$, da diese über eine unzureichende Umlagerungsmöglichkeit bei lokaler Überschreitung der Schubtragfähigkeit verfügen. Aus Gl. (5.21) kann eine Schubrißlast z. B. mit $V_{Rk,ct} \approx 1,5 \cdot V_{Rd,ct}$, $\kappa \leq 2$, $\rho_l \approx 1\,\%$ und $f_{ctm} \approx f_{ck}^{1/3}$ zu $V_{Rk,ctm} \approx 0,3 \cdot \eta_1 \cdot f_{ctm} \cdot b_w \cdot d$ abgeschätzt werden. Damit ergibt sich unter Ansatz eines Druckstre-benwinkels für Leichtbeton von $\theta_{min} = 26,6°$ (bzw. tan $\theta = 0,5$) sowie $z = 0,9 \cdot d$ ein Min-destquerkraftbewehrungsgrad von $\min \rho_w = V_{Rk,ctm} \cdot \tan \theta / (b_w \cdot z \cdot f_{yk}) \approx 0,167 \cdot \eta_1 \cdot f_{ctm}/f_{yk}$, der damit dem Grundwert nach Gl. (5.52) entspricht (Gl. (5.54)). Bei dieser Herleitung wurde der größere Druckstrebenwinkel bei Leichtbeton durch Reduktion des Längsbeweh-rungsgrades kompensiert, um damit einen mit Normalbeton ($\theta_{min} = 18,4°$; $\rho_l \leq 2\,\%$) ver-gleichbaren Ansatz zu erzielen. Dies erscheint zur Vereinfachung der Norm angesichts der Unsicherheiten bei den getroffenen Annahmen (und dem relativ hoch angesetzten Wert $\rho_l \leq 2\,\%$) auch gerechtfertigt zu sein. Aus diesem Gesichtspunkt heraus wird die Begren-zung des Abminderungsfaktors für die niedrigere Zugfestigkeit bei Leichtbeton auf $\eta_1 \geq 0,85$ nochmals unterstrichen (Tabelle 5-11). Die maximal zulässigen Längs- und Querabstände der Bügelschenkel und Querkraftzulagen entsprechen denen für Normal-beton.

Da bei gegliederten Querschnitten mit vorgespanntem Zuggurt die Schubrißlast vor einer Biegerißbildung (ungerissene Zugzone) erst auf deutlich höherem Lastniveau auftritt, muß hier die Mindestquerkraftbewehrung um 60 % wie für Normalbeton erhöht werden (Gl. (5.55)). Rein rechnerisch ($\theta_{min} = 26,6°$ anstatt $\theta_{min} = 18,4°$) ergibt sich in diesem Fall für Leichtbeton sogar der 2,4-fache Grundwert, so daß eine konstruktiv höher gewählte Mindestquerkraftbewehrung zu empfehlen ist.

$$\text{Allgemein:} \quad \min \rho_w = \frac{A_{sw}}{s_w \cdot b_w \cdot \sin \alpha} \approx 1,0 \cdot \rho \quad \text{mit } \rho \text{ nach Tabelle 5-11} \qquad (5.54)$$

$$\text{Für gegliederte Querschnitte mit vorgespanntem Zuggurt:} \quad \min \rho_w = 1,6 \cdot \rho \qquad (5.55)$$

- **Mindestumschnürungsbewehrung**

Bei hochbewehrten Leichtbetonbalken mit einem Verhältnis $x/d > 0,35$ (vgl. Tabelle 5-5) ist eine Mindestbügelbewehrung mit $d_s \geq 10$ mm und $s_{max} \leq 0,25 \cdot h$ bzw. 200 mm zur Umschnürung der Biegedruckzone anzuordnen, sofern diese nicht durch andere Wirkungen umschnürt ist. Mit dieser Maßnahme soll ein schlagartiges Versagen der Biegedruckzone bei außergewöhnlichen Biegebeanspruchungen, wie z. B. in einem Katastrophenlastfall, ausgeschlossen werden, indem eine ausreichende Restbiegetragfähigkeit nach Überschreiten des Bruchmomentes für eine mögliche Umlagerung sichergestellt wird. Die in der Norm dafür angegebene Mindestbügelbewehrung basiert nicht auf Versuchen mit Leichtbetonbalken, sondern wurde aus Untersuchungen an hochfesten Normalbetonbalken abgeleitet [118].

- **Mindestbewehrung in Druckgliedern**

Die Mindestlängsbewehrung von Stützen und Wänden soll in erster Linie unplanmäßige Biegemomente aufnehmen und zeitabhängige Verformungen minimieren. Die Grenzwerte in der Norm wurden konstruktiv in Abhängigkeit von der Beanspruchung N_{Ed} bzw. vom Betonquerschnitt A_c formuliert, so daß sie gleichermaßen für Normal- und Leichtbetone gelten. Die Festlegungen für die Mindestquerbewehrung von Stützen und Wänden sind konstruktiver Natur und werden von daher ohne Änderung auch auf Leichtbetone übertragen.

Die Norm DIN 1045-1 sieht weitere Regelungen zur Bewehrungsführung und zur Mindestbewehrung vor, die im Rahmen dieses Buchs nicht vorgestellt werden, da sie für Normalbetone und Leichtbetone gleichermaßen gelten.

6 Anwendungen

6.1 Allgemeines

Die Motivation für den Einsatz von Leichtbeton im konstruktiven Ingenieurbau liegt in erster Linie in der Gewichtsersparnis. Aber auch die gute Dauerhaftigkeit, die thermischen Eigenschaften sowie der geringere E-Modul können ausschlaggebend für die Verwendung von Leichtbeton sein, sofern sich dadurch wirtschaftliche Vorteile ergeben, die die höheren Materialkosten des Leichtbetons zumindest kompensieren. Aspekte der Dauerhaftigkeit und damit verbundene Instandsetzungsmaßnahmen innerhalb der geplanten Lebensdauer dürfen bei diesen Betrachtungen nicht unberücksichtigt bleiben.

Insbesondere aus wirtschaftlichen Gesichtspunkten bieten sich häufig auch Materialmischungen an, um bestimmte Bauaufgaben zu lösen. Seit langer Zeit schon wird dies im Verbundbau praktiziert und auf die Symbiose von Beton und Stahl oder Beton und Holz gesetzt. Die rapide Weiterentwicklung von Hochleistungsbaustoffen (HPC, HPLWAC, hochfeste Stähle ...) in den letzten Jahren haben solche Überlegungen bekräftigt, da ein Zusammenwirken dieser Materialien unter Ausnutzung der Vorteile eines jeden einzelnen neue Möglichkeiten im Ingenieurbau eröffnen kann. Lösungen dieser Art werden unter dem Begriff „hybrides Bauen" zusammengefaßt. Für hybride Konstruktionen dürfte neben der Kostenersparnis die Suche nach modifizierten, den erweiterten Materialgrenzen angepaßten Tragstrukturen zur Verbesserung des ästhetischen Erscheinungsbildes von großer Bedeutung sein.

Die nachfolgenden Anwendungsbeispiele dokumentieren, daß gefügedichte Leichtbetone sehr häufig in hybriden Konstruktionen in Verbindung mit Normal-, Schwer- oder hochfesten Betonen eingesetzt werden. Dies zeigt sich am Beispiel von Freivorbaubrücken, bei denen Leichtbeton im Feldbereich zur Minimierung des Stützmomentes angeordnet werden, jedoch in den Auflagerzonen auf die höhere Schubtragfähigkeit des Normalbetons zurückgegriffen wird. Im klassischen Hochbau beschränkt sich der Einsatz von Leichtbeton zumeist auf Geschoßdecken, während für Druckglieder in der Regel die Vorteile von Normalbeton genutzt werden. Auch in Offshore-Konstruktionen werden die Betonwichten häufig für verschiedene Bauteile variiert, um letztendlich die kostengünstigste Lösung für das Gesamtprojekt unter Berücksichtigung der Lebensdauer zu erzielen. Speziell an diesen Beispielen aus der hybriden Bauweise wird die Attraktivität des Leichtbetons deutlich, die auf seinem enormen Festigkeits- und Rohdichtespektrum basiert.

Im anschließenden Abschnitt werden ausgeführte Leichtbetonprojekte der vier Teilbereiche Fertigteilbau, Hochbau, Brückenbau und Offshore-Konstruktionen betrachtet und bei einer kurzen Vorstellung auch die Gründe ihrer Realisierung mit Leichtbeton näher beleuchtet. Ausführlichere Beschreibungen ausgewählter Leichtbetonprojekte sind in [59] und [8] zu finden. Die Anwendung des Leichtbetons im Verbundbau wird losgelöst in einem eigenen Abschnitt 6.3 betrachtet, da in diesem Fall zusätzlich die Tragfähigkeit der Verbundkonstruktionen einschließlich des Tragverhaltens untersucht wird.

Neuheiten in der Tragsicherheitsbewertung

6.2   Einsatzgebiete

- **Leichtbeton im Fertigteilbau**

Im Fertigteilbau ist Leichtbeton aufgrund der geringeren Rohdichte besonders wirtschaftlich einzusetzen, da die Fertigteile entweder leichter werden oder die Fertigteilanzahl durch
größere Abmessungen unter Beibehaltung des Gewichtes reduziert werden kann. Aufgrund
des geringeren Eigengewichtes können die Fertigteile im ersten Fall eventuell auch schlanker und damit noch leichter ausgeführt werden. Dies entlastet Transportmittel und Hebe-
zeuge. Sondertransporte können gegebenenfalls vermieden und gewichtsbezogene Trans-
portkosten gesenkt werden. Kleinere und damit kostengünstigere Mobilkräne reichen für
die gleiche Bauaufgabe aus.

Durch größere Fertigteillängen werden Herstellungskosten und Montagezeit eingespart
sowie die Anzahl der Kranhübe und Fugen reduziert. Insbesondere im Freien stellen die
Anschlußpunkte im Fertigteilbau oftmals einen Angriffspunkt für aggressive Umwelteln-
flüsse dar, so daß deren Reduzierung in diesen Fällen einen Beitrag zur Dauerhaftigkeit der
gesamten Konstruktion leistet.

Die werkseitige Fertigung hat den weiteren Vorteil, daß die Anforderungen an die Qualitätssicherung in der Leichtbetonherstellung nach Abschnitt 2.7 durch eine gleichmäßige
Produktion sehr einfach und effizient umsetzt werden können. Die stationäre Fertigung ga-
rantiert eine relativ kurze Zeitspanne zwischen der Betonherstellung und dem Einbau. Insbesondere bei Hochleistungsleichtbetonen sind dadurch größere Konsistenzveränderungen
während der Verarbeitungsphase weitgehend auszuschließen. Ferner liegen im Vergleich
zur Baustelle immer gleichbleibende Umgebungsbedingungen vor, so daß extreme Tempe-
ratureinflüsse nicht auftreten können. Schließlich ermöglicht die Anwendung mechanischer
Verdichtungsverfahren und hochwertiger Schalungen eine hohe Oberflächenqualität.

Z. B. waren beim „Wellington WestpacTrust Stadium" in Neuseeland (Bild 6-1) unter anderem die bereits genannten Einsparungspotentiale ausschlaggebend dafür, einen Leichtbeton LC35/38, $\rho = 1,8$ kg/dm³ für alle,
zumeist vorgespannten Fertigteile zu
verwenden [28]. Für die Leichtbe-
tonwahl sprachen bei diesem Projekt
auch die schwierigen Bodenverhält-
nisse sowie die Tatsache, daß sich das
Stadion in einem Erdbebengebiet
befindet. Durch das niedrigere Eigengewicht der Konstruktion konnten auf
diese Weise auch einerseits Kosten
bei der Pfahlgründung eingespart und
andererseits Horizontalkräfte aus seis-
mischer Beanspruchung reduziert
werden. Bei vorgegebener Beschleu-
nigung und Systemsteifigkeit ist die

Bild 6-1 WestpacTrust Stadium in Wellington
(Neuseeland) aus Leichtbetonfertigteilen,
Fertigstellung 1999

Verringerung der Masse zumeist die kostengünstigere Alternative zur Anordnung von Dämpfern, um die notwendige Erdbebensicherheit zu gewährleisten.

Aus den geschilderten Gründen sind Leichtbetonfertigteile ebenso im klassischen Hochbau und Stadionbau zu finden wie im Brückenbau.

• Leichtbeton im Hochbau

Konstruktive Leichtbetone werden im Hochbau in der Regel nur für einzelne Bauteile verwendet. Da Deckenkonstruktionen den größten Gewichtsanteil eines Gebäudes ausmachen, stellen diese das klassische Anwendungsfeld für Leichtbeton dar (Tabelle 6-1). Seine Attraktivität wächst mit der Anzahl der Stockwerke, mit zunehmender Spannweite von Decken und Unterzügen sowie mit steigenden Restriktionen aus der Tragfähigkeit des Baugrundes. Dies begründet seine Eignung und Relevanz im Hochhausbau, wo seine Effizienz oftmals durch die Ausführung von Verbunddecken (Abs. 6.3) noch weiter gesteigert werden kann.

In vielen Fällen entscheidet die Pumpfähigkeit des Betons über die Verwendung von Leichtbeton in Geschoßdecken, die man in Nordamerika (Bild 6-2) und England über hohe Vorsättigungsgrade der Zuschläge sicherstellt. Die daraus resultierenden Nachteile (Abs. 2.5.1) haben maßgebend in Deutschland und speziell auch bei den Frankfurter Hochhäusern zum Verzicht auf Leichtbetondecken geführt. Beim Neubau der Commerzbank in Frankfurt wurde der Einsatz von Leichtbeton anfangs in Erwägung gezogen und schließlich doch im Hinblick auf die Pumpfähigkeit ein leichter Normalbeton (MWC) mit einer Trockenrohdichte von $\rho = 2,0 \pm 0,1$ kg/dm³ gewählt. Der Marktanteil von Leichtbetondecken wird in Zukunft ganz wesentlich davon abhängen, ob der Einbau mit Leichtbetonpumpen durch Betonzusatzmittel verbessert werden kann.

Bild 6-2 NationsBank Corporate Center in Charlotte (1992) [117]

Werden Leichtbetondecken und Normalbetonstützen in einer Ortbetonlösung miteinander kombiniert, so stellt sich die Frage, ob die Decke durchgehend auch über die Stützenbereiche hinweg betoniert werden darf oder ob zusätzliche, zeit- und kostenintensive Arbeitsfugen notwendig werden. Beim „North Pier Tower" in Chicago (1991) hat man sich für eine Deckenbetonage ohne Abstellung entschieden unter Einhaltung der Forderung aus der Vorschrift ACI 318, daß die Betongüte der Stütze das 1,4fache der Betongüte der Decke nicht überschreiten darf [22].

Für aufgehängte Konstruktionen eignen sich Leichtbetone im besonderen. Bei der „Standard Bank" in Johannisburg und dem BMW-Verwaltungsgebäude in München sind Leichtbetongeschoßdecken an der Außenfassade aufgehängt und die Zugkräfte werden über eine Abfangekonstruktion auf den mittleren Aussteifungskern abgetragen, so daß die Gewichtseinsparungen in diesen Fällen doppelt genutzt werden.

Tabelle 6-1 Beispiele für Leichtbetonanwendungen im klassischen Hochbau [8, 9, 59]

Projekt, Fertigstellung, weitere Angaben, eingebautes LB-Volumen			LC	ρ
Marina City Towers, Chicago, 1962, Höhe 180 m, 19000 m³ LC	A	p	LC 25/28	1,68
Polar Sea Cathedral, Tromsø, 1965, Höhe 28 m, 700 m³ LC	D		LC 20/22	1,65
Australia Square, Sydney, 1967, Höhe 184 m, 31000 m³ LC	C		LC 30-35	≤1,87
Lake Point Tower, Chicago, 1968, Höhe 196 m, 26000 m³ LC	A		LC 25/28	1,73
One Shell Plaza, Houston, 1969, Höhe 218 m, 68800 m³ LC	D	p	LC 30-40	1,85
Commercial Centre Tower, Kobe, 1969, Höhe 109 m, 4000 m³ LC	A		LC 25/28	1,75
Standard Bank, Johannisburg, 1970, Höhe 139 m, 6000 m³ LC	A		LC 25/28	1,95
BMW-Verwaltungsgebäude, München, 1972, 3400 m³ LC	A		LC 30/33	1,70
Central Square Building, Sydney, 1972, Höhe 81 m	C		LC 20/22	1,92
Guy's Hospital, London, 1974, Höhe 145 und 122 m, 31000 m³ LC	A		LC 30/33	
NatWest Tower, London, 1980, Höhe 183 m	A	p		
Picasso Tower, Madrid, 1989, Höhe 150 m, 10000 m³ LC	A	p	LC 20/22	1,80
Canary Wharf Tower, London, 1991, Höhe 235 m	A	p		
Rathaus von Tokyo, 1991, 243 m, 15200 m³ LC	A	p	LC 20/22	1,85
NationsBank Corporate Center, Charlotte, 1992, 265 m, 23000 m³ LC	A	p	LC 45/50	1,89
Erweiterung des Postamts I in Augsburg, 1992, Σ 17000 m³ LC	B		LC 20-30	≤1,5
Guggenheim Museum in Bilbao, 1997, 4800 m³ LC	A		LC 20/22	1,60
Colosseum Park Office Building, Oslo, 1998, 9000 m³ LC	B		LC 40/44	1,75

A = Geschoßdecken aus Leichtbeton
B = Geschoßdecken und Wände aus Leichtbeton
C = große Teile der Gesamtkonstruktion aus Leichtbeton
D = gesamte aufgehende Konstruktion aus Leichtbeton

p = Leichtbeton
wurde gepumpt

Die thermischen Eigenschaften von Leichtbeton können für Außenwände und Fassaden in den Fällen ausschlaggebend sein, wo eine Betonoberfläche sowohl innen als auch außen gefordert wird, so daß ein Verbundsystem ausscheidet. Die Polarmeer-Kathedrale in Tromsø wurde beispielsweise 1965 aus Leichtbeton LC20/22-1,65 hergestellt, um neben der Gewichtsersparnis in erster Linie eine bessere wärmedämmende Wirkung ohne Kältebrücken zu erzielen (Bild 6-3). Aufgrund der außergewöhnlichen Architektur zählt die Kirche heutzutage zu den Touristenattraktionen im nördlichen Teil Norwegens. Die niedrige Wärmeleitfähigkeit und das geringe Gewicht waren auch für die 1968 eröffnete Snarøya-Kirche in der Nähe von Oslo ausschlaggebend für die Verwendung eines Leichtbetons LC20/22-1,6 für Außenwände und Dach.

Bild 6-3 Polar Sea Cathedral in Tromsø

Das Bauen im Bestand wird oftmals von stark einschränkenden Randbedingungen bestimmt. Erhebliche Lasterhöhungen sind selten akzeptabel. Damit treten die erhöhten Herstellungskosten für Leichtbetone automatisch in den Hintergrund. Für Aufstockungen oder Dachausbauten gewinnt der Baustoff Leichtbeton an Bedeutung. Alte Holzbalkendecken können durch eine statisch mitwirkende Leichtbetonplatte hinsichtlich der Tragfähigkeit, der Gebrauchstauglichkeit und der Bauphysik ertüchtigt werden (Abs. 6.3.3).

Moderne Stadien und Tribünen sollten einen ungehinderten Blick auf das Sportgeschehen oder sonstige Veranstaltung ermöglichen. Dieser Anspruch erfordert zum einen entweder zurückgehängte oder frei auskragende Dachkonstruktionen. Zum anderen müssen auch übereinander angeordnete Tribünen mit Ausnahme der untersten als frei auskragende Tragwerke ausgebildet werden. Für diese Konstruktionen werden zumeist vorgespannte Fertigteilträger gewählt. Die Ausführung dieser Kragträger in Leichtbeton spart Vorspannbewehrung sowie Transport- und Krankapazität (Tabelle 6-2).

Tabelle 6-2 Beispiele für Leichtbetone bei Sonderbauwerken (Stadien und Sportstätten, Dachkonstruktionen) [8, 9, 59]

Projekt, Fertigstellung, weitere Angaben, eingebautes LB-Volumen		LC	ρ
TWA Terminal at Kennedy airport, New York, 1960, 2200 m³ LC	A	LC 35/38	1,85
Assembly Hall, University of Illinois, 1962, 9600 m³ LC, Faltwerkdach Ø=122 m mit Spannbetonringbalken	A	LC 25/28	1,68
Busch-Memorial-Stadion in St. Louis, 1966, 30500 m³ LC	D	LC 25-35	1,80
Alameda Country Sportzentrum in Oakland, 1967, 23000 m³ LC	D	LC 35/38	1,76
Pferderennbahn in Doncaster, U.K., 1969, 470 m³ LC	B	LC 45/50	1,87
St James Football Ground, Newcastle, Westtribüne	B	LC 60/66	1,95
Rugby Union Football, Twickenham, Südtribüne	B	LC 60/66	
Wartungshalle V am Flughafen Frankfurt, 1970, Hängedach zweischiffig mit vorgespannten LB-Hängebändern, je 130 m Spannweite		LC 30/33	1,65
Skiflugschanze in Oberstdorf, 1972, ~100 m vorgespannter Kragträger, Leichtbeton zur Einsparung von Felsankern und Spanngliedern		LC 40/44	1,50
Exhibition and Stampede Grandstand in Calgary, 1974	C	LC 40/44	1,85
Wellington WestpacTrust Stadium, 1999, 13000 m³ LC	D	LC 35/38	1,80

A = Dachkonstruktion aus Leichtbeton
B = Tribünendach mit vorgespannten Kragträgern aus Leichtbeton
C = Tribüne mit vorgespannten Kragträgern aus Leichtbeton
D = Tribünenkonstruktion und -dach aus Leichtbeton, zumeist vorgespannt

Leichtbetone sind für Kragarme jeglicher Art geradezu prädestiniert. Die 1972 erbaute Skiflugschanze in Oberstdorf unterstreicht dies eindrucksvoll. Für das etwa 100 m frei auskragende Anlaufbauwerk wurde ein vorgespannter Leichtbeton LC40/44-1,5 gewählt, um durch das geringere Eigengewicht sowohl Spannbewehrung als auch Felsanker zur Einleitung des Einspannmomentes in den Baugrund einzusparen.

• **Leichtbeton im Brückenbau**

1988 wurde die Anzahl von Leichtbetonbrücken in den USA auf über 400 geschätzt [27], wobei sich diese Zahl nicht nur auf Fahrbahnplatten beschränkt, sondern auch komplette Überbauten einschließt. Die Veröffentlichung eines amerikanischen Blähschieferherstellers belegt, daß die Zahlen in den letzten Jahren im Steigen begriffen sind. Zu den Hauptgründen für den Einsatz von Leichtbeton im Brückenbau zählen neben dem geringeren Gewicht auch die Verminderung der Trägheitskräfte bei Erdbeben und besonders die höhere Widerstandfähigkeit in einer Meerwasserumgebung.

Leichtbeton ist besonders interessant für Freivorbaubrücken. Aufgrund des niedrigeren Gewichtes werden nicht nur im Bauzustand Längsspannglieder in der Fahrbahnplatte eingespart, sondern auch die Grenzspannweiten des Freivorbaus deutlich vergrößert. Auf diese Weise konnten in Norwegen bei der Rafsundet, Sundøy und Stolma Brücke (Bild 6-4) Rekordspannweiten von 298 bzw. 301 m erzielt werden.

Ferner werden durch Leichtbeton die mit üblichen Freivorbaugerüsten realisierbaren Abschnittslängen merklich gesteigert. Gleiches gilt für die Fertigteillängen im Segmentbrückenbau. Bei ungleichen Kragarmen kann Leichtbeton im längeren Kragarm zum eleganten

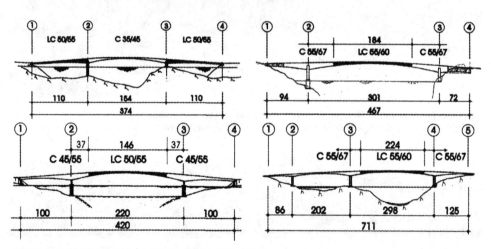

Bild 6-4 Stolma Brücke südlich von Bergen im Bauzustand

Bild 6-5 Beispiele für hybride Freivorbaubrücken in Norwegen:
Oben: a) Sandhornøya Brücke (1989) links, b) Stolma Brücke (1998) rechts
Unten: c) Støvset Brücke (1993) links, d) Rafsundet Brücke (1998) rechts

Ausbalancieren verwendet werden. Auf diese Weise wurde 1989 die Sandhornøya Brücke fertiggestellt, indem für die beiden 110 m langen Außenfelder ein LC50/55-1,8 und für das Mittelfeld ein Normalbeton gewählt wurde (Bild 6-5a). In weiteren norwegischen Projekten [26] wurde die Kombination von Leicht- und Normalbeton entsprechend ihrer Stärken und unter Wahrung ökonomischer Gesichtspunkte beispielhaft umgesetzt. Bei den hybriden Freivorbaubrücken Støvset, Rafsundet, Stolma (Bild 6-5) und Sundøy führte man jeweils den mittleren Bereich der Hauptspannweite, etwa 60–75 %, aus den bereits erwähnten Gründen in Leichtbeton LC50/55 bzw. LC55/60 aus, während man für die Stützbereiche einen Normalbeton höherer Festigkeit angesichts der dort auftretenden Schubbeanspruchungen und Lastkonzentrationen wählte. In Deutschland wurde dieses Prinzip im übrigen bereits 1978 für die zweite Rheinbrücke Köln-Deutz genutzt.

Leichtbetone eignen sich auch hervorragend für schwimmende Konstruktionen, da ein geringeres Eigengewicht die notwendige Wasserverdrängung und damit das erforderliche Volumen der Pontons reduziert. Dies ist abgesehen von der Materialersparnis insofern von Bedeutung, als die Wellen- und Strömungskräfte, die die bemessungsrelevanten Lastfälle darstellen, mit zunehmender Wasserverdrängung der Pontons größer werden. Die Bilder 6-6 und 6-7 zeigen mit den Pontonbrücken Bergsøysundet und Nordhordland zwei Beispiele aus Norwegen. Letztere ist zudem mit einer Schrägkabelbrücke verbunden, deren Hauptspannweite von 163 m auch mit einem LC50/55-1,9 ausgeführt wurde.

Da Leichtbeton stets unter wirtschaftlichem Aspekt mit Normalbeton verglichen wird, ist sein Einsatz nur dann möglich, wenn Studien im Vorfeld der Planung wesentliche Vorteile aufdecken. Bei der Koningspleijbrug über den Rhein bei Arnheim (1989) war die wegen des niedrigen E-Moduls geringere Anfälligkeit des Leichtbetons gegenüber Zwang aus

Bild 6-6 Bergsøysundet Brücke: Pontonbrücke in Norwegen, Gesamtlänge 835 m, Pontons aus LC50/55, ρ_{td}= 1850 kg/m³, V = 4500 m³, 1992 fertiggestellt

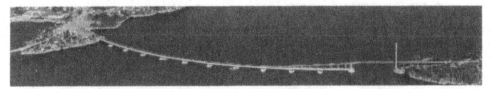

Bild 6-7 Nordhordland Brücke in Norwegen, 1993 fertiggestellt
Pontonbrücke: Länge = 1246 m, Pontons aus LC50/55, ρ_{hd} = 1930 kg/m³, V = 8500 m³
Schrägkabelbrücke mit einer Spannweite von 163 m aus LC50/55, ρ_{hd} = 1900 kg/m³

Temperatur dafür ausschlaggebend. In anderen Fällen machte die Verwendung von Leichtbeton erst gewisse Spannweiten möglich. Bei der Boknasundet Brücke in der Nähe von
Stavanger z. B. konnte mit dem Austausch des im Entwurf vorgesehenen C45/55 durch
einen LC55/60 die Hauptspannweite von 150 auf 190 m vergrößert, zwei Gründungen eingespart und die damit wirtschaftlichere Lösung umgesetzt werden. Selbstverständlich bieten sich leichtere Betone vor allem auch für Brückensanierungen an. Bei der „Lange Brük-
ke" in Köpenick wurde z. B. Leichtbeton zur Auffüllung der entkernten Pfeiler und Bögen
sowie für die quer vorgespannte Fahrbahnplatte verwendet.

Unter Umständen können aber auch die thermischen Eigenschaften von Leichtbeton für die
Materialwahl entscheidend sein. Eine Voruntersuchung zur Querschnittsoptimierung des
Fahrweges beim Transrapid ergab, daß der Verbundquerschnitt mit Leichtbetonvollplatte
eine gleichmäßigere Temperatur-Tagesganglinie als alle anderen Varianten aufweist. Dieses Merkmal wirkt sich positiv auf den Fahrkomfort aus, der bei dieser Anwendung ein
wichtiges Entwurfskriterium darstellt.

- **Leichtbeton in Offshore-Konstruktionen**

Die Attraktivität von Leichtbeton für den Einsatz bei Offshore-Konstruktionen liegt in erster Linie darin begründet, daß viele dieser Bauwerke wenigstens zu einem bestimmten
Zeitpunkt ihrer Lebens- bzw. Nutzungsdauer als schwimmende Konstruktion ausgebildet
werden müssen, so daß eine Gewichtsreduktion entweder die mögliche Nutzlast vergrößert
oder das erforderliche Pontonvolumen bzw. den Tiefgang verringert.

Viele Offshore-Bauwerke werden in Trockendocks hergestellt und nach dem Fluten von
Schleppern zum Bestimmungsort auf hoher See transportiert. Der zulässige Tiefgang der
Konstruktion beim Ausschwimmen wird durch die örtlichen Wassertiefen begrenzt. Eine
Verminderung des Konstruktionsgewichtes durch Leichtbeton verringert den Tiefgang und
trägt deshalb ganz erheblich zur Effizienz dieser Bauweise bei [22].

Als „hybrides Bauwerk" par excellence kann
die Bohrinsel „South Arne" genannt werden,
bei der die Forderung nach einem möglichst
tiefen Schwerpunkt der Konstruktion durch
eine Bodenplatte aus Schwerbeton, Wände
aus leichtem Normalbeton (MWC) sowie
eine Deckplatte und einen Turm aus Leichtbeton LC50/55-1,85 erfüllt wurde (Bild 6-8).
Dies sollte einerseits die Stabilität während
der Installation verbessern und andererseits
die durch das heiße Öl hervorgerufenen
thermischen Spannungen reduzieren.

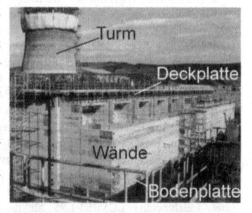

Häufig werden in Offshore-Konstruktionen
auch leichte Normalbetone (MWC) verwendet, bei denen ein Teil der dichten Zuschläge

Bild 6-8 Plattform „South Arne" im Oktober
1998 während der Herstellung im Trockendock
in Nigg, Schottland

durch Leichtzuschläge ersetzt werden, um den zulässigen Tiefgang einzuhalten oder einen ausreichenden Auftrieb ohne zusätzliche Schwimmkörper zu gewährleisten. Dies gilt z. B. für die Bohrplattformen „Troll Gas" (GBS, zum Teil aus MWC60/75) sowie die schwimmfähige, mit einem Kettensystem verankerte Ölplattform „Troll Oil" (MWC60/75 und C60/75 zu je ~50 %), die beide 1995 in der Nordsee eingerichtet wurden.

Tabelle 6-3 Beispiele für Leichtbetonanwendungen in Offshore-Konstruktionen (nach [8])

Projekt, Installation, weitere Angaben, eingebautes LB-Volumen		LC	ρ
BP Harding Field-Gravity Base Oil Storage Tank, 1995, Bodenplatte aus LC50/55, um Tiefgang beim Ausschwimmen zu verringern	GBS	LC 50/55	1,88
Ölförderplattform Heidrun,1995, 66000 m³ LC	TLP	LC 55/60	1,95
South Arne, 1999, 7500 m³ LC für Deckplatte und Turm	GBS	LC 50/55	1,85

GBS = auf dem Meeresboden gegründete Offshore-Konstruktion (Gravity Base Structure)
TLP = schwimmfähige, mit Zugbändern verankerte Plattform (Tension Leg Platform)

In der Vergangenheit wurden Betonplattformen in der Nordsee bis zu einer Wassertiefe von 150 m gebaut. Mit der Entscheidung, in Zukunft neue Öl- und Gasfelder in Tiefen von bis zu 350 m zu erschließen, wurden Überlegungen ausgelöst, neben den bisher üblichen, auf dem Meeresboden stehenden sogenannten Gravity Base Structures (GBS) einen neuen, schwimmfähigen Typ zu konzipieren (TLP = Tension Leg Platform). Die Unterschiede liegen dabei weniger in der Deckkonstruktion, sondern vornehmlich in der Unterkonstruktion, da bei der TLP die Schwimmkörper über Zugbänder (tension legs) mit der Gründung verbunden werden. Als erste dieser Art in Betonbauweise wurde 1995 die Ölförderplattform „Heidrun" fertiggestellt (Bild 6-9). Der Schwimmkörper setzt sich aus vier 110 m hohen Rohren ($\varnothing$ = 31 m) im Achsabstand von 80 m zusammen, die am unteren Ende über vier Pontons verbunden sind. Am oberen Rand der Rohre sind zur Befestigung der stählernen Deckkonstruktion zwei parallele Tragbalken angeordnet [23]. Bei diesem Projekt wurde eine Betonkonstruktion gewählt, weil im Gegensatz zu einer Stahllösung die Resultierende der maßgebenden Wellenlast in etwa im Schwerpunkt der Betonplattform angreift. Die Verwendung eines hochfesten Leichtbetons LC55/60-1,95 für die gesamte Konstruktion (V_{LC} = 66000 m³) diente der Sicherstellung des notwendigen Auftriebs bei gleichzeitiger Reduzierung der Rückhalte- und Verankerungskräfte [8].

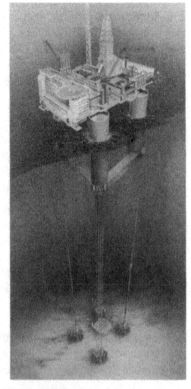

Bild 6-9 Schwimmende Ölförderplattform Heidrun, 66000 m³ LC55/60, 1995

6.3   Leichtbeton im Verbundbau

Wirtschaftliche Aspekte und die damit verbundene Forderung nach immer kürzeren Arbeitstakten haben die Marktposition von Verbunddecken im Hochbau in den letzten Jahren immer weiter gestärkt. Dies gilt im besonderen für den Hochhausbau. Die biegesteifen Stahlbleche dienen als Schalung und bieten gute Befestigungsmöglichkeiten für die Installation und den Ausbau. Im Unterschied aber zu einer verlorenen Schalung beteiligen sich die Profilbleche gemeinsam mit dem Beton aktiv am Lastabtrag. Dieses statische Zusammenwirken rechtfertigt den Begriff der Verbunddecke.

Der Verringerung des Deckengewichtes kommt besonders dann eine große Bedeutung zu, wenn die Tragfähigkeit des Baugrundes erschöpft ist. Zur Entschärfung dieser Problematik werden Verbunddecken aus Leichtbeton deshalb gerne im Hochhausbau eingesetzt. Eine weitere sinnvolle Anwendung bietet sich für das Bauen im Bestand an. Verbunddecken aus Leichtbeton haben in Großbritannien einen besonderen Stellenwert. Dort findet man sie nicht nur in Hochhäusern in London wie dem 235 m hohen Canary Warf Tower oder dem etwas niedrigeren NatWest Tower, sondern auch in Bürogebäuden mittlerer Größe. Insgesamt findet in Großbritannien etwa 80 % der gesamten konstruktiven Leichtbetonproduktion im Verbundbau Anwendung [18].

Durch den Einsatz von Leichtbeton im Verbundbau sind Einsparungspotentiale über die Gewichtsersparnis im Endzustand hinaus denkbar. Auch im Montagezustand wird die unterstützungsfreie Spannweite durch das reduzierte Frischbetongewicht vergrößert, so daß sich erhebliche Vorteile für den Bauablauf ergeben können. Die geringere Wärmeleitfähigkeit bietet zudem dem eingebetteten Stahl einen besseren Schutz im Brandfall.

Da Verbunddecken in der Regel auf Verbundträgern aufgelagert sind, kommt nicht nur der Frage nach der Tragfähigkeit von Verbunddecken aus Leichtbeton eine große Bedeutung zu, sondern im gleichen Maße auch der Beanspruchbarkeit der Verbundmittel, für die an erster Stelle die Kopfbolzendübel zu nennen sind.

Die Holz-Beton-Verbundbauweise (HBV) ist eine relativ junge Technologie, die seit dem Beginn der 80er Jahre des 20. Jahrhunderts verstärkt ins Blickfeld rückte. Die einzig relevante Anwendung sind heutzutage Biegeträger bzw. Konstruktionen aus diesen Elementen, wobei in Europa neben vereinzelten Brückenbauten überwiegend HBV-Decken ausgeführt werden. Mittlerweile wird diese Technologie besonders in Skandinavien, in Italien und in der Schweiz immer mehr in der Altbausanierung und auch häufiger in Neubauten eingesetzt. In Deutschland sind solche Bauteile trotz jüngster Forschungsaktivitäten weniger verbreitet. In Abschnitt 6.3.3 werden Möglichkeiten und Tragverhalten von Holz-Leichtbeton-Verbunddecken vorgestellt. Sofern nichts anderes angegeben ist, sind die nachfolgenden Diagramme und Versuchsergebnisse dieses Abschnitts aus [112] entnommen.

6.3.1   Verbunddecken aus Leichtbeton

Der Einsatz von Verbunddecken in Deutschland kann zur Zeit nur auf der Grundlage einer bauaufsichtlichen Zulassung oder Zustimmung im Einzelfall erfolgen, die sämtliche für die Bemessung relevanten Kennwerte, wie z. B. die Längsschubtragfähigkeit bzw. Querschnitts- und Materialwerte, beinhaltet. In Zukunft ist aber auch ein Bemessungsverfahren auf der Grundlage des EC4 [151] denkbar, wobei die wichtigsten Bemessungsparameter im Rahmen einer Vorstudie experimentell ermittelt werden.

Für die Tragfähigkeit von Verbunddecken im Grenzzustand sind die Beanspruchungen aus Biegung und Schub zu beachten. Die Biegetragfähigkeit ist mit der Längsschubtragfähigkeit gekoppelt (teilweise Verdübelung), für deren Beurteilung eine zuverlässige Ermittlung der Größe der übertragbaren Verbundspannungen zwischen dem jeweiligen Profilblech und dem Beton erforderlich ist. Dafür werden Bauteilversuche im Maßstab 1:1 herangezogen. Auf diese Weise wurde in [112] das Tragverhalten eines *Super-Holorib*-Blechs

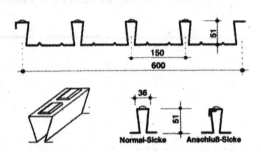

Bild 6-10 Abmessungen des verwendeten Verbundblechs

in Verbindung mit konstruktivem Leichtbeton untersucht. Bei dem verwendeten Profilblech handelt es sich um ein schwalbenschwanzförmig hinterschnittenes Blech mit Obergurtnoppen, das sowohl einen mechanischen Verbund als auch einen Reibungsverbund aufweist (vgl. Bild 6-10). Ziel der Untersuchungen ist die experimentelle Bestimmung der Längsschubtragfähigkeit der Verbunddecke mit gefügedichtem Leichtbeton sowie der Verlauf der Last-Schlupf bzw. Last-Durchbiegungs-Diagramme. Zur Bestimmung der Längsschubtragfähigkeit wurden Vierpunktbiegeversuche an vier Einfeldplatten durchgeführt. Die Abmessungen sowie der Versuchsaufbau können Bild 6-11 bzw. Tabelle 6-4 entnommen werden. Das seitliche Abschalen der Verbundbleche mit Betonnasen sollte den Blechquerschnitt gegen seitliches Ablösen während der Versuchsdurchführung sichern.

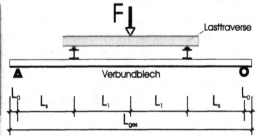

Bild 6-11 Die Verbunddecke im Versuchsstand

Tabelle 6-4 Abmessungen der Verbunddecken		L_{ges} [cm]	L_s [cm]	L_o [cm]	L_l [cm]
VD1 + VD 2	Kurze Schublänge	220	50	10	50
VD5 + VD 6	Lange Schublänge	340	82,5	10	78,5

Deckenbreite: b=70cm   Deckendicke: h=14cm   Profilblech: t/b=1/625mm

Versuchsaufbau und -durchführung sind in Anlehnung an den EC4 gewählt worden. Die Decken wurden mit zwei gleichen, symmetrisch angeordneten Linienlasten in zwei Versuchsabschnitten belastet. Nach einer zyklischen Vorbelastung mit 5000 Schwingspielen wurde im zweiten Versuchsteil die Pressenkraft in Stufen bis zur Traglast gesteigert. Dabei ist der Weg auf jedem Lastniveau solange konstant gehalten worden, bis die Kraft praktisch nicht mehr abfiel, um so eine quasi „statische Festigkeit" unabhängig von der Belastungsgeschwindigkeit zu erzielen. Gemessen wurde die Relativverschiebung zwischen Stahlblech und Beton sowie die Durchbiegung in Plattenmitte und in den Viertelspunkten.

Tabelle 6-5 Mischungsentwurf und Betoneigenschaften der Verbunddecken

Mischungsentwurf		Betoneigenschaften			
	kg/m³	Frischbetondichte	$\rho_{fd} \sim 1,42$		kg/dm³
Zement CEM I 42,5 R	380	Festbetondichte	$\rho_{hd} \sim 1,37$		kg/dm³
Zugabewasser	201	Trockenrohdichte	$\rho \sim 1,25$		kg/dm³
Leichtsand 0/2, ρ_{tr} = 1,55	233			Tage	N/mm²
12 M.-% Eigenfeuchte		Druckfestigkeit	A	28	29,6
Blähton 4/8, ρ_{tr} = 0,92	368	Druckfestigkeit nach	B	28	26,5
5 M.-% Eigenfeuchte		E-Modul Prüfung			
Silika-Staub (Feststoff)	35	Spaltzugfestigkeit	B	28	1,9
Fließmittel FM93	12	E-Modul	B	28	11300

A=Würfel 150mm   B=Zylinder d/h= 100/200mm
Lagerung wie die Decken 14 Tage unter feuchten Tüchern und danach bis zum Prüftag an der Luft

Der E-Modul des Betons ist neben der Blechdicke die maßgebende Einflußgröße für die Längsschubtragfähigkeit. Da die Festigkeitsanforderungen an die Betone von Verbunddecken eher moderat sind und mit der hier vorgestellten Versuchsserie ein unterer Grenzwert für den Flächenverbund gesucht wurde, fiel die Entscheidung auf einen möglichst leichten LC25/28, also einen ALWAC. Mischungsentwurf sowie Betoneigenschaften sind in Tabelle 6-5 angegeben.

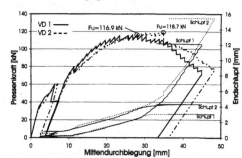

Bild 6-12 Zusammenhang zwischen Pressenkraft, Durchbiegung und Endschlupf der Decken mit kurzer Schublänge

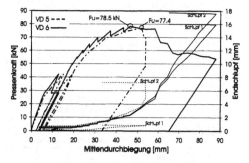

Bild 6-13 Zusammenhang zwischen Pressenkraft, Durchbiegung und Endschlupf der Decken mit langer Schublänge

Die Versuchsresultate der Vor- und Hauptbelastung sind in den Bildern 6-12 und 6-13 zusammengefaßt. In den Diagrammen ist jeweils die Gesamtlast bzw. der Endschlupf links und rechts über der Mittendurchbiegung aufgetragen. In allen vier Fällen liegt, wie beabsichtigt, ein Versagen der Verbundfuge vor, da sich vor Erreichen der Traglast ein Endschlupf einstellte. Das Sekundärversagen konnte erst später nach dem Einschnüren der Betondruckzone an dem klaffenden Riß neben der Lasteinleitungsstelle (M-Q-Maximum) beobachtet werden. Das Duktilitätskriterium nach EC4 ist erfüllt; die Traglast F_u ist sehr viel größer als die 1,1-fache Last F_s, die zum ersten meßbaren Endschlupf führte. Die Durchbiegungsbegrenzung von $l/50$ wurde in keinem der Fälle maßgebend (Tabelle 6-6). Obwohl der verwendete Leichtbeton für sich alleine betrachtet eine hohe Sprödigkeit aufweist, kann man in Verbindung mit dem Verbundblech ein ausgesprochen duktiles Bauteilverhalten beobachten. Der rapide Lastabfall nach Erreichen der Traglast bei VD5 ist auf eine fehlerhafte Steuerung zurückzuführen.

Tabelle 6-6 Überprüfung des Duktilitätskriteriums sowie Durchbiegungsbeschränkung der Verbunddecke

Versuch	F_s [kN]	$1,1 \cdot F_s$ [kN]	<	F_u [kN]	Duktil oder Spröde	Durchbiegung bei F_u [mm]	
VD 1	40,6	44,7	<	118,7	D	34,8	$\cong L/57,5$
VD 2	40,0	44,0	<	116,9	D	28,1	$\cong L/71,2$
VD 5	40,0	44,0	<	77,4	D	52,0	$\cong L/61,5$
VD 6	42,1	46,3	<	78,4	D	46,4	$\cong L/69,0$

F_S = Last beim ersten meßbaren Endschlupf F_U = maximale Gesamtlast

Die Versuchsauswertung kann gemäß EC 4 entweder nach der $m+k$-Methode oder der Teilverbundtheorie erfolgen. Bei der $m+k$-Methode ergeben sich die empirischen Koeffizienten m und k aus der Steigung bzw. dem Achsabschnitt einer experimentell ermittelten Geraden gemäß Bild 6-14, so daß der Tragfähigkeitsnachweis $V_{sd} \leq V_t / \gamma_{vs}$ daraus abgeleitet geführt werden kann.

Da dieser Methode kein mechanisches Modell zugrunde liegt, ist die Auswertung nach der Teilverbundtheorie zu bevorzugen (Tabelle 6-7). Mit den Querschnittswerten und Materialfestigkeiten wird ein Teilverbunddiagramm gemäß Bild 6-15 erstellt, das der Bestimmung

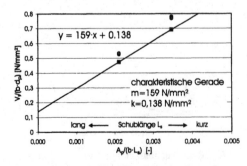

Bild 6-14 Auswertung nach der m+k-Methode

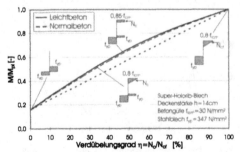

Bild 6-15 Teilverbunddiagramm für die geprüfte Verbunddecke mit LB und NB

des zum im Versuch ermittelten Bruchmoment gehörenden Verdübelungsgrades η dient. Damit ist die Zugkraft $N_a = N_c$ in dem Stahlblech bekannt, die über Flächenverbund in den Beton eingeleitet wurde. Die Schubspannung τ_u ergibt sich schließlich aus dem Quotienten dieser Zugkraft und der Deckengrundrißfläche $A = b \cdot (L_o+L_s)$. Die Auswertung von Versuchen mit Leichtbetonverbunddecken stellt insofern eine Besonderheit dar, als man hier gemäß den Ausführungen in Abschnitt 4.1 von einer dreieckförmigen Spannungsverteilung in der Betondruckzone ausgehen muß. Auf das normierte Teilverbunddiagramm in Bild 6-15 hat diese Veränderung praktisch keinen Einfluß. Allerdings wird das plastische Biegemoment M_{pl} entsprechend dem inneren Hebelarm geringfügig kleiner, so daß damit auch der Verdübelungsgrad sowie die Schubspannung anwächst. Auf eine Reduktion des Dauerstandfaktors wurde auf der sicheren Seite liegend verzichtet. In weiteren Versuchen muß nun geprüft werden, ob die Duktilität des Leichtbetons ausreicht, M_{pl} der Decke zu erreichen, Verbundbleche mit großer Dicke zum Fließen zu bringen und damit die getroffene Annahme zu bestätigen.

Tabelle 6-7 Versuchsauswertung nach der Theorie der teilweisen Verdübelung

Versuch	$F_{u,Test}$ kN	$L+2L_o$ m	L_s mm	M_{Test} kNm	$0,8 \cdot f_{lcm}$ N/mm²	f_{yp} N/mm²	M_{pl} kNm	M_{Test}/M_{pl}	η	τ kN/m²
VD1	118,7	2,20	500	30,7	23,4	347	41,0	0,749	0,593	596,8
VD2	116,9	2,20	500	30,2	23,2	347	40,9	0,738	0,577	581,1
VD5	77,4	3,40	825	34,1	24,3	347	41,2	0,828	0,707	**461,6**
VD6	78,4	3,40	825	34,5	23,6	347	41,0	0,841	0,725	473,6

Ausgehend von dem Kleinstwert $\tau = 461,6$ kN/m² kann für die Längsschubtragfähigkeit nach EC4 ein charakteristischer Wert $\tau_{u,Rk} = 415,4$ kN/m² und daraus der Bemessungswert von $\tau_{u,Rd} = 332,4$ kN/m² bestimmt werden. Im Vergleich zu Verbunddecken aus Normalbeton stellen diese Werte eine doch erhebliche Abminderung von etwa 40 % dar. Die Versuchsergebnisse bestätigen den umgekehrt proportionalen Zusammenhang zwischen dem Verdübelungsgrad und der Längsschubtragfähigkeit. Aus diesem Grunde fordert der EC4, daß mindestens drei Versuche im Bereich $0,7 \leq \eta \leq 1,0$ liegen. In Anbetracht der im Vergleich zu Verbunddecken mit Normalbeton reduzierten Längsschubtragfähigkeit sind somit bei Leichtbetondecken größere Schublängen L_s zu wählen, damit dieses Kriterium sicher erfüllt wird. Dadurch kann die Längsschubkraft über eine größere Fläche eingeleitet und eine größere Zugkraft im Blech aktiviert werden, um so möglichst nahe an die plastische Momententragfähigkeit heranzukommen.

Die Versuche VD1 und VD2 mit kurzer Schublänge zeigten keine Abminderung der Schubtragfähigkeit im Vergleich zu den Tests in [153] und den rechnerischen Werten nach EC2, selbst wenn die niedrigere Zugfestigkeit des Leichtbetons bei der rechnerischen Tragfähigkeit unberücksichtigt bleibt ($V_{Rk} = 42$ kN $< ½ \cdot F_{u,Test}$).

Interessant in diesem Zusammenhang ist die Frage nach den Ursachen für den Traglastabfall bei Verbunddecken aus Leichtbeton bzw. allgemein nach dem eigentlichen Tragverhalten. Der Reibungsverbund beruht auf einer Klemmwirkung aufgrund der hinterschnittenen

Blechform, d. h. eine Biegung des vorliegenden Verbundbleches führt zwangsläufig zu einer Profilverformung, die von dem Beton mehr oder weniger behindert wird. Der Widerstand nimmt mit größer werdendem E-Modul des Betons zu, so daß diesbezüglich im Fall von Leichtbeton mit Abminderungen der Längsschubtragfähigkeit zu rechnen ist.

Der mechanische Verbund wird durch Obergurtnoppen gewährleistet (Bild 6-16). Die Versuche haben gezeigt, daß sich die Noppenform bei einsetzendem Blechschlupf nicht verändert, so daß man davon ausgehen kann, daß zur Überwindung des mechanischen Verbundes der Obergurt, wie in Bild 6-17 und Bild 6-18 dargestellt, heruntergedrückt wird.

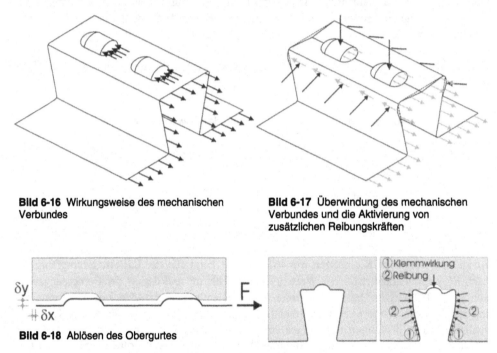

Bild 6-16 Wirkungsweise des mechanischen Verbundes

Bild 6-17 Überwindung des mechanischen Verbundes und die Aktivierung von zusätzlichen Reibungskräften

Bild 6-18 Ablösen des Obergurtes

Da in diesem Fall sofort die geometrisch bedingte Klemmwirkung zum Tragen kommt, ist dieser Vorgang mit Profilverformungen im Obergurt und in den oberen Bereichen der Sikkenstege verbunden, denen der Beton entgegenwirkt. Der Widerstand gegen die Obergurtquerbiegung nimmt mit steigender Steifigkeit von Beton und Profilblech zu und damit auch die Effizienz des mechanischen Verbundes. Es bleibt also festzuhalten, daß die Tragfähigkeit des mechanischen Verbundes von zwei Einflußparametern abhängt, der Blechdicke und dem E-Modul des Betons.

In den Bildern 6-19 und 6-20 sind die normierten Last-Verformungsdiagramme dieser Versuchsserie gleichwertigen Versuchen mit einem C12/15 [153] jeweils für kurze und lange Schublänge gegenübergestellt. In beiden Diagrammen fällt der deutliche Traglastabfall bei den Leichtbetonverbunddecken nach Erreichen der Maximallast auf. Im Gegensatz dazu ist bei den Normalbetondecken nahezu ein Fließplateau zu erkennen.

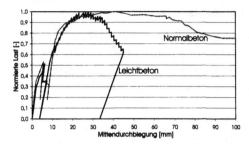

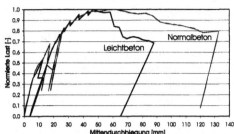

Bild 6-19 Normierte Last-Verformungsdiagramme: Vergleich zweier Verbunddecken
mit LC25/28 und C12/15 bei kurzer Schublänge

Bild 6-20 Normierte Last-Verformungsdiagramme: Vergleich zweier Verbunddecken
mit LC25/28 und C12/15 bei langer Schublänge

Dieses Phänomen läßt sich damit erklären, daß der Verlust an mechanischem Verbund bei Leichtbetonverbunddecken weniger gut durch Reibungskräfte kompensiert werden kann im Vergleich zu Decken aus Normalbeton. Mit zunehmender Verformung δy werden die Sikkenstege immer stärker an den Beton gepreßt und somit Reibungskräfte zwischen Beton und Blech aktiviert (Bilder 6-17 und 6-18), deren Größe wiederum von der Verformbarkeit des Betons abhängt und damit bei Leichtbeton entsprechend geringer ausfällt. Die Folge ist ein signifikanter Lastabfall nach dem Überschreiten der Traglast.

6.3.2   Kopfbolzendübel in Leichtbetonvollplatten

Nach EC4 [151] muß die Bemessung von Verbundkonstruktionen auf der Grundlage von Versuchen durchgeführt werden, falls Verbundmittel in Verbindung mit Beton mit einer Trockenrohdichte von $\rho \le 1{,}75$ kg/dm³ verwendet werden. Diese Beschränkung ist verständlich, wenn man sich das bereits gänzlich unterschiedliche Verformungsverhalten eines Kopfbolzendübels in Normalbetonen verschiedener Festigkeit kurz vor Erreichen der Versagenslast vor Augen hält (Bild 6-21). Auch wenn die hier vorliegende Differenz beider Beton-E-Moduln beachtlich ist, so wird doch durch den Einsatz von Leichtbeton dieses Steifigkeitsspektrum erheblich erweitert und damit eine Überprüfung der Tragfähigkeit notwendig. Für den Verbund von Stahlprofil und Beton werden heutzutage fast ausschließlich Kopfbolzendübel verwendet. Die experimentelle Bestimmung ihrer Tragfähigkeit erfolgt üblicherweise anhand von Push-out-Versuchen.

$f_{ck,cube} = 18$ N/mm² $max\,F = 158$ kN $f_{ck,cube} = 95$ N/mm² $max\,F = 320$ kN

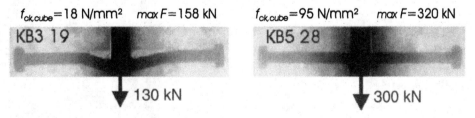

Bild 6-21 Radiographische Untersuchungen von KBD in Normalbeton verschiedener Festigkeit [154]

6.3.2.1 Tragfähigkeit bei vorwiegend ruhender Beanspruchung

In [112] wurde die Kurzzeittragfähigkeit von Kopfbolzendübeln in Leichtbetonvollplatten anhand von drei Serien mit jeweils drei Versuchskörpern untersucht (Tabelle 6-8). Die Durchführung und Auswertung dieser Scherversuche ist im EC4 weitgehend geregelt und ist unverändert übernommen worden, insbesondere um eine Vergleichbarkeit mit anderen Untersuchungen zu gewährleisten (Bild 6-22).

Tabelle 6-8 Übersicht der Versuchskörper

		1.Serie	2.Serie	3.Serie
		LC 25/28	LC 45/50	LC 60/66
Trockenrohdichte ρ	kg/dm³	1,25	1,45	1,65
Druckfestigkeit $f_{lc,cube}$	N/mm²	30,8	51,9	67,1
E-Modul E_{lcm}	N/mm²	12700	15500	19250
Spaltzugfestigkeit $f_{lct,sp}$	N/mm²	1,8	2,1	3,1

Auf die Stahlprofilflansche sind insgesamt acht Kopfbolzendübel ($\varnothing$ 22 mm) je Prüfkörper im Bolzenschweißverfahren mit Hubzündung geschweißt worden. Die Last wurde weggesteuert auf das Stahlprofil (HEB 260) aufgebracht und über die Kopfbolzen in die Betonplatten eingeleitet. Das aus der exzentrischen Lasteinleitung resultierende Moment $M = 0,5 \cdot P \cdot e$ (siehe Bild 6-22) wird dem Kräftepaar D und Z zugewiesen, wobei die Zugkraft Z von zwei Gewindestangen aufgenommen wird, ohne die untere Dübelreihe mit einer zusätzlichen Normalkraft zu beanspruchen. Für die vier vertikalen Dübelreihen wurde jeweils ein Wegaufnehmer gewählt, mit dem der vertikale Schlupf zwischen Stahlprofil und Betonplatte auf jeder Laststufe gemessen wurde. Weitere vier Wegaufnehmer kontrollierten ein mögliches horizontales Ablösen der Betonteile von den Stahlflanschen.

Die Betonelemente wurden wie die Gurte von Verbundträgern in horizontaler Lage an zwei aufeinanderfolgenden Tagen betoniert. Die Mischungsentwürfe und Betoneigenschaften können den beiden folgenden Tabellen 6-9 und 6-10 entnommen werden. Da mit diesen

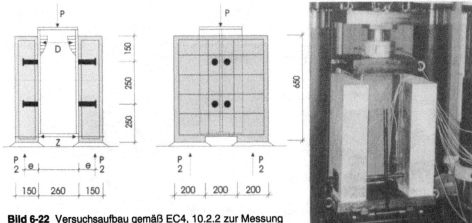

Bild 6-22 Versuchsaufbau gemäß EC4, 10.2.2 zur Messung der Tragfähigkeit von KBD in Leichtbetonvollplatten

Versuchsreihen ein unterer Grenzwert für die Tragfähigkeit der Kopfbolzendübel auf verschiedenen Betonfestigkeitsstufen gesucht wurde, fiel die Wahl in allen drei Fällen auf ALWA–Betone, die einen möglichst niedrigen E-Modul garantieren. Die Verarbeitung der Leichtzuschläge erfolgte ohne Vorsättigung. Die Versuchskörper lagerten ebenso wie die Probewürfel 14 Tage unter feuchten Tüchern und danach bis zum Prüftag an der Luft.

Tabelle 6-9 Mischungsentwürfe für die Push-out-Versuche

		LC 25/28	LC 45/50	LC 60/66
CEM I 42,5 R	kg/m³	380	400	
CEM I 52,5 R	kg/m³			470
Gesamtwasser	kg/m³	201	200	212
Blähton 4/8, ρ_{tr} = 0,92	dm³/m³	400		
Blähton 4/8, ρ_{tr} = 1,23 1 M.-% F.	dm³/m³		370	
Blähton 4/8, ρ_{tr} = 1,75 0,2 M.-% F.	dm³/m³			360
Leichtsand 0/2, ρ_{tr} = 1,6 14 M.-% F.	dm³/m³	233		
Leichtsand 0/4, ρ_{tr} = 1,55 5 M.-% F.	dm³/m³		263	235
Silika-Staub (Feststoff)	kg/m³	35	30	40
Fließmittel FM93	kg/m³	12	12	14

Tabelle 6-10 Betoneigenschaften der Versuchskörper

		$f_{lck,cube,150}$ [N/mm²]	ρ_{hd} [kg/dm³]	ρ [kg/dm³]	E_{lc} [N/mm²]	$f_{lct,sp}$ [N/mm²]
LC 25/28	1	29,7	1,41	1,23	12942	1,86
	2	31,6	1,42	1,25	12603	1,73
	3	31,2	1,42	1,26	12595	1,91
LC 45/50	1	49,5	1,56	1,42	15763	2,03
	2	53,9	1,56	1,41	15576	2,09
	3	52,4	1,55	1,40	15172	1,92
LC 60/66	1	66,4	1,82	1,65	19537	3,16
	2	64,0	1,80	1,63	18960	3,23
	3	70,9	1,82	1,66	19250	2,78

Bild 6-23 zeigt die Last-Verschiebungskurven der drei Serien. Die Dübelkennlinien unterstreichen das – aus den Versuchen mit Normalbeton bereits bekannte – günstige mechanische Verbundverhalten sowohl im Gebrauchszustand aufgrund der großen Anfangssteifigkeit als auch im Bruchzustand durch die große Verformbarkeit der Verbundmittel bis zum Versagen – mit Ausnahme des LC 60/66 – ohne nennenswerten Abfall der Dübeltragfähigkeit. Ähnlich wie bei den Verbunddecken zeigt sich auch hier, daß trotz der großen Sprödigkeit der verwendeten Leichtbetone in Verbindung mit den Kopfbolzendübeln ein sehr duktiles Bauteilverhalten zu beobachten ist. Alle weiteren den Last-Verformungsverlauf charakterisierenden Angaben sind in Tabelle 6-11 zusammengefaßt.

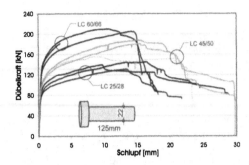

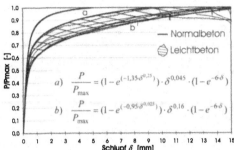

$$a) \quad \frac{P}{P_{max}} = (1 - e^{(-1,35 \cdot \delta^{0,25})}) \cdot \delta^{0,045} \cdot (1 - e^{-6\delta})$$

$$b) \quad \frac{P}{P_{max}} = (1 - e^{(-0,95 \cdot \delta^{0,025})}) \cdot \delta^{0,16} \cdot (1 - e^{-6\delta})$$

Bild 6-23 Last-Verschiebungskurve der drei Push-out-Versuchsserien

Bild 6-24 Normierte Last-Verschiebungs-kurven für Normalbeton und Leichtbeton

In Bild 6-24 sind die normierten Last-Verschiebungskurven für die getesteten Leichtbetone dargestellt sowie zum Vergleich eine typische Dübelkennlinie für einen in Normalbeton gebetteten KBD (Ø22). Für Leichtbetone werden zwei einhüllende Kurven angegeben. Auffallend ist die unterschiedliche Kurvenentwicklung von Normal- und Leichtbeton jenseits der 50-60 % Traglastgrenze. Dieses Phänomen kann man mit einem Blick auf das Tragverhalten erklären. Generell läßt sich die Last-Verschiebungskurve bei Leichtbeton wie bei Normalbeton einschließlich des abfallenden Astes in drei Bereiche unterteilen.

Tabelle 6-11 Ergebnisse der drei Push-out-Serien mit Leichtbeton

Versuchs-serie	$P_{u,ges}$ [kN]	$P_{u,Dübel}$ [kN]	P_{Rk} [kN]	P_{Rd} [kN]	Anfangs-steifig-keit [1] [kN/cm]	Zur max. Last zug. Schlupf δ [mm]	Verfor-mungsver-mögen [2] [mm]
LC 25/28-1	1164	145,5			2158	16,42	18,03
LC 25/28-2	1049,6	**131,2**	119,3	95,4	2259	13,18	14,92
LC 25/28-3	1118,4	139,8			2909	9,63	14,03
LC 45/50-1 [3]	1243,5	155,4			4571	8,64	14,62
LC 45/50-2	1448,9	**181,1**	164,6	131,7	2447	15,09	20,06
LC 45/50-3	1505,9	188,2			2295	15,02	19,53
LC 60/66-1	1640,6	**205,1**			3010	13,90	15,00
LC 60/66-2 [4]	1451,0	181,4	186,5	149,2			
LC 60/66-3	1683,1	210,4			3507	10,70	14,60

[1] Mittlere Anfangssteifigkeit = $\frac{1}{2} \cdot P_{u,Dübel} / \delta_{0,5 \cdot Pu}$

[2] Verformungsvermögen = Schlupf δ_u bei Wiedererreichen der charakteristischen Tragfähigkeit P_{Rk} (90 % der Traglast) auf dem abfallenden Ast

[3] Unzureichende Bettung (3 mm dicke Holzfaserplatte) führte zu exzentrischer Beanspruchung und zu Vertikalrissen bei einem Betonelement weit unterhalb der Traglast

[4] Bedienungsfehler

Auf Gebrauchslastniveau steigt die Last-Verschiebungskurve nahezu linear auf 50 bis 60 % der Traglast an. Der größte Anteil der Schubkraft P wird dabei über den Schweißwulst abgetragen (Lastanteil A). Durch diese Lastkonzentration am Dübelfuß stellen sich nur geringe Verformungen ein. Von daher ist es gerechtfertigt, unter Gebrauchslasten von einer starren Verdübelung zu sprechen. Das Verhalten von Normalbeton unter Gebrauchslasten unterscheidet sich davon nur marginal trotz der um bis zu etwa 50 % höheren Anfangssteifigkeit, die jedoch angesichts der geringen Verformungen bei statischer Beanspruchung von untergeordneter Bedeutung ist.

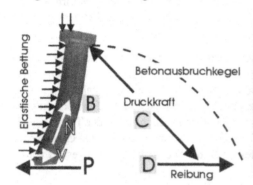

Bild 6-25 Tragverhalten von Kopfbolzendübeln in Vollplatten unter der Schubkraft P

Bild 6-26 Rißbildung beim Versuchskörper LC45/50-2

Charakteristisch für die Laststufen oberhalb des Gebrauchslastniveaus ist die signifikante, überproportionale Zunahme der Verformungen. Dieser Steifigkeitsabfall ist auf die Zerstörung des Betongefüges vor dem Dübelfuß zurückzuführen und die damit verbundene Lastumlagerung hin zum Dübelschaft. Die Folge sind Biege- und Schubverformungen in den Dübeln (Bild 6-25, Lastanteil B), deren Größe im wesentlichen von der elastischen Bettung, also dem E-Modul des Betons abhängt. Dies ist die Ursache für die unterschiedliche Kurvenentwicklung von Normal- und Leichtbeton jenseits der 50-60 % Traglastgrenze.

Aufgrund der niedrigen Bettungsziffer stellen sich im Falle des Leichtbetons erhebliche Zusatzverformungen bei nur geringen Laststeigerungen ein. Die damit einhergehende Dübelkopfverdrehung wird von dem Umgebungsbeton behindert. Der Beton zwischen Dübelkopfunterseite und Trägerflansch wird folgerichtig gestaucht und dadurch eine Druckkraft geweckt, die mit einer Zugkraft im Dübelschaft im Gleichgewicht steht (Bild 6-25, Lastanteil C). Mit zunehmenden Verformungen wachsen die aus der Geometrie des verformten Systems resultierenden Normalkräfte im Dübel an und damit auch die Druckkräfte im Beton, die ihrerseits in der Verbundfuge Reibungskräfte aktivieren (Bild 6-25, Lastanteil D).

Die Traglast wird schließlich nach dem Versagen einzelner Dübel im Schaft oberhalb des Schweißwulstes aufgrund einer kombinierten Schub-Zug-Beanspruchung erreicht. Die zugehörigen Verschiebungen in der Verbundfuge bewegten sich bei den durchgeführten Versuchen zwischen 10 und 16 mm. Damit wird das Duktilitätskriterium für Kopfbolzendübel nach EC 4, Abs. 6.1.2.(3) sicher erfüllt. Als Indiz für die Zugbeanspruchung im Dübelschaft kann die Rißbildung im Beton angeführt werden. Bild 6-26 zeigt die längs aufgeschnittene Leichtbetonplatte des Versuchs LC45/50-2. Man erkennt deutlich den für einen Dübel unter zentrischer Zugbeanspruchung typischen Ausbruchkegel auf der der Bettung abgewandten Seite.

Das Dübelverhalten nach Überschreiten der Höchstlast muß für Leichtbetone ähnlich wie für Normalbetone entsprechend der Betondruckfestigkeit differenziert betrachtet werden. Bei dem LC25/28 bzw. LC45/50 wurden durch das Versagen einzelner Kopfbolzendübel quasi stufenweise niedrigere Lastniveaus erreicht. Bei dem LC60/66 hingegen stellte sich ein mehr oder weniger steil abfallender Ast ein. Diese Beobachtung geht konform mit Erfahrungen, die in [155] bei Push-out-Versuchen mit hochfesten Normalbetonen gemacht werden konnten.

Wie eingangs bereits erwähnt, befinden sich die hier getesteten Leichtbetone außerhalb des Geltungsbereiches des EC4 T.1-4. Trotzdem wurden zur Einordnung der Versuchsergebnisse diese in Bild 6-27 den beiden Bemessungsformeln für Beton- und Stahlversagen gegenübergestellt. Demnach überschreiten die gemessenen Traglasten unter Berücksichtigung der geforderten Teilsicherheitsbeiwerte bei weitem die Bemessungswerte der Tragfähigkeit, wie sie sich bei einer Extrapolation der für Normalbeton empirisch ermittelten Gleichungen ergeben, selbst wenn dabei statt der Zylinderfestigkeit die Würfelfestigkeit angesetzt wird.

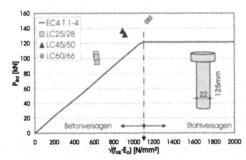
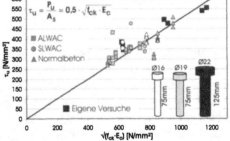

Bild 6-27 Vergleich der Versuchsergebnisse mit den Bemessungsformeln aus EC4

Bild 6-28 Vergleich der Versuchsergebnisse mit den Resultaten aus [156]

Den Push-out-Versuchen wird gemeinhin ein nicht zu unterschätzender „Institutsfaktor" unterstellt. Damit zielt man auf die verschiedenen Versuchsaufbauten und -durchführungen ab, die die Ergebnisse mehr oder weniger stark beeinflussen sollen. In Bild 6-28 wurden die eigenen Resultate einer umfangreichen Studie von *Ollgaard/Slutter/Fisher* [156] gegenübergestellt. Den gerade geäußerten Bedenken zum Trotz kann eine überraschend gute Übereinstimmung beider Forschungsarbeiten festgestellt werden. Die Farbe der einzelnen Meßpunkte kennzeichnet die einzelnen Dübelgrößen, die Form steht für die Betonart. Zur Vergleichbarkeit der Versuche mit verschiedenen Dübeldurchmessern wurden die Dübelkräfte auf die Dübelquerschnitte bezogen. In Anlehnung an viele Bemessungsgleichungen eignet sich die Beziehung zwischen der fiktiven Dübelschubspannung τ_u und der Wurzel aus dem Produkt aus Festigkeit und E-Modul des Betons. Die Ergebnisse der Gegenüberstellung in Bild 6-28 können wie folgt zusammengefaßt werden:

Die auf die Querschnittsfläche bezogene Dübeltragfähigkeit ist unabhängig von dem Dübeldurchmesser, sofern eine ausreichende Dübelhöhe von $h/d \geq 4$ eingehalten wird. Zwischen den gewählten Größen der Ordinate und Abszisse kann in guter Näherung ein linearer Zusammenhang angenommen werden. In Anlehnung an [156] wird deshalb für das Betonversagen folgende Traglastformel vorgeschlagen:

$$\tau_u = \frac{P_u}{A_s} = 0{,}5 \cdot \sqrt{f_{ck} \cdot E_c} \qquad (6.1)$$

Damit kann die bezogene Dübeltragfähigkeit allein als Funktion aus Zylinderdruckfestigkeit und E-Modul des Betons beschrieben werden. Ein weiterer Einfluß der Zuschlagsart konnte nicht festgestellt werden. Für die Versuche in [156] kamen abgesehen von den Normalbetonen drei verschiedene Blähschieferarten in Verbindung mit Natursand oder Leichtsand zum Einsatz, die ein Rohdichtespektrum von $\rho_{hd} = 1{,}43...1{,}82$ kg/dm³ bei Zylinderdruckfestigkeiten zwischen 25 und 33 N/mm² abdecken und somit eine ideale Ergänzung zur eigenen Blähtonserie darstellen. Trotz der Vielfalt dieser Betonarten scheint die Definition über das Produkt aus Festigkeit und E-Modul hinreichend genau zu sein.

Bislang wurden mit Ausnahme der LC60/66-Versuchsserie lediglich Betone moderater Druckfestigkeit berücksichtigt und quasi davon ausgegangen, daß alleine der Beton für das Versagen verantwortlich ist. Aber bereits bei den eigenen Versuchen fällt auf, daß die Werte des hochfesten Leichtbetons als einzige Serie geringfügig unterhalb der vorgeschlagenen Traglastformel liegen. Offenbar kann Gleichung 6.1 nicht ohne weiteres auf hochfeste Betone (HSC) übertragen werden. Deshalb wurden in Bild 6-29 ergänzend die Ergebnisse aus [155] mit aufgenommen, bei denen Normalbetone mit Würfelfestigkeiten zwischen 95 und 110 N/mm² und zum Vergleich ein Beton mittlerer Festigkeit zum Einsatz kamen. Auch diese Studie hat sich mit den erzielten Dübeltraglasten gut in die vorhandene Datenbasis eingefügt. Durch die Aufnahme der Versuchswerte mit hochfesten Betonen ist es nun möglich, für alle Betone mit der Beziehung $(f_{ck} \cdot E_c)^{0{,}5} = 1100$ N/mm² die Grenze zu identifizieren, die den Stahl als maßgebende Größe für das Versagen ausweist. Ein Vergleich mit Bild 6-27 zeigt, daß man mit dieser Formulierung eine nahezu hundertprozentige Übereinstimmung mit EC4 erzielt. Die mittlere Tragfähigkeit von Kopfbolzendübeln in Vollplatten kann somit für alle Betone mit folgender Gleichung abgeschätzt werden:

$$\tau_u = \frac{P_u}{A_s} = 0{,}5 \cdot \sqrt{f_{ck} \cdot E_c} \leq 550 \frac{N}{mm^2} \qquad (6.2)$$

Zur Darstellung des Sicherheitsniveaus wird in Bild 6-30 die Gl. (6.2) den Bemessungswerten aus EC4 T.1-4 gegenübergestellt. Zu diesem Zweck wurden die beiden Formeln zur Ermittlung der Grenzscherkraft P_{Rd} auf den Schaftquerschnitt bezogen, um die vom Dübeldurchmesser unabhängige Bemessungsschubspannung τ_{Rd} zu erhalten. Demnach liegt zwischen den mittleren Tragfähigkeiten und den Bemessungswerten eine Sicherheit von $\gamma = 1{,}7$.

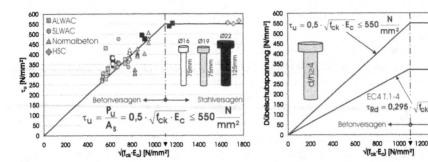

Bild 6-29 Vorschlag zur Traglastbestimmung
von Kopfbolzendübel in Vollplatten

Bild 6-30 Vergleich der mittleren Traglasten
mit dem Bemessungswerten aus EC4

Die bisherigen Ausführungen haben gezeigt, daß die Dübeltragfähigkeit nicht nur von der Festigkeit und der Steifigkeit des Betons abhängig ist, sondern daß sich überraschenderweise beide Einflüsse auch gleichwertig auf die Traglast auswirken. Maßgebend ist das Produkt aus beiden Größen. Trotzdem muß das Verformungsverhalten der KBD für die unterschiedlichen Betonarten differenziert betrachtet werden, wie die Bilder 6-21 und 6-31 belegen. Es ergibt sich aus dem Zusammenspiel der ertragbaren Pressung am Dübelfuß mit der Bettung des Schaftes.

Das erste Fließgelenk stellt sich über dem Schweißwulst ein. Bei weiterer Laststeigerung bildet sich in der Regel oberhalb davon im Schaft an der Stelle des Momentenmaximums

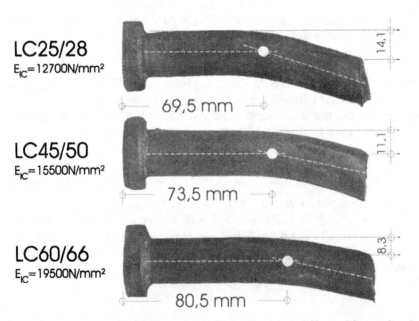

Bild 6-31 Verformung der KBD aus den drei Versuchsserien mit Kennzeichnung des oberen Fließgelenkes

ein zweites Fließgelenk. Die Höhe richtet sich nach der Größe der Bettung, wie man auch deutlich in Bild 6-31 erkennen kann. Je niedriger der E-Modul des Betons ist, desto höher stellt sich das obere Fließgelenk im Dübelschaft ein. Diese Überlegungen werden durch die in [157] vorgenommene Dübelsimulation als elastisch gebetteter Balken bestätigt.

Im Gegensatz dazu muß das Tragverhalten von KBD in hochfesten Normalbetonen gesondert betrachtet werden. In diesem Fall liegt quasi bis zum Erreichen der Maximallast lediglich eine Schubverformung vor (Bild 6-21). Der Beton kann den hohen Pressungen widerstehen, so daß der Stahl alleine für das Versagen maßgebend wird. Demnach stellt sich auch kein weiteres Fließgelenk im Dübelschaft ein, so daß die Lastanteile B bis D nahezu entfallen.

6.3.2.2 Ermüdungsverhalten

Die geringere Bettung der Kopfbolzendübel in Leichtbeton läßt vermuten, daß deren Ermüdungsverhalten unter nicht vorwiegend ruhender Belastung ungünstiger ausfällt im Vergleich zu KBD in Normalbeton. Dieser Prognose wurde in [112] anhand einer Versuchsreihe mit einem LC45/50 nachgegangen, der in diesem Festigkeitsbereich eine interessante Variante im Verbundbrückenbau darstellen kann. Die Untersuchung erfolgte in Kooperation mit dem Stahlbauinstitut der Universität Kaiserslautern. Kenntnisse zum Tragverhalten von KBD in einem Normalbeton etwa gleicher Festigkeit lagen in Kaiserslautern bereits vor [158], so daß mit dieser Testserie unter identischen Versuchsbedingungen ein unmittelbarer Vergleich möglich war. Insgesamt wurden elf Push-out-Körper mit jeweils vier KBD $\emptyset$ 22 ($f_{u,k}$ = 505 N/mm²) gemäß Bild 6-32 hergestellt. In Dauerschwingversuchen sollte damit die Wöhlerlinie für den Ermüdungsnachweis von Kopfbolzendübeln in dem untersuchten Leichtbeton experimentell ermittelt werden.

Tabelle 6-12 Mischungsentwurf und Betoneigenschaften der Versuchskörper für die Ermüdungsversuche an KBD

Mischungsentwurf		Betoneigenschaften		
	kg/m³	Frischbetondichte	1,56-1,60	kg/dm³
Zement CEM I 42,5 R	385	Trockenrohdichte	1,45-1,49	kg/dm³
Zugabewasser	201		Tage	N/mm²
Leichtsand 0/4, ρ_{tr}=1,55 15 M.-% Eigenfeuchte	425,3	Druckfestigkeit	A 28 C 28	47,2 50,9
Blähton 4/8, ρ_{tr}=1,21 7,4 M.-% Gesamtfeuchte	492	Druckfestigkeit nach E-Modul Prüfung	B 28	48,7
Silika-Staub (Feststoff)	35	Spaltzugfestigkeit	B 28	3,7
Fließmittel FM26	7,7	E-Modul	B 28	16500
Verzögerer VZ32	1,54	Lagerung nach ENV206		

A = Würfel 150 mm
B = Zylinder d/h = 100/200 mm
C = Zylinder d/h = 150/300 mm

Ähnlich den vorangegangenen Untersuchungen wurde auch hier mit einem für das gewählte Festigkeitsniveau möglichst leichten Beton ein unterer Grenzwert der Tragfähigkeit angestrebt. Deshalb fiel die Entscheidung wiederum auf einen ALWAC 45/50-1,45. Mischungsentwurf und Betoneigenschaften sind in Tabelle 6-12 angegeben. Darüber hinaus war damit auch ein Vergleich mit den Versuchen zur Kurzzeittragfähigkeit von KBD in Leichtbeton nach Abschnitt 6.3.2.1 gewährleistet.

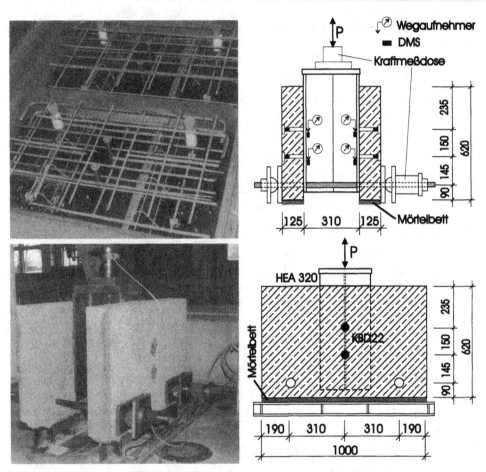

Bild 6-32 Versuchsaufbau zur Untersuchung des Ermüdungsverhaltens von KBD22 in Leichtbetonvollplatten

Die Betonage der Plattenelemente erfolgte in horizontaler Lage. Die Stahlprofile (HEA 320, $f_{u,k} = 520$ N/mm²) wurden zu diesem Zweck vorher in Längsrichtung halbiert und nach ausreichender Betonfestigkeit wieder miteinander verschweißt. Die meßtechnische Ausrüstung setzte sich gemäß Bild 6-32 aus vier Wegaufnehmern zur Schlupfmessung, einer Kraftmeßdose zur Messung der Kräfte in den seitlichen Zugstangen sowie acht Dehnungsmeßstreifen zusammen. Letztere wurden am Dübelschaft unterhalb des Kopfes zur Ermittlung der Zugbeanspruchung im Dübel und an den Innenseiten der Stahlprofilflansche unterhalb der Dübel als Rißindikatoren angeordnet. Dadurch sollte die Bildung eines Anrisses am Dübelfuß und die damit verbundene elastische Dübeleinspannung transparent gemacht werden. Die Überlegung dabei war, daß sich in diesem Fall die eingeschränkte Übertragung eines Biegemomentes durch den raschen Abbau der Stauchung an der Flanschunterseite ablesen läßt (Bild 6-36).

Die Serie umfaßt elf Einstufenversuche, die für drei verschiedene Schwingbreiten bei konstanter Dübeloberlast von $\tau_o = 180,5$ N/mm² bzw. $F_o = 70$ kN ausgelegt wurden. Dies entspricht etwa 73 % des für diesen Beton berechneten Bemessungswertes der Dübeltragfähigkeit $\tau_{Rd} \sim 246$ N/mm² (vgl. Bild 6-30).

Tabelle 6-13 Versuchsprogramm der Schwellbelastung mit Versagenslastspielzahl

Versuch	Oberlast		Schwingbreite		Schwingspiele
	F_o [kN]	τ_o [N/mm²]	ΔF [kN]	$\Delta \tau$ [N/mm²]	N
1	70	180,5	43	110,9	566.000
2	70	180,5	44	110,9	522.600
3	70	180,5	45	116,0	720.000
4	70	180,5	55	141,8	83.700
5	70	180,5	56	144,4	103.600
6	70	180,5	57	147,0	96.500
7	70	180,5	65	167,6	60.400
8	70	180,5	42	108,3	550.000
9	70	180,5	40	103,2	907.000
10	70	180,5	40	103,2	913.000
11	70	180,5	63	162,5	39.140

Die Versuche wurden statisch über den Pressenhub gesteuert (0,01 mm/sec) in Stufen bis zur Oberlast mit zwischenzeitlichen Entlastungen angefahren. Von der Mittellast ausgehend schloß sich daran das eigentliche dynamische Versuchsprogramm mit einer Frequenz von 3,0 Hz an. Nach verschiedenen Schwingspielzahlen wurde die Schwellbelastung zum Zwecke einer statischen Messung unterbrochen, um den Schlupf zwischen dem Entlastungszustand und der Oberlast zu bestimmen. Die Auswertung einer solchen Last-Schlupf-Entwicklung ist in Bild 6-33 vorgenommen worden. Sie läßt Rückschlüsse auf das Ermüdungsverhalten und den Schädigungsprozeß zu. Beide sind durchaus mit den in Normalbeton bekannten Vorgängen vergleichbar. Demnach stellen sich auch im Leichtbeton zunächst plastische Verformungen bei der Erstbelastung ein. Die daran anschließenden Schwingspiele weisen quasi linear-elastische Züge auf verbunden mit einer für lange Zeit nur unwesentlichen Schlupfzunahme (Bild 6-34). Die eigentliche Ermüdung kündigt sich in diesen Diagrammen erst kurz vor Erreichen der Versagenslastspielzahl durch den überproportionalen Anstieg des Schlupfes an, was auf die sukzessive Zerstörung des Betongefüges vor dem Dübelfuß hinweist. Gleichzeitig nimmt auch die Zugbeanspruchung im Dübelschaft sowie in den seitlichen Zugstangen gleichermaßen zu (Bild 6-35). Allerdings wird die sehr viel

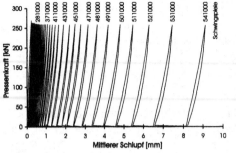

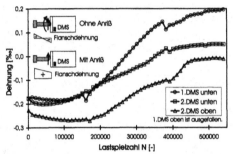

Bild 6-33 Entwicklung der Last-Schlupf-Beziehung in Versuch 8

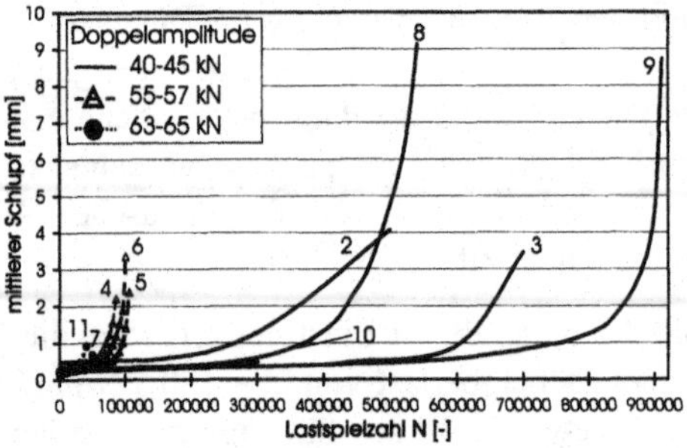

Bild 6-34 Schlupfentwicklung in den Versuchen 1 bis 11

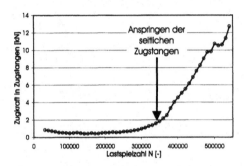

Bild 6-35 Kraftverlauf in den seitlichen Zug-stangen in Versuch 8 auf Oberlastniveau

Bild 6-36 Verlauf der Rißindikatoren in Versuch 8 auf Oberlastniveau

früher eintretende Anrißbildung erst durch die Rißindikatoren auf den Flanschinnenseiten offengelegt, wie man gut in Bild 6-36 an der Reduktion der Stauchung erkennen kann. Der kontinuierliche Rißwachstum im Dübel führt schließlich zu einem Sprödbruch des Dübels, wenn sein Restquerschnitt der statischen Beanspruchung aus der Oberlast nicht mehr gewachsen ist.

Im EC4, Teil 2 [152] wird die Wöhlerlinie für KBD in Normalbeton aus dem statischen Tragverhalten abgeleitet und wie folgt definiert:

$$\log N = \log a - m \cdot \log \Delta \tau_R = 22{,}123 - 8 \cdot \log \Delta \tau_R \qquad (6.3)$$

Gefügedichte Leichtbetone mit $\rho \geq 1{,}4$ kg/dm³ (D 1,6 bis 2,0) werden in der Form berücksichtigt, daß die Schwingbreite $\Delta \tau_R$ in dieser Gleichung durch den reduzierten Wert $\Delta \tau_{RL}$ ersetzt wird:

$$\Delta \tau_{RL} = \Delta \tau_R \cdot \frac{Rohdichteklasse\,D}{2{,}2} \qquad (6.4)$$

Der Vergleich dieses Ansatzes mit den Versuchsergebnissen in den Bildern 6-37 und 6-38 zeigt, daß dieser insbesondere durch die Abminderung aufgrund der niedrigeren Rohdichteklasse D weit auf der sicheren Seite liegt. Im Vergleich zu den Untersuchungen mit Normalbeton ist die Wöhlerlinie für KBD in Leichtbetonvollplatten etwas stärker geneigt. Offenbar ist die Beanspruchung des Dübels durch den niedrigeren E-Modul des Leichtbetons größer geworden. Die Auswertung der Versuchsserien kann Tabelle 6-14 entnommen werden.

Tabelle 6-14 Ermüdungsfestigkeitskurven von KBD22 in Normal- und Leichtbetonvollplatten bei einer Dübeloberlast von $F_o = 70$ kN im Vergleich zu verschiedenen Normen

Betongüte bzw. Normvorschlag	Wöhlerlinie der Mittelwerte [50 %-Fraktile]	Charakteristische Wöhlerlinie [5 %-Fraktile]
C 40/50 [158]	$log\,N = 26,96\text{-}9,9{\cdot}log(\Delta\tau)$	
LC 45/50	$log\,N = 19,256\text{-}6,6{\cdot}log(\Delta\tau)$	$log\,N = 18,668\text{-}6,6{\cdot}log(\Delta\tau)$
EC4, T.2 [152]		$log\,N = 22,123\text{-}8{\cdot}log(\Delta\tau_R)$
Hintergrundbericht zum EC4,T2	$log\,N = 25,34\text{-}9,2{\cdot}log(\Delta\tau)$	

Wie sich bereits bei den Versuchen mit Normalbeton herausstellte, verläuft die Wöhlerlinien im doppeltlogarithmischen Maßstab äußerst flach, d. h., daß bereits geringe Unterschiede in der Doppelamplitude sehr große Auswirkungen auf die Lebensdauer haben. Diese Aussage wird auch von Bild 6-34 gestützt, in dem die Schlupfverläufe den drei verwendeten Schwingbreiten zugeordnet sind. Es fällt auf, daß die Streuung der Versagenslastspielzahl und der gesamten Schlupfentwicklung mit abnehmender Doppelamplitude zunimmt. Dies läßt darauf schließen, daß der Schädigungsprozeß in Abhängigkeit der Schwingbreite differenziert betrachtet werden muß.

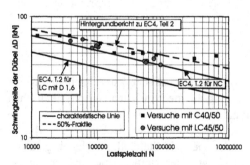
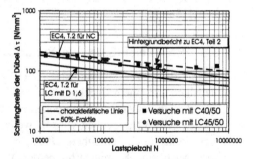

Bild 6-37 Wöhlerlinie von KBD22 bei reiner Schubbeanspruchung mit einer Oberlast von $F_o = 70$ kN

Bild 6-38 Wöhlerlinie von KBD22 bei reiner Schubbeanspruchung mit einer Oberlast von $\tau_o = 180,5$ N/mm²

Bei kleinen Schwingbreiten wird das Ermüdungsverhalten vornehmlich von dem Beton dominiert. Angesichts von Schlupfwerten von bis zu 9 mm (Bild 6-34) muß das Betongefüge vor dem Dübelfuß im hohen Maße zerstört sein, bevor ermüdungswirksame Spannungen im Kerbgrund auftreten. Der in diesem Fall maßgebende Einfluß des Betons, d. h. seiner

Widerstandsfestigkeit gegenüber Lastkonzentration sowie seiner vom Verdichtungsvorgang abhängigen Qualität in der Umgebung des Dübels, erklärt zum einen die relativ große Streubreite der Meßergebnisse. Zum anderen kann dies auch als Indiz dafür gewertet werden, daß die größten Abweichungen zwischen Leicht- und Normalbeton in der Wöhlerlinie im Bereich kleiner Schwingbreiten zu finden sind. Da die Zerstörung des Betons mit der Oberlast einher geht, ist der für Normalbeton festgestellte signifikante Einfluß der Oberlast auf die Versagensschwingspielzahl [158] sicherlich auch auf Leichtbeton übertragbar. Damit wird einerseits das Verbot eines Einschneidens der Schubkraftdeckungslinie in die Schubkraftlinie bei Verbundbauteilen unter nicht vorwiegend ruhender Belastung unterstrichen und andererseits der Frage nach der wirklichen Dübelbelastung im Bauteil eine in Zukunft höhere Bedeutung zugewiesen.

Demgegenüber wird der Versagensprozeß bei großen Schwingbreiten von dem Ermüdungsverhalten des Dübels selbst bestimmt, dessen sensible Reaktion auf die von Belastungsbeginn an wirkenden Kerbspannungen in der niedrigen Lebensdauer zum Ausdruck kommt. Die geringe Schwankung der Güte von Bolzen und Schweißwulst halten die Versuchsergebnisse in engeren Streubreiten. Die Bedeutung der Oberlast sowie des den Bolzen umgebenden Betons tritt in den Hintergrund, was durch die moderate Schlupfentwicklung in Bild 6-34 bestätigt wird. Dementsprechend unterscheidet sich die Anzahl der Versagensschwingspiele im Vergleich zu den Normalbetonversuchen in diesem Fall nur unwesentlich. Berücksichtigt man nun die Unterschiede zwischen Leicht- und Normalbeton bei kleinen Schwingbreiten, wird die größere Neigung der Wöhlerlinie für Leichtbeton ($m \sim 6{,}6$) und der stärkere Einfluß der Schwingbreite auf das Ermüdungsverhalten erklärbar.

In der Regel nahm der Ermüdungsbruch am Bolzenfuß seinen Anfang und schritt dann entweder durch den Schweißwulst oder den Schaft fort. Zum Teil konnte der Rißbeginn auch am Schweißwulst beobachtet werden mit anschließender Ausbreitung durch die Schweißlinse oder die Wärmeeinflußzone im Flansch. Weitergehende Informationen findet man in [158].

6.3.3 Holz-Leichtbeton-Verbunddecke

Die Holz-Beton-Verbundbauweise (HBV) ermöglicht das statische Zusammenwirken von Holzbalken und einem Deckenspiegel aus Beton, um die mechanischen und physikalischen Eigenschaften beider Einzelkomponenten optimal auszunutzen. Die horizontale Schubfuge zwischen beiden Materialien wird entweder über Betonzähne oder mechanische Verbundmittel, vornehmlich Schrauben, Dübel, Nägel oder spezielle Stahlteile, nachgiebig ausgebildet. Auch eine Kombination beider Varianten ist unter Berücksichtigung der unterschiedlichen Verdübelungskennlinien möglich.

Das Ergebnis ist ein schwingungsarmes Tragwerk ohne Knarren, das selbst in Altbauten modernen Anforderungen an die Geschoßdecke bezüglich Traglast und Schallschutz – insbesondere in Verbindung mit einem schwimmenden Estrich – genügen kann. Auch in Bezug auf den Feuerwiderstand ist eine wesentliche Verbesserung im Vergleich zu einer herkömmlichen Holzbalkendecke festzustellen [162]. Somit ist die Motivation von Bauherren,

Holzbalkendecken in HBV zu sanieren, in erster Linie in der Anpassung an die Standards der Gebrauchstauglichkeit und der Bauphysik zu suchen.

Der EC 5 [159] fordert für Holzbalkendecken in Wohngebäuden eine Begrenzung der Durchbiegung ($u_{fin} \leq l/200$) sowie eine ausreichende Begrenzung der Amplituden von Schwingungen aus Geh- und Laufbewegungen, die in der Regel bei einer Eigenfrequenz von $f_1 > 8$ Hz gegeben ist. In Bild 6-39 ist dieser Sachverhalt für ein typisches Deckensystem mit einem Balkenabstand $e = 85$ cm und einer Belastung $q = 5,5$ kN/m bei einem Dauerlastanteil von etwa 70 % dargestellt. Das Diagramm zeigt den Zusammenhang zwischen der Spannweite l und der notwendigen Biegesteifigkeit EI_{eff} des Biegeträgers zur Erfüllung verschiedener Gebrauchstauglichkeitsanforderungen.

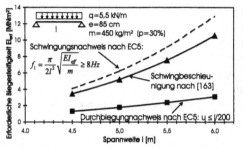

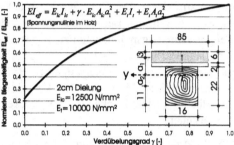

Bild 6-39 Biegesteifigkeit EI_{erf} für die Nachweise der Gebrauchstauglichkeit nach EC5 und [163] im Vergleich

Bild 6-40 Wirksame Biegesteifigkeit EI_{eff} in Abhängigkeit von dem Verdübelungsgrad γ

Demnach stellt das angestrebte Schwingungsverhalten deutlich höhere Ansprüche an die Biegesteifigkeit als die Durchbiegungsbeschränkung, selbst wenn der Schwingungsnachweis nach *Kreuzinger* [163] über die Begrenzung der Schwingbeschleunigung geführt wird. Aus Bild 6-39 ist abzuleiten, daß die Gebrauchstauglichkeit einer Holzbalkendecke durch eine Erhöhung ihrer Biegesteifigkeit verbessert werden kann. Dies läßt sich beispielsweise durch das Aufbringen einer Betonplatte erzielen. Die Effizienz dieser Maßnahme hängt ganz wesentlich von dem Verdübelungsgrad γ der Verbundfuge ab, mit dem das Steiner-Glied der Betonplatte bei der Berechnung der Gesamtbiegesteifigkeit abgemindert wird (Bild 6-40). Ein γ-Faktor von eins entspricht einem starren, unverschieblichen Verbund zwischen Holzbalken und Betonplatte, während bei $\gamma = 0$ kein Verbund vorliegt (Bild 6-46). Je steifer der Verbund zwischen den Einzelquerschnitten ausgebildet werden kann, desto höher ist die Verbundwirkung und damit auch das erreichbare Niveau der Ertüchtigung. Von daher kommt der konstruktiven Durchbildung der Schubfuge eine zentrale Bedeutung in einer HBV-Konstruktion zu.

Holzbalkendecken in alten Wohngebäuden entsprechen in statisch-konstruktiver Hinsicht überwiegend den modernen Anforderungen, wenn auch zum Teil unter Zugeständnis geringfügiger Spannungsüberschreitungen. Lediglich beim Ausbau von Dachgeschossen können aufgrund der Umnutzung Verstärkungen hinsichtlich der Tragfähigkeit erforderlich werden. Allerdings verfügen alte Holzbalkendecken nach heutigen Maßstäben über einen ungenügenden Feuerwiderstand sowie über einen mangelhaften Schallschutz. Ihre Schwingungsanfälligkeit ist häufig zu groß. Daher hat sich die Sanierung historischer Decken als weitaus größtes Einsatzgebiet für HBV-Konstruktionen erwiesen, da diese Technologie eine echte wirtschaftliche und ökologische Alternative zum Abbruch der Holzbalkendecke und dem Einbau eines neuen Deckensystems darstellt. Dabei ist es sinnvoll, die vorhandene Dielung einer Holzbalkendecke als verlorene Schalung zu nutzen. Damit werden nicht nur kurze Bauzeiten gewährleistet, sondern es wird auch der Erhalt denkmalgeschützter Unterseiten ermöglicht. In diesem Fall wird in Einschubdecken die Auffüllung nicht entfernt.

Weil bei der Altbausanierung der Nachweis der vorhandenen Konstruktion, vor allem der Gründung, für wesentliche Zusatzlasten kaum oder aber nur mit einem unverhältnismäßig hohen konstruktiven Aufwand zu führen ist, stellt der Einsatz von Leichtbeton eine interessante Variante dar. Der Gewichtsersparnis kommt besonders dann eine zentrale Bedeutung zu, wenn es gilt, den Bestandsschutz für andere Bauteile aufrecht zu erhalten und dadurch weitere Sanierungsmaßnahmen zu vermeiden. Bei Verwendung von Leichtbeton mit einer Trockenrohdichte von etwa $\rho = 1{,}25$ kg/dm³ kann die zusätzliche Last aus der Deckensanierung bei üblichem Fußbodenaufbau (z. B. Belag, 2 cm Gußasphalt, 2 cm Schüttung, 6 cm Beton) von 2,1 kN/m² auf 1,4 kN/m² reduziert werden. Diese Vorzüge von Holz-Leichtbeton-Verbunddecken (HLBV-Decken) sind den höheren Herstellungskosten gegenüberzustellen.

Für marktgängige Verbundmittel liegen mechanische Kennwerte in Verbindung mit Normalbeton vor, die eine Bemessung der HBV-Biegeträger, z. B. nach EC5 Anhang B, erlauben. Dazu gehört die Schubtragfähigkeit $R_{T,k}$ (in N) sowie der Verschiebungsmodul K (in N/mm) als Maß für die Steifigkeit der Verbundfuge. Beide Kennwerte sind die Grundlage sowohl für den Tragfähigkeitsnachweis der Verbundmittel als auch für die Spannungsnachweise von Holz und Beton. Letztere beruhen auf der Theorie des elastischen Verbundes, näherungsweise dem sogenannten γ-Verfahren, mit dem eine effektive Biegesteifigkeit des Verbundträgers gemäß [159] ermittelt werden kann (Bild 6-46). Aufgrund der besonderen Baustoffeigenschaften von Leichtbeton wurden in [112, 162] Push-out-Tests von Holzbalken mit und ohne Dielung unter Variation verschiedener Verbundmittel (Bild 6-41) mit einem Leichtbeton LC 20/22-1,25 durchgeführt.

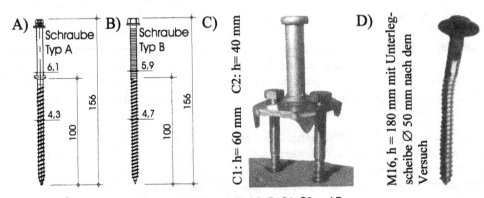

Bild 6-41 Übersicht der untersuchten Verbundmittel A, B, C1, C2 und D

Mit A und B sind speziell für den HBV entwickelte schlanke Schrauben bezeichnet, die paarweise unter einem Winkel von 45° 100 mm in den Balken eingeschraubt werden. Der übrige Schaft samt Schraubenkopf wird einbetoniert (Bild 6-41a+b). Die geneigte Anordnung der Schrauben geht auf Untersuchungen von *Küng* [160] zurück, der hierbei feststellte, daß eine primäre Belastung der Schrauben auf Zug in einer höheren Steifigkeit resultiert. Weiterhin wurden Kopfbolzendübel ∅ 12 mit Fußplatte (Bild 6-41c, Typ C) sowie Holzschrauben M16 mit angeschweißter Unterlegscheibe ∅ 50 mm unterhalb des Schraubenkopfes (Bild 6-41d, Typ D) getestet. Die Unterlegscheibe sollte dem Beton eine größere Druckfläche bieten und gleichzeitig den Ausbruchkegel vergrößern. Im folgenden wird der Begriff Verbundmittel entweder für ein Schraubenpaar (Typ A oder B), einen Kopfbolzendübel (Typ C) oder eine Holzschraube M16 (Typ D) verwendet (Bilder 6-44 a–g).

Der Aufbau der Push-out-Versuche (Bild 6-42) wurde an frühere Untersuchungen an der Eidgenössischen Material- und Prüfanstalt (EMPA) Zürich angelehnt [161]. Ein Leichtbetonkern wird hierbei zwischen zwei Holzbalken in horizontaler Lage betoniert. Je Seite werden zwei Verbundmittel angeordnet; eine 0,2 mm dicke PE-Folie schützt das Holz vor der Feuchte des Betons. Die Last wird nun gemäß DIN EN 26891 auf den Leichtbetonkern aufgebracht und seine Verschiebung gegenüber den aufgelagerten Holzbalken gemessen, um schließlich die Last-Verschiebungskurve zu erhalten (Bild 6-43). Aus diesem Diagramm wird die Schubtragfähigkeit sowie die für die Bemessung der HBV-Biegeträger maßgebende Steifigkeit der Verbundfuge ermittelt, der sogenannte Anfangsverschiebungsmodul K_{04}. Dieser ergibt sich aus dem Quotienten der Kraft bei 40 % der geschätzten Bruchlast und der zugehörigen Verschiebung v_{04}.

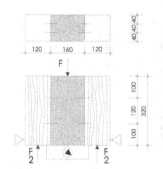  

Bild 6-42 Aufbau der Push-out-Versuche

Bild 6-43 Front- und Seitenansicht der Push-out-Versuchskörper (hier ohne Dielung)

Mit jedem Verbundmittel wurden jeweils vier Probekörper mit und ohne Dielung als Zwischenschicht hergestellt. Die Verschraubung der hierfür verwendeten 20 mm dicken Bretter auf den Balken erfolgte unter Berücksichtigung von Längsfugen, um die Übertragung von Schubkräften über die Brettlage auszuschließen. Als Vollholz wurde Fichte der Sortierklasse S 10 / MS 10 verwendet. Die Versuchskörper wurden nach dem Betonieren bis zur Prüfung nach 28 Tagen in Normalklima 20 / 26 nach ISO 554 gelagert (ca. 12 % Feuchte). Die Wahl eines extrem leichten Betons (Tabelle 6-15) sollte der Ermittlung des unteren Grenzwertes der Tragfähigkeit und Steifigkeit der Verbundmittel dienen.

Tabelle 6-15 Mischungsentwurf und Betoneigenschaften der Holz-Leichtbeton-Prüfkörper

Mischungsentwurf		Betoneigenschaften			
	kg/m³	Frischbetondichte		1,40	kg/dm³
Zement CEM I 42,5 R	380	Trockenrohdichte		1,25	kg/dm³
Zugabewasser	170			Tage	N/mm²
Leichtsand 0/4, ρ_a = 1,55 10 M.-% Eigenfeuchte	390,8	Druckfestigkeit	A	28	29,0
Blähton 4/8, ρ_a = 0,83 8 M.-% Wassersättigung	337,5	Lagerung: ENV206	C	28	22,5
		Spaltzugfestigkeit	B	28	2,8
Silika-Slurry 1:1	53,9	E-Modul	B	28	12700
Fließmittel FM26	5,7	Druckfestigkeit	B	28	26,3

A = Würfel 150 mm   B = Zylinder d/h = 100/200 mm   C = Zylinder d/h = 150/300

Tabelle 6-16 zeigt eine Zusammenstellung der Versuchsergebnisse für die Verbundmittel mit und ohne Dielung. Von besonderem Interesse sind die Kennwerte mit Zwischenschicht aufgrund der bereits angesprochenen Vorteile für den Bauablauf bei der Sanierung. Aus den Bruchlasten wurde die charakteristische Tragfähigkeit $R_{T,k}$ (5 % Fraktilwert) gemäß EC1 mit $R_{T,k} = F_{max,mittel} - 2,63 \cdot \sigma$ für Testserien mit vier Versuchen berechnet.

Tabelle 6-16 Ergebnisse der Push-out -Versuche (bezogen auf je ein Verbundelement)

Verbund-mittel		Werte	Traglast			Schlupf			Verschiebungsmodul		
			F_{est}	F_{max}	$R_{T,k}$	v_{04}	v_{06}	v_{08}	K_{04}	K_{06}	K_{08}
			kN	kN	kN	mm	mm	mm	N/mm	N/mm	N/mm
A	Ohne Dielung	Mittel	17,5	15,81	14,6	0,18	0,34	0,65	40281	29292	21495
		σ		0,45		0,03	0,08	0,23	6490	6663	7170
A	Mit Dielung	Mittel	12,5	15,05	12,7	0,33	0,65	0,99	15076	13957	12322
		σ		0,89		0,01	0,04	0,13	379	780	1432
B	Ohne Dielung	Mittel	22,5	25,35	20,8	0,27	0,51	0,74	33077	29676	26990
		σ		1,72		0,02	0,06	0,05	2665	3319	1820
B	Mit Dielung	Mittel	22,5	21,66	18,3	0,92	1,45	1,97	9933	9310	9045
		σ		1,28		0,13	0,09	0,15	1263	544	693
C_1	Ohne Dielung	Mittel	20,0	19,32	18,7	0,40	1,21	4,51	20379	10027	3815
		σ		0,22		0,05	0,12	1,43	2700	1266	1320
C_2	Mit Dielung	Mittel	15,0	17,85	13,4	0,33	0,65	0,99	20979	13947	12260
		σ		1,68		0,14	0,04	0,13	9754	936	1718
D	Mit Dielung	Mittel	12,5	12,6	9,6	0,74	1,57	7,33	6831	4969	2019
		σ		1,14		0,23	0,37	4,22	1850	1228	1716

F_{est} = geschätzte Traglast;   Indize $_{04}$ = 40 % $\cdot F_{est}$;

Indizes $_{06;\,08}$ = 60 % $\cdot F_{max}$ bzw. 80 % $\cdot F_{max}$; σ = Standardabweichung

In allen Versuchen mit Leichtbeton stellte sich ein Betonversagen ein. Dies überrascht insofern, als beispielsweise für die Schrauben Typ A und B in den bisherigen Versuchen mit Normalbeton (z. B. [161]) stets ein Versagen durch Herausziehen oder Abscheren der Schrauben beobachtet wurde. Von daher ergeben sich niedrigere Bruchlasten für die Verbundmittel im Vergleich zur Variante mit Normalbeton, bei der weitere Tragreserven geweckt werden können, bis schließlich die Schrauben abscheren bzw. herausgezogen werden. In den Bildern 6-44 a–h sind die gemessenen Last-Verschiebungs-Beziehungen zusammengestellt.

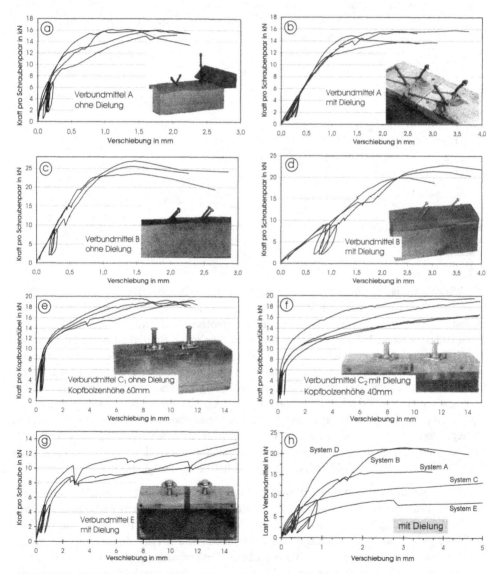

Bild 6-44 Last-Schlupf Beziehung der Verbundmittel A-D mit und ohne Dielung

Als bemessungsrelevante Kenngrößen sind in Bild 6-45 die charakteristische Tragfähigkeit $R_{T,k}$ sowie der Verschiebungsmodul K_{04} für die Systeme mit und ohne Zwischenschicht in Beziehung zueinander gesetzt. Demnach führt die Zwischenschicht entweder zu einer drastischen Reduktion der Traglast (Typ C) oder des Verschiebungsmoduls (Typ A und B). Für die Beurteilung eines Systems im Hinblick auf seine Wirtschaftlichkeit sind beide Kenngrößen gleichermaßen wichtig. Beispielsweise zieht ein Verbundmittel mit einem niedrigen Verschiebungsmodul nur eine geringe Schubkraft an (vgl. Bild 6-47a), so daß die Tragfähigkeit des Systems gegebenenfalls nicht ausgenutzt werden kann. Im Fall einer hohen Steifigkeit ist dagegen auch eine große Tragfähigkeit gefordert, da sich sonst ein sehr enger Verbundmittelabstand negativ auf die Attraktivität des Systems auswirkt. Diese Wechselwirkung gilt es bei der Bewertung der Ergebnisse zu berücksichtigen.

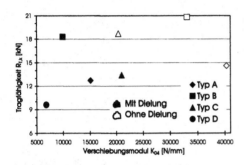

Bild 6-45 Kennwerte der untersuchten Verbundmittel Typ A-D mit und ohne Zwischenschicht

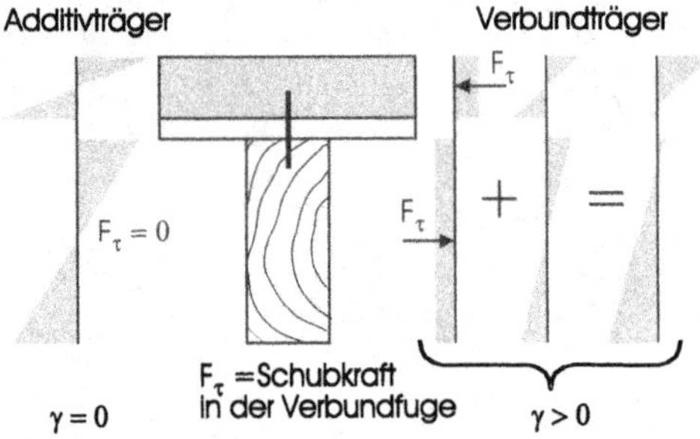

Bild 6-46 Auswirkung der Verdübelung auf die Spannungsverteilung über den Querschnitt und die Schubkräfte F_τ

Die Wirkungsweise der um 45 ° geneigt angeordneten Schrauben kommt auch in der Form ihrer Last-Verschiebungskurven zum Ausdruck, die sich deutlich von denen der anderen beiden Systeme unterscheiden. Während die Kopfbolzendübel und die senkrecht angeordneten Holzschrauben M16 die Traglast erst nach deutlichen Steifigkeitseinbußen oberhalb des Gebrauchsniveaus erreichen, kann im Fall der auf Zug beanspruchten Schraubentypen bei wesentlich höherem Beanspruchungsgrad eine noch nahezu lineare Last-Schlupf-Beziehung beobachtet werden. Diese Differenzierung ist insofern von Interesse, als im EC 5 zwischen den Verschiebungsmodulo $K_{ser} = K_{04}$ für die Gebrauchstauglichkeit und $K_u = 2/3 \cdot K_{ser}$ für den Tragfähigkeitsnachweis des Verbundträgers unterschieden wird. Die vorliegenden Ergebnisse der Push-out-Versuche widersprechen allerdings einem für alle Verbundmittel gleichermaßen gültigen Zusammenhang. Sinnvoller wäre es deshalb, auch den Verschiebungsmodul bei Erreichen der Maximallast im Test zu bestimmen.

Aus den experimentell ermittelten Kennwerten K_{04} und $R_{T,d}$ kann bei Vorgabe eines Deckensystems und einer Belastung für ein bestimmtes Verbundsystem der maximale Verbundmittelabstand s_{max} berechnet werden, bei dem die Schubkräfte im Bereich der größten Querkraft gerade noch aufgenommen werden können (Bild 6-47a). Zu diesem Wert gehört der Mindestverdübelungsgrad γ_{min}. Eine größere Verbundwirkung läßt sich durch engere Abstände erzielen, wobei in diesem Fall die Biegesteifigkeit des Verbundquerschnitts er-

höht, die Tragkapazität der Verbundmittel jedoch nicht ausgeschöpft wird. Aus dem Nomogramm in Bild 6-47 geht ferner hervor, daß mit den hier vorgestellten Verbundmitteln in
Leichtbeton und mit Dielung ein maximaler Verdübelungsgrad von etwa $\gamma \leq 0,45$ zu realisieren ist. Nach Bild 6-40 entspricht dies einer Erhöhung der wirksamen Biegesteifigkeit
um bis zu 250 %. Allerdings ist in diesen Diagrammen der Kriecheinfluß nicht berücksichtigt worden. Unter Langzeitbeanspruchung ist mit einer Abnahme der wirksamen Biegesteifigkeit bis auf etwa $EI_{eff,\infty} \sim 50 - 70\,\% \cdot EI_{eff,0}$ zu rechnen [8]. Der Verschiebungsmodul
reduziert sich auf $K_{ser,\infty}$ bzw. $K_{u,\infty}$ je nach Nachweis und Ausnutzungsgrad des Verbundmittels.

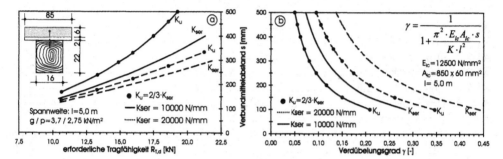

Bild 6-47 Nomogramm zur Ermittlung des Verdübelungsgrades in Abhängigkeit des Abstandes,
der Tragfähigkeit und der Steifigkeit des Verbundmittels für ein typisches Deckensystem
(ohne Kriecheinflüsse)

Bei der Sanierung einer Holzbalkendecke wird der Verbundmittelabstand somit zum einen
vom angestrebten Maß der Ertüchtigung bzw. der dafür notwendigen Biegesteifigkeit der
Verbunddecke bestimmt und zum anderen von der Steifigkeit und Tragfähigkeit der Schubfuge.

Wird die Anwendung eines Normalbetons und eines Leichtbetons gleicher Druckfestigkeit
bei einem bestimmten Deckensystem betrachtet, so müssen die Verbundmittel in einer
Holz-Leichtbeton-Verbunddecke enger gesetzt werden, um die gleiche effektive Biegesteifigkeit zu erzielen. Dies ist auf zwei Ursachen zurückzuführen. Zum einen führt der niedrigere E-Modul des Leichtbetons zu einem nachgiebigeren Verbund mit geringeren Ver-
schiebungsmoduln. Zum anderen begünstigt die geringere Zugfestigkeit das lokale
Betonversagen im Bereich der Verbundmittel und ist damit ausschlaggebend für die Einbu-
ßen in der Tragfähigkeit der Verbundfuge [162]. Hinzu kommt, daß die Normalbetonplatte
aufgrund ihres deutlich höheren E-Moduls im Vergleich zum Leichtbeton ohnehin einen
größeren Beitrag zur Biegesteifigkeit des Verbundquerschnitts leistet. Trotz dieser Abstri-
che in der Effizienz können historische Holzbalkendecken mit Leichtbeton auf dem gleichen Niveau ertüchtigt werden wie mit Normalbeton. Damit stellt die Holz-Leichtbeton-
Verbunddecke immer dann eine interessante Variante zur Verbundlösung mit Normalbeton
dar, wenn es gilt, das Konstruktionsgewicht zu minimieren.

Anhang

Inhalt

A1 Mechanische Eigenschaften der Einzelkomponenten

Konstruktiver Leichtbeton kann als ein Zweikomponentenwerkstoff betrachtet werden, bestehend aus einer Mörtelmatrix mit Leichtzuschlägen, da die Kontaktzone zwischen Matrix und Zuschlag zumeist für den Versagensprozeß nicht maßgebend wird (Abs. 3.3.2). Demzufolge eröffnet die Kenntnis der mechanischen Kennwerte beider Komponenten die Möglichkeit, die verschiedenen Eigenschaften des Verbundwerkstoffes Leichtbeton beurteilen und dessen Tragverhalten grundlegend verstehen zu können. In diesem Zusammenhang sind die nachfolgend beschriebenen Untersuchungen von Leichtzuschlägen und Matrizen zu sehen, auf deren Ergebnisse in zahlreichen Betrachtungen und Diskussionen innerhalb des Hauptteils dieses Buches zurückgegriffen wird. Dieses Wissen über die Einzelkomponenten dient somit der Abschätzung und Optimierung erreichbarer Festigkeiten, der Bereitstellung von Eingangswerten für diverse Computersimulationen sowie der Unterstützung von Mischungsentwürfen und Bemessungsvorschlägen für Leichtbetone.

A1.1 Leichtzuschläge

Die folgenden Untersuchungen bestätigen, daß die Kornrohdichte in der Regel als alleinige Größe zur Beschreibung und Abschätzung der Druck- und Zugfestigkeit sowie des E-Moduls von Leichtzuschlägen geeignet ist. Damit wird die Vorgehensweise legitimiert, allgemeingültige Bemessungsregeln für alle gefügedichten Leichtbetone unabhängig von dem verwendeten Leichtzuschlag zu formulieren. Zu diesem Zweck wird zumeist die Trockenrohdichte des Leichtbetons als Ersatzgröße für die Kornrohdichte berücksichtigt. Allerdings ist die Porenstruktur der verschiedenen Zuschläge zu beachten, die Auswirkungen auf die Herstellung und das Langzeitverhalten von Leichtbeton hat.

A1.1.1 Druckfestigkeit

Zur Bestimmung der Druckfestigkeit von Leichtzuschlägen wurden in der Vergangenheit häufig direkte Prüfmethoden am Korn in verschiedenen Varianten ausgetestet [31], die allesamt sehr breit gestreute Ergebnisse ohne befriedigende Korrelation mit der Kornfestigkeit lieferten. Deswegen sei an dieser Stelle nur kurz darauf hingewiesen. Die Prüfungen erfolgten entweder am Einzelkorn zwischen zwei planparallelen Platten in Form einer Spaltzugbeanspruchung, zum Teil in Mörtel gebettet, oder aber am Kornhaufwerk.

In den Einzelprüfungen ergibt sich die Festigkeit aus der auf den Kornquerschnitt bezogenen Bruchlast. Davon abweichend wird bei der aus Ungarn stammenden Klassiermethode auf unterschiedlichen Laststufen das Verhältnis der gebrochenen Zuschläge zur Gesamtzahl der geprüften Körner als relatives Beurteilungsmaß herangezogen. Bei den Prüfungen am Kornhaufwerk wird ein Druckzylinder mit einem bestimmten Zuschlagvolumen gefüllt, das über einen Stempel zerquetscht wird. *Hummel* hat für die Auswertung seiner Versuche die

Körnungsziffer (Kennwert für die Kornverteilung des Zuschlags) auf den sogenannten Druckzertrümmerungsgrad bezogen, den er als Differenz der Körnungsziffer vor und nach dem Versuch definiert hat.

Ohne den Umweg über die Körnungsziffer liefert das heutzutage gebräuchliche Druckzylinderverfahren einen direkten Vergleichswert für die Kornfestigkeit (crushing resistance). Als Versuchsergebnis erhält man den sogenannten Druckwert, der definiert ist als die auf die Zylinderfläche bezogene Last bei einem bestimmten Weg. Bislang existierte keine einheitliche internationale Norm für die Versuchsdurchführung, die sich im wesentlichen in der Zylinderabmessung, dem definierten Weg und in der Einfüllungsart der Zuschläge (lose oder durch Rütteln verdichtet) unterschieden, was die Vergleichbarkeit der Resultate einschränkt. Die neue europäische Zuschlagnorm [15] gibt zwei Verfahren für zwei verschiedene Anwendungsbereiche an und kennzeichnet die damit gemessenen Zuschlagkennwerte mit unterschiedlichen Indizes C_a (Verfahren nach DIN 4226, T.3 [14], jedoch mit eingerüttelten Proben für $\rho_a > 200$ kg/m³) bzw. C_b (für $\rho_a \leq 200$ kg/m³). Im folgenden werden auch die nach [14] ermittelten Druckwerte älterer Untersuchungen vereinfachend mit C_a bezeichnet, obwohl der Zylinder während des Füllvorgangs nicht, wie in [15], gerüttelt wurde, so daß die Meßwerte dadurch etwas geringer ausfallen. Für allgemeine Betrachtungen ist dies jedoch nicht von Belang.

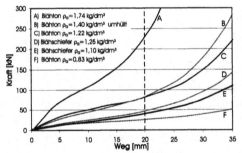

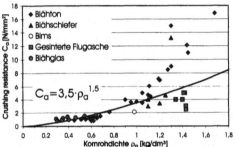

Bild A1-1 Kraft-Wegbeziehung verschiedener Leichtzuschläge im Druckzylinderversuch

Bild A1-2 Zusammenhang zwischen Kornrohdichte und Druckwert C_a aus dem Druckzylinderversuch

Bild A1-1 zeigt die Kraft-Wegbeziehung mit runden Blähton- und gebrochenen Blähschieferzuschlägen [112]. Der Druckwert C_a ist bei einer Stauchung von 20 mm abzulesen und auf die Belastungsfläche $A = 100$ cm² zu beziehen. Die Versuchsergebnisse lassen den Schluß zu, daß das Verfahren nur beschränkt zur Ermittlung der Kornfestigkeit geeignet ist. Beispielsweise unterscheiden sich Blähton C und B lediglich dadurch voneinander, daß letzterer mit einer zementgebundenen Schicht umhüllt ist (vgl. Abs. 2.5.4). Ihre Druckwerte sind quasi identisch, obwohl die Leistungsfähigkeit des Zuschlags B, wie im folgenden noch dargelegt wird, gemäß seiner größeren Kornrohdichte um etwa 25 % höher liegt im Vergleich zum Zuschlag ohne Umhüllung. Zuschlag C und D haben etwa die gleiche Kornrohdichte, doch aufgrund der unterschiedlichen Kornform ist der Druckwert beim gebrochenen Blähschiefer nur etwa halb so groß. Dieses Fazit wird auch von der in Bild A1-2 vorgenommenen Auswertung verschiedener Herstellerangaben aus [20] bestätigt. Die Korrelation zwischen Kornrohdichte und Druckwert ist unbefriedigend. Allerdings ist auch nicht zu erwarten, daß eine mittelbare Zuschlagprüfung in dieser Form die dreiaxialen Effekte im Beton hinreichend widerspiegeln kann. In der Praxis wird deshalb dieses Prüfverfahren als schnelle und einfache Methode nur zur Produktionsüberwachung und Qualitätssicherung herangezogen. Zur Bestimmung der Korndruckfestigkeit müssen jedoch andere Methoden angewendet werden.

Aus der Literatur ist wohlbekannt, daß die erreichbare Druckfestigkeit eines gefügedichten Leichtbetons von der Leistungsfähigkeit des gewählten Zuschlags bestimmt wird, die wiederum von der Kornrohdichte abhängt [38]. Der Bruchzustand der Grenzdruckfestigkeit wurde bereits von *Grübl* [37] mit Hilfe einer Matrix aus Kunstharz – wegen der hohen Zugfestigkeit – experimentell überprüft (vgl. Bilder 3-20 und 3-23a). In Abschnitt 3.4 wurde in einer Computersimulation nachgewiesen, daß die Druckfestigkeit eines Leichtzuschlags in Verbindung mit einer hochfesten Matrix und einem Kornvolumenanteil von rund 40 % der Leichtbetondruckfestigkeit entspricht (vgl. Bild 3-25: $f_a = f_{lc}$). In verschiedenen Veröffentlichungen wurden immer wieder unterschiedliche Begriffe für die Zuschlagdruckfestigkeit verwendet (z. B. Korneigenfestigkeit [17], Grenzfestigkeit [38], Grenzdruckfestigkeit [37]). Um Verwechslungen insbesondere mit der sogenannten Grenzfestigkeit, so wie sie in Abschnitt 3.4 definiert wird, vorzubeugen, wird im folgenden der Begriff „Festigkeitspotential" bzw. kurz „Potential" für die Druckfestigkeit der Leichtzuschläge verwendet.

Der hohe Stellenwert der Zuschlagpotentials kommt nicht nur bei der Umsetzung einer vorgegebenen Betonfestigkeitsklasse in einen Mischungsentwurf zum Ausdruck, sondern insbesondere auch bei der Beurteilung der Festigkeitsentwicklung und des Umlagerungsvermögens von der Matrix auf den Zuschlag im Hinblick auf Dauerstandeinflüsse. Aus diesen Gründen wäre es wünschenswert, daß die Produzenten der Leichtzuschläge diese Information dem Planer bereitstellen könnten. Voraussetzung hierfür wäre eine genormte Zuschlagprüfung im Beton, ähnlich der Methode, die in DIN 4226, Teil 3 [14] angegeben ist, allerdings mit einem niedrigeren Wasserzementwert, um das Zuschlagpotential nicht zu unterschätzen (vgl. Bild A1-4). Gegebenenfalls kann auf eine solche Prüfung verzichtet werden, wenn das Potential über die Kornrohdichte mit ausreichender Genauigkeit abgeschätzt werden kann. Dieser Überlegung wurde in einer Studie [112] mit diversen Leichtzuschlägen aus Europa als repräsentative Auswahl in Verbindung mit zwei verschiedenen Matrizen hoher Festigkeit experimentell nachgegangen. Die Untersuchung wird nachfolgend vorgestellt.

Die Vorsättigung der Zuschläge (Abs. 2.5.1) erfolgte gemäß den Herstellerangaben für den 30-minütigen Absorptionswert. Der Kornvolumenanteil wurde mit etwa 40 % konstant gehalten. Die beiden Matrizen unterschieden sich lediglich im Feinzuschlag, Natursand oder Blähtonsand. Verwendet man die Zusammenhänge aus Bild A1-34, so lassen sich Matrixdruckfestigkeiten von etwa 110 bzw. 70 N/mm² ableiten.

Bild A1-3 zeigt den Mischungsentwurf und die Darstellung der Mittelwerte der Druckfestigkeit jeweils dreier Würfeldruckprüfungen in Abhängigkeit der verwendeten Kornrohdichte. Demnach ist ein Zusammenhang zwischen der Kornrohdichte und dem Zuschlagpotential zu konstatieren. Einzelne Werte weichen von den Trendlinien etwas ab, was allerdings nicht verwundert, wenn man berücksichtigt, daß die Zuschlagangaben, soweit sie die Kornrohdichte und das Absorptionsverhalten betreffen, in einigen Fällen wegen der geringen Probemenge nicht für die jeweilige Charge selbst geprüft werden konnten, sondern statt dessen die Herstellerangaben zugrunde gelegt wurden. In anderen Fällen waren Entmischungen aufgrund großer Diskrepanz zwischen Zuschlag- und Matrixrohdichte kaum zu verhindern. Bei den Blähgläsern mit Natursand z. B. ist unter Berücksichtigung der theoretischen Betonrohdichte davon auszugehen, daß das Kornvolumen deshalb nur etwa 30 % betrug und das Potential daher leicht überschätzt wurde. Trotzdem scheint die Angabe einer Formel zur Abschätzung des Potentials von Leichtzuschlägen gerechtfertigt zu sein.

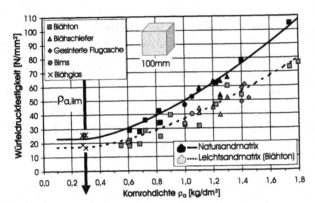

Mischungsentwurf	
Zement 52,5R	460 kg/m³
Zugabewasser	110 kg/m³
Grobzuschlag	400 dm³/m³
Sand	260 dm³/m³
Silikasuspension	16 % · z
Fließmittel	2 % · z

– eff w/b = 0,3
– Zuschlag wassergesättigt

Bild A1-3 Festigkeitspotential verschiedener Leichtzuschläge (= Würfeldruckfestigkeit des Leichtbetons) unter Berücksichtigung der Lastumlagerung (vgl. Gl. (A1.1))

Unterhalb einer gewissen Rohdichte zwischen $\rho_{a,lim}$ = 0,3–0,6 kg/dm³ bleiben die Werte der Würfeldruckprüfung nahezu konstant. Dies läßt sich damit erklären, daß die leichten Zuschläge in diesem Bereich mehr oder weniger als große Poren in einem Matrixwürfel fungieren und größtenteils von der Matrix entlastet werden. In diesem Fall kann man eigentlich nicht mehr von einer Prüfung des Zuschlagpotentials sprechen, da die Würfeldruckfestigkeit bei vorgegebenem Kornvolumen nur noch eine Funktion der Matrixdruckfestigkeit ist. Das bedeutet, daß hier das Erreichen der Zuschlagdruckfestigkeit nicht automatisch mit dem Bruch des Leichtbetonwürfels verbunden ist, sondern Umlagerungen auf die Matrix ermöglicht werden, bis schließlich das Versagen der nun quasi mit „Löchern" versehenen Matrix eintritt. Wird nun die Grenzkornrohdichte als Schwellenwert mit $\rho_{a,lim}$ = 0,3 festgelegt und für die Festigkeit an dieser Stelle die „Lochmatrixfestigkeit" $f_0(f_m)$ eingeführt, ist der in Gleichung (A1.1) angegebene Zusammenhang für die Trendlinien aus Bild A1-3 abzuleiten (ρ_a in kg/dm³).

$$f_a = f_0 \cdot (1 + 2 \cdot (\rho_a - 0,3)^{1,5}) \quad \text{für } \rho_a > 0,3 \qquad f_a = f_0 \text{ für } \rho_a \leq 0,3 \qquad (A1.1)$$

In der o.g. Studie ergaben sich für die Natursandmatrix f_0 = 23 N/mm² und die Leichtsandmatrix f_0 = 17 N/mm² und damit bei Matrixrohdichten von $\rho_{m,hd} \sim$ 2,16 bzw. 1,62 kg/dm³ ein nahezu konstantes Verhältnis $f_0/\rho_{m,hd} \sim$ 10,5. Für das Potential des Zuschlags ist nur der mit der Natursandmatrix ermittelte Wert relevant, da ein Leichtsand die Matrixfestigkeit reduziert. Dadurch ergibt sich ein niedrigerer Meßwert, der als eine für ALWAC „nutzbare" Zuschlagfestigkeit interpretiert werden kann. Wertet man Gleichung (A1.1) für verschiedene Kornrohdichten aus $(f_{lc}=f_a)$, erhält man mit den Bezugswerten f_m = 70 bzw. 110 N/mm² die in Bild A1-4 dargestellte bekannte Beziehung zwischen der Matrix- und Leichtbetondruckfestigkeit.

Ohne die Möglichkeit der Lastumlagerung auf die Matrix wird jedoch ein stetiger Verlauf ähnlich Bild A1-5 erwartet, der auch Sinn macht, da sowohl der Einfluß der höheren Druckfestigkeit der Natursandmatrix als auch das Potential mit abnehmender Kornrohdichte schließlich auf Null abklingen muß (vgl. Bild A1-4). Unter Verwendung eines einfachen linearen Ansatzes ergibt sich daraus Gleichung (A1.2), wobei für Natursand die Steigung k = 63 und für Blähtonsand k = 45 beträgt.

$$f_a = 10 + k \cdot (\rho_a - 0{,}3) \text{ in N/mm}^2 \qquad \text{für } \rho_a > 0{,}3 \text{ kg/dm}^3 \qquad (A1.2)$$

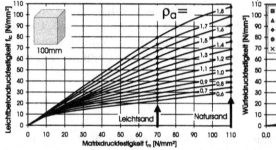

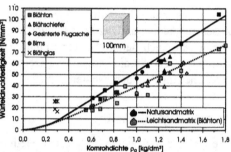

Bild A1-4 Auswertung von Gleichung (A1.1) in Abhängigkeit der Kornrohdichte ρ_a

Bild A1-5 Festigkeitspotential verschiedener Leichtzuschläge ohne Berücksichtigung der Umlagerung auf die Matrix (Gl. (A1.2))

Die Diskussion über den unteren Rohdichtebereich ist rein theoretischer Natur, da Grobzuschläge eigentlich erst mit einer Kornrohdichte von etwa ρ_a = 0,6 kg/dm³ für den Einsatz im konstruktiven Bereich relevant sind. Leichtere Zuschläge als diese können nur Anwendung in Kombination mit einer leichten Matrix zur Vorbeugung von Entmischungserscheinungen finden. Allerdings sind damit kaum Betondruckfestigkeiten über 10 N/mm² zu realisieren. Vereinbart man deshalb einen Geltungsbereich von $\rho_a \geq$ 0,6 kg/dm³ für die Gleichungen (A1.1) und (A1.2), sind die Unterschiede beider Überschlagsformeln vernachlässigbar.

Diese Zusammenhänge lassen sich nach [112] auch auf umhüllte Leichtzuschläge übertragen. Dies überrascht zunächst, da man bei Zuschlägen mit ausgeprägter Sinterhaut oder mit einer zementgebundenen Umhüllung eine festigkeitssteigernde Schalenwirkung erwartet. In [30] wird daher auch darauf hingewiesen, daß die für homogene Materialien, wie z. B. Keramik, geltende Beziehung zwischen der Druckfestigkeit und der Gesamtporosität auf den Verbundwerkstoff Leichtbeton nicht übertragen werden kann, da das Zuschlagkorn einem mehraxialen Spannungszustand unterworfen ist. Damit wird begründet, daß mit hochfesten Matrizen sehr viel höhere Druckfestigkeiten möglich sind, als man dies nach Auswertung

der Zuschlagporosität erwarten dürfte. Daraus abzuleitende Effekte, wie z. B. Potentialein-
bußen für Zuschläge ohne Sinterhaut, konnten jedoch in ausgeprägter Form bei der genannten Studie nicht festgestellt werden.

Wie bereits angedeutet wurde, wird der Einfluß der Matrix bzw. der Matrixfestigkeit auf
das Potential mit zunehmender Kornrohdichte größer, deutlich daran zu erkennen, daß die
Festigkeitswerte der Leichtbetone mit Natursand- bzw. Leichtsandmatrix immer weiter
auseinander klaffen (Bild A1-5). Aus dieser Erkenntnis heraus lassen sich erste Schlußfolgerungen im Hinblick auf einen effizienten Einsatz unterschiedlicher Matrizen ableiten.

Im ACI 213R-87 [169] ist das Festigkeitspotential des Leichtzuschlags unter dem Begriff
„strength ceiling" verankert. In der Erklärung wird zudem darauf hingewiesen, daß das
Potential für die meisten Zuschläge mit abnehmender Korngröße spürbar ansteigt. Da aufgrund des Herstellungsprozesses (vgl. Abs. 2.2) bei vielen Leichtzuschlägen die kleineren
Körner eine höhere Kornrohdichte aufweisen, läßt sich dieser Hinweis mit den hier vorgeschlagenen Beziehungen erklären.

Zusammenfassend kann man sagen, daß eine zufriedenstellende Beziehung zwischen dem
Zuschlagpotential und der Kornrohdichte zum Zwecke einer Abschätzung gefunden werden
konnte, die auch natürliche und umhüllte Zuschläge für die hier geforderte Genauigkeit
einschließt. Die Studie hat zudem gezeigt, daß eine genormte Potentialprüfung dem Planer
nützliche Angaben bereitstellen kann.

A1.1.2 Zugfestigkeit

Die bisher angewandten mittelbaren Methoden zur Zugfestigkeitsbestimmung von Leichtzuschlägen [31,32] sind ähnlich den Versuchen, die im Rahmen der Druckfestigkeitsermitt-
lung bereits vorgestellt wurden. Auch hier lassen sich die Prüfungen in Untersuchungen am
Einzelkorn und am Kornhaufwerk unterteilen. Einzelkörner wurden entweder zentrisch
gezogen [32], z. B. in Zementleim an den Lasteinleitungsbereichen eingebettet, oder in
Form von Spaltzugprüfungen am Korn selbst [31] oder an kleinen Mörtelwürfeln mit einge-
schlossenem Zuschlagkorn untersucht. Nachteilig ist bei diesen Prüfungen, daß die Auswahl einzelner Körner nicht unbedingt einem repräsentativen Querschnitt der Produktion
entspricht und im letzten Fall lediglich Vergleichswerte ermittelt werden. Vor diesem Hintergrund hat *Meyer* [31] versucht, aus den mit Hilfe von Druckzylinderversuchen ermittelten Druckwerten (hier vereinfachend mit $\underline{C_A}$ bezeichnet) die Kornzugfestigkeit zu berechnen, indem er den Spannungszustand der punktweise belasteten Zuschläge im Druckzylinder abschätzte und die Gleichung (A1.3) entwickelte.

$$f_{at} = 0,5 \cdot \sqrt[3]{10 \cdot \underline{C_A} \cdot \frac{\rho_a^2}{S^2}} \quad \text{bzw.} \quad f_{at} = 0,5 \cdot \sqrt[3]{10 \cdot \underline{C_A} \cdot \frac{\rho_a^2}{\rho_b^2}} \quad \text{in N/mm}^2 \qquad \text{(A1.3a+b)}$$

mit S = Einfüllmenge des Druckzylinders in [kg pro 1dm³] = ρ_b,
      $\underline{C_A}$ in [N/mm²], ρ_a und ρ_b in [kg/dm³]

Darüber hinaus leitet er eine Beziehung zwischen der Zug- und Druckfestigkeit von Leichtzuschlägen in der Form $f_a = 15 \cdot f_{at} - 10$ ab. Legt man Gleichung (A1.3b) die Zuschlag-

daten aus [20] zugrunde, ergibt sich der in Bild A1-6 dargestellte Zusammenhang zwischen der Kornrohdichte und der Zugfestigkeit von Leichtzuschlägen. Zwar ist der erwartete Festigkeitsanstieg mit abnehmender Porosität sichtbar, doch in Anbetracht des nahezu konstanten Festigkeitsniveaus der Zuschläge mit $\rho_a < 0,7$ kg/dm³ in Verbindung mit der vorhergehenden kritischen Bewertung des Druckzylinderversuches sind Zweifel an der Aussagekraft dieser Ergebnisse nicht unangebracht.

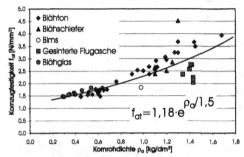

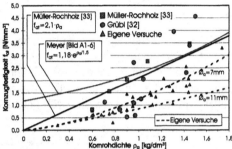

Bild A1-6 Auswertung von Gleichung (A1-3b) [31] mit den Angaben aus [20]

Bild A1-7 Verschiedene Ansätze zur Bestimmung der Zuschlagzugfestigkeit

Grübl [32] kommt deshalb auch zu dem Schluß, daß die Kornrohdichte zur Beurteilung der Zugfestigkeit von Leichtzuschlägen alleine nicht ausreicht und verweist in diesem Zusammenhang auf den großen Streubereich der Ergebnisse seiner zentrischen Zugversuche (vgl. Bild A1-7) an Einzelkörnern, die in kalottenförmige Vertiefungen an den Stirnseiten zweier Stahlzylinder geklebt wurden. Ursachen dafür sind im unterschiedlich dichten Gefüge, in Gefügestörungen sowie in Schalenbrüchen zu sehen, die in Einzelprüfungen zu Maximalwerten in der Größenordnung der dreifachen Minimalwerte führen können. Studiert man die Bruchflächen der Zuschläge näher, so wird klar, daß außer den Streuungen der Kornrohdichte noch weitere herstellungsbedingte Unregelmäßigkeiten des Materials auftreten und deshalb die beachtliche Standardabweichung nicht verwundert. Weitere Einflüsse auf die Zugfestigkeit sind in dem Feuchtegehalt, der Korngröße und der Sinterhaut zu sehen. Als Nachweis für den letzten Einfluß führt *Grübl* eigene Versuche an, mit denen er die Zugfestigkeit von Zuschlägen ohne Schale auf 85 % der Zugfestigkeit von Zuschlägen mit Schale abschätzt. Im Vergleich zu *Meyer* [31] liegen die Werte von *Grübl* für die Kornzugfestigkeit zumeist um den Faktor zwei bis drei niedriger, teilweise aber auch deutlich höher (Bild A1-7).

Müller-Rochholz [33] hat im Rahmen seiner Leichtzuschlaguntersuchungen auch die Zugfestigkeit bestimmt, indem er zwei Zuschlagkörner über ein Verbindungsstück aus einem Zweikomponentenkleber miteinander koppelte, in eine spezielle Zugvorrichtung einspannte und dann das Paar auseinander zog, um einen Kornbruch zu erzeugen. Aus seinen Versuchsergebnissen sowie unter Einbeziehung der beiden zuvor vorgestellten Studien entwickelte er schließlich einen linearen Zusammenhang zwischen Zuschlagzugfestigkeit und Kornrohdichte mit $f_{at} = 2,1 \cdot \rho_a$ (vgl. Bild A1-7 mit ρ_a in kg/dm³).

Einen anderen Weg stellt *Grübl* [37] mit einer Prüfung eines in einer Matrix eingebetteten Kornhaufwerks vor. Dabei wird ein Würfel mit 10 cm Kantenlänge aus einer Epoxidharzmatrix und einem bestimmten Zuschlagvolumen hergestellt und einer Druckprüfung unterzogen, um das Potential zu bestimmen. Mit Hilfe einer Spannungsanalyse für eine unendlich ausgedehnte Scheibe mit kreisförmigem Einschluß (vgl. Abs. 3.4) wird dann unter Berücksichtigung der E-Moduln und Querdehnungszahlen beider Komponenten die Zugfestigkeit des Zuschlags errechnet. Auch hier konnte, wie bereits bei *Meyer*, ein linearer Zusammenhang zwischen der Zug- und Druckfestigkeit des Zuschlages festgestellt werden, der sich vereinfacht mit dem Ausdruck $f_a = 16 \cdot f_{at} + 10$ beschreiben läßt.

Eine jüngere Untersuchung der Kornzugfestigkeit wird in [112] vorgestellt. Der in Bild A1-8 dargestellte Versuchsaufbau wurde in diesem Fall konzipiert, um die Einordnung neuerer Leichtzuschläge mit kugeliger Form zu ermöglichen und den Bezug zur vorangegangen Untersuchung des Zuschlagpotentials herzustellen. Jede Serie bestand aus mindestens drei Kollektivprüfungen mit jeweils zwölf pelletierten und etwa gleich großen Körnern.

 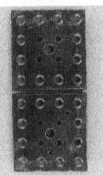 

Bild A1-8 Links: Versuchsaufbau der zentrischen Zuschlagzugversuche. Mitte: Aufsicht auf das Plattenpaar mit Bohrung. Rechts: Platte mit eingeklebtem Zuschlag nach dem Versuch [112]

Die Zuschläge wurden in die gegenüberliegenden Öffnungen zweier Stahlplatten geklebt, die über Zugstangen in einem Rahmen langsam auseinandergezogen wurden. Ein Aufbohren der Löcher gewährleistete eine kalottenförmige und damit satte Einbettung der Körner mit dem Ziel, einen Kornbruch im schmalen Zwischenraum beider Platten zu erzwingen. Wenige Versuche, bei denen einzelne Zuschlagkörner unversehrt blieben und statt dessen der Kleber versagte, fielen aus der Wertung heraus. Die Zugkräfte wurden mit einer zwischengeschalteten Kraftmeßdose aufgenommen und später auf die ausgemessenen Bruchflächen bezogen.

Die Auswertung der Versuche mit Zuschlägen des Durchmessers $\varnothing_a = 7$ bzw. 11 mm sind den Bildern A1-9 und A1-10 zu entnehmen. Demnach ist ein Zusammenhang zwischen der Kornrohdichte und der Zugfestigkeit in beiden Fällen gegeben, der darauf zurückzuführen ist, daß der Einfluß der angesprochenen Kornunregelmäßigkeiten durch die gleichzeitige Prüfung von zwölf Körnern abgeschwächt wurde. Allerdings ist aus dem gleichen Grunde auch nicht davon auszugehen, daß alle Körner gleichzeitig auf Zug versagen. Exzentrizitä-

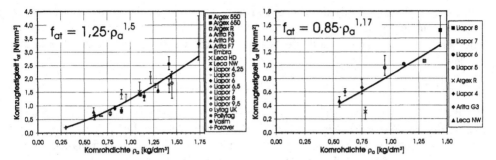

Bild A1-9 Zentrische Zugfestigkeit f_{at} von Zuschlägen mit $\varnothing_a$ =7mm

Bild A1-10 Zentrische Zugfestigkeit f_{at} von Zuschlägen mit $\varnothing_a$ =11mm

ten werden vernachlässigt. Es wird stets durch die Gesamtbruchfläche aller 12 Körner dividiert. Deshalb stellen die hier vorgestellten Beziehungen untere Grenzwerte für die Kornzugfestigkeit dar.

Die bisherige Literaturauswertung konnte zwar die Größenordnung der Kornzugfestigkeit absichern, aber aufgrund der versuchsbedingten Streuungen keinen Berechnungsvorschlag favorisieren. Dies mag daran liegen, daß entweder die Zugfestigkeit kleinerer als die der untersuchten Körner wesentlich höher liegt oder aber die Versuchsmethoden die Beanspruchungen des Zuschlags im Beton nur unzureichend widerspiegeln. Da die experimentellen Untersuchungen die wahre Kornzugfestigkeit aufgrund der vorangegangenen Überlegungen eher unterschätzen (vgl. Bild A1-11), soll diese nachfolgend in Form eines oberen Grenzwertes über die Spaltzugfestigkeit des Leichtbetons mittelbar bestimmt werden. Hintergrund des Verfahrens ist das Ergebnis der Computersimulation eines Leichtbetonwürfels unter Spaltzugbeanspruchung (vgl. Abs. 3.5), wonach die Spaltzugfestigkeit $f_{lct,sp}$ im allgemeinen maximal die kleinere Zugfestigkeit beider Komponenten $\{f_{mt}; f_{at}\}_{min}$ erreichen kann. Daher wurden in den Bildern A1-11 bis 1-12 gemessene Spaltzugfestigkeiten von Leichtbetonprüfkörpern aus verschiedenen Literaturquellen über der Kornrohdichte des verwendeten Grobzuschlags aufgetragen.

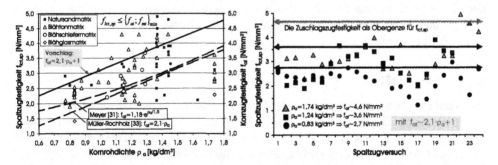

Bild A1-11 Abschätzung der Zuschlagzugfestigkeit f_{at} über Spaltzugversuche (diverse Quellen) an Leichtbetonprüfkörpern

Bild A1-12 Auswertung von Spaltzugversuchen aus [112] hinsichtlich der Zuschlagzugfestigkeit f_{at} als Obergrenze für $f_{lct,sp}$

Auf dieser Grundlage wird, ausgehend von dem Ansatz von *Müller-Rochholz*, eine um 1 N/mm² erhöhte Kornzugfestigkeit gemäß Gleichung (A1.4) vorgeschlagen. Mit dem Geltungsbereich $\rho_a > 0{,}6\ \text{kg/dm}^3$ soll die Formel auf konstruktive Leichtbetone beschränkt werden.

$$f_{at} = 2{,}1 \cdot \rho_a + 1 \qquad \text{in N/mm}^2 \qquad \text{für } \rho_a > 0{,}6\ \text{kg/dm}^3 \qquad (A1.4)$$

Mit dieser Funktion werden die bei Verwendung von hochfesten Matrizen gemessenen Spaltzugfestigkeiten von Leichtbetonen plausibel, die in diesen Fällen näherungsweise der Kornzugfestigkeit entsprechen müssen. Im Vergleich dazu liegt die Zugfestigkeit dichter Zuschläge weitaus höher (Bild A1-13), wie eine experimentelle Studie [97] unter Verwendung des in Bild A1-8 dargestellten Versuchsaufbaus zeigt.

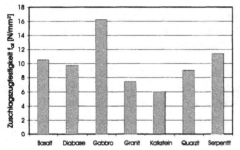

Bild A1-13 Zugfestigkeit dichter Zuschläge nach [97]

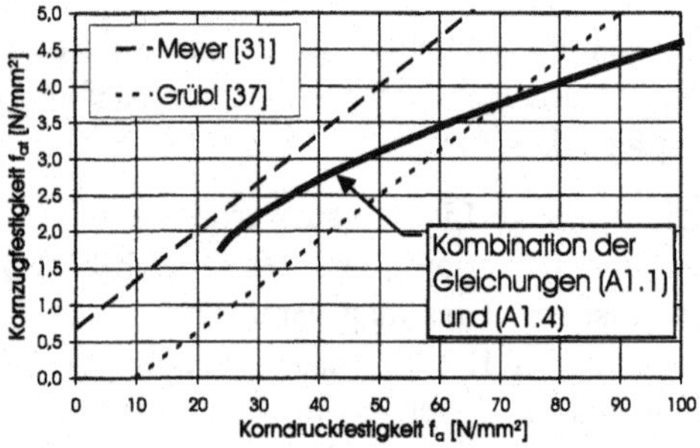

Bild A1-14 Zusammenhang zwischen Kornzugfestigkeit und Korndruckfestigkeit

Wie bereits erwähnt wurde, haben sowohl *Meyer* als auch *Grübl* eine lineare Beziehung zwischen der Kornzugfestigkeit und -druckfestigkeit festgestellt. In Bild A1-14 sind beide Verhältnisse dargestellt und zusätzlich ein Zusammenhang aufgenommen worden, wie er sich aus der Kombination der hier vorgestellten Gleichungen (A1.1) und (A1.4) ergibt. Nach dieser Beziehung nimmt die Kornzugfestigkeit nicht proportional zur Korndruckfestigkeit zu, wie dies auch für Betone im allgemeinen gilt. Im mittleren Festigkeitsbereich liegt die neue Beziehung zwischen den beiden linearen Ansätzen. Erst für hochfeste Zuschläge, die in den 70er Jahren nur eingeschränkt verfügbar waren, ist ein ausgeprägter Unterschied auszumachen.

A1.1.3 Elastizitätsmodul

Aufgrund der geringen Abmessungen der Leichtzuschläge sind nur dynamische Messungen zur Bestimmung ihres E-Moduls sinnvoll. Dieser Methode liegt zugrunde, daß das elastische Verhalten eines bestimmten Materials über seine Rohdichte und die Geschwindigkeit, mit der sich der Schall in dem vorliegenden Feststoff ausbreitet, beschrieben werden kann. Die ersten Ultraschallmessungen an Leichtzuschlägen wurden von *Schütz* durchgeführt [34]. Er untersuchte einzelne Körner mit einem Durchmesser von 12–16 mm und stellte eine Beziehung mit der Kornrohdichte her. Die Werte streuen im Mittel beträchtlich um

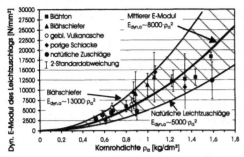 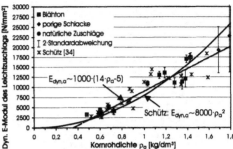

Bild A1-15 Dynamischer E-Modul verschiedener Leichtzuschläge in Abhängigkeit von der Kornrohdichte nach *Schütz* [34]

Bild A1-16 Dynamischer E-Modul verschiedener Leichtzuschläge in Abhängigkeit von der Kornrohdichte nach *Müller-Rochholz* [33]

eine Parabel zweiter Ordnung (Gl. (A1.5)). Natürliche Leichtzuschläge liegen dabei unter dem Durchschnitt, während die Blähschiefer die Obergrenze bilden (Bild A1-15).

$$E_{dyn,a} = 8000 \cdot \rho_a^2 \tag{A1.5}$$

Müller-Rochholz [33] hat später die Untersuchungen wiederholt, allerdings mit einer besseren Abstimmung der Prüffrequenzen auf den Schallweg zur Erhöhung der Meßgenauigkeit. Dadurch konnte er die Streuungen der Versuchsergebnisse deutlich reduzieren, wie ein Vergleich der Standardabweichungen beider Studien in den Bildern A1-15 und A1-16 auch bestätigt. Trotzdem ist eine gute Übereinstimmung beider Literaturquellen gegeben (Bild A1-16). Alternativ zu dem Ansatz von *Schütz* wählt *Müller-Rochholz* eine lineare Beziehung zur Kornrohdichte in der Form:

$$E_{dyn,a} = 1000 \cdot (14 \cdot \rho_a - 5) \qquad \text{bzw.} \qquad E_{dyn,a} = 1000 \cdot (27 \cdot \rho_b - 5) \tag{A1.6}$$

Aus der Schallgeschwindigkeit der Longitudinal- und Transversalwellen läßt sich auch die Querdehnzahl der Leichtzuschläge berechnen. In Bild A1-17 sind die Ergebnisse aus [33] und [34] dargestellt, die einen regellosen Punkthaufen bilden. Auffallend sind die erheblichen Abweichungen beider Untersuchungen angesichts der Mittelwerte von $v_a \sim 0{,}29$ [34] und $v_a \sim 0{,}21$ [33]. *Müller-Rochholz* begründet dies mit der schwierigen Bestimmung des dynamischen Schubmoduls $G_{dyn,a}$ bzw. der Querdehnzahl v_a, da eine objektive Ablesung der Schallaufzeit bei Transversalwellenbeanspruchung kaum möglich ist. Dieser recht hohe Unsicherheitsfaktor der Querdehnzahl wird jedoch durch deren relativ geringen Einfluß auf die innere Spannungsverteilung abgeschwächt (vgl. Abs. 3.4).

Die Steifigkeiten von dichten Zuschlägen liegen im Vergleich zu Leichtzuschlägen wesentlich höher (siehe Bild A1-18). Quarz hat einen dynamischen E-Modul von etwa $E_{dyn,a} \sim 60000$ N/mm², Kalkstein etwa $E_{dyn,a} \sim 80000$ N/mm² und beim Basalt kann er in manchen Fällen höher als $E_{dyn,a} \sim 100000$ N/mm² liegen [9]. Extrapoliert man die Formel von *Schütz* für dichte Zuschläge, ergibt sich bei Kornrohdichten von $\rho_a = 2{,}6\text{-}3{,}0$ kg/dm³ ein mittlerer dynamischer E-Modul von $E_{dyn,a} = 56200\text{-}72000$ N/mm², so daß auch dieser Be-

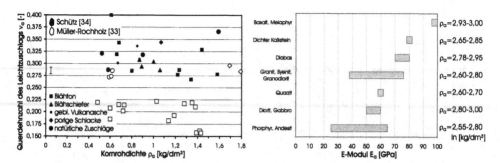

Bild A1-17 Querdehnzahl verschiedener
Leichtzuschläge in Abhängigkeit von der
Kornrohdichte

Bild A1-18 E-Modul und Kornrohdichte
verschiedener dichter Zuschläge

reich gut widergespiegelt wird. Der Ansatz von *Müller-Rochholz* eignet sich hingegen für dichte Zuschläge weniger.

Der dynamische E-Modul wird im allgemeinen höher eingeschätzt als der statische. In [33] wurden deshalb zusätzlich zu den Leichtzuschlägen die E-Moduln von Stahl und Glas dynamisch gemessen, um die Streuung aus dem Prüfverfahren besser bewerten zu können. Ein Vergleich mit den statischen Werten ergab dabei eine gute Übereinstimmung. *Grübl* [37] setzt die dynamischen E-Moduln näherungsweise den statischen Werten gleich, da es sich bei Leichtzuschlägen um spröde Materialien handelt. Aus dem gleichen Grund schlägt *Schütz* eine lineare Spannungs-Dehnungslinie für Leichtzuschläge vor (vgl. Bild 3-24) mit einem Hinweis auf diverse Literaturquellen über dichte Zuschläge.

Dennoch sind die Ultraschallmessungen äußerst aufwendig und bedürfen einer besonderen Gerätetechnik. Deshalb bietet sich eine Methode an, bei der der E-Modul des Leichtzuschlags aus dem Zuschlagvolumen sowie den leicht zu bestimmenden E-Moduln von Matrix und Leichtbeton zurück gerechnet wird. In Abschnitt 4.1.2 werden zwei Ansätze von *Hanson* [64] und *Mori-Tanaka* [35] für den E-Modul von Leichtbeton vorgestellt, die sich zur Bestimmung des E-Moduls von Leichtzuschlägen in der nachfolgenden Form umstellen lassen. Die Gleichungen (A1.7 a und b) basieren auf dem einfachen mechanischen Modell von *Hanson*.

$$E_a \le E_m : E_a = \frac{E_{lc} - V_m \cdot E_m}{V_a} \quad \text{(A1.7a)} \qquad E_a \ge E_m : E_a = \frac{V_a}{1/E_{lc} - V_m/E_m} \quad \text{(A1.7b)}$$

In [35] wird das Verfahren von *Mori-Tanaka* vorgeschlagen, das jedoch, nach dem E-Modul des Zuschlags aufgelöst, mit den beiden Parametern K_a und G_a nichtlineare Beziehungen beinhaltet. Deswegen ist in Bild A1-19 eine graphisch unterstützte Lösungsmethode ausgearbeitet worden, die mit Hilfe der Gleichungen (A1.8), (A1.9) sowie Gleichung (4.6 a–b) eine schnelle Iteration ermöglicht.

$$\text{aus Gl. (4.5b)} \quad K_a = \frac{2 \cdot G_a \cdot (2 \cdot \Delta - 1)}{1 - 3 \cdot \Delta} \quad \text{mit } \Delta = \frac{5 \cdot G_a}{6 \cdot V_a} \cdot \left(\frac{1 - V_a}{G_{lc} - G_a} - \frac{1}{G_m - G_a} \right) \quad \text{(A1.8)}$$

aus Gl. (4.5a) $\quad G_a = \dfrac{3}{4} \cdot \dfrac{V_a}{\dfrac{1-V_a}{K_{lc}-K_a} - \dfrac{1}{K_m - K_a}} - \dfrac{3}{4} \cdot K_a$ (A1.9)

In einem Vergleich der verschiedenen Ansätze soll jetzt überprüft werden, ob die indirekten Methoden zur Bestimmung der E-Moduls von Leichtzuschlägen geeignet sind und wie die Ergebnisse daraus mit den experimentellen Studien korrelieren. Zu diesem Zweck wurden bestimmte Mischungen ausgewählt, bei denen der E-Modul der Matrix aus den in Abschnitt A1.2.4 gewonnenen Erkenntnissen sicher abgeschätzt werden konnte. Kombiniert man nun Matrizen unter Verwendung verschiedener Feinzuschläge mit ein und demselben Grobzuschlag, so lassen sich auf diese Weise mehrere Vergleichswerte berechnen, die zusammen bei günstigen Verfahren ein sehr enges Intervall für den E-Modul des Leichtzuschlags abstecken. Die einzelnen Ein- und Ausgabewerte sind in Tabelle A1-1 zusammengestellt und zudem in Bild A1-20 graphisch dargestellt. Die Verbindungslinien in dem Diagramm dienen lediglich der besseren Zuordnung der Werte einer Reihe.

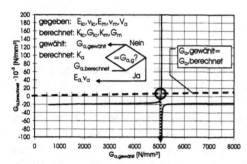

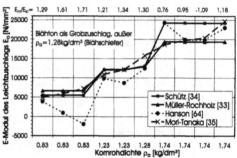

Bild A1-19 Bestimmung des E-Moduls von Leichtzuschlag unter Verwendung der Mori-Tanaka Methode [35]

Bild A1-20 Vergleich verschiedener Ansätze zur Bestimmung des E-Moduls von Leichtzuschlag (Werte aus Tabelle A1-1)

Tabelle A1-1 Vergleich verschiedener Ansätze zur Bestimmung des E-Moduls von Leichtzuschlägen

Mischung	1.5	1.1	1.4	2.1	2.4	F1	3.5	3.1	3.4	F2
LC [N/mm²]	19,9	29,1	35,2	51,0	58,9	54,9	28,1	70,6	91,8	95,0
E_{lc} [N/mm²]	7232	10882	14624	14455	18724	23000	12090	18377	23027	31400
E_m [N/mm²]	9300	17500	25000	17500	25000	30000	9200	17500	25000	37000
ρ_a [kg/dm³]	0,83	0,83	0,83	1,23	1,23	1,28	1,74	1,74	1,74	1,74
E_a [N/mm²] [1]	3858	955	-1951	9888	8699	12500	24267	19871	19875	23000
E_a [N/mm²] [2]	4903	5886	7207	10941	12162	15766	18596	19773	20370	24678
E_a [N/mm²] [3]	5511	5511	5511	12103	12103	13107	24221	24221	24221	24221
E_a [N/mm²] [4]	6620	6620	6620	12220	12220	12920	19360	19360	19360	19360

[1] Hanson (Gln. A1.7), [2] Mori-Tanaka (Bild A1-19), [3] Schütz (Bild A1-16),
[4] Müller-Rochholz (Bild A1-16)

Demnach ist eine sehr gute Übereinstimmung der Ultraschallmessungen mit den Ergebnissen unter Verwendung der *Mori-Tanaka*-Methode festzustellen. Die Zuverlässigkeit des letzten Verfahrens wird zudem von den kleinen Streuungsbereichen je Grobzuschlag unabhängig vom Steifigkeitsverhältnis im Leichtbeton unterstrichen.

Hingegen liefert der einfache Ansatz nach *Hanson* nur dann brauchbare Resultate, wenn eine elastische Kompatibilität der Komponenten im hohen Maße gegeben ist bzw. die Matrix weicher als der Zuschlag ist. Falls jedoch der E-Modul der Matrix deutlich größer ist als der des Betons, werden die Unterschiede zu den anderen Methoden erheblich. Dies ist wohl auf die Annahme der linearen Beziehung zwischen den E-Moduln von Zuschlag und Beton zurückzuführen (Gl. (4.4)), die eine exponentielle Abminderung des Verformungswiderstandes von Leichtbeton mit zunehmender Diskrepanz der Einzelsteifigkeiten nicht berücksichtigt.

Die Unterschiede der beiden experimentellen Studien sind im wesentlichen auf die Leichtzuschläge höherer Kornrohdichte beschränkt (vgl. Bild A1-16). Legt man Bild A1-20 zugrunde, muß man den Ansatz von *Schütz* (Gln. (A1.7)) in diesem Bereich als zu optimistisch einschätzen.

A1.1.4 Porensystem

Üblicherweise werden Leichtzuschläge hinsichtlich ihrer mechanischen Eigenschaften über ihre Porosität bzw. Kornrohdichte definiert, die indirekt über die Betontrockenrohdichte in viele Bemessungsformeln Eingang findet. Der Begriff der Porosität umfaßt lediglich das Volumen aller Poren. Ihre Eigenschaften wie die Größenverteilung und der Anteil an geschlossenen Poren finden jedoch bislang keine Berücksichtigung, obwohl sie sämtliche den Feuchtetransport betreffenden Vorgänge im Frisch- und Festbeton mitbestimmen. Deshalb ist grundsätzlich die Frage zu klären, ob signifikante Unterschiede zwischen Leichtzuschlägen im Hinblick auf ihre Porenstruktur festzustellen sind. Zu diesem Zweck wurde für die in Tabelle A1-2 aufgeführten Leichtzuschläge die Porosität mit verschiedenen Methoden und vor allem die Verteilung der Porendurchmesser mit Hilfe der Quecksilberporosimetrie gemessen [44].

Tabelle A1-2 Übersicht der untersuchten Leichtzuschläge einschließlich der Kornrohdichten, die vom Hersteller angegeben bzw. über zwei verschiedene Methoden ermittelt wurden

Leichtzuschlag		ρ_a [g/cm^3]	Quecksilberporosimetrie			Wasserverdrängung	
			ρ_{am} [g/cm^3]	σ [g/cm^3]		ρ_{am} [g/cm^3]	σ [g/cm^3]
Yali-Bims	Bims	1,02	1,026	0,040		1,071	0,001
Liapor 6.5	Blähton	1,21	1,198	0,008		1,157	0,002
Liapor 9.5	Blähton	1,74	1,679	0,040		1,689	0,024
Ulopor	Blähschiefer	1,30	1,261	0,020		1,353	0,021
Berwilit S	Blähschiefer	1,25	1,226	0,016		1,275	0,029
Liaver	Blähglas	0,28	0,279	0,001		0,280	0,000

ρ_a = Angabe des Herstellers; ρ_{am} = Mittelwert der Versuchsreihe; σ = Standardabweichung

Das Verfahren der Quecksilberporosimetrie wird auf Leichtzuschläge angewendet, um die Größenverteilung der offenen Poren zu ermitteln. Die Methode beruht auf dem physikalischen Phänomen, nach dem nicht benetzende Flüssigkeiten, wie z. B. Quecksilber mit einem Kontaktwinkel $\theta \sim 130° > 90°$, nicht von selbst (wie z. B. Wasser), sondern nur bei einem bestimmten Druck in poröse Materialien eindringen. Unter Annahme von zylindrischen Poren kann dieser Vorgang über die Washburn-Gleichung beschrieben werden, die von einem umgekehrt proportionalen Zusammenhang zwischen dem angelegten Druck p und dem Durchmesser D der mit Quecksilber gefüllten Pore ausgeht. In der Praxis wird eine repräsentative und bis zur Gewichtskonstanz getrocknete Zuschlagmenge von 2 bis 4 g in einem Penetrometer unter Vakuum gesetzt, danach mit Quecksilber umhüllt und unter stufenweiser Druckerhöhung jeweils das Volumen der Quecksilberintrusion gemessen (vgl. Bild A1-21). Für jede Druckstufe kann nun auf das Volumen der Poren mit entsprechendem Durchmesser geschlossen werden. Die Oberflächenspannung des Quecksilbers wird mit $\gamma = 0{,}480$ N/m über den Versuch als konstant angenommen.

Da sich Druck und Porenradien über einen Bereich von mehr als drei Zehnerpotenzen erstrecken, werden die Kurven logarithmisch aufgetragen. Durch die Ableitung der kumulativen Porengrößenverteilung ergibt sich die differenzierte Porengrößenverteilung. Die Normierung dieser Werte durch Multiplikation mit dem Porendurchmesser D steigert die Aussagekraft, da so der logarithmische Abstand der Meßpunkte Berücksichtigung findet. Das Resultat ist die Beziehung zwischen dem Porenvolumen je Gramm eingewogener Probe und dem zugehörigen Porendurchmesser.

Bild A1-21 Quecksilberporosimeter
Links: Gerät mit vier Nieder- und zwei Hochdruckkammern; Mitte: Penetrometer im Leerzustand;
Rechts: Penetrometer nach dem Versuch mit Quecksilber und Leichtzuschlag gefüllt

Die der Methode zugrunde liegenden Annahmen wie die zylindrische Porenform oder aber die konstanten Eingangsparameter θ und γ stimmen nur näherungsweise mit der Realität überein (vgl. Bild 3-8). Verfälschungen des Ergebnisses sind insbesondere aufgrund der sogenannten Flaschenhalsporen zu erwarten, bei denen ein enger Porenzugang dazu führt, daß der wahre Durchmesser entweder unterschätzt oder die Pore sogar als geschlossen angesehen wird. Von daher sind die Messungen nicht als Absolutwerte zu verstehen, sondern als Grundlage für eine vergleichende Studie.

Bild A1-22 zeigt die repräsentative Porengrößenverteilung für verschiedene Leichtzuschläge [44]. Die Anordnung der Diagramme wurde gemäß der Kornrohdichte vorgenommen.
Der Hauptporenanteil scheint mit zunehmender Kornrohdichte zu den kleineren Poren-
durchmessern zu wandern, sofern sich das Spektrum auf einen begrenzten Bereich beschränkt. Bestätigung findet diese Aussage durch den auf das Volumen bezogenen mittleren Porendurchmesser D_{mittel}. Die „offene" Porosität p_{offen} (ergibt sich aus allen offenen
Poren) ist nach dieser Versuchsmethode für fast alle Leichtzuschläge nahezu konstant, so
daß die Kornrohdichte in diesem Fall über die geschlossenen Poren gesteuert werden muß
(vgl. Bild A1-25). Der Zuschlag „ULOPOR" muß davon losgelöst betrachtet werden. Der
hohe Anteil an offenen Poren ist wahrscheinlich auf den speziellen Herstellungsprozeß
zurückzuführen, bei dem der Zuschlag erst nach dem Blähvorgang auf die gewünschten
Korngrößen gebrochen wird. Dafür spricht auch das ausgedehnte Porenspektrum, das Parallelen zu Leichtzuschlägen ohne Sinterhaut aufweist (Bild A1-23a).

Bild A1-23 demonstriert den Einfluß der Sinterhaut auf die Porengrößenverteilung. Offensichtlich werden die Unterschiede zwischen der Sinterhaut und der inneren Kornstruktur

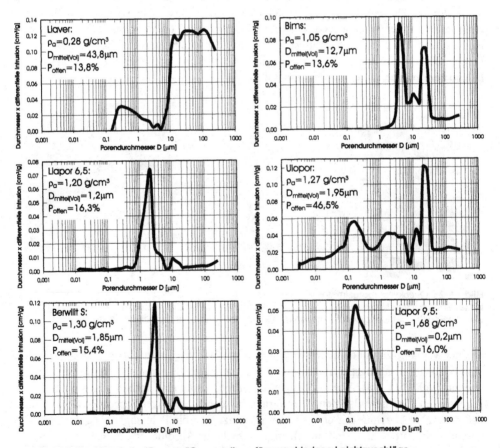

Bild A1-22 Repräsentative Porengrößenverteilung für verschiedene Leichtzuschläge

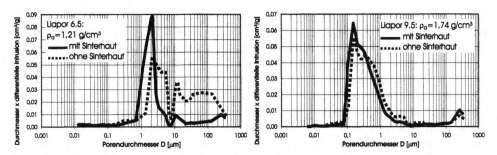

Bild A1-23 Vergleich der Porengrößenverteilung für Liapor 6.5 und 9.5 mit und ohne Sinterhaut

mit wachsender Kornrohdichte geringer und damit auch die Bedeutung der Sinterhaut für hochfeste Zuschläge hinsichtlich einer Schalenwirkung und einer reduzierten Durchlässigkeit.

Die Porengröße beeinflußt auch den Gefrierpunkt, der bei kleineren Durchmessern abnimmt. Das in Bild A1-24 dargestellte Lineal zeigt die Einteilung nach *Setzer* [51], die als Grundlage für die Porenradius-Gefrierpunkt-Beziehung dient (Abs. 4.8.3).

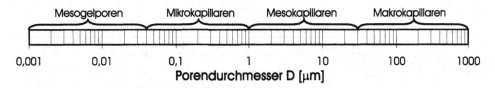

Bild A1-24 Einteilung der Porengröße nach Setzer [51]

Zur Ermittlung der Gesamtporosität muß die Reindichte $\rho_{a,sp}$ bekannt sein, die mit Hilfe der Heliumpyknometrie bestimmt werden kann. Zu diesem Zweck wird eine repräsentative Leichtzuschlagprobe pulverisiert und danach bis zur Gewichtskonstanz getrocknet. Nach der genauen Gewichtsbestimmung des Pulvers wird dieses in ein Pyknometer mit kalibriertem Volumen gegeben und anschließend das Gefäß bei konstantem Druck mit Helium gefüllt. Helium ist ein 1-atomiges Edelgas mit sehr kleinen Teilchenabmessungen und von daher bestens als Prüfgas geeignet, weil es so am wirkungsvollsten in die noch vorhandenen Strukturen eindringen kann im Gegensatz z. B. zum Stickstoff. Die gesuchte Reindichte ergibt sich schließlich aus dem Quotienten der Probenmasse und dem Pulvervolumen, das aus der Differenz von Pyknometer- und Heliumvolumen berechnet wird. Die Ergebnisse sind in Tabelle A1-3 aufgeführt. Unter den untersuchten Zuschlägen wies der Bims mit $\rho_{a,sp} = 2{,}26$ g/cm³ die niedrigste Reindichte auf, während die restlichen Werte zwischen 2,5 und 2,7 g/cm³ schwankten.

Die Quecksilberporosimetrie liefert neben der Porengrößenverteilung noch weitere Informationen. Durch die Messung des Quecksilbervolumens vor der Druckbelastung erhält man die Kornrohdichte ρ_a, die zusammen mit den Herstellerangaben und den Versuchsergebnissen aus der Wasserverdrängung hydrophobierter Leichtzuschläge in Tabelle A1-2 aufgenommen ist. Darüber hinaus wird die sogenannte scheinbare Kornrohdichte $\rho_{a,ap}$ berechnet, die sich unter Berücksichtigung des gesamten Intrusionsvolumens, also aller offenen Poren, am Ende des Versuchs ergibt. Mit diesen Angaben ist nun die offene und gesamte Porosität der Leichtzuschläge gemäß den Gleichungen (A1.10 a und b) bestimmbar. Die Differenz beider Werte entspricht der Porosität, die sich aus allen geschlossenen Poren ergibt ("geschlossene" Porosität). Alle Werte sind in Tabelle A1-3 zusammengestellt und in Bild A1-25 illustriert. Mit einer Ausnahme gehorchen die Ergebnisse einem strengen Zusammenhang. Das niedrige Intrusionsvolumen insbesondere beim Blähglas spricht dafür, daß die dünnen Zellwände bei dieser Prüfmethode trotz der hohen Drücke nicht zerstört werden.

$$p_{offen} = \left(1 - \frac{\rho_a}{\rho_{a,ap}}\right) \cdot 100 \quad \text{bzw.} \quad p_{gesamt} = \left(1 - \frac{\rho_a}{\rho_{a,sp}}\right) \cdot 100 \text{ in Vol.-\%} \qquad (A1.10a+b)$$

Tabelle A1-3 Ergebnis der Heliumpyknometrie und Auflistung der Porositäten*, wie sie sich aus der Quecksilberporosimetrie ergeben

Leichtzu-schlag	Reindichte $\rho_{a,sp}$		Offene Porosität p_{offen} Vol.-%	Geschlossene Porosität Vol.-%	Gesamt-porosität p_{gesamt} Vol.-%	Offene P./Gesamt-porosität %
	Mittel-wert [g/cm³]	Standard-abweichung [g/cm³]				
Yali-Bims	2,264	0,005	13,9	40,8	54,7	25,4
Liapor 6.5	2,686	0,009	16,3	39,1	55,4	29,4
ohne Sinterhaut: ρ_a=1,118 g/cm³			15,9	42,5	58,4	27,2
Liapor 9.5	2,500	0,002	16,8	16,1	32,9	51,1
ohne Sinterhaut: ρ_a=1,630 g/cm³			15,5	19,3	34,8	44,5
Ulopor	2,644	0,001	47,2	5,1	52,3	90,2
Berwilit S	2,493	0,019	14,7	36,1	50,8	28,9
Liaver	2,471	0,005	12,7	76,0	88,7	14,3

* Die Porositätswerte sind auf die mit der Quecksilberporosimetrie ermittelten Kornrohdichten bezogen.

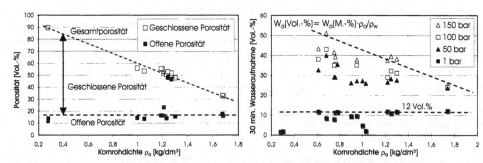

Bild A1-25 Beziehung zwischen der Kornrohdichte und der Porosität nach den Resultaten der Quecksilberporosimetrie

Bild A1-26 Wasseraufnahme verschiedener Leichtzuschläge nach 30 Minuten unter Druckbeanspruchung

Bild A1-26 zeigt die Wasseraufnahme
verschiedener Leichtzuschläge nach 30
Minuten unter Druckbeanspruchung. Es
verwundern die hohen Wasserabsorptions-
werte von 25 bis 50 Vol.-%, die weit über
den Ergebnissen mit Quecksilber liegen,
wie in der Auswertung in Bild A1-27 zu
sehen ist. Die Ursache dafür ist, daß der
Vergleich wegen der Verschiedenheit der
beiden Transportmedien nur mit großen
Einschränkungen zulässig ist. Das Queck-
silbermolekül ist etwa dreimal so groß wie
ein Wassermolekül, beide haben unterschiedliche Oberflächenspannungen und
schließlich wirken bei der Quecksilber-

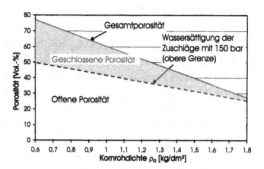

Bild A1-27 Beziehung zwischen der
Kornrohdichte und der Porosität nach den
Resultaten der Wassersättigung

porosimetrie sehr viel größere Drücke bis 400 MPa. Aus diesen Gründen führen verschie-
dene Prüfmedien zu unterschiedlichen Porositätswerten. Beispielsweise kann ein enger
Verbindungskanal zweier Poren den Weg für Quecksilber versperren, während Wasser
durch diesen Engpaß fließt. Deshalb ist die gemessene offene Porosität von dem gewählten
Prüfmedium abhängig. Quecksilber ist für diese Prüfung eher ungeeignet, da bei dessen
Verwendung der wahre Anteil der offenen Poren erheblich unterschätzt wird. Die offene
Porosität läßt sich am besten über eine Vakuumsättigung der Zuschläge mit Wasser
bestimmen, wie in [43] gezeigt wird. In dieser Studie wurde für fünf verschiedene Zuschläge (Blähtone und gesinterte Flugasche) ein etwa konstanter Anteil an geschlossenen Poren
von 4 bis 7 Vol.-% bei Kornrohdichten zwischen 1,07 und 1,54 kg/dm³ festgestellt. Diese
niedrigen Werte konnten bei der Wassersättigung mit 150 bar nicht erzielt werden (Bild
A1-27), da vermutlich die mit Luft gefüllten Poren einen höheren Sättigungsgrad verhin-
derten. Aber die Ergebnisse zeigen auch einen Trend, nach dem die auf das Volumen bezogene Wasseraufnahme mit wachsender Kornrohdichte entsprechend der Gesamtporosität
abnimmt. Damit findet die Untersuchung aus [43] hinsichtlich einer eher gleichbleibenden
geschlossenen Porosität ihre Bestätigung. Diese Aussage trifft auf viele Leichtzuschläge zu,
ist jedoch keineswegs zu verallgemeinern, wie man beispielsweise am Blähglas erkennen
kann, dessen Wasseraufnahme weit unter dem Wert liegt, der gemäß seiner Kornrohdichte
von $\rho_a \sim 0,3$ kg/dm³ zu erwarten ist.

Deswegen kann man feststellen, daß zum Teil durchaus erhebliche Unterschiede in der
Porenstruktur für das Spektrum der verfügbaren Leichtzuschläge bestehen, obwohl sich der
Porenaufbau vieler Produkte doch eher gleicht. Dennoch ist dies ein Aufgabenfeld, das in
Zukunft mehr Beachtung verdient, um die Erforschung des Langzeitverhaltens von Leicht-
beton sinnvoll zu unterstützen. Es ist durchaus denkbar, daß die teilweise konträren, das
Kriechen und Schwinden von Leichtbeton betreffenden Versuchsergebnisse auf den unbe-
rücksichtigten Einfluß der Porenstruktur des Zuschlags zurückzuführen sind (vgl. Abs. 4.5).
Es ist wünschenswert, daß vom Zuschlaghersteller Angaben nicht nur über die 30-minütige
Wasseraufnahme bereit gestellt werden, sondern auch weitergehende Informationen über
die Porenstruktur und die Wasserabsorption unter Vakuumbedingung.

A1.2 Mörtelmatrix

Mörteluntersuchungen sind sowohl mit Natursand als auch mit Leichtzuschlägen im Mauerwerksbau zu finden und dienen dort der Ermittlung des Zusammenhangs zwischen Steinfestigkeit, Mörtelfestigkeit und Wanddruckfestigkeit. Leichtmörtel ($\rho_m < 1,5$ kg/dm³) werden im Mauerwerk aufgrund ihrer wärmedämmenden Eigenschaft eingesetzt. Besondere Beachtung ist ihrem geringeren E-Modul zu schenken, der zu zusätzlichen Querzugspannungen im Stein führt. In Anbetracht der Trockenrohdichten von $\rho_m < 0,7$ kg/dm³ (LM21) bzw. $\rho_m < 1,0$ kg/dm³ (LM36) sind bei Leichtmörtel Druckfestigkeiten weit unter 20 N/mm² zu erwarten, so daß die Übertragbarkeit auf konstruktive Leichtbetone begrenzt ist. Zudem ist die Vergleichbarkeit bei Verwendung hydraulischer Kalke und gemischten Bindemitteln aufgrund ihrer geringeren Festigkeit eingeschränkt.

Im Betonbau sind Mörtelprüfungen jedoch eher unüblich. Auch *Walz* [86] hat zur Erstellung seiner Diagramme keine Mörtel, sondern eine Fülle von Betonmischungen ausgewertet und damit den Grundstein für einen zielsicheren Mischungsentwurf von Normalbetonen gelegt. Aus der Literatur sind Informationen über das Matrixverhalten mit Leichtsanden kaum zu entnehmen. Insbesondere fehlt eine kontinuierliche Parameterstudie. Diesem dringenden Forschungsbedarf sollte mit den Untersuchungen [47, 48] nachgekommen werden.

A1.2.1 Spannungs-Dehnungslinie

Vergleicht man die Spannungs-Dehnungslinie einer Leichtsandmatrix mit der einer Natursandmatrix, sind im wesentlichen drei gravierende Unterschiede zu nennen; die Völligkeit, der E-Modul sowie das Nachbruchverhalten (Bild A1-28).

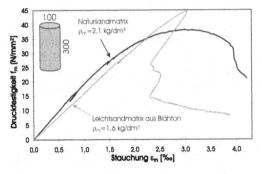
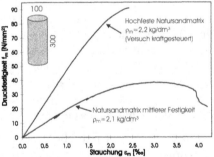
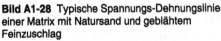

Bild A1-28 Typische Spannungs-Dehnungslinie einer Matrix mit Natursand und geblähtem Feinzuschlag

Bild A1-29 Vergleich zweier Matrizen mit Natursand auf verschiedenen Festigkeitsniveaus

Die Leichtsandmatrix wird charakterisiert durch einen nahezu linear ansteigenden Ast, einen geringeren E-Modul sowie eine hohe Sprödigkeit im Nachbruchbereich. Demgegenüber steht ein parabelförmiger Verlauf für Natursandmatrizen, verbunden mit einem nur geringen Festigkeitsabfall nach Überschreiten der Traglast. Allerdings ändert sich dies mit zunehmender Festigkeit dahingehend, daß der Plastizitätsfaktor (Bild 4-12) auf etwa $k \sim 1.2$ abnimmt bei gleichzeitiger Zunahme der Sprödigkeit (Bild A1-29). Diese Charakteristiken sollen nachfolgend mit Hilfe des Zementstein-Zuschlag-Modells (Abs. 3.3.1) näher beleuchtet werden.

Die unterschiedliche Form der σ-ε-Linien beider Matrizen auf mittlerem Festigkeitsniveau läßt sich auf die Steifigkeitsverhältnisse zwischen Zementstein und Feinzuschlag ($\varnothing_a \leq 2$ bzw. 4 mm) zurückführen (Bild 3-11). Wie in Abschnitt A1.2.4 noch näher ausgeführt wird, stellt die Leichtsandmatrix aus Blähton/-schiefer ein nahezu homogenes Material dar mit nur geringen inneren Spannungskonzentrationen, das folgerichtig zu weniger Mikrorißbildung bis zum Erreichen der Maximallast neigt. Das Ergebnis ist eine fast linear elastische Beziehung zwischen Spannung und Dehnung. Nach einsetzender Längsrißbildung (Bild A1-30), die von den porösen Zuschlägen kaum behindert werden kann, entlädt sich die elastisch gespeicherte Energie schlagartig bei Erreichen der Druckfestigkeit durch ein Abspalten bzw. Ausknicken von schollenartigen Matrixstücken. Ein explosionsartiges Versagen des reduzierten Querschnittes kann in diesem Fall nur durch ein reaktionsschnelles Entlasten gemäß der in Bild 4-18 dargestellten Versuchsteuerung vermieden werden. Dadurch entspannt sich der Probekörper wieder nahezu elastisch über die gesamte Länge, was zu dem in Bild A1-28 gezeigten „Snap-Back" Effekt bei der Leichtsandmatrix führt.

Natursand ist hingegen wesentlich steifer als Zementstein (Bild A1-52). Die Diskrepanz beider E-Moduln führt bei der Natursandmatrix zu einer frühzeitigen Mikrorißbildung, die beim Auftreffen auf Zuschlagkörner zunächst behindert wird. Dadurch entstehen Rißverästelungen und weitere Rißbildungen an anderen Stellen, bis auch dort Sandkörner deren Fortpflanzung hemmen. Mit zunehmender Pressenkraft werden mehr und mehr dieser Hindernisse überwunden und schließlich das Versagen herbeigeführt. Die sukzessive Rißbildung verringert die Steifigkeit des Probekörpers zunehmend, was in der parabelförmigen Kurvenform zum Ausdruck kommt. Durch die erzwungene Neurißbildung in unmittelbarer Nähe vorhandener Risse entstehen im Probekörper Schwachzonen oder sogenannte Bruchprozeßzonen, die zur Energiedissipation beitragen und als Gleitebene für einen Schubbruch wirken (Bild A1-30). Damit wird ein schlagartiges Versagen des Probekörpers nach Erreichen der Maximallast verhindert. Ein geringerer w/z-Wert und die damit verbundene

Bild A1-30 Typische Bruchbilder eines Zylinders aus einer Matrix mit Natursand (links) und Leichtsand (rechts)

höhere Matrixfestigkeit nähert die E-Moduln von Natursand und Zementstein an, so daß sich bei geringerer Mikrorißbildung ein eher geradliniger Kurvenverlauf einstellt (Bild A1-29).

Die Vorstellung vom „Mechanismus der behinderten bzw. unbehinderten Rißausbreitung" kann zum Verständnis des unterschiedlichen Bruchverhaltens von Matrizen mit Natursand bzw. Leichtsand beitragen. Durch dieses Modell wird auch die hohe Duktilität der Natur-sandmatrix auf der einen Seite und die große Sprödigkeit des Zementsteins und der Leicht-sandmatrix auf der anderen Seite erklärbar.

A1.2.2 Druckfestigkeit

Die Druckfestigkeit einer Matrix ist abhängig vom Wasserbindemittelwert, dem Luftporen-gehalt, der Zementgüte und dem Zementgehalt sowie der Art des Feinzuschlages. Um diese Einflußparameter zu untersuchen, wurden in [47] etwa 170 Serien bestehend aus jeweils drei Mörtelprismen unter Verwendung von sieben verschiedenen Feinzuschlägen (Tabelle A1-4) geprüft.

Tabelle A1-4 Übersicht der in der Studie verwendeten Feinzuschläge

	Feinzuschlag	Hersteller	Kornform	Korngröße		Rohdichte ρ_a [kg/dm³]		Sättigung [M.-%]	
1	Natursand	Kiesgrube	rund	0/2		2,63		0	
2	Natursand + Liapor, je 50 Vol.%			0/2	0/4	2,63	1,5	0	4,8
3	Blähschiefer	Ulopor	gebrochen	0/2	2/4	1,7	1,4	6,2	
4	Blähton	Liapor	gebrochen	0/4		1,5		4,8	
5	Blähton	Leca	rund	0/2		1,3		4,7	
6	Blähton	Embra	rund	0/4		0,79		4,6	
7	Blähglas	Liaver	rund	0,25/0,5/1/2/4		0,54-0,29		4,4	

Die Herstellung der Prismen erfolgte nach der Zementnorm DIN EN 196-1, da hierdurch in Anbetracht des geringen Gesamtvolumens sowie des automatischen Mischprogramms gleichmäßige Bedingungen gewährleistet werden konnten. Die Zuschläge wurden vor dem Mischen getrocknet. Für alle Mischungen ist durch Fließmitteleinsatz (max. 5,5 % des Ze-mentgehaltes) die Konsistenzklasse $C3$ angestrebt worden (Tabelle 2-8), die jedoch bei einigen sehr kleinen und vor allem bei sehr großen w/b-Werten nicht erzielt werden konnte. Die Prismen lagerten bis zum Festigkeitstest nach 28 Tagen in einem Wasserbecken. Vor der Biegezug- und Druckprüfung wurden sie kurz abgespült, angetrocknet, gewogen $(\rho_{m,hd})$ und vermessen.

Wie in Abschnitt 2.4.3 bereits ausgeführt wurde, ist bei der Leichtbetonherstellung die Wasseraufnahme bzw. -abgabe der porigen Leichtzuschläge im Mischungsentwurf zu be-rücksichtigen. Während für grobe Zuschläge mit einer Mindestgröße von $\varnothing_a = 4$ mm die Absorption nach DIN 1097-6 bestimmt wird, ist für Leichtsande in DIN EN 206-1 kein spezielles Verfahren vorgesehen, sondern auf die nationalen Anwendungsregeln verwiesen. In DIN 1045-2 wird hierfür das sogenannte BVK-Verfahren (Bild 2-9) vorgeschlagen, das vom Bundesverband Kraftwerksnebenprodukte ursprünglich für Kesselsande entwickelt wurde [50]. Die meisten Feinzuschläge werden als Brechsande aus Überkörnern der Stan-dardproduktion hergestellt. So entsteht ein Gemisch aus offenporigen Bruchstücken mit mehr oder weniger Abrieb, das die Trennung der Oberflächenfeuchte von der Kernfeuchte erschwert. Dies ist aber für eine vergleichende Bewertung verschiedener Leichtsande im Hinblick auf den wirksamen Wasserbindemittelwert unbedingt erforderlich.

Für den Wasseranspruch der Mörtelmischung ist die Korngrößenverteilung von großer Bedeutung. In Bild A1-31 sind zum Vergleich Sieblinien für verschiedene porige Feinzuschläge sowie den CEN-Referenzsand aus DIN EN 196-1 dargestellt, um das breite Spektrum und die Notwendigkeit einer Differenzierung von runden und gebrochenen Leichtsanden zu demonstrieren. Aufgrund des Herstellungsprozesses fehlen in der Regel bei den runden Feinzuschlägen die Kornfraktionen unter 0,5 bzw. 1 mm ganz im Gegensatz zu den bereits angesprochenen Brechsanden. Der geringe Feinsandgehalt von sogenannten „scharfen" Sanden wird häufig durch die Zugabe von Flugasche ausgeglichen. Bild A1-32 zeigt die Sieblinien der Feinzuschläge, die in den Untersuchungen Berücksichtigung fanden.

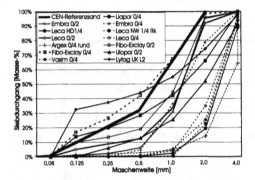 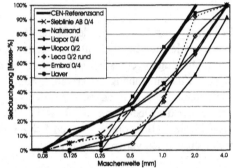

Bild A1-31 Sieblinien verschiedener Feinzuschläge im Vergleich

Bild A1-32 Sieblinien der in der Studie verwendeten Feinzuschläge

Die vom Feinzuschlag aufgesaugte Wassermenge wurde aus der gemessenen Frischmörteldichte und dem aus Konsistenz und Matrixrohdichte abgeschätzten Luftporengehalt zurückgerechnet. Die Übereinstimmung mit den Ergebnissen anderer Verfahren war zufriedenstellend. Um die Vergleichbarkeit der Festigkeiten zu gewährleisten, erfolgte dann die Bestimmung des effektiven Wasserbindemittelwertes mit einem konstanten Luftgehalt von 1,5 Vol.-% als Bezugshorizont. Im folgenden werden die Ergebnisse im einzelnen vorgestellt.

Die Bilder A1-33 und A1-34 veranschaulichen den Einfluß des Wasserbindemittelwertes auf die Druckfestigkeit unterschiedlicher Matrizen für zwei verschiedene Zementgüten. Die Ähnlichkeit der Kurvenformen mit den Diagrammen von *Walz* ist unverkennbar, wenn man einmal von den leichten Matrizen absieht, bei denen der Verlauf eher geradlinig ist. Das Festigkeitsniveau stellt sich entsprechend der jeweiligen Sandrohdichte ein. Der mit den porigen Leichtzuschlägen einhergehende Festigkeitsverlust klingt mit zunehmendem *w/b*-Wert und abnehmender Zementgüte etwas ab. Umgekehrt kann man auch davon sprechen, daß die einzelnen Zuschlagkennlinien mit abnehmender Zementsteinporosität mehr und mehr auseinander klaffen, d. h., daß der Einfluß des Feinzuschlages auf die Matrixdruckfestigkeit in diesem Fall besonders zur Geltung kommt.

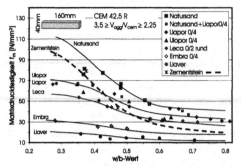
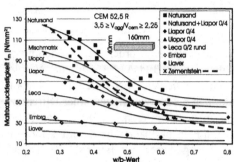
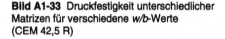

Bild A1-33 Druckfestigkeit unterschiedlicher Matrizen für verschiedene *w/b*-Werte (CEM 42,5 R)

Bild A1-34 Druckfestigkeit unterschiedlicher Matrizen für verschiedene *w/b*-Werte (CEM 52,5 R)

Erwartungsgemäß reagiert der Zementstein am sensibelsten auf eine Änderung des *w/b*-Wertes, wie man deutlich an dem steilen Kurvenverlauf in beiden Diagrammen erkennen kann. Die Zugabe eines Feinzuschlages schwächt diesen Einfluß mehr oder weniger ab. In diesem Zusammenhang sei erwähnt, daß die qualitativen Aussagen dieser Studie nur für das untersuchte Volumenverhältnis des Zuschlags zum Zementgehalt von 2,25 bis 3,5 gelten, wobei die Obergrenze der DIN EN 196-1 (Prüfverfahren für Zement) entstammt. Innerhalb dieser Bandbreite konnten Schwankungen des Zementanteils hinsichtlich der Matrixeigenschaften vernachlässigt werden.

Für jeden Leichtzuschlag läßt sich ein markanter Punkt definieren (vgl. auch Bild A1-39), bei dem die Festigkeit des Zementsteins der der jeweiligen Matrix entspricht. Hinsichtlich des Ausnutzungsgrades beider Komponenten stellt dieser charakteristische Wert eine für den Zuschlag optimale Festigkeit f_{opt} dar, weil für ein anderes als das dazugehörige *w/b*-Verhältnis die Matrixfestigkeit von der schwächeren Komponente dominiert wird. In Bild A1-35 wird außerdem gezeigt, daß die Kennlinien von *Walz* oberhalb der Zementsteinkurven liegen und sich von diesen mit zunehmendem *w/b*-Wert entfernen, was auf den Einfluß der dichten Zuschläge zurückzuführen ist.

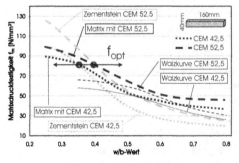
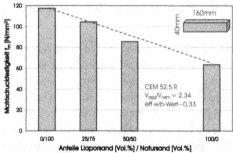

Bild A1-35 Vergleich der Matrix- und Zementsteinverläufe mit den Walzkurven

Bild A1-36 Einfluß des Volumenverhältnisses von Leicht- zu Natursand auf die Matrixdruckfestigkeit

Für die Mischmatrix als Kombination aus dichtem und porösem Feinzuschlag stellt sich die Frage, ob es ein optimiertes Verhältnis zwischen Leicht- zu Natursand gibt, das beispielsweise durch innere Nachbehandlung einen positiven Effekt auf die Matrixdruckfestigkeit ausübt. Auch wenn eine Prüfserie alleine keine repräsentative Aussage zuläßt, ist dies im untersuchten Fall zu verneinen, da der Festigkeitsverlust nahezu linear mit dem Anteil an Leichtzuschlag einhergeht (Bild A1-36). Im übrigen repräsentieren die Mischmatrizen in dieser Studie immer das Volumenverhältnis 50 % : 50 %.

In den Bildern A1-37 und A1-38 werden die vorhergehenden Zusammenhänge durch die Information der Matrixrohdichte ergänzt. In diesem Fall handelt es sich um die Matrixrohdichte, die im feuchten Zustand direkt vor der Prüfung ermittelt wurde. Der Zuschlageinfluß läßt sich auch hier an den mit abnehmendem Wassergehalt immer flacher ansteigenden Bezugsgeraden für einzelne w/b-Werte ablesen. Zudem wird aber aus dieser Darstellung ersichtlich, daß die erwähnten Effekte mit der Matrixrohdichte bzw. der Rohdichte des Feinzuschlags verbunden sind, d. h., je leichter der Zuschlag ist, desto geringer ist die Festigkeit. Der Einfluß der Zementsteinporosität auf die Matrixrohdichte ist nur schwach ausgeprägt. Sie wird weitestgehend von der Sandrohdichte, bei leichten Zuschlägen auch von dem Zementgehalt dominiert.

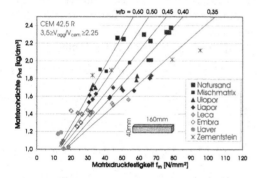 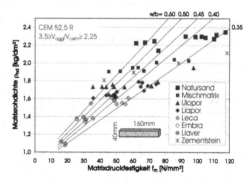

Bild A1-37 Druckfestigkeiten unterschiedlicher Matrizen für verschiedene w/b-Werte (CEM 42,5 R)

Bild A1-38 Druckfestigkeiten unterschiedlicher Matrizen für verschiedene w/b-Werte (CEM 52,5 R)

In Bild A1-39 wird die Matrix wiederum als Zweikomponentenwerkstoff betrachtet, bestehend aus Zementstein und Feinzuschlag. Die Zuschlagkennlinien sind entsprechend ihrer Rohdichte gestaffelt. Die Sterne kennzeichnen die optimale Festigkeit f_{opt} gemäß Bild A1-35. Auch hier wird deutlich, daß die schwächere von beiden Komponenten die Matrixdruckfestigkeit bestimmt. Die Wirkung einer hohen Zementsteinfestigkeit wird dabei ebenso von einem leichten Feinzuschlag kompensiert wie die Leistungsfähigkeit eines festen Korns durch einen Zementstein hoher Porigkeit. Diese Erkenntnis knüpft nahtlos an die Studie des Zuschlagpotentials an, bei der die Auswertung zwischen der Druckfestigkeit von Matrix und Zuschlag in Bild A1-4 eine vergleichbare Schlußfolgerung zuläßt.

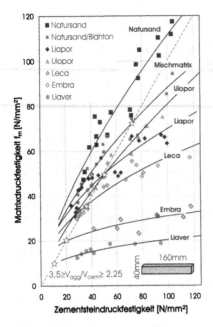

Bild A1-39 Zusammenhang zwischen Zementstein- und Matrixdruckfestigkeit

Die vorhergehenden Diagramme haben gezeigt, daß die erreichbare Druckfestigkeit einer Matrix an ihre Rohdichte gekoppelt ist. Die Konsequenz aus dieser These ist die Fragestellung nach der Effizienz verschiedener Matrizen gerade im Hinblick auf eine Optimierung des Mischungsentwurfes. Als Maß für die Leistungsfähigkeit wird in Bild A1-40 das Verhältnis von Druckfestigkeit und Rohdichte gewählt. Demnach ist mehr oder weniger eine Gleichwertigkeit der Matrizen in bezug auf ihre Effizienz gegeben. Lediglich die beiden leichtesten Zuschläge mit $\rho_a \leq 0,79$ kg/dm³ fallen in dieser Betrachtung etwas ab, da die Festigkeitseinbußen durch die Gewichtsersparnis nicht im gleichen Maße kompensiert werden können. Abgesehen von den beiden niederfesten Feinzuschlägen nimmt die Leistungsfähigkeit der Sande mit wachsender Zementsteinfestigkeit erwartungsgemäß zu, da die Matrixrohdichte von der Porosität des Zementsteins verhältnismäßig wenig beeinflußt wird ganz im Gegensatz zur Druckfestigkeit.

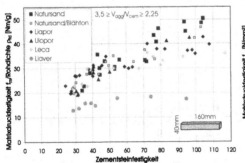

Bild A1-40 Beziehung zwischen der Zementsteinfestigkeit und der auf die Rohdichte bezogenen Druckfestigkeit unterschiedlicher Matrizen

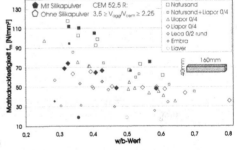

Bild A1-41 Druckfestigkeit unterschiedlicher Matrizen mit und ohne Silikastaub für verschiedene *w/b*-Werte (CEM 52,5 R)

Die Auswirkungen von Silikastaub (Abs. 2.3) auf die Druckfestigkeit nach 28 Tagen sind in Bild A1-41 dargestellt. Demzufolge läßt sich keine signifikante Steigerung durch die Zugabe dieses Zusatzstoffes ablesen. Allerdings muß man an dieser Stelle hinzufügen, daß größere Festigkeitssteigerungen eigentlich erst im späteren Betonalter, z. B. nach 56 Tagen zu erwarten sind. Unbestritten war mit der Silikazugabe eine Verbesserung der Verarbeitbarkeit verbunden in bezug auf die Verdichtungsfähigkeit, insbesondere bei der Verwendung der leichten Feinzuschläge. Gerade in diesen Fällen konnten Prismen mit sehr glatter Oberfläche und geringem Luftporengehalt hergestellt werden, so daß auf diesem Wege auch die Festigkeit anstieg.

Für ausgewählte Mischungen wurden in [112] weitere Matrixeigenschaften bestimmt, auf die im folgenden noch eingegangen wird. Die Angaben zum Mischungsentwurf sind in Tabelle A1-5 zusammengestellt. Die Zuschläge wurden im haldenfeuchten Zustand verarbeitet und gegebenenfalls ca. 30 Minuten vor Mischungsbeginn entsprechend der in [47] gewonnenen Erkenntnisse zusätzlich vorgenäßt. Nach dem Ausschalen der Prüfkörper innerhalb der ersten 48 Stunden nach Herstellung erfolgte die Wasserlagerung gemäß ENV 206 bis zur Prüfung nach 28 Tagen.

Tabelle A1-5 Mischungsentwürfe der Matrizenstudie aus [112]

Bez.	Feinzuschlag		V_{cem+sf}/V_{agg}	eff w/b-Wert	SF [M.-%·z]	ρ_m [kg/dm³]
Ma1	Natursand	0/2	1:3,52	0,50	11,1	2,02
Ma2	Blähton	0/4	1:3,50	0,43	11,1	1,45
Ma3	Natursand/Blähton	0/2;0/4	1:3,37	0,36	11,1	1,88
Ma4	Blähglas	0/4	1:3,50	0,43	11,1	0,88
Ma6	Zementstein		-	0,41	11,1	1,71
Ma7	Blähschiefer	0/4	1:3,37	0,45	11,1	1,52

Die Festigkeitsentwicklung von Leichtsandmatrizen verläuft rascher oder gleich schnell im Vergleich zu Natursandmatrizen. Maßgebend ist hier, ob die Leistungsfähigkeit des Feinzuschlags, wie z. B. beim Natursand, die Festigkeitsentwicklung des Zementsteins zum Tragen kommen läßt oder jedoch, wie beim Blähglas, frühzeitig begrenzt. Daraus läßt sich die hohe Frühfestigkeit bei der Blähglasmatrix und das Nacherhärtungspotential beim Zementstein und der Natursandmatrix ableiten (Bild A1-42).

Der Einfluß der Prüfkörperform auf die ermittelte Druckfestigkeit verschiedener Matrizen ist in Bild A1-43 dargestellt. Diese Untersuchung diente insbesondere der Einordnung der Resultate an Mörtelprismen. Die größte Abhängigkeit von der Probenform konnte im Fall

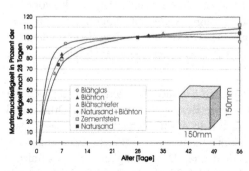

Bild A1-42 Entwicklung der Matrixdruckfestigkeit mit der Zeit

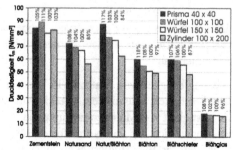

Bild A1-43 Einfluß der Prüfkörperform auf die Druckfestigkeit unterschiedlicher Matrizen

des gemischten Feinzuschlags (jeweils 50 % Natursand und Blähton) festgestellt werden. Offenbar fördert die Wahl zweier Zuschläge verschiedener Steifigkeit die Mikrorißbildung und damit die Querdehnung, so daß die Querdehnungsbehinderung aus den Lastplatten gerade bei dieser Mischung den größten Einfluß auf die Druckfestigkeit ausübt. Erwartungsgemäß konnte man die geringsten Unterschiede beim homogenen Zementstein und der Blähglasmatrix feststellen. Ihre große Sprödigkeit sorgt für ein instabiles Rißwachstum, so daß mit der Entstehung der ersten Makrorisse ein schnelles Versagen ohne die Möglichkeit einer größeren Volumen- bzw. Querdehnungszunahme durch weitere Mikrorisse vorprogrammiert ist.

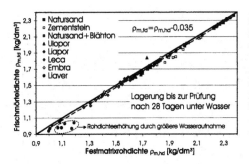

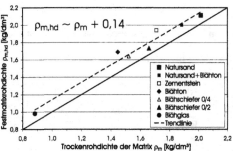

Bild A1-44 Zusammenhang der Rohdichte des Frischmörtels und der Matrix vor der Prüfung nach 28 Tagen

Bild A1-45 Zusammenhang zwischen der Fest- und Trockenrohdichte der Matrix

Als Bezugsrohdichte der Matrizen wird analog zum Leichtbeton die Trockenrohdichte ρ_m herangezogen, die nach dem Trocknungsprozeß bei 105 °C und nachgewiesener Massenkonstanz ermittelt wird. Anhaltswerte für die Umrechnung der verschiedenen Matrixrohdichten stellen die Bilder A1-44 und A1-45 zur Verfügung.

A1.2.3 Zugfestigkeit

Leichtsandmatrizen sind, ähnlich wie Leichtbetone (Abs. 4.2.1), besonders anfällig für Feuchtegradienten, die durch das Austrocknen der oberflächennahen Bereiche hervorgerufen werden. Deshalb ist bei der Durchführung der Zugversuche unbedingt Sorge zu tragen, daß durch eine Wasserlagerung der Probekörper bis kurz vor der Prüfung Eigenspannungszustände vermieden werden, da deren Einfluß auf die Zugfestigkeit erhebliche Ausmaße annehmen kann.

Die Zugfestigkeit von Matrizen ist von den gleichen Einflußparametern abhängig wie die Druckfestigkeit. Aus diesem Grunde wird eine feste Beziehung zwischen der Druck- und Zugfestigkeit von Matrizen erwartet, die sich nach Bild A1-46 auch tatsächlich ergibt. Darin spiegelt sich der von Normalbeton [49] bereits bekannte proportionale Zusammenhang zwischen der Biegezugfestigkeit einer Matrix und ihrer Druckfestigkeit hoch zweidrittel wider, d. h., die Zugfestigkeit wird nicht im gleichen Maße wie die Druckfestigkeit gestei-

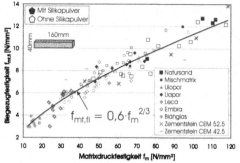

Bild A1-46 Zusammenhang zwischen Druckfestigkeit und Biegezugfestigkeit unterschiedlicher Matrizen

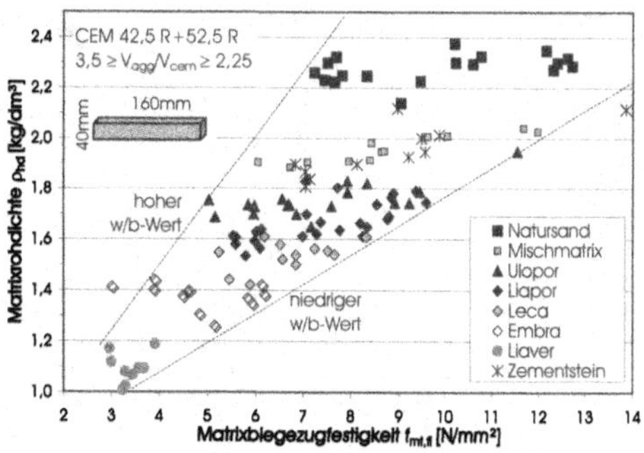

Bild A1-47 Biegezugfestigkeit unterschiedlicher Matrizen für verschiedene *w/b*-Werte (CEM 52,5 R)

gert. Ein ausgeprägter Einfluß der Matrixart auf das Verhältnis beider Kenngrößen konnte nicht festgestellt werden.

Aufgrund der Beziehung nach Bild A1-46 ist zu erwarten, daß die für die Druckfestigkeit gewonnenen Erkenntnisse im wesentlichen auch auf die Zugfestigkeit übertragbar sind. So ergibt sich in Bild A1-47 der Zusammenhang zwischen Biegezugfestigkeit und Rohdichte analog zu den Bildern A1-37 und A1-38. Zur Beschreibung der Beziehung zwischen *w/b*-Wert und Biegezugfestigkeit kann in guter Näherung für *w/b* < 0,6 eine Gerade gewählt werden, deren Steigung von der Matrixrohdichte bestimmt wird. Bei hoher Zementsteinporosität bleibt die Biegezugfestigkeit nahezu konstant (Bilder A1-48 und A1-49).

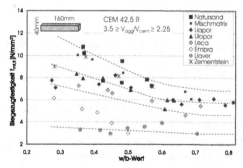

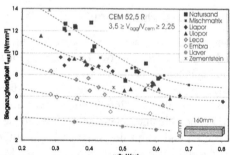

Bild A1-48 Biegezugfestigkeit unterschiedlicher Matrizen für verschiedene *w/b*-Werte (CEM 42,5 R)

Bild A1-49 Biegezugfestigkeit unterschiedlicher Matrizen für verschiedene *w/b*-Werte (CEM 52,5 R)

Bei Computersimulationen stehen die Eingabedaten zur Beschreibung der Komponenteneigenschaften im Vordergrund, so daß Formeln zur Transformation der verschiedenen Matrixzugfestigkeiten notwendig sind. Ausgehend von der Gleichung aus Bild A1-46, ergeben sich für Spaltzugversuche mit der Beziehung $f_{m,prisma} = 1{,}1 \cdot f_{m,cube}$ die in den Bildern A1-50 und A1-51 illustrierten Zusammenhänge mit der Würfeldruckfestigkeit bzw. Biegezug-

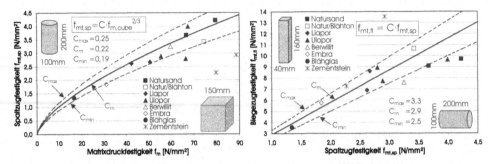

Bild A1-50 Zusammenhang zwischen Würfeldruck- und Spaltzugfestigkeit unterschiedlicher Matrizen

Bild A1-51 Zusammenhang zwischen Spalt- und Biegezugfestigkeit verschiedener Matrizen

festigkeit verschiedener Matrizen. Die Streuung der Prüfresultate wurde durch Angabe der um etwa 15 % vom Mittelwert abweichenden Maximal- und Minimalverläufe abgedeckt.

In den Bildern A1-50 und A1-51 fällt auf, daß der Zementstein aufgrund seiner geringen Spaltzugfestigkeit eine Sonderstellung einnimmt. Während der Spaltzugprüfung zerfiel der Zementsteinzylinder in eine Unmenge kleinster Partikel, die sich explosionsartig in sämtliche Richtungen zerstreuten. Dies unterstreicht seine mangelnde Fähigkeit, Rißspitzen abzubauen und einem instabilen Rißwachstum entgegenzuwirken, da in der Regel der Prüfzylinder bei der Spaltzugprüfung halbiert wird. Aus diesem Grunde blieben die Werte des Zementsteins für die Berechnung der Trendlinien unberücksichtigt. Die Zugabe von Feinzuschlägen scheint diesen Mangel zu kompensieren.

A1.2.4 Elastizitätsmodul

Der statische E-Modul von Matrizen hängt von der Art des Feinkorns, dem Zementanteil und dem Wasserzementwert ab und ergibt sich aus den Steifigkeiten der beiden Einzelkomponenten Zementstein und Feinzuschlag. Mit dem Wasserzementwert wird die Größe des Kapillarporenraums eingestellt und damit der E-Modul des Zementsteins, der etwa zwischen 12000 und 26000 N/mm² schwankt (Bild A1-52). Künstlich eingeführte Luftporen können die untere Grenze noch weiter senken. In [39] wird auf diesen Sachverhalt hingewiesen und damit die Möglichkeiten aufgezeigt, durch Zugabe eines Luftporenbildners auf die elastische Kompatibilität zwischen Matrix und Leichtzuschlag einzuwirken.

Wie die σ-ε-Linien in Bild A1-28 veranschaulichen, kann der Tangentenmodul E_m von Leichtsandmatrizen dem Sekantenmodul gleichgesetzt werden. In der Prüfung nach DIN 1048, T.5 ergeben sich folgerichtig in diesen Fällen für alle drei Belastungsäste nahezu identische Werte. Im Gegensatz dazu schwankt der Plastizitätsfaktor (Bild 4-12) bei Natursandmatrizen in Abhängigkeit von der Druckfestigkeit zwischen $k \sim 1,2$ bis 2 (Bild A1-29).

Die Anwendung des Zementstein-Zuschlag-Modells bietet die Möglichkeit, durch theoretische Ansätze, z. B. nach *Mori-Tanaka*, auf die Steifigkeit des Sandes zu schließen [36]. Da ein Vergleich wegen fehlender Testergebnisse ohnehin nicht möglich ist, soll diese Methode nicht weiter verfolgt werden. Alternativ wird in [112] der E-Modul verschiedener Matrizen unter Variation des Zuschlages, Zementgehaltes und *w/z*-Wertes experimentell bestimmt.

Die Bilder A1-52 und A1-53 verdeutlichen den Einfluß des Feinzuschlages. Mit zunehmender Rohdichte des Sandes steigt der E-Modul des Zuschlags an und damit auch der der Matrix. Die Auswirkungen einer Variation des Zementanteils richten sich nach der Steifigkeit des Zuschlags, so daß man dadurch auch umgekehrt Rückschlüsse auf den E-Modul des Sandes ziehen kann. Bei weichen Sanden, wie z. B. dem Blähglas, kann durch Reduktion des Zuschlagvolumens der E-Modul der Matrix erheblich angehoben werden. Bei Natursand führt diese Maßnahme zu einem konträren Effekt. Bei Blähschiefer und Blähton konnte nur ein geringfügiger Einfluß des Zementsteinvolumens festgestellt werden (vgl. Bild A1-52). Dies kann als ein Indiz dafür gewertet werden, daß durch diese Feinzuschäge eine recht homogene Matrix gewährleistet wird.

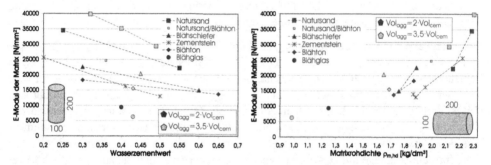

Bild A1-52 E-Modul verschiedener Matrizen in Abhängigkeit von dem *w/z*-Wert und der Zuschlagkonzentration

Bild A1-53 E-Modul verschiedener Matrizen in Abhängigkeit von der Matrixrohdichte und Zuschlagkonzentration

Der E-Modul der Matrix wird im wesentlichen von der jeweils schwächeren Komponente bestimmt, sofern deren Volumenanteil nicht zu gering ist. So bleibt z. B. die Steifigkeit einer Blähglasmatrix ganz im Gegensatz zur Natursandmatrix nahezu von dem Wasserzementwert unbeeinflußt. Je höher also die Druckfestigkeit des Zuschlags ist, desto ausgeprägter ist die Abhängigkeit des E-Moduls der Matrix von dem effektiven Wasserzementwert, was auch in einer größeren Geradensteigung in Bild A1-52 zum Ausdruck kommt. Die Darstellung in Bild A1-53 unterstreicht, daß eine zufriedenstellende Beschreibung des E-Moduls von Matrizen über die Matrixrohdichte alleine nicht möglich ist. Dazu sind die Auswirkungen des *w/z*-Wertes auf den E-Modul zu groß, hingegen auf die Rohdichte vergleichsweise gering. Deshalb muß die Porigkeit des Zementsteins stärker Berücksichtigung finden, z. B. über die Druckfestigkeit. In Bild A1-54 sind Druckfestigkeitswerte vorbelasteter Zylinder nach der E-Modulprüfung für verschiedene Matrizen angegeben. Aus dem Diagramm geht hervor, daß eine Ableitung des E-Moduls nur aus der Druckfestigkeit nicht für alle Feinzuschläge Gültigkeit erzielt. Daher ist es notwendig, für den E-Modul von Matrizen eine Gleichung in Abhängigkeit sowohl der Druckfestigkeit als auch der Rohdichte der Matrix zu wählen. Bei näherer Betrachtung bietet sich jedoch auch ein vereinfachter

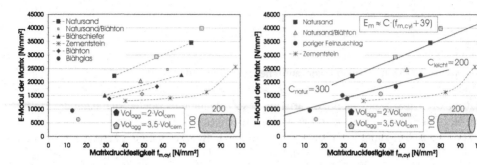

Bild A1-54 Zusammenhang zwischen dem
E-Modul und der Druckfestigkeit verschiedener
Matrizen

Bild A1-55 Abschätzung des E-Moduls
verschiedener Matrizen

Ansatz an, der lediglich eine Unterscheidung in Natur- und Leichtsandmatrix trifft und
dafür auf die Einbeziehung der Rohdichte verzichtet (Bild A1-55).

Demnach kann der E-Modul von Matrizen durch die Beziehung $E_m \approx C \cdot (f_{m.cyl} + 39)$ abgeschätzt werden, wobei für den Koeffizienten C bei Natursand $C_{natur} = 300$ und bei porigen
Feinzuschlägen $C_{leicht} = 200$ einzusetzen ist. Für Mischmatrizen kann $C = 250$ gewählt werden. Der Formel liegt ein Zuschlaganteil von $Vol_{agg} \approx 2 \cdot Vol_{cem}$ zugrunde. Verschiebt sich
dieses Verhältnis erheblich hin zu einem höheren Zementgehalt, sind entsprechend der
Rohdichte des Feinzuschlags und damit auch seiner Steifigkeit Korrekturen vorzunehmen.
Aus den Versuchswerten hat sich ein Grenzwert von $\rho_a \approx 1{,}6$ kg/dm³ herauskristallisiert,
d. h., für Feinzuschläge mit $\rho_a < 1{,}6$ kg/dm³ ist mit höherem Zementgehalt auch ein höherer
E-Modul der Matrix im Vergleich zur Abschätzungsformel verbunden, für schwerere Sande
analog ein niedrigerer E-Modul der Matrix.

A1.2.5 Bruchenergie

Die Ermittlung bruchmechanischer Kennwerte verschiedener Mörtelmatrizen soll in erster
Linie als Argumentations- und Verständnishilfe für die Auswertung der analogen Untersuchungen an konstruktiven Leichtbetonen und der Bewertung ihrer Sprödigkeit dienen (Abs.
4.3). Zur Bestimmung der Bruchenergie wurden in [112] jeweils drei Keilspaltversuche
gemäß Abb. 4-72 mit den in Tabelle A1-5 aufgeführten Matrixmischungen durchgeführt.
Bild A1-56 zeigt die typischen Spaltkraft-Verformungskurven einer jeden Serie mit Angabe
der Mittelwerte und Standardabweichung der Bruchenergie. Die Bruchenergie ergibt sich
aus dem von der Meßkurve eingeschlossenen und auf das Ligament (nominelle Rißfläche)
bezogenen Flächeninhalt.

Die Diagramme veranschaulichen, daß die Versuche immer schwieriger mit abnehmender
Matrixrohdichte stabil zu fahren sind. Im Fall der Blähglasmatrix konnte selbst bei extremer Drosselung der Pressenvorschubsgeschwindigkeit der Nachbruchbereich nicht gemessen werden. Auch beim Zementstein sind die Versuchswerte aufgrund seiner Kerbanfälligkeit weniger aussagekräftig. Neben der Bruchenergie ist die maximale Rißaufweitung für

das Entfestigungsverhalten von Leichtbeton von großem Interesse. Bei dieser Kenngröße zeigt sich ebenso ein ganz erheblicher Rückgang mit abnehmender Matrixrohdichte. Abschließend sind in den Bildern A1-57 und A1-58 die Zusammenhänge der Bruchenergie mit der Spaltzugfestigkeit bzw. charakteristischen Länge als Maß für die Duktilität eines Materials dargestellt.

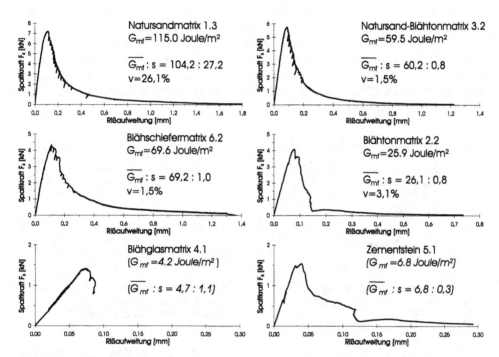

Bild A1-56 Typische Spaltkraft-Verformungskurven aus Keilspaltversuchen für verschiedene Matrizen (Tabelle A1-5)

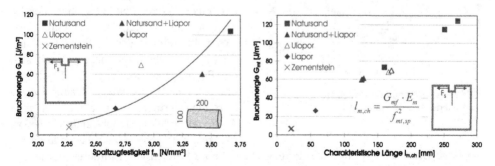

Bild A1-57 Bruchenergie unterschiedlicher Matrizen in Abhängigkeit der Spaltzugfestigkeit

Bild A1-58 Zusammenhang zwischen Bruchenergie und charakteristischer Länge verschiedener Matrizen

A1.2.6 Porensystem

Das Porensystem von Matrizen ist insbesondere zur Beurteilung des Frost-Tau-Widerstandes von Beton bedeutsam, wie in Abschnitt 4.8.3 gezeigt wurde. Die Porengrößenverteilung einiger Natur- und Leichtsandmatrizen wurde von *Chelouah* [51] mit der Methode der Quecksilberporosimetrie bestimmt. Das Verfahren entspricht der in Abschnitt A1.1.4 angegebenen Beschreibung. Die Matrixproben wurden aus 3 mm dicken Betonscheiben herausgebrochen und im Anschluß daran getrocknet. Bild A1-59 zeigt die Porengrößenverteilung der untersuchten Natursandmatrizen mit 7,5 M.-%·z Silikastaub und drei verschiedenen w/z-Werten zwischen 0,4 und 0,5. Es fällt auf, daß sich der Porenraum im wesentlichen auf den Bereich von 0,1 μm und kleiner beschränkt. Die Variation der Zementsorte zwischen CEM 42,5 R bzw. CEM 42,5 R-HS konnte keine signifikanten Unterschiede bezüglich der Porengrößenverteilung aufdecken.

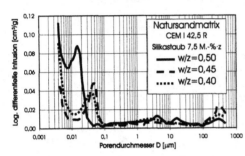

Bild A1-59 Porengrößenverteilung von Natursandmatrizen mit drei verschiedenen w/z-Werten [51]

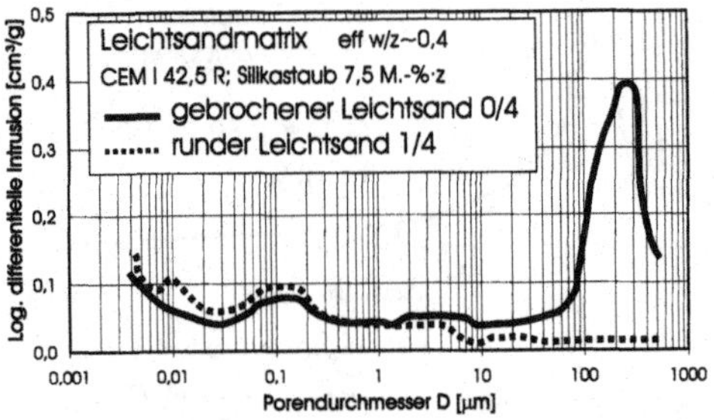

Bild A1-60 Porengrößenverteilung einer Leichtsandmatrix mit gebrochenem und rundem Zuschlag (s. Bild A1-61) [51]

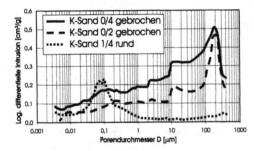

Bild A1-61 Porengrößenverteilung verschiedener Leichtsande [51]

Wird der Natursand durch porigen Feinzuschlag ausgetauscht, ist eine Änderung der Porengrößenverteilung der Matrix festzustellen, sofern der verwendete Leichtsand über einen anderen Porenbereich als der des Zementsteins verfügt. Dies ist durch eine Gegenüberstellung der Bilder A1-60 und A1-61 zu ersehen. Offenbar spiegelt sich die Porengrößenverteilung des Leichtsandes bei der Matrix wider. Damit ist die Verschiedenartigkeit der beiden in Bild A1-60 dargestellten Leichtsandmatrizen zu erklären. Der gebrochene und dadurch offenporige Leichtsand verfügt über Porengrößen, die im Bereich von Luftporen liegen und damit als Ausgleichsvolumen bei Frostangriff fungieren können (vgl. Bild 4-130). Hingegen ist der runde Sand 1/4 ein abgesiebtes Material aus der Produktion mit ausgeprägter Sinterhaut. Die dichte Schale verschiebt deshalb den Hauptporenanteil zu sehr viel kleineren Porenradien (Bild A1-61).

A2 Bemessungshilfen

Tabelle A2-1 Festigkeits- und E-Modulwerte von Leichtbeton nach DIN 1045-1

		LC 12/13	LC 16/18	LC 20/22	LC 25/28	LC 30/33	LC 35/38	LC 40/44	LC 45/50	LC 50/55	LC 55/60	LC 60/66
f_{lck}	N/mm²	12	16	20	25	30	35	40	45	50	55	60
$f_{lck,cube}$	N/mm²	13	18	22	28	33	38	44	50	55	60	66
f_{lcm}	N/mm²	20	24	28	33	38	43	48	53	58	63	68
$\gamma_c \cdot \gamma_{c'}$	-	1,5	1,5	1,5	1,5	1,5	1,5	1,5	1,5	1,5	1,515	1,531
f_{lcd}	N/mm²	6,40	8,53	10,67	13,33	16,00	18,67	21,33	24,00	26,67	29,04	31,36
$f_{lcd,\chi}$ [1]	N/mm²	6,00	8,00	10,00	12,50	15,00	17,50	20,00	22,50	25,00	27,23	29,40
$\alpha_c \cdot f_{lcd} = 0,75 \cdot \eta_1 \cdot f_{lcd}$		Bemessungswert der einaxialen Druckfestigkeit bei Querzugspannungen oder Querrißbildung (Druckstreben parallel zu Rissen)										
f_{lctm}	N/mm²	1,57	1,90	2,21	2,56	2,90	3,21	3,51	3,80	4,07	4,21	4,35
							$\cdot \eta_1$					
$f_{lctk;0,05}$	N/mm²	1,10	1,33	1,55	1,80	2,03	2,25	2,46	2,66	2,85	2,95	3,05
							$\cdot \eta_1$					
$f_{lctk;0,95}$	N/mm²	2,04	2,48	2,87	3,33	3,77	4,17	4,56	4,93	5,29	5,48	5,66
							$\cdot \eta_1$					
E_{lcm}	N/mm²	25800	27400	28800	30500	31900	33300	34500	35700	36800	37800	38800
							$\cdot \eta_E$					

	Trockenrohdichte ρ [kg/m³]										
	2000	1900	1800	1700	1600	1500	1400	1300	1200	1100	1000
η_1 [-]	0,945	0,918	0,891	0,864	0,836	0,809	0,782	0,755	0,727	0,700	0,673
η_E [-]	0,826	0,746	0,669	0,597	0,529	0,465	0,405	0,349	0,298	0,250	0,207

Druck	$f_{lcm} = f_{lck} + 8$	$f_{lcd} = 0,8 \cdot \dfrac{f_{lck}}{\gamma_c \cdot \gamma_{c'}}$	$f_{lcd,\chi} = 0,75 \cdot \dfrac{f_{lck}}{\gamma_c \cdot \gamma_{c'}}$
Zug	$f_{lctm} = \eta_1 \cdot 0,3 \cdot \sqrt[3]{f_{lck}^2}$ bis LC50/55		$f_{lctk;0,05} = 0,7 \cdot f_{lctm}$
	$f_{lctm} = \eta_1 \cdot 2,12 \ln\left(1 + \dfrac{f_{lck} + 8}{10}\right)$ ab LC55/60		$f_{lctk;0,95} = 1,3 \cdot f_{lctm}$
Elastizitätsmodul	$E_{lcm} = \eta_E \cdot 9500 \cdot \sqrt[3]{f_{lck} + 8}$		
Abminderungsfaktoren	$\eta_1 = 0,4 + 0,6 \cdot \rho / 2200$	$\eta_E = (\rho / 2200)^2$	ρ in kg/m³

[1] Vgl. Bild 5-3 und Erläuterungen auf S. 173/174.

Tabelle A2-2 Dimensionslose Beiwerte für die Biegebemessung von Rechteckquerschnitten mit und ohne Normalkraft ohne Druckbewehrung (ω-Verfahren)

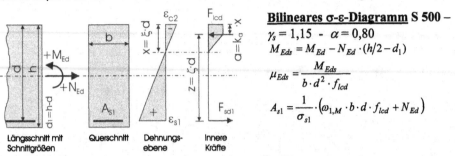

Bilineares σ-ε-Diagramm S 500 –

$\gamma_s = 1{,}15$ - $\alpha = 0{,}80$

$M_{Eds} = M_{Ed} - N_{Ed} \cdot (h/2 - d_1)$

$\mu_{Eds} = \dfrac{M_{Eds}}{b \cdot d^2 \cdot f_{lcd}}$

$A_{s1} = \dfrac{1}{\sigma_{s1}} \cdot \left(\omega_{1,M} \cdot b \cdot d \cdot f_{lcd} + N_{Ed}\right)$

Längsschnitt mit Schnittgrößen   Querschnitt   Dehnungsebene   Innere Kräfte

Trockenrohdichte [kg/m³]	μ_{Eds} [-]	$\omega_{1,M}$ [-]	$\xi = x/d$ [-]	$\zeta = z/d$ [-]	ε_{c2} [‰]	ε_{s1} [‰]	σ_{s1} [N/mm²]
	0,01	0,010	0,037	0,988	-0,973	25,000	434,8
	0,02	0,020	0,053	0,982	-1,391	25,000	434,8
	0,03	0,031	0,064	0,979	-1,717	25,000	434,8
	0,04	0,041	0,074	0,975	-2,008	25,000	434,8
	0,05	0,052	0,084	0,971	-2,307	25,000	434,8
	0,06	0,062	0,101	0,965	-2,355	21,040	434,8
	0,07	0,073	0,118	0,959	-2,355	17,570	434,8
	0,08	0,084	0,136	0,953	-2,355	14,967	434,8
	0,09	0,095	0,154	0,946	-2,355	12,940	434,8
	0,10	0,106	0,172	0,940	-2,355	11,318	434,8
	0,11	0,118	0,191	0,934	-2,355	9,990	434,8
	0,12	0,129	0,210	0,927	-2,355	8,882	434,8
	0,13	0,141	0,229	0,920	-2,355	7,943	434,8
	0,14	0,153	0,248	0,914	-2,355	7,138	434,8
	0,15	0,165	0,268	0,907	-2,355	6,438	434,8
	0,16	0,178	0,288	0,900	-2,355	5,825	434,8
	0,17	0,190	0,308	0,893	-2,355	5,283	434,8
$\rho \geq 1000$	0,18	0,203	0,329	0,885	-2,355	4,800	434,8
	0,19	0,216	0,350	0,878	-2,355	4,367	434,8
	0,20	0,230	0,372	0,870	-2,355	3,976	434,8
	0,21	0,243	0,394	0,863	-2,355	3,621	434,8
	0,22	0,257	0,417	0,855	-2,355	3,298	434,8
	0,23	0,272	0,440	0,847	-2,355	3,001	434,8
	0,24	0,286	0,463	0,839	-2,355	2,728	434,8
	0,25	0,301	0,487	0,830	-2,355	2,476	434,8
	0,26	0,316	0,512	0,822	-2,355	2,242	434,8
	0,27	0,332	0,538	0,813	-2,355	2,024	404,7
	0,28	0,348	0,564	0,804	-2,355	1,820	363,9
	0,29	0,365	0,591	0,794	-2,355	1,628	325,7
	0,30	0,382	0,619	0,784	-2,355	1,448	289,7
	0,31	0,400	0,648	0,774	-2,355	1,278	255,7
	0,32	0,419	0,678	0,764	-2,355	1,117	223,4
	0,33	0,438	0,710	0,753	-2,355	0,964	192,8
	0,34	0,459	0,742	0,741	-2,355	0,818	163,5
	0,35	0,480	0,777	0,729	-2,355	0,677	135,4

Trockenrohdichte [kg/m³]	μ_{Eds} [-]	ω_1 [-]	$\xi=x/d$ [-]	$\zeta=z/d$ [-]	ε_{c2} [‰]	ε_{s1} [‰]	σ_{s1} [N/mm²]
$\rho \geq 1000$	0,36	0,502	0,813	0,717	-2,355	0,542	108,4
	0,37	0,526	0,851	0,703	-2,355	0,411	82,2
	0,38	0,551	0,893	0,689	-2,355	0,283	56,6
	0,39	0,579	0,937	0,674	-2,355	0,158	31,5
	0,40	0,609	0,986	0,656	-2,355	0,033	6,5
$\rho \geq 1200$	0,34	0,453	0,700	0,751	-2,545	1,090	217,9
	0,35	0,473	0,732	0,740	-2,545	0,933	186,6
	0,36	0,494	0,765	0,728	-2,545	0,783	156,5
	0,37	0,517	0,800	0,716	-2,545	0,638	127,5
	0,38	0,541	0,837	0,703	-2,545	0,497	99,4
	0,39	0,566	0,876	0,689	-2,545	0,360	71,9
	0,40	0,594	0,919	0,673	-2,545	0,225	44,9
	0,41	0,624	0,966	0,657	-2,545	0,090	18,0
$\rho \geq 1400$	0,34	0,449	0,669	0,758	-2,736	1,356	271,2
	0,35	0,469	0,698	0,747	-2,736	1,183	236,6
	0,36	0,489	0,729	0,736	-2,736	1,017	203,4
	0,37	0,511	0,761	0,724	-2,736	0,857	171,4
	0,38	0,534	0,796	0,712	-2,736	0,703	140,5
	0,39	0,558	0,832	0,698	-2,736	0,553	110,5
	0,40	0,584	0,871	0,684	-2,736	0,406	81,1
	0,41	0,613	0,913	0,669	-2,736	0,260	52,1
$\rho \geq 1600$ und $f_{lck} \leq 55\ N/mm²$	0,35	0,465	0,672	0,752	-2,927	1,429	285,7
	0,36	0,486	0,701	0,741	-2,927	1,247	249,3
	0,37	0,507	0,732	0,730	-2,927	1,072	214,4
	0,38	0,529	0,764	0,718	-2,927	0,903	180,6
	0,39	0,553	0,798	0,705	-2,927	0,740	147,9
	0,40	0,578	0,835	0,692	-2,927	0,580	116,0
	0,41	0,605	0,874	0,678	-2,927	0,423	84,6
	0,42	0,635	0,916	0,662	-2,927	0,268	53,5
	0,43	0,667	0,963	0,644	-2,927	0,111	22,2
$\rho \geq 1800$ und $f_{lck} \leq 55\ N/mm²$	0,36	0,483	0,679	0,745	-3,118	1,474	294,7
	0,37	0,504	0,708	0,734	-3,118	1,283	256,7
	0,38	0,526	0,739	0,723	-3,118	1,100	220,0
	0,39	0,549	0,772	0,710	-3,118	0,923	184,6
	0,40	0,573	0,806	0,698	-3,118	0,750	150,0
	0,41	0,600	0,843	0,684	-3,118	0,581	116,2
	0,42	0,628	0,883	0,669	-3,118	0,414	82,7
	0,43	0,659	0,927	0,652	-3,118	0,247	49,4
	0,44	0,694	0,976	0,634	-3,118	0,078	15,5
$\rho = 2000$ und $f_{lck} \leq 50\ N/mm²$	0,36	0,481	0,661	0,748	-3,309	1,698	339,6
	0,37	0,502	0,689	0,737	-3,309	1,493	298,5
	0,38	0,523	0,719	0,726	-3,309	1,295	259,0
	0,39	0,546	0,750	0,714	-3,309	1,103	220,7
	0,40	0,570	0,783	0,702	-3,309	0,917	183,4
	0,41	0,596	0,818	0,688	-3,309	0,735	147,1
	0,42	0,623	0,856	0,674	-3,309	0,556	111,2
	0,43	0,653	0,897	0,658	-3,309	0,378	75,6
	0,44	0,687	0,943	0,641	-3,309	0,198	39,7

Tabelle A2-3 Dimensionslose Beiwerte für die Biegebemessung von Rechteckquerschnitten mit und ohne Normalkraft mit Druckbewehrung (ω-Verfahren)

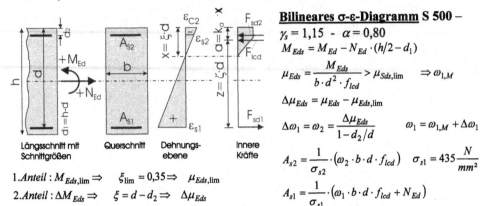

Längsschnitt mit Schnittgrößen   Querschnitt   Dehnungsebene   Innere Kräfte

Bilineares σ-ε-Diagramm S 500 –

$\gamma_s = 1{,}15$ - $\alpha = 0{,}80$

$M_{Eds} = M_{Ed} - N_{Ed} \cdot (h/2 - d_1)$

$\mu_{Eds} = \dfrac{M_{Eds}}{b \cdot d^2 \cdot f_{lcd}} > \mu_{Sds,lim} \quad \Rightarrow \omega_{1,M}$

$\Delta\mu_{Eds} = \mu_{Eds} - \mu_{Eds,lim}$

$\Delta\omega_1 = \omega_2 = \dfrac{\Delta\mu_{Eds}}{1 - d_2/d} \qquad \omega_1 = \omega_{1,M} + \Delta\omega_1$

$A_{s2} = \dfrac{1}{\sigma_{s2}} \cdot (\omega_2 \cdot b \cdot d \cdot f_{lcd}) \quad \sigma_{s1} = 435\,\dfrac{N}{mm^2}$

$A_{s1} = \dfrac{1}{\sigma_{s1}} \cdot (\omega_1 \cdot b \cdot d \cdot f_{lcd} + N_{Ed})$

1.Anteil : $M_{Eds,lim} \Rightarrow \quad \xi_{lim} = 0{,}35 \Rightarrow \quad \mu_{Eds,lim}$

2.Anteil : $\Delta M_{Eds} \Rightarrow \quad \xi = d - d_2 \Rightarrow \quad \Delta\mu_{Eds}$

ρ	$\mu_{Eds,lim}$	$\omega_{1,M}$	$\zeta=z/d$	ε_{c2}	ε_{s1}	d_2/d=0,05		d_2/d=0,10		d_2/d=0,15		d_2/d=0,20	
						ε_{s2}	σ_{s2}	ε_{s2}	σ_{s2}	ε_{s2}	σ_{s2}	ε_{s2}	σ_{s2}
-	-	-	-	‰	‰	‰	N/mm²	‰	N/mm²	‰	N/mm²	‰	N/mm²
1000	0,190	0,216	0,878	-2,355	4,373	-2,018	403,6	-1,682	336,4	-1,345	269,1	-1,009	201,8
1100	0,194	0,221	0,877	-2,450	4,550	-2,100	420,0	-1,750	350,0	-1,400	280,0	-1,050	210,0
1200	0,198	0,226	0,876	-2,545	4,727	-2,182	434,8	-1,818	363,6	-1,455	290,9	-1,091	218,2
1300	0,202	0,231	0,874	-2,641	4,905	-2,264	434,8	-1,886	377,3	-1,509	301,8	-1,132	226,4
1400	0,205	0,235	0,873	-2,736	5,082	-2,345	434,8	-1,955	390,9	-1,564	312,7	-1,173	234,5
1500	0,208	0,239	0,872	-2,832	5,259	-2,427	434,8	-2,023	404,5	-1,618	323,6	-1,214	242,7
1600	0,211	0,242	0,871	-2,927	5,436	-2,509	434,8	-2,091	418,2	-1,673	334,5	-1,255	250,9
1700	0,214	0,246	0,870	-3,023	5,614	-2,591	434,8	-2,159	431,8	-1,727	345,5	-1,295	259,1
1800	0,216	0,249	0,869	-3,118	5,791	-2,673	434,8	-2,227	434,8	-1,782	356,4	-1,336	267,3
1900	0,219	0,252	0,868	-3,214	5,968	-2,755	434,8	-2,295	434,8	-1,836	367,3	-1,377	275,5
2000	0,221	0,255	0,867	-3,309	6,146	-2,836	434,8	-2,364	434,8	-1,891	378,2	-1,418	283,6

Tabelle A2-4 Interaktionsdiagramme für Leichtbetone, S500, $A_{s1} = A_{s2}$

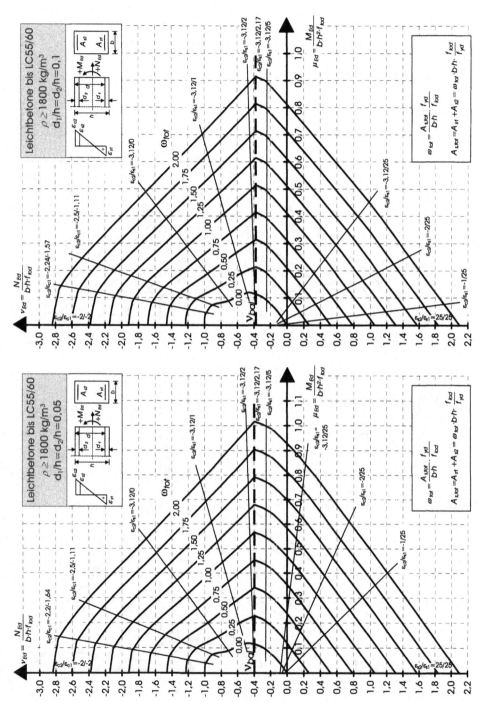

Interaktionsdiagramme für Leichtbetone bis LC55/60, $\rho \geq 1800$ kg/m³, S500, $A_{s1} = A_{s2}$

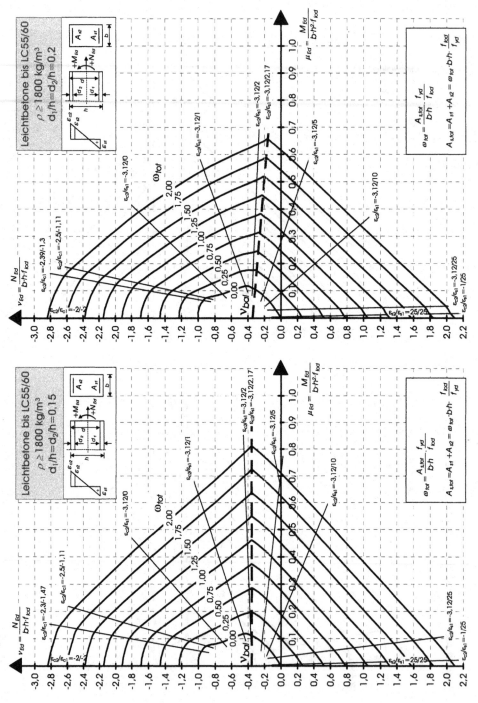

Interaktionsdiagramme für Leichtbeton bis LC55/60, $\rho \geq 1500$ kg/m³, S500, $A_{s1} = A_{s2}$

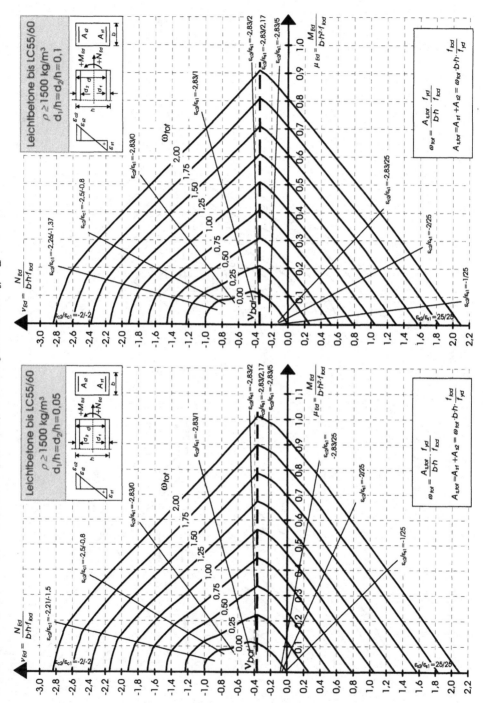

Interaktionsdiagramme für Leichtbeton bis LC55/60, $\rho \geq 1500$ kg/m³, S500, $A_{s1}=A_{s2}$

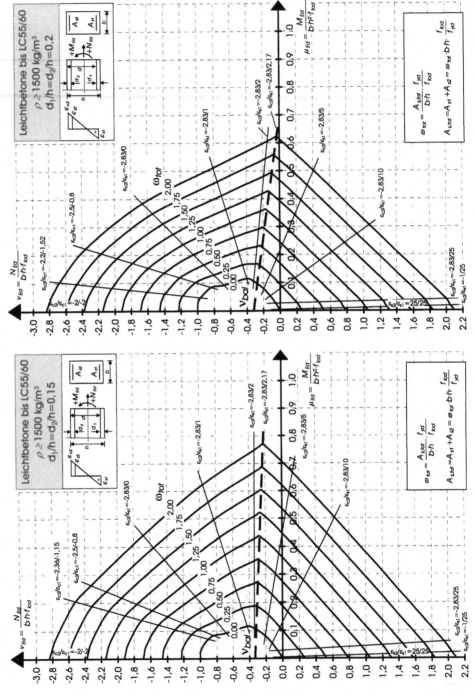

Interaktionsdiagramme für Leichtbetone, $\rho \geq 1200$ kg/m³, S500, $A_{s1} = A_{s2}$

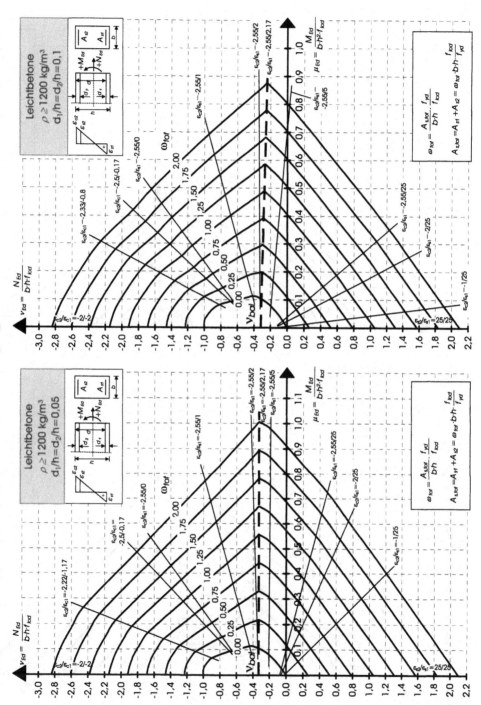

Interaktionsdiagramme für Leichtbetone, $\rho \geq 1200$ kg/m³, S500, $A_{s1} = A_{s2}$

Diagramm (oben):

Leichtbetone
$\rho \geq 1200$ kg/m³
$d_1/h = d_2/h = 0{,}2$

A_{s2} A_{s1}

$+M_{Ed}$ $+N_{Ed}$

$\nu_{Ed} = \dfrac{N_{Ed}}{b \cdot h \cdot f_{bcd}}$

$\mu_{Ed} = \dfrac{M_{Ed}}{b \cdot h^2 \cdot f_{bcd}}$

$\omega_{tot} = \dfrac{A_{s,tot}}{b \cdot h} \cdot \dfrac{f_{yd}}{f_{bcd}}$

$A_{s,tot} = A_{s1} + A_{s2} = \omega_{tot} \cdot b \cdot h \cdot \dfrac{f_{bcd}}{f_{yd}}$

$\varepsilon_{c2}/\varepsilon_{c1} = -2,2/-1,27$
$\varepsilon_{c2}/\varepsilon_{c1} = -2/-2$
$\varepsilon_{c2}/\varepsilon_{c1} = -2,5/-0,17$
$\varepsilon_{c2}/\varepsilon_{c1} = -2,55/0$
$\varepsilon_{c2}/\varepsilon_{c1} = -2,55/2,17$
$\varepsilon_{c2}/\varepsilon_{c1} = -2,55/1$
$\varepsilon_{c2}/\varepsilon_{c1} = -2,55/5$
$\varepsilon_{c2}/\varepsilon_{c1} = -2,55/10$
$\varepsilon_{c2}/\varepsilon_{c1} = -2,55/25$
$\varepsilon_{c2}/\varepsilon_{c1} = -1/25$
$\varepsilon_{c2}/\varepsilon_{c1} = 25/25$

ω_{tot}: 2,00   1,75   1,50   1,25   1,00   0,75   0,50   0,25   0,00

$-\nu_{bal}$

Diagramm (unten):

Leichtbetone
$\rho \geq 1200$ kg/m³
$d_1/h = d_2/h = 0{,}15$

A_{s2} A_{s1}

$+M_{Ed}$ $+N_{Ed}$

$\nu_{Ed} = \dfrac{N_{Ed}}{b \cdot h \cdot f_{bcd}}$

$\mu_{Ed} = \dfrac{M_{Ed}}{b \cdot h^2 \cdot f_{bcd}}$

$\omega_{tot} = \dfrac{A_{s,tot}}{b \cdot h} \cdot \dfrac{f_{yd}}{f_{bcd}}$

$A_{s,tot} = A_{s1} + A_{s2} = \omega_{tot} \cdot b \cdot h \cdot \dfrac{f_{bcd}}{f_{yd}}$

$\varepsilon_{c2}/\varepsilon_{c1} = -2,2/-1,27$
$\varepsilon_{c2}/\varepsilon_{c1} = -2/-2$
$\varepsilon_{c2}/\varepsilon_{c1} = -2,5/-0,17$
$\varepsilon_{c2}/\varepsilon_{c1} = -2,55/0$
$\varepsilon_{c2}/\varepsilon_{c1} = -2,55/2,17$
$\varepsilon_{c2}/\varepsilon_{c1} = -2,55/1$
$\varepsilon_{c2}/\varepsilon_{c1} = -2,55/5$
$\varepsilon_{c2}/\varepsilon_{c1} = -2,55/10$
$\varepsilon_{c2}/\varepsilon_{c1} = -2,55/25$
$\varepsilon_{c2}/\varepsilon_{c1} = -1/25$
$\varepsilon_{c2}/\varepsilon_{c1} = 25/25$

ω_{tot}: 2,00   1,75   1,50   1,25   1,00   0,75   0,50   0,25   0,00

$-\nu_{bal}$

Tabelle A2-5 Bemessungswert der maximalen Schubspannung $\tau_{Rd,ct,max}$ biegebewehrter Bauteile ohne Querkraftbewehrung und ohne Normalkraft (mit $\kappa = 2$; $\rho_l = 0,02$ und $N_{Ed} = 0$)

$\tau_{Rd,ct,max}$ [N/mm²]	\multicolumn{11}{c}{Trockenrohdichte ρ [kg/m³]}										
	2000	1900	1800	1700	1600	1500	1400	1300	1200	1100	1000
LC 12/13	0,55	0,53	0,51	0,50	0,48	0,47	0,45	0,44	0,42	0,40	0,39
LC 16/18	0,60	0,58	0,57	0,55	0,53	0,51	0,50	0,48	0,46	0,44	0,43
LC 20/22	0,65	0,63	0,61	0,59	0,57	0,55	0,53	0,52	0,50	0,48	
LC 25/28	0,70	0,68	0,66	0,64	0,62	0,60	0,58	0,56	0,54	0,52	
LC 30/33	0,74	0,72	0,70	0,68	0,65	0,63	0,61	0,59	0,57		
LC 35/38	0,78	0,76	0,73	0,71	0,69	0,67	0,64	0,62			
LC 40/44	0,81	0,79	0,77	0,74	0,72	0,70	0,67	0,65			
LC 45/50	0,85	0,82	0,80	0,77	0,75	0,73	0,70				
LC 50/55	0,88	0,85	0,83	0,80	0,78	0,75	0,73				
LC 55/60	0,91	0,88	0,85	0,83	0,80	0,78					
LC 60/66	0,93	0,91	0,88	0,85	0,83						

Für $N_{Ed} = 0$,

$$\rho_l = \frac{A_{s1}}{b_w \cdot d} \leq 0,02$$

und $\kappa = 1 + \sqrt{\frac{200}{d \, [mm]}} \leq 2$

gilt: $\tau_{Rd,ct} = \frac{V_{Rd,ct}}{b_w \cdot d} = \frac{\kappa}{2} \cdot \left(\frac{\rho_l}{0,02}\right)^{1/3} \cdot \tau_{Rd,ct,max}$

Tabelle A2-6 Bemessungswert der maximalen Schubspannung $\tau_{Rd,max}$ (Druckstrebentragfähigkeit) bei Bauteilen mit Querkraftbewehrung rechtwinklig zur Bauteilachse ($\alpha = 90°$)

$\tau_{Rd,max}$ [N/mm²]	\multicolumn{11}{c}{Trockenrohdichte ρ [kg/m³]}										
	2000	1900	1800	1700	1600	1500	1400	1300	1200	1100	1000
LC 12/13	1,82	1,76	1,71	1,66	1,61	1,55	1,50	1,45	1,40	1,34	1,29
LC 16/18	2,42	2,35	2,28	2,21	2,14	2,07	2,00	1,93	1,86	1,79	1,72
LC 20/22	3,03	2,94	2,85	2,76	2,68	2,59	2,50	2,41	2,33	2,24	
LC 25/28	3,78	3,67	3,56	3,45	3,35	3,24	3,13	3,02	2,91	2,80	
LC 30/33	4,54	4,41	4,28	4,15	4,01	3,88	3,75	3,62	3,49		
LC 35/38	5,29	5,14	4,99	4,84	4,68	4,53	4,38	4,23			
LC 40/44	6,05	5,88	5,70	5,53	5,35	5,18	5,00	4,83			
LC 45/50	6,81	6,61	6,41	6,22	6,02	5,83	5,63				
LC 50/55	7,56	7,35	7,13	6,91	6,69	6,47	6,25				
LC 55/60	8,24	8,00	7,76	7,52	7,29	7,05					
LC 60/66	8,89	8,64	8,38	8,13	7,87						

$\cot \theta = 2$

$\theta = 26,6°$

$\tau_{Rd,max} = V_{Rd,max}/(b_w \cdot z)$

	2000	1900	1800	1700	1600	1500	1400	1300	1200	1100	1000
LC 12/13	2,23	2,17	2,10	2,04	1,97	1,91	1,85	1,78	1,72	1,65	1,59
LC 16/18	2,98	2,89	2,80	2,72	2,63	2,55	2,46	2,37	2,29	2,20	2,12
LC 20/22	3,72	3,61	3,51	3,40	3,29	3,18	3,08	2,97	2,86	2,75	
LC 25/28	4,65	4,52	4,38	4,25	4,11	3,98	3,85	3,71	3,58	3,44	
LC 30/33	5,58	5,42	5,26	5,10	4,94	4,77	4,61	4,45	4,29		
LC 35/38	6,51	6,32	6,13	5,95	5,76	5,57	5,38	5,20			
LC 40/44	7,44	7,23	7,01	6,80	6,58	6,37	6,15	5,94			
LC 45/50	8,37	8,13	7,89	7,65	7,40	7,16	6,92				
LC 50/55	9,30	9,03	8,76	8,49	8,23	7,96	7,69				
LC 55/60	10,13	9,84	9,54	9,25	8,96	8,67					
LC 60/66	10,94	10,62	10,31	9,99	9,67						

$\cot \theta = 1,2$

$\theta = 39,8°$

$\tau_{Rd,max} = V_{Rd,max}/(b_w \cdot z)$

Tabelle A2-7 Betontraganteil $\tau_{Rd,c}$ bei Bauteilen mit Querkraftbewehrung ohne Normalkraft

$\tau_{Rd,c}$ [N/mm²]	Trockenrohdichte ρ [kg/m³]										
	2000	1900	1800	1700	1600	1500	1400	1300	1200	1100	1000
LC 12/13	0,52	0,50	0,49	0,47	0,46	0,44	0,43	0,41	0,40	0,38	0,37
LC 16/18	0,57	0,56	0,54	0,52	0,51	0,49	0,47	0,46	0,44	0,42	0,41
LC 20/22	0,62	0,60	0,58	0,56	0,54	0,53	0,51	0,49	0,47	0,46	
LC 25/28	0,66	0,64	0,63	0,61	0,59	0,57	0,55	0,53	0,51	0,49	
LC 30/33	0,71	0,68	0,66	0,64	0,62	0,60	0,58	0,56	0,54		
LC 35/38	0,74	0,72	0,70	0,68	0,66	0,64	0,61	0,59			
LC 40/44	0,78	0,75	0,73	0,71	0,69	0,66	0,64	0,62			
LC 45/50	0,81	0,78	0,76	0,74	0,71	0,69	0,67				
LC 50/55	0,84	0,81	0,79	0,76	0,74	0,72	0,69				
LC 55/60	0,86	0,84	0,81	0,79	0,76	0,74					
LC 60/66	0,89	0,86	0,84	0,81	0,79						

$$N_{Ed} = 0$$

$$\tau_{Rd,c} = V_{Rd,c}/(b_w \cdot z)$$

Tabelle A2-8 Grundmaß der Verankerungslänge l_b = Beiwert · d_s

[-]	Trockenrohdichte ρ [kg/m³]										
	2000	1900	1800	1700	1600	1500	1400	1300	1200	1100	1000
LC 12/13	71,9	74,0	76,3	78,7	81,2	84,0	86,9	90,0	93,4	97,0	101,0
LC 16/18	57,5	59,2	61,0	62,9	65,0	67,2	69,5	72,0	74,7	77,6	80,8
LC 20/22	50,0	51,5	53,0	54,7	56,5	58,4	60,4	62,6	65,0	67,5	
LC 25/28	42,6	43,8	45,2	46,6	48,1	49,8	51,5	53,4	55,4	57,5	
LC 30/33	38,3	39,5	40,7	42,0	43,3	44,8	46,3	48,0	49,8		
LC 35/38	33,8	34,8	35,9	37,0	38,2	39,5	40,9	42,4			
LC 40/44	31,1	32,0	33,0	34,0	35,1	36,3	37,6	38,9			
LC 45/50	28,7	29,6	30,5	31,5	32,5	33,6	34,8				
LC 50/55	26,7	27,5	28,4	29,3	30,2	31,2	32,3				
LC 55/60	26,1	26,9	27,7	28,6	29,5	30,5					
LC 60/66	25,5	26,3	27,1	28,0	28,9						

Tabelle A2-9 Zulässige Biegeschlankheit von Deckenplatten des üblichen Hochbaus

	Trockenrohdichte ρ [kg/m³]										
	2000	1900	1800	1700	1600	1500	1400	1300	1200	1100	1000
1) $l_i/d \le$	34,0	33,5	33,0	32,4	31,8	31,2	30,6	29,9	29,2	28,4	27,6
2) $l_i^2/d \le$	145,8	143,5	141,2	138,8	136,3	133,7	131,0	128,1	125,1	121,8	118,4

1) Mindestanforderung
2) Erhöhte Anforderung für Bauteile mit l_i > 4,28 m, die z. B. Trennwände zu tragen haben

Literatur

[1]   Comité Européen de Normalisation (CEN): Eurocode 2, Planung von Stahlbeton- und Spannbetontragwerken, Teil 1-1: Grundlagen und Anwendungsregeln für den Hochbau. Deutsche Fassung, ENV 1992-1-1: 1991.

[2]   Comité Européen de Normalisation (CEN): Eurocode 2, Entwurf, Berechnung und Bemessung von Stahlbeton- und Spannbetontragwerken, Teil 1-4: Leichtbeton mit geschlossenem Gefüge – Allgemeine Regeln. Deutsche Fassung, ENV 1992-1-4: 1994.

[3]   DIN 1045: Tragwerke aus Beton, Stahlbeton und Spannbeton – Teil 1: Bemessung und Konstruktion. Juli 2001.

[4]   DIN 1045: Tragwerke aus Beton, Stahlbeton und Spannbeton – Teil 2: Beton – Festlegung, Eigenschaften, Herstellung und Konformität, Anwendungsregeln zu DIN EN 206-1. Juli 2001.

[5]   Comité Euro-International du Béton: CEB-FIP Model Code 1990, Design Code. 1993.

[6]   Fédération International du Béton: FIB Lightweight Aggregate Concrete, Recommended Extension to Model Code 90. Bulletin 8, June 2000.

[7]   Fédération International du Béton: FIB Lightweight Aggregate Concrete, State-of the-art Report, Codes and standards. Bulletin 4, Aug. 1999.

[8]   Fédération International du Béton: FIB Lightweight Aggregate Concrete, Case studies – State-of-art report. Bulletin 8, June 2000.

[9]   Comité Euro-International du Béton: CEB-FIP manual of LWAC, Design and technology. 1977.

[10]   Comité Euro-International du Béton: CEB-FIP Model Code 1990, High Performance Concrete. Bulletin d'Information 228, July 1995.

[11]   DIN 4219, Teil 1: Leichtbeton und Stahlleichtbeton mit geschlossenem Gefüge; Herstellung und Überwachung. Ausgabe Dezember 1979.

[12]   DIN 4219, Teil 2: Leichtbeton und Stahlleichtbeton mit geschlossenem Gefüge; Bemessung und Ausführung. Ausgabe Dezember 1979.

[13]   DIN 4226, Teil 2: Zuschlag für Beton – Teil 2: Zuschlag mit porigem Gefüge (Leichtzuschlag). Ausgabe 1983.

[14]   DIN 4226, Teil 3: Zuschlag für Beton – Teil 3: Prüfung von Zuschlag mit dichtem oder porigem Gefüge. Ausgabe 1983.

[15]   Comité Européen de Normalisation (CEN): prEN13055-1: Leichtzuschläge – Teil 1: Leichte Gesteinskörnungen für Beton und Mörtel. Nov. 1997.

[16]   DIN EN206-1: Beton – Festlegung, Eigenschaften, Herstellung und Konformität. Deutsche Fassung EN 206-1: 2000, Juli 2001.

[17]   *Weigler, H.; Karl, S.*: Stahlleichtbeton. Bauverlag GmbH, Wiesbaden–Berlin, 1972.

[18]   *Clarke, John L.*: Structural Lightweight Aggregate Concrete. Chapman & Hall, 1993.

[19]   ACI Subcommittee 213B: State-of-the-art report on LWAC for bridges and parking structures, updated draft, American Concrete Institute, 1996

[20]   EuroLightCon – Report No. 1: Definition and International Consensus Report; April 1998.

[21]   *König, G.; Tue, N.*: Grundlagen des Stahlbetonbaus. Teubner Studienbücher Bauwesen Stuttgart · Leipzig, 1998.

[22]   *Holm,T.A., Bremner, T.W.*: High strength lightweight aggregate concrete; aus Shah and Ahmad: High Performance Concrete: Properties and Applications, Oct. 1998.

[23]   *Kepp, B.; Botros, F.R.*: Schwimmende Ölförderplattformen – Ozeanbauwerke einer neuen Generation. Beton- und Stahlbetonbau 90, Heft 11, 1995.

[24]   *Schmidt, H.*: Blähton – stoffliche Voraussetzung, Eignungsuntersuchungen und keramische Bindung. Handbuch der Keramik 1984.

[25]   *Spitzner, J.*: A review of the development of LWA – history and actual survey. International Symposium on Structural LWAC, Sandefjord 1995.

[26]   *Fergestad, S.*: LWC in Norwegian Bridges. 5th International Symposium on Utilization of HS/HPC, Sandefjord 1999.

[27]   *Weigler, H.*: Leichtbeton im Brückenbau – Erfahrungen in den USA. Beton- und Stahlbetonbau, S. 136-141, Heft 5/1988.

[28]   *McSaveney, L.*: Lightweight concrete – An economical choice for the Westpac Trust Wellington Stadium? New Zealand Concrete Industries Conference, Oct. 1998.

[29]   *Sell, R.*: Die Kornfestigkeit künstlicher Zuschlagsstoffe und ihr Einfluß auf die Betonfestigkeit. DAfStb, Heft 245, 1974.

[30]   *Zhang, M.-H.; Gjørv, O.E.*: Mechanical Properties of high strength lightweight aggregate concrete. ACI- Journal 1991, 5/6.

[31]   *Meyer, Chr.*: Bestimmung der Zug- und Druckfestigkeit grober Leichtzuschläge und deren Einfluß auf die Druck- und Zugfestigkeit. Dissertation, Hannover, 1974.

[32]   *Grübl, P.*: Die Zugfestigkeit von Leichtzuschlägen. Betonwerk+Fertigteil-Technik, Heft 10, 1979.

[33]   *Müller-Rochholz, J.*: Einfluß von Leichtzuschlageigenschaften auf die Leichtbetondruckfestigkeit. Dissertation, TH Aachen, 1979.

[34]   *Schütz, F.R.*: Der Einfluß der Zuschlagelastizität auf die Betondruckfestigkeit. Dissertation, TH Aachen, 1970.

[35]   *Nilsen, A.U.; Monteiro, P.J.M.; Gjørv, O.E.*: Estimation of the elastic moduli of lightweight aggregate. Cement and Concrete Research 25 (1995), Nr. 2.

[36]   *Yang, C.C.*: Approximate elastic moduli of lightweight aggregate. Cement and Concrete Research 27 (1997), Nr. 7.

[37]   *Grübl, P.*: Modell zur quantitativen Beschreibung der Bruchvorgänge in gefügedichten Leichtbeton unter Kurzzeitbelastung. Dissertation, München, 1976.

[38]   *Schmidt-Hurtienne, K.-D.*: Druckfestigkeit von Leichtbeton. DAfStb, Heft 245, 1974.

[39]   *Bremner, T.W.; Holm, T.A.*: Elastic compatibility and the behavior of concrete. ACI-Journal 1986, 3/4.

[40]   *Zhang, M.-H.; Gjørv, O.E.*: Microstructure of the interfacial zone between lightweight aggregate and cement paste. Cement and Concrete Research 20 (1990), pp. 610-618.

[41]   *Zhang, M.-H.; Gjørv, O.E.*: Puzzolanic reactivity of lightweight aggregates. Cement and Concrete Research 20 (1990), pp. 884-890.

[42]   *Zhang, M.-H.; Gjørv, O.E.*: Penetration of cement paste into lightweight aggregate. Cement and Concrete Research 22 (1992), pp. 47-55.

[43]   *Zhang, M.-H.; Gjørv, O.E.*: Characteristics of lightweight aggregates for HSC. ACI-Journal 1991, 3/4.

[44]   *Beck, M.*: Die Porenstruktur von Leichtzuschlägen und ihr Einfluß auf das zeitabhängige Verhalten konstruktiver Leichtbetone. Diplomarbeit, Universität Leipzig, 1999.

[45]   *Garrecht, H; Linsel, S.; Müller, H.S.*: Zementgebundene Umhüllung von Blähtonleichtzuschlägen zur Verbesserung der Eigenschaften von frischem und erhärtetem Konstruktionsleichtbeton. Forschungsbericht des Instituts für Massivbau und Baustofftechnologie, Universität Karlsruhe, 1999.

[46]   *Dehn, F.*: Konstruktionsleichtbetone mit umhüllten Blähtonzuschlägen. Diplomarbeit, Karlsruhe, 1997.

[47]   *Selig, U.*: Untersuchung der Einflüsse von dichten und porigen Feinzuschlägen auf die Druck- und Zugfestigkeit von Mörtelmatrizen. Diplomarbeit, Universität Leipzig, 1999.

[48]   *Hanson, J.A.*: Shear Strength of Lightweight Reinforced Concrete Beams. Journal of the ACI, 9/1958, pp. 387-403.

[49]   *Heilmann, H.G.*: Beziehung zwischen Zug- und Druckfestigkeit des Betons. beton 29, Heft 2, Beton-Verlag, 1969.

[50]   BVK-Betontechnische Merkblätter: Prüfverfahren – Wasseraufnahme, Trockenrohdichte und Kornfestigkeit poröser (Leicht-) Zuschläge. Hrsg.: Bundesverband Kraftwerksnebenprodukte e.V., August 1998.

[51]   *Chelouah, N.*: Frost-Tausalz-Widerstand von hochfesten luftporenfreien Portland-
        zement-Betonen. Dissertation, Weimar, 1996.

[52]   Merkblätter I bis III für Leichtbeton und Stahlleichtbeton mit geschlossenem Gefü-
        ge. Hrsg. vom Arbeitskreis Leichtbeton des Vereins Deutscher Zementwerke, Juli
        1974.

[53]   *Wischers, G.; Lusche, M.*: Einfluß der inneren Spannungsverteilung auf das Trag-
        verhalten von druckbeanspruchtem Normal- und Leichtbeton. beton 32, Heft 8,
        Beton-Verlag, 1972.

[54]   *Hermann, V.*: Spannungs-Dehnungs-Linien von Leichtbeton. DAfStb, Heft 313, 1980.

[55]   *Siebel, E.*: Verformungsverhalten, Energieaufnahme und Tragfähigkeit von Normal-
        beton und Leichtbeton im Kurzzeitdruckversuch. Beton-Verlag GmbH, Düsseldorf
        1989.

[56]   *Zhang, M.-H.; Gjørv, O.E.*: Mechanical Properties of High-Strength Lightweight
        Concrete. ACI- Journal 1991, 5/6.

[57]   *Jansen, D.C.; Shah, S.P.*: Effect of length on compressive strain softening of con-
        crete. Journal of Engineering Mechanics, Jan.1997.

[58]   *Okube, S.; Nishimatsu, Y.*: Uniaxial compression testing using a linear combination
        of stress and strain as the control variable. International Journal of Rock Mechanics,
        Mineral Science & Geomechanics, Abstract, Vol.22, No.5, 1985, pp. 323-330.

[59]   Cembureau – Der europäische Zementverband: Leichtbeton im Hoch- und Ingeni-
        eurbau, Paris, 1974.

[60]   *Maier, C.*: Modellierung eines Leichtbetonwürfels als Zwei-Komponenten-Werk-
        stoff. Diplomarbeit, Universität Leipzig, 1998.

[61]   *Markeset, G.*: Failure of Concrete under Compressive Strain Gradients. Department
        of Structural Engineering, Dissertation, Trondheim, 1993.

[62]   *Hoff, G.C.*: Observations on the Fatigue Behaviour of High-Strength Lightweight
        Concrete. Int. Conference on High Performance Concrete, Singapore 1994.

[63]   *Wittmann, F.; Zaitsev, J.*: Verformung und Bruchvorgang poröser Baustoffe bei
        kurzzeitiger Belastung und Dauerlast. DAfStb, Heft 232, 1974.

[64]   *Hansen, T.C.*: Creep and stress relaxation of concrete. Schwed. Forschungsinstitut
        für Zement und Beton. Mitteilung Nr. 31, Stockholm 1960.

[65]   *Bonzel, J.*: Ein Beitrag zur Frage der Verformung des Betons. beton 21, Heft 2,
        S. 57-60, Heft 3, S. 105-109, 1971.

[66]   *Morales, S.M.*: Short-term mechanical properties of High-Strength Lightweight
        Concrete. National Science Foundation Grant No. ENG78-05124, report No. 82-9,
        Cornell University in Ithaca, New York, 8/1982.

[67] *Linse, D.; Stegbauer, A.*: Festigkeit und Verformungsverhalten von Leichbeton, Gasbeton, Zementstein und Gips unter zweiachsiger Kurzzeitbeanspruchungen. DAfStb, Heft 254, 1976.

[68] *Grübl, P.; Springenschmid, R.*: Festigkeit und Verformung von Leichbeton bei drei-achsiger Druckbeanspruchung. Forschungsbericht Sp 174/5 vom 8.2.1983, TU München – Baustoffinstitut.

[69] *Li, Q.; Ansari, F.*: Mechanics of damage and constitutive relationship for high-strength concrete in triaxial compression. Journal of Engineering Mechanics, Jan.1999.

[70] *Hoff, G.*: High strength lightweight aggregate concrete for arctic applications; aus Holm, T.A./ Vaysburd, A.M.: Structural Lightweight Aggregate Concrete Perform-ance, ACI SP136, Detroit 1992.

[71] *Bjerkeli, L.; Tomaszewicz, A.; Jensen, J.J.*: Deformation properties and ductility of high strength concrete. SINTEF -HSC SP1- Beams and columns, Report 1.3, Trond-heim (Norway), Aug. 1992.

[72] *Beck, M.*: Mehraxiales Verhalten von Leichbeton und die Auswirkung einer Um-schnürungsbewehrung im Vergleich zu anderen Betonen. Großer Übungsbeleg, Uni-versität Leipzig, 1999.

[73] *Reinhardt, H.-W.; Koch, R.*: Hochfester Beton unter Teilflächenbelastung. Beton-und Stahlbetonbau, S. 182-188, Heft 7/1998.

[74] *Walraven, J.C. et al.*: Structural lightweight Concrete: Recent research. In HERON, Vol. 40, Nr. 1, Delft (Netherlands), 1995.

[75] CUR-Centre for Civil Engineering Research and Codes; report 173: Structural be-haviour of concrete with coarse lightweight aggregates. Gouda (Netherlands), 1995.

[76] *Heilmann, H.G.*: Versuche zur Teilflächenbelastung von Leichtbeton für tragende Konstruktionen. DAfStb, Heft 344, 1983.

[77] *Curbach, M.; Hampel, T.*: Festigkeit von Hochleistungsbeton unter mehraxialer Beanspruchung. 7. Leipziger Massivbauseminar, 1998.

[78] *Hoff, G.C.*: High strength lightweight aggregate concrete – current status and future needs. Second Int. Symposium on HSC in Berkeley/USA; ACI SP121, Detroit 1990.

[79] *Mor, A.*: Steel-Concrete Bond in High-Strength Lightweight Concrete. ACI- Journal 1992, 1/2.

[80] *Bachmann, X.; Gisin, X.*: Versuche zum dynamischen Verhalten teilweise vorge-spannter Leichtbeton- und Betonbalken. Bericht Nr. 7501-2 ETH Zürich, 9/1985.

[81] *Kützing, L.*: Ein Beitrag zur Tragfähigkeitsermittlung stahlfaserverstärkter Betone unter besonderer Berücksichtigung bruchmechanischer Kenngrößen. Dissertation, Universität Leipzig, 1999.

[82] *Markeset, G.; Hanson, E.A.*: Brittleness of High Strength LWA Concrete. Interna-tional Symposium on Structural LWAC, Sandefjord 1995.

[83]   Fédération International du Béton: FIB Structural Concrete, Textbook – Volume 1.
        Bulletin 1, Juli 1999.

[84]   Fédération International du Béton: FIB Structural Concrete, Textbook – Volume 2.
        Bulletin 2, Juli 1999.

[85]   Norwegian Concrete Association Publication No 22: Lightweight Aggregate Con-
        crete – Specifications and Guidelines; 1999.

[86]   *Walz, K.*: Beziehung zwischen Wasserzementwert, Normfestigkeit des Zements und
        Betondruckfestigkeit. Beton, Heft 11, 1970.

[87]   *Thienel, K.-Ch.*: Materialtechnologische Eigenschaften der Leichtbetone aus Bläh-
        ton. TU Braunschweig, IBMB, Baustoffe in Praxis, Lehre und Forschung, Heft 128,
        1997.

[88]   *Slowik, V.*: Beiträge zur experimentellen Bestimmung bruchmechanischer Material-
        parameter von Betonen. Building Materials Reports, Nov. 1992, ETH Zürich.

[89]   *Bonzel, J.*: Über die Spaltzugfestigkeit des Betons. Beton 14, Beton-Verlag, 1964,
        Heft 3, S. 108-114.

[90]   *Ebersbach, S.*: Die Zugfestigkeit von Leichtbeton. Diplomarbeit, Universität Leip-
        zig, 1999.

[91]   NS 3473: Concrete Structures. Design Rules, 5th edition 1998.

[92]   ACI 318-95: Building Code Requirements for Structural Concrete (ACI 318M-95)
        and Commentary (ACI 318RM-95), American Concrete Institute, 1995.

[93]   CUR 39: CUR Aanbeveling 39. Beton met grove lichte toeslagmaterialen. The
        Netherlands, Juli 1994.

[94]   *Balaguru, P.; Foden, A.*: Properties of Fiber reinforced Structural Lightweight Con-
        crete. ACI- Journal 1996, 1/2.

[95]   *Bonzel, J.*: Über die Biegezugfestigkeit des Betons. Beton 13, Beton-Verlag, 1963,
        Heft 4, S. 179-182 und Heft 5, S. 227-232.

[96]   *Grimm, R.*: Einfluß bruchmechanischer Kenngrößen auf das Biege- und Schubtrag-
        verhalten hochfester Betone. Dissertation, Technische Universität Darmstadt, 1996.

[97]   *Aulia, T. Budi; Deutschmann, K.*: Effect of mechanical Properties of Aggregate on
        the Ductility of High Performance Concrete. Leipzig Annual Civil Engineering
        Report No.4, 1999.

[98]   *Thorenfeldt, E.*: Design Criteria of Lightweight Aggregate Concrete. International
        Symposium on Structural LWAC, Sandefjord 1995.

[99]   *Hillerborg, A.; Modéer, M.; Petersson, P.E.*: Analysis of crack formation and crack
        growth in concrete by means of fracture mechanics and finite elements. Cement and
        Concrete Research 6, 1976, 773-782.

[100] *Ziegeldorf, S.; Müller, H.S.; Hilsdorf, H.K.*: A model law for the notch sensitivity of brittle materials. Cement and Concrete Research 10, 1980, 589-599.

[101] *Hordijk, D.A.*: Deformation controlled uniaxial tensile tests on concrete. TU Delft, Stevin-report 25.5.90-7 / VFA, 1990.

[102] *Reinhardt, H.-W.; Cornelissen, H.A.W.; Hordijk, D.A.*: Tensile Tests and Failure Analysis of Concrete. Journal of Structural Engineering. Vol.112, No.11, pp. 2462-2477, November 1986.

[103] *Duda, H.*: Bruchmechanisches Verhalten von Beton unter monotoner und zyklischer Zugbeanspruchung. DAfStb, Heft 419, Beuth Verlag, 1991.

[104] *Voigt, T.*: Das Entfestigungsverhalten konstruktiver Leichtbetone. Diplomarbeit, Universität Leipzig, 2000.

[105] *Hordijk, D.A.*: Local approach to fatigue of concrete. TU Delft, Doctor Thesis, 1991.

[106] *Thorenfeldt, E.; Stemland, H.*: Shear Capacity of Lightweight Concrete Beams without Shear Reinforcement. International Symposium on Structural LWAC, Sandefjord 1995.

[107] *Walraven, J.; Al-Zubi, N.*: Shear Capacity of Lightweight Concrete Beams with Shear Reinforcement. International Symposium on Structural LWAC, Sandefjord 1995.

[108] *Thorenfeldt, E.; Stemland, H.; Tomaszewicz, A.*: Shear Capacity of large I-Beams. International Symposium on Structural LWAC, Sandefjord 1995.

[109] *Dehn, F.*: Einflußgrößen auf die Querkrafttragfähigkeit schubunbewehrter Bauteile aus Leichtbeton. Dissertation, Universität Leipzig 2002.

[110] *Walraven, J.*: Design of Structures with Lightweight Concrete: Present Status of revision of EC-2. 2nd International Symposium on Structural LWAC, Kristiansand 2000.

[111] *Faust, T.; Holand, I; Helland, S.*: Supplements to MC-90 for Lightweight Aggregate Concrete. 2nd International Symposium on Structural LWAC, Kristiansand 2000.

[112] *Faust, T.*: Herstellung, Tragverhalten und Bemessung von konstruktivem Leichtbeton, Dissertation, Universität Leipzig 2000.

[113] *König, G.; Tue, N.; Zink, M.*: Hochleistungsbeton – Bemessung, Herstellung und Anwendung, Ernst & Sohn, 2001.

[114] *Clarke, J.K.*: Shear strength of Lightweight Aggregate Concrete beams: Design to BS 8110. Magazine of Concrete Research (Vol. 39), 12/1987.

[115] *LIAPOR GmbH & Co. KG:* Technische Information über die Leichtzuschläge LIAPOR und LIAVER – Planung · Konstruktion · Anwendung, Pautzfeld / Tuningen, Mai 1998.

[116] *B.V. Vasim:* Technische Informationen über den Leichtzuschlag LYTAG, Nijmegen (Niederlande).

[117] *Solite Corporation:* SOLITE Lightweight Aggregates – Technical Information, USA.

[118] *Sint, A.*: Duktilität von Biegebauteilen bei Versagen der Betondruckzone. Dissertation, Universität Leipzig 2002.

[119] *Tue, N.V.; Pierson, R.*: Ermittlung der Rißbreite und Nachweiskonzept nach DIN 1045-1. Beton- und Stahlbetonbau, S. 365-372, Heft 5/2001.

[120] *Ben-Othman, B.; Buenfeld, N.R.*: Oxygen permeability of structural lightweight aggregate concrete. Protection of concrete, London 1990.

[121] *Vaysburd, A.M.*: Durability of lightweight concrete bridges in severe environments. Concrete International 7/1996.

[122] *Holm, T.A.; Bremner, T.W.; Newman, J.B.*: Lightweight aggregate concrete subject to severe weathering. Concrete international 6/1984.

[123] *Bremner, T.W.; Holm, T.A.; McInerney, J.M.* : Influence of Compressive Stress on the Permeability of Concrete; aus Holm,T.A./Vaysburd,A.M.: Structural Lightweight Aggregate Concrete Performance, ACI SP136, Detroit 1992.

[124] *Gjørv, O.E.; Tan, K.; Zhang, M.-H.*: Diffusivity of Chlorides from Seawater into High-Strength Lightweight Concrete. ACI- Journal 1994, 9/10.

[125] *Gjørv, O.E.; Tan, K.; Zhang, M.-H.*: Permeability of High-Strength Lightweight Concrete. ACI- Journal 1991, 9/10.

[126] *Holm, T.A.*: Performance of Structural Lightweight Concrete in a Marine Environment. ACI SP65, St. Andrews By-The-Sea, Canada, Aug. 1980.

[127] *Schulze, W.; Günzler, J.*: Korrosionsschutz der Bewehrung im Leichtbeton. Betonsteinzeitung, Heft 5, 1968.

[128] *Hergenröder, M.*: Korrosion von Stahl in Leichtbeton – Ergebnisse eines Auslagerungsprogramms. Betonwerk+Fertigteil-Technik, Heft 11, 1986.

[129] *Mansour, T.*: Korrosionsverhalten und Lebenserwartung von Stahlleichtbeton-Bauteilen im Freien. Beton- und Stahlbetonbau 93, Heft 6, 1998.

[130] *Haque, N.; Al-Khaiat, H.*: Strength and durability of lightweight concrete in hot marine exposure conditions. Materials and Structures 1999, 8/9.

[131] *Fagerlund, G.*: Frost resistance of concrete with porous aggregate. Swedish Cement and Concrete Research Institute, Stockholm, No.2/1978.

[132] RILEM-Empfehlung (Draft 1994): Prüfverfahren des Frost-Tau-Widerstandes von Beton mit Wasser (CF) oder mit Taumittel-Lösung (CDF). Betonwerk + Fertigteil-Technik, Heft 12, 1994.

[133] *Buth, E.; Ledbetter, W.B.*: Influence of the degree of saturation of coarse aggregate on the resistance of saturated lightweight concrete to freezing and thawing. Highway Research Record 1970, nr 398, pp. 1-13.

[134] *Weber, S.; Reinhardt; H.-W.*: Blend of Aggregates to Support Curing of Concrete. International Symposium on Structural LWAC, Sandefjord 1995.

[135] *Van Breugel, K.; de Vies, H.*: Mix Optimization of HPC in View of Autogenous Shrinkage. 5th International Symposium on Utilization of HS-/HPC, Sandefjord 1999.

[136] *Bentur, A.; Igarashi, S.; Kovler, K.*: Control of Autogenous Shrinkage Stresses and Cracking in High Strength Concretes. 5th International Symposium on Utilization of HS-/HPC, Sandefjord 1999.

[137] *Reinhardt, H.-W.*: Kriechversuche an Leichtbeton – Einige Ergebnisse niederländischer Untersuchungen. Beton, S. 88-90, Heft 3/1979.

[138] *Schmidt-Döhl, F.; Thienel, K.-C.*: Messung des Schwindens von Leichtbetonzuschlag aus Blähton mit einer mikroskopischen Methode. TU Braunschweig; IBMB; Aus Forschungsarbeiten 1995-1999, Heft 144.

[139] *Schwesinger, P.; Sickert, G.; v. Haza-Radlitz, G.*: Creep, Shrinkage and Creep Recovery of HPLWAC. 5th International Symposium on Utilization of HS-/HPC, Sandefjord 1999.

[140] *Heufers, H.*: Über langfristige Schwind- und Kriechuntersuchungen an Leichtbeton höherer Festigkeit und vergleichbarem Normalbeton. Berichte aus Forschung und Praxis, Festschrift Rüsch, Verlag Ernst & Sohn, TU München, 1969.

[141] *Rostásy, F.S.; Teichen, K.-Th.; Alda, W.*: Über das Schwinden und Kriechen von Leichtbeton bei unterschiedlicher Korneigenfeuchtigkeit. Beton, S. 223-229, Heft 6/1974.

[142] *Czernin, W.*: Zementchemie für Bauingenieure. Bauverlag GmbH, Wiesbaden und Berlin, 1977.

[143] *Bjerkeli, L.; Tomaszewicz, A.; Jensen, J.J.*: High-Strength Concrete subjected to long-term sustained loads. SINTEF -HSC SP1- Beams and columns, Report 1.4, Trondheim (Norway), Aug. 1992.

[144] *Tomaszewicz, A.*: Creep of High-Strength LWA Concrete. 4th International Symposium on Utilization of HS-/HPC, Paris 1996.

[145] *Taylor, R.; Brewer, R.S.*: The effect of the type of aggregate on the diagonal cracking of reinforced concrete beams. Magazine of Concrete Research (Vol. 15), 7/1963.

[146] *Bilodeau, A.; Chevrier, R.; Malhotra, M.; Hoff, G.C.*: Mechanical properties, durability and fire resistance of HSLWAC. International Symposium on Structural Lightweight Aggregate Concrete, Sandefjord 1995.

[147] *Kordina, K.; Meyer-Ottens, C.*: Beton Brandschutz-Handbuch. Verlag Bau + Technik, Düsseldorf, 1999.

[148] *Diederichs, U.; Spitzner, J.; Sandvik, M.; Kepp, B.; Gillen, M.*: The behaviour of high-strength lightweight concrete at elevated temperatures. International symposium on High-Strength Concrete, Lillehammer 1993.

[149] *Thienel, K.-C.*: Festigkeit und Verformung von Beton bei hoher Temperatur und biaxialer Beanspruchung. DAfStb, Heft 437, 1994.

[150] *Jensen, J.J.; Hammer, T.A.; Opheim, E.; Hansen, P.A.*: Fire resistance of lightweight aggregate concrete. International Symposium on Structural Lightweight Aggregate Concrete, Sandefjord 1995.

[151] Comité Européen de Normalisation (CEN): Eurocode 4, Bemessung und Konstruktion von Verbundtragwerken aus Stahl und Beton. Deutsche Fassung, ENV 1994-1-1: 1992.

[152] Comité Européen de Normalisation (CEN): Eurocode 4, Bemessung und Konstruktion von Verbundtragwerken aus Stahl und Beton – Teil 2: Verbundbrücken. Deutsche Fassung, ENV 1994-2: 1997.

[153] *Bode, H.; Minas, F.*: Gutachten zum Tragverhalten von Super-Holorib-Verbunddecken mit einer Blechdicke t =1,00 mm. Institut für Stahlbau, Universität Kaiserslautern, März 1995.

[154] *Steinwedel, A.*: Entwicklung radiographischer Untersuchungsmethoden des Verbundverhaltens von Stahl und Beton. DAfStb, Heft 421, 1991.

[155] *An, L.; Cederwall, K.*: Push-out tests on studs in high strength and normal strength concrete. Journal of Construction Steel Research Vol.36, No.1, 1996.

[156] *Ollgaard, J.G.; Slutter, R.G.; Fisher, J.W.*: Shear strength of stud connectors in lightweight and normal-weight concrete. AISC Engineering Journal, April 1971.

[157] *Lungershausen, H.*: Zur Schubtragfähigkeit von Kopfbolzendübeln. Dissertation, Ruhr-Universität Bochum, Oktober 1988.

[158] *Mensinger, M.*: Zum Ermüdungsverhalten von Kopfbolzendübeln im Verbundbau. Dissertation, Universität Kaiserslautern, 1999.

[159] Comité Européen de Normalisation (CEN): Eurocode 5: Entwurf, Berechnung und Bemessung von Holzbauwerken, Teil 1-1: Allgemeine Bemessungsregeln, Bemessungsregeln für den Hochbau. Deutsche Fassung, DIN V ENV 1995-1-1: 1994.

[160] *Küng, R.*: Verbunddecke Holz-Leichtbeton. TU Graz, 1987.

[161] *Kenel, A.; Meierhofer, U.*: Holz/Beton-Verbund unter langfristiger Beanspruchung, EMPA Zürich 1998.

[162] *Faust, T., Selle, R.*: Der Einfluß verschiedener Verbindungsmittel auf das Tragverhalten der Verbundfuge in Holz-Leichtbeton-Verbunddecken. Bautechnik, Heft 1, 2002.

[163] *Kreuzinger, H.*: Gebrauchstauglichkeit von Wohnungsdecken aus Holz, IRB-Verlag, Stuttgart 1999.

[164] *Faust, T.; Novák, B.; Schäfer, H.*: Neubau der Brücke Rudisleben. 7. Leipziger Massivbauseminar, Oktober 1998.

[165] *Ivey, D.L.; Buth, E.*: Shear Capacity of Lightweight Concrete Beams. ACI- Journal 10/1967, pp. 634-643.

[166] *Heufers, H.*: Leichtbeton. Zement-Taschenbuch 48 (1984), Bauverlag GmbH, Wiesbaden – Berlin, 1983.

[167] *Gjørv, O.E.; Martinsen, J.*: Effect of elevated curing temperature on high-strength lightweight concrete. International Symposium on High-Strength Concrete, Lillehammer 1993.

[168] *Helland, S. ; Maage, M.*: Strength loss in un-remixed LWA Concrete. International Symposium on Structural LWAC, Sandefjord 1995.

[169] ACI 213R-87: Guide for Structural Lightweight Aggregate Concrete, 1987.

[170] *Walraven, J.C., Reinhardt, H.-W.*: Concrete Mechanics – Theory and experiments on the mechanical behaviour of cracks in plain and reinforced concrete subjected to shear loading. In HERON, Vol.26, Nr. 1, Delft (Netherlands), 1981.

[171] *König, G.; Tue, N.; Pommerening, D.*: Kurze Erläuterung zur Neufassung DIN 4227 Teil 1. Bauingenieur 71, S. 83-88, 1996.

[172] *Zink, M.*: Zum Biegeschubversagen schlanker Bauteile aus Hochleistungsbeton mit und ohne Vorspannung. Dissertation, Universität Leipzig 2002.

[173] *Daschner, F.*: Schubübertragung in Rissen von Normal- und Leichtbeton. Institutsbericht, Lehrstuhl für Massivbau, Technische Universität München, 3/1980.

[174] *Wittmann, F. H.*: Structure of concrete with respect to crack formation. Fracture Mechanics of Concrete, Elsevier Science Publishers B.V., 1993.

[175] *Baumann, T.; Rüsch, H.*: Versuche zum Studium der Verdübelungswirkung der Biegezugbewehrung eines Stahlbetonbalkens. DAfStb, Heft 210, 1970.

[176] *Faust, T.*: Hochfester Leichtbeton. 35. DAfStb-Forschungskolloquium, Leipzig, März 1998.

[177] *Persson, B.*: Quasi-instantaneous and Long-term Deformations of High-Performance Concrete, Report TVBM-1016, Lund University, Sweden 1998.

[178] EuroLightCon – Report No. 20: The effect of the moisture history on the water absorption of lightweight aggregates, June 2000.

[179] *Helland, S.; Maage, M.*: Strength loss in un-remixed LWA Concrete. International Symposium on Structural LWAC, Sandefjord 1995.

[180] DAfStb, Heft 526: Erläuterungen zu den Normen DIN 1045-2, DIN EN 206-1, DIN 1045-3 und DIN 1045-4, 2002.

[181] *van Breugel, K.; Lura, P.*: The influence of the Moisture Flow from the LWA to the Paste on the Early-Age Deformation of LWAC. 6th International Symposium on Utilization of HS/HPC, Leipzig 2002.

[182] EuroLightCon – Report No. 11: Pumping of lightweight aggregate concrete based on expanded clay in Europe, March 2000.

[183] *Rapp, G.*: Über die Rohrförderung von Leichtbeton, Beton, S. 182-7, Heft 5/1971.

[184] *Haist, M.; Mechtcherine, V.; Müller, H.S.*: High Performance Self-Compacting Lightweight Aggregate Concrete with and without Fibre-Reinforcement. 6th International Symposium on Utilization of HS/HPC, Leipzig 2002.

[185] DIN 1045: Tragwerke aus Beton, Stahlbeton und Spannbeton – Teil 3: Bauausführung. Juli 2001.

[186] EuroLightCon – Report No. 19: Evaluation of the early age cracking of lightweight aggregate concrete, June 2000.

Stichwortverzeichnis